"十三五"普通高等教育本科系列教材

工程材料

主　编　丁海民　储开宇
副主编　王进峰　李振纲
参　编　康文利　柳　青　李春燕
主　审　范孝良

中国电力出版社
CHINA ELECTRIC POWER PRESS

内 容 提 要

本书将金属材料及其热处理和金属的腐蚀与防护的内容进行了整合，并对部分内容进行了调整和更新。围绕金属材料在工程中的应用，系统介绍了金属材料的基础知识、金属材料的热处理及金属的腐蚀与防护等内容，使学生在系统掌握金属材料及其热处理等知识的基础上，能够在今后的学习和工程实践中正确地选择、使用和保护金属材料。本书共分7章，分别讲述金属材料的性能、金属的晶体结构与变形、铁碳合金相图、钢的热处理、非合金钢（碳钢）及合金钢、金属的腐蚀与防护和工程材料的选用等内容。本书编写力求做到章节知识通顺合理，层次清晰，内容连贯完整、逻辑性与系统性强，讲解详细易懂，插图正确清晰，使教材内容与课程实验环节紧密联系，步骤一致，以利于培养学生的工程技术素养。

本书可作为高等院校机械类、材料类各专业的教材，也可供从事金属材料研究工作的工程技术人员和研究人员参考。

图书在版编目（CIP）数据

工程材料/丁海民，储开宇主编 . —北京：中国电力出版社，2020.6（2022.8 重印）
"十三五"普通高等教育本科规划教材
ISBN 978-7-5198-4063-1

Ⅰ.①工…　Ⅱ.①丁…　②储…　Ⅲ.①工程材料—高等学校—教材　Ⅳ.①TB3

中国版本图书馆 CIP 数据核字（2019）第 256312 号

出版发行：中国电力出版社
地　　址：北京市东城区北京站西街 19 号（邮政编码 100005）
网　　址：http：//www.cepp.sgcc.com.cn
责任编辑：周巧玲（010-63412539）
责任校对：黄　蓓　闫秀英
装帧设计：赵姗姗
责任印制：吴　迪

印　　刷：中国电力出版社有限公司
版　　次：2020 年 6 月第一版
印　　次：2022 年 8 月北京第二次印刷
开　　本：787 毫米×1092 毫米　16 开本
印　　张：17.75
字　　数：433 千字
定　　价：50.00 元

前 言

本书是依据机械设计制造及其自动化专业教学指导委员会指导性教学计划，并结合学校的"十三五"学科发展规划和教学的实际情况而编写的，着重体现工程实践与学科特色。本书将金属材料及其热处理和金属材料的腐蚀与防护两部分知识内容相融合，其中前部分知识偏重基础理论，后部分偏重工程应用。作为机械、机电、冶金等专业的重要专业基础课程教材，本书从实用角度出发，目的是使学生系统掌握金属材料的基础知识，能够合理制订金属材料的热处理工艺及热处理方法，明确金属与腐蚀环境介质作用的规律及机理，以及腐蚀破坏的危害性，并建立起合理选择、加工、使用和保护金属材料的能力。

本书注重学生的认知能力、应用能力和创新能力的培养，具有理论性和实践性强的特点。使学生能够理解和掌握金属材料成分、组织及性能之间的关系，能够根据零件的工作（服役）条件与性能要求，合理选择材料，确定加工工艺及路线，保证材料性能潜力的充分发挥，获得理想的使用性能，提高产品零件的质量，节省材料，降低成本。同时本书通过阐述金属材料在工程实际使用中腐蚀形式、腐蚀原理及防护措施，加强学生在今后的学习和工作中分析和解决金属材料失效问题的能力与方法。

本书包括 7 章内容，分别讲述金属材料的性能、金属的晶体结构与变形、铁碳合金相图、钢的热处理、非合金钢（碳钢）及合金钢、金属的腐蚀与防护和工程材料的选用。

本书由华北电力大学丁海民、储开宇任主编，王进峰、李振纲任副主编，康文利、柳青、李春燕参编。

本书由华北电力大学机械工程系范孝良教授主审，并提出了许多宝贵的意见和建议，在此表示感谢。

本书是编者在总结多年来教学研究、教学改革和教学实践的基础上，结合实际教学要求编写的，但限于编者的水平，缺点错误在所难免，希望广大读者提出批评意见和建议。

编 者

2019.9

目 录

1　金属材料的性能

金属材料是现代工业、农业、国防、科学技术等各个领域应用最广泛的材料，大量用于制造各种工程构件、机械零件、加工工具、仪器仪表和日常生活用品。金属材料来源丰富，生产加工工艺比较简单，而且具有优良的性能，因而得到广泛应用。

金属材料的性能包含工艺性能和使用性能两方面。工艺性能是指金属材料在制成各种零件、构件的过程中表现出的适应加工的性能，包括冶炼、铸造、锻造、焊接、切削加工、热处理等工艺方面的性能；使用性能是指金属材料在使用条件下保证机械零件或工具正常工作应具备的性能，它决定了材料的应用范围，包括物理性能、化学性能、力学性能等。金属材料具有良好的工艺性能，才能够比较容易地通过某种工艺加工成形；具有良好的使用性能，才能满足使用要求，两者缺一不可。

金属材料制成的零件、工具和结构件在运转和使用过程中，都会受到载荷的作用产生变形。如果载荷超过金属材料的承受能力，就会使变形超过允许的范围或导致零件开裂、工具损伤和结构扭曲，丧失正常的使用功能。因此为了正确选择和合理使用金属材料，必须通过力学性能试验，了解金属材料对各种载荷的承受能力，以此作为设计和选材的依据。金属材料的力学性能就是通过各种力学性能试验得出的材料在各种载荷作用下抵抗破坏的能力。

1.1　金属材料的力学性能

金属材料的力学性能是零件设计和选材的重要依据，同时也是评定材料质量和生产工艺水平的必要手段，对冶金产品的生产来说，金属材料的力学性能还是改进生产工艺、控制产品质量的重要参数。当载荷性质、环境温度、介质等外在因素改变时，对材料力学性能的要求也不同。常用的金属材料力学性能包括强度、硬度、塑性、冲击韧性、疲劳等。

1.1.1　强度和塑性

强度是指金属材料在载荷作用下抵抗塑性变形与断裂的能力。而塑性是金属材料在载荷作用下产生塑性变形而不破坏的能力。根据载荷作用方式的不同，强度指标可分为抗拉强度、抗压强度、抗剪强度、抗扭强度、抗弯强度等，生产中常用抗拉强度作为判别金属强度高低的指标。

金属材料在静载荷作用下的强度指标与塑性指标是通过拉伸试验测定的。金属拉伸试验是力学性能中最基本的试验，能清楚地反映出金属材料受载荷时表现出的弹性变形、塑性变形及断裂三个过程，由此确定出相应的性能指标。

1. 拉伸试验

拉伸试验是将一定形状和尺寸的金属试样装夹在拉伸试验机上，然后对试样施加缓慢增加的拉伸载荷，直至把试样拉断为止。记录试样在拉伸过程中承受的载荷和产生的变形量之间的关系，作出该金属的拉伸曲线，由拉伸曲线确定力学性能的强度指标。

（1）拉伸试样。为了能比较在不同试验条件下的试验结果，对拉伸试样的形状、尺寸与加工要求有统一的规定。按 GB/T 228—2010 的规定，拉伸试样有圆形试样与板状试样两种，常用的为圆形试样，如图 1-1 所示。图中 S_0 为标准试样的原始直径；L_0 为标准试样的原始标距长度，根据标距长度与直径的比值关系，拉伸试样可分为长试样（$L_0=10S_0$）和短试样（$L_0=5S_0$）两种。

（2）力-伸长曲线。在进行拉伸试验时，拉伸力 F 和试样伸长量 ΔL 之间的关系曲线称为力-伸长曲线（也称拉伸曲线）。通常把拉伸力 F 作为纵坐标，伸长量 ΔL 作为横坐标，可由拉伸试验机自动绘出，图 1-2 所示为低碳钢的力-伸长曲线。由曲线分析，低碳钢试样在拉伸过程中表现为以下几个变形阶段：

1）Oe——弹性变形阶段。由试样开始受力，直到外力达到 F_e 时，试样发生的变形为弹性变形，当除去外力试样能恢复原来的形状与尺寸。曲线的 Op 段为一直线，这表明试样的伸长量与外力成正比关系，符合胡克定律。F_p 是能够保持正比例关系的最大外力；曲线的 pe 段略有弯曲，此时试样的伸长量与外力不再成正比关系，但还属于弹性变形阶段；F_e 是试样发生弹性变形的最大拉伸力。

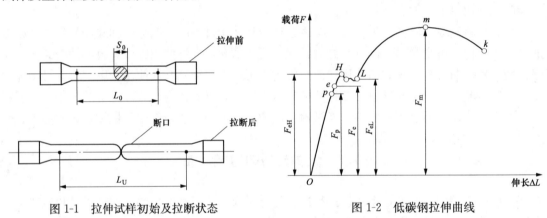

图 1-1　拉伸试样初始及拉断状态　　　　　　图 1-2　低碳钢拉伸曲线

2）eH——微量塑性变形阶段。外力超过 F_e 后，试样进一步发生变形，此时若除去外力，弹性变形消失，而另一部分变形不能消失，即试样不能恢复到原来的尺寸，此部分变性为塑性变形，变形量比较小。

3）HL——屈服阶段。当外力达到 F_{eH} 时，拉伸曲线出现了水平或锯齿形，这表明在外力不增加或增加很小甚至略有下降时，试样继续变形，这种现象称为屈服。

4）Lm——均匀塑性变形阶段。外力超过 F_{eL} 后，开始产生大量塑性变形。此阶段随外力增加，变性不断增加，而且外力增加量不大，试样的变形量较大。试样的变形是沿着整个标距均匀进行，直到 m 点。F_m 是试样拉伸过程的最大外力。

5）mk——局部塑性变形阶段。m 点以后，总外力不断下降，变形继续进行。塑性变形集中在试样的某个局部进行，使此处截面面积迅速下降，产生所谓缩颈现象，缩颈现象在拉伸曲线上表现为一段下降的曲线，直到 k 点发生断裂。

以上是低碳钢拉伸曲线的各变形阶段，从拉伸曲线可分析出试样从开始拉伸到断裂要经过弹性变形、屈服、均匀塑性变形、集中塑性变形与断裂几个主要阶段，用它可以说明金属材料在常温拉伸过程的全部行为。但是不同材料因其本性不同，变形特点不同，拉伸曲线各不相同。如铸铁在破坏前没有大量的塑性变形，因此无屈服现象与缩颈现象。图 1-3 所示为铸铁的拉伸曲线。

（3）应力-应变曲线。拉伸曲线全面体现了金属材料在单向拉伸力作用下，从开始变形直至断裂过程的各种性质。但是拉伸曲线上的拉伸力 F 与伸长量 ΔL 不仅与试样的材质有关，还与试样的原始尺寸有关。为了消除试样尺寸的影响和能够直接从拉伸曲线上读取力学性能指标，将拉伸曲线的纵坐标用应力 R 表示，横坐标用应变 ε 表示，则得到与试样尺寸无关的应力-应变曲线。

试样承受的拉伸力 F 除以试样的原始横截面积 S_0，则可得到试样受到的应力 R（$R = F/S_0$），将试样的伸长量 ΔL 除以试样的原始标距长 L_0 则可得到试样的相对伸长量，即应变 ε，$\varepsilon = (L_U - L_0) / L_0$。

图 1-4 所示为低碳钢的应力-应变曲线。拉伸曲线与应力-应变曲线因其横、纵坐标仅是用一个常数相除，因此曲线的形状相似。应力-应变曲线不受试样尺寸的影响，由应力-应变曲线上的各特殊点，可确定材料在不同变形阶段的强度指标。

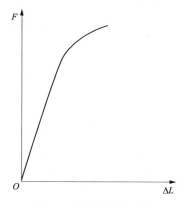

图 1-3　铸铁的拉伸曲线

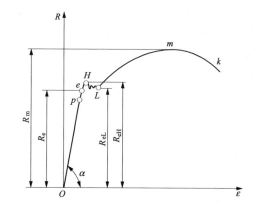

图 1-4　低碳钢的应力-应变曲线

2. 强度指标

（1）弹性极限和刚度。

1）弹性极限。指产生完全弹性变形时材料所能承受的最大应力，以 R_e 来表示，即

$$R_e = \frac{F_e}{S_0} \tag{1-1}$$

式中：F_e 为材料完全弹性变形时所能承受的最大载荷，N；S_0 为试样的原始横截面面积，mm^2。

此外，工程上的弹性性能指标还有比例极限 σ_p，σ_p 是指应力与应变成正比关系的最大应力。

2）刚度。材料抵抗弹性变形的能力称为刚度。刚度的大小以弹性模量 E 衡量，是在弹性范围应力与应变的比值，即

$$E = \frac{R}{\varepsilon} \tag{1-2}$$

弹性模量 E 相当于引起单位变形所需的应力，在拉伸曲线上表现为 Oe 的斜率。弹性模量 E 越大，表明其在一定应力作用下，产生的弹性变形越小，即刚度越大。弹性模量 E 是

材料的重要力学性能指标之一。在机械工程中，一般机器零件都在弹性状态下工作，均有较大的刚度要求。

实际工件的刚度首先取决于其材料的弹性模量 E，不同的材料刚度差异很大。陶瓷材料的刚度最大，金属材料与复合材料次之，而高分子材料最低。常用的金属材料中，钢铁材料刚性最好，铜及铜合金次之（为钢铁材料的 2/3 左右），铝及铝合金最差（为钢铁材料的 1/3 左右）。实际工件的刚度除取决于材料的弹性模量外，还与工件的形状和尺寸有关。受力的截面越大，工件的刚度越大。

需要指出的是，金属材料的弹性模量是组织不敏感性参数，主要决定于基体金属的性质，当基体金属确定时，难以通过合金化、热处理、冷热加工等方法使之改变。例如，钢铁材料是铁基合金，不论其成分和组织结构如何变化，室温下的 E 值为 $(20 \sim 21.4) \times 10^4$ MPa；而陶瓷材料、高分子材料、复合材料的弹性模量对其成分和组织结构较为敏感，可以通过不同的办法使之改变。

（2）屈服强度与规定非比例延伸强度。

1）屈服强度。屈服强度指当材料呈现屈服现象时，在试验期间达到塑性变形发生而力不增加的应力点，分为上屈服强度和下屈服强度。上屈服强度（R_{eH}）是试样发生屈服而力首次下降的最高应力；下屈服强度（R_{eL}）是指在屈服期间，不计初始瞬时效应时的最低应力。即

$$R_{eH} = \frac{F_{eH}}{S_0} , R_{eL} = \frac{F_{eL}}{S_0} \tag{1-3}$$

式中：R_{eH}、R_{eL} 为屈服强度，MPa；F_{eH} 为试样发生屈服而力首次下降前承受的最大载荷，N；F_{eL} 为试样发生屈服时承受的最小载荷，N；S_0 为试样原始截面积，mm^2。

由于材料的下屈服强度 R_{eL} 数值比较稳定，所以一般以 R_{eL} 作为材料对塑性变形抗力的指标。

有许多金属材料没有明显的屈服现象，此时可以把规定非比例延伸强度（$R_{p0.2}$）作为该材料的条件屈服强度。

2）规定塑性延伸强度。拉伸试验中，在任一给定的塑性延伸（去除弹性延伸因素）与试样标距之比的百分率称为塑性延伸率。塑性延伸率等于规定的百分率时对应的应力称为规定塑性延伸强度，以 R_p 表示，规定的百分率在脚注中标示，例如 $R_{p0.2}$。

$$R_{p0.2} = \frac{F_{p0.2}}{S_0} \tag{1-4}$$

式中：$R_{p0.2}$ 为规定塑性延伸率为 0.2% 时的应力值，MPa，其中的 0.2 表示试验中任一给定时刻引伸标距的塑性延伸等于引伸计标距的 0.2%；$F_{p0.2}$ 为试样标距产生 0.2% 规定塑性延伸率时的外力，N；S_0 为试样的原始横截面面积，mm^2。

机械零件在工作状态一般不允许产生明显的塑性变形，因此屈服强度或 $R_{p0.2}$ 是机械零件设计和选材的主要依据，以此来确定材料的许用应力。需要说明的是，在旧的国家标准中材料在弹性变形阶段的比例极限 σ_p 和弹性极限 σ_e，实际上这只是理论上的物理定义，对于实际使用的工程材料，用普通的测量方法很难测出准确而唯一的比例极限和弹性极限数值。在实际工程中比例极限、弹性极限、屈服强度等在本质上是相同的，都是材料开始产生微量塑性变形时的应力值，只不过根据生产实际对它们所规定的微量塑性变形量不同，以满足不

同的工程设计要求。为了便于实际测量和应用，新的国家标准 GB/T 228—2010 采用"规定伸长应力"定义材料的微量塑性变形强度。比例极限 σ_p 相当于规定残余应变量（即微量塑性变形量）为 0.005% 时的应力值 $R_{p0.005}$；弹性极限 σ_e 相当于规定残余应变量为 0.01% 时的应力值 $R_{p0.01}$；前述的条件屈服强度 $R_{p0.2}$，规定的残余变形稍大一点，表征开始产生明显塑性变形的抗力。对于要求服役时其应力应变关系严格遵守线性关系的机件，如测力计弹簧，是依靠弹性变形的应力正比于应变的关系显示载荷大小的，则应以 $R_{p0.005}$ 作为选择材料的依据；对于服役条件不允许产生微量塑性变形的机件（如汽车板簧、仪表弹簧等），设计时应按 $R_{p0.01}$ 来选择材料。

（3）抗拉强度。抗拉强度指材料在断裂前能承受的最大应力（对于无明显屈服的金属材料，为试验期间的最大力），即

$$R_m = \frac{F_m}{S_0} \tag{1-5}$$

式中：R_m 为抗拉强度，MPa；F_m 为试样在断裂前能承受的最大外力，N；S_0 为试样的原始横截面面积，mm^2。

由应力-应变曲线分析可知，抗拉强度是金属材料由均匀塑性变形向局部塑性变形过渡的临界值，也是材料在静拉伸条件下承受的最大应力。对于脆性材料制成的零件，断裂是失效的主要原因，因此抗拉强度也是零件设计时的主要依据与评定材料强度的重要指标。

另外，比值 R_e/R_m，称为屈强比，也是一个重要的指标。其比值越大，越能发挥材料的潜力，减小工程结构自重。但为了使用安全，也不宜过大，一般合理的比值为 0.65~0.75。

3. 塑性指标

金属材料的塑性指标也是通过拉伸试验来确定的，用断后伸长率 A 与断面收缩率 Z 来表示。

（1）断后伸长率 A。伸长率是试样拉断后标距增长量与原始标距长度之比，即

$$A = \frac{L_U - L_0}{L_0} \times 100\% = \frac{\Delta L}{L_0} \times 100\% \tag{1-6}$$

式中：A 为断后伸长率，%；L_U 为试样断裂后的标距长度，mm；L_0 为试样原始的标距长度，mm。

材料伸长率的大小与试样原始标距 L_0 和原始截面积 S_0 密切相关，在 S_0 相同的情况下，L_0 越长则 A 越小；反之亦然。因此，对于同一材料而具有不同长度或截面积的试样要得到比较一致的 A 值，或者对于不同材料的试样要得到可比较的 A 值，必须使 $L_0/\sqrt{S_0}$ 的比值为一常数。国家标准规定，此值为 11.3（相当于 $L_0 = 10d_0$ 的长试样试棒）或 5.65（相当于 $L_0 = 5d_0$ 的短试样试棒），所得的伸长率以 $A_{11.3}$ 或 A（$A_{5.65}$ 省去脚注 5.65）表示。同种材料的 A 为 $A_{11.3}$ 的 1.2~1.5 倍，所以，对不同材料，只有 $A_{11.3}$ 与 $A_{11.3}$ 比较或者 A 与 A 比较才是正确的。

（2）断面收缩率 Z。断面收缩率是材料受拉力断裂时，断面缩小的面积与原面积之比，即

$$Z = \frac{S_U - S_0}{S_0} \times 100\% \tag{1-7}$$

式中：Z 为断面收缩率，%；S_0 为试样原始横截面面积，mm^2；S_U 为试样断口处横截面面积，mm^2。

金属材料的伸长率 A 和断面收缩率 Z 的数值越大，材料的塑性越好。一般认为，$A<5$%的材料为脆性材料，$A=5$%～10%的材料为韧性材料，$A>10$%的材料为塑性材料。伸长率与断面收缩率是从不同角度衡量材料的塑性，因此同一材料的伸长率与断面收缩率一般是不同的。而断面收缩率不受试样标距长度的影响，能更可靠地反映材料的塑性。

金属材料的塑性好坏，对零件的加工和使用具有重要的实际意义。塑性好的材料不仅能通过锻压、轧制、冷拔等工艺加工成型，而且在使用过程中偶然的原因造成过载，则由于塑性变形，提高了材料的强度，避免突然的断裂，增加使用的安全性。所以大多数机械零件除要求具有较高的强度外，还须有一定的塑性。

必须指出，对零件塑性的要求是有一定限度的，并不是越大越好。因为塑性好的材料往往强度、硬度较低，过高要求材料的塑性会限制材料的强度水平，不能充分发挥材料的强度潜力，造成材料的浪费和使用寿命的降低。

拉伸试验的最新国家标准是 GB/T 228—2010，为与国际接轨，性能的定义及符号均采用国际标准的规定。与工程上已习惯使用的名称、符号有较大差异，如应力符号用 R 表示，延伸率用 A 表示等。为便于使用，将新旧标准的性能名称及其符号列于表1-1。标准中未定义的拉伸性能及符号在本书中按使用习惯做相应更改。

表 1-1　　　　　　　　　　　　　新旧标准性能名称对照

新标准（GB/T 228—2010）		旧标准（GB/T 228—2002）		旧标准（GB 228—1987 等）	
性能名称	符号	性能名称	符号	性能名称	符号
上屈服强度	R_{eH}	上屈服强度	R_{eH}	上屈服点	σ_{sU}
下屈服强度	R_{eL}	下屈服强度	R_{eL}	下屈服点	σ_{sL}
规定塑性延伸强度	R_p	规定非比例延伸强度	R_p	规定非比例伸长应力	σ_p
规定总延伸强度	R_t	规定总延伸强度	R_t	规定总伸长应力	σ_t
规定残余延伸强度	R_r	规定残余延伸强度	R_r	规定残余伸长应力	σ_r
抗拉强度	R_m	抗拉强度	R_m	抗拉强度	σ_b
屈服点延伸率	A_e	屈服点延伸率	A_e	屈服点伸长率	δ_s
最大力总延伸率	A_{gt}	最大力总伸长率	A_{gt}	最大力下的总伸长率	δ_{gt}
最大力塑性延伸率	A_g	最大力非比例伸长率	A_g	最大力下的非比例伸长率	δ_g
断裂总延伸率	A_t	断裂总伸长率	A_t	—	δ_t
断后伸长率	A，$A_{11.3}$，A_{xmax}	断后伸长率	A，$A_{11.3}$，A_{xmax}	断后伸长率	δ_5，δ_{10}，δ_{xmax}
断面收缩率	Z	断面收缩率	Z	断面收缩率	Ψ

1.1.2　硬度

硬度是衡量金属材料软硬程度的一种性能指标。目前硬度的测量方法主要有静力测量法（压入法）和动力测量法（回跳法、锤击法）两种，除此之外还有划痕硬度等。

　　根据硬度的测量方法不同，硬度表示的含义不同。生产中测量硬度常用的是压入法，即在规定的静态试验力作用下，将一定几何形状的压头压入被测金属材料表面，卸载后形成压痕，然后计算压痕单位面积承受的力或根据压痕深度测定其硬度值。因此，压入法表示的硬度是金属材料表面抵抗更硬物体压入的能力或金属表面小范围内抵抗塑性变形的能力。

　　硬度试验设备简单，操作方便，可以在生产现场进行，不破坏工件，适合成批检验零件。而且还可根据测得的硬度值近似估计材料的强度值。因此生产中常将硬度试验作为检验产品质量，控制热处理工艺，制订合理加工工艺的常用试验方法。生产中常用的硬度试验方法有布氏硬度、洛氏硬度、维氏硬度。

　　1. 布氏硬度

　　(1) 测量原理。现行布氏硬度的试验方法是2019年2月1日开始实施的GB/T 231.1—2018《金属材料 布氏硬度 第一部分：试验方法》，该标准中布氏硬度试验方法是将一直径为 D 的碳化钨合金球在规定的试验力 F 的作用下压入被测材料表面保持一定的时间后卸除载荷，测量被测材料表面的压痕直径 d，计算出压痕面积，然后按式（1-8）计算出单位面积压痕所受的压力，即为布氏硬度值。布氏硬度试验原理如图1-5所示。

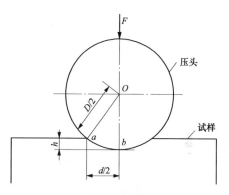

图1-5　布氏硬度测试

$$HBW = 0.102\frac{F}{S} = 0.102 \times \frac{2F}{\pi(D - \sqrt{D^2 - d^2})} \tag{1-8}$$

式中：F 为试验力，N；S 为压痕面积，mm^2；D 为压头直径，mm；d 为压痕直径，mm。

　　(2) 表示方法。测量材料的布氏硬度只要量出压痕的直径 d，就可以通过式（1-8）计算或查布氏硬度表得到硬度值。表示布氏硬度时，一般不标单位，根据现行标准用 HBW 表示。

　　布氏硬度的表示方法：硬度值＋HBW＋试验条件〔压头直径(mm)/试验力(kgf)/试验力保持时间(s)(10~15s不标注)〕。例如，650HBW10/3000/30，表示用直径10mm的合金球为压头，试验力3000kgf，试验力持续时间30s，测得的布氏硬度值为650。

　　由于金属材料有软有硬，被测工件有薄有厚，尺寸有大有小，如果只采用标准的试验力3000kgf和压头直径10mm，就会出现较软的材料和较薄的工件被压头压入或压透的现象。因此，在进行布氏硬度试验时要根据工件的尺寸大小与薄厚，选用不同的试验力 F 与压头直径 D，国家标准中规定的压头直径有10、5、2.5、2、1mm。根据被测材料的软硬不同选择 F/D^2 的比值与载荷保持时间。国家标准中规定的 F/D^2 的比值有30、15、10、5、2.5、1.25、1。同一材料进行布氏硬度测量时，不论试验力与压头直径多大，只要 F/D^2 的比值相等，其HB值一定相等，若测量时 F/D^2 的比值不同则HB值不同。硬度试验时，压头压入被测金属材料表面后，为了使塑性变形能充分进行，试验力必须保持一定时间。试验力保持时间为黑色金属10~15s，有色金属30s，布氏硬度小于35时为60s。

　　布氏硬度试验时，不同材料推荐的试验力与压头球直径平方 F/D^2 见表1-2。

表 1-2　　　　　　　　　不同材料推荐的试验力与压头直径平方的比率

材料	布氏硬度（HBW）	试验力-球直径平方的比率 $0.102 \times F/D^2$（N/mm²）
钢及铸铁	<140 ≥140	10 30
铜及其合金	<35 35～130 >130	5 10 30
轻金属及其合金	<35 35～80 >80	2.5（1.25） 10（5 或 15） 10（15）
铅、锡		1.25（1）
烧结金属	依据 GB/T 9097	

注　1. 当有关标准中没有明确规定时，应使用无括号的 F/D^2 值。
　　　2. 对于铸铁，压头的名义直径为 2.5、5、10mm。

（3）特点及应用。布氏硬度的优点：试验时金属材料表面压痕大，能在较大范围内反映材料的平均硬度，适合粗大组织材料（如灰铸铁、轴承合金等）的硬度测量，测得的硬度值比较准确，数据重复性强。此外，布氏硬度与材料的抗拉强度在一定的条件下有一定的关系，可由硬度值近似地得到强度指标。低碳钢 $R_m \approx 3.6HB$，高碳钢 $R_m \approx 3.4HB$，铸铁 $R_m = 1HB$。

布氏硬度的缺点：由于其压痕大，测量载荷较大，对金属表面的损伤较大，不宜测定太小或太薄的试样及成品的硬度，而且布氏硬度取值需要测量压痕直径，求得硬度，比较烦琐。另外，软硬不同的材料，测量要选择不同的 F/D^2 的比值，因此从软到硬布氏硬度的取值是不连续的。

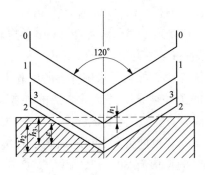

图 1-6　洛氏硬度试验原理示意

2. 洛氏硬度

（1）测量原理。现行洛氏硬度的试验方法是 GB/T 230.1—2018《金属材料 洛氏硬度 第一部分：试验方法》，该标准中洛氏硬度试验方法是以锥角为 120° 的金刚石圆锥体或直径为 1.5875mm 或者 3.175mm 的碳化钨合金球为压头在规定的试验力 F 的作用下压入被测材料表面，形成压痕，如图 1-6 所示，以试样的压痕深度来衡量试样的硬度大小。

进行洛氏硬度试验时，先加初试验力 F_0，将压头压入试样表面至 1—1 位置，深度为 h_1，目的是消除因试样表面不平整对试验结果的影响。然后加主试验力 F_1，在主试验力的作用下，将压头压入至试样 2—2 位置，深度为 h_2。卸除主试验力，保持初试验力，由于金属弹性变形的恢复，使压头回升到 3—3 位置，实际压入深度为 h_3。由此得出，主试验力所引起的塑性变形使压

头压入试样的深度 $h = h_3 - h_1$，并以此来衡量被测金属的硬度。

显然，h 值越大，被测金属的硬度就越低；反之越高。为了符合数值越大材料硬度越高的读值习惯，洛氏硬度根据 h 及常数 N 和 S，通过式（1-9）计算得出，用符号 HR 表示，即

$$HR = N - \frac{h}{S} \tag{1-9}$$

式中：N 为给定标尺的全量程常数，金刚石圆锥体压头进行试验时，N 为 100，用碳化钨合金球为压头进行试验时，N 为 130，表面洛氏硬度标尺中 N 为 100；S 为给定标尺的标尺常数，为 0.002mm，表面洛氏硬度标尺常数 S 为 0.001mm；h 为压痕深度，mm。

由洛氏硬度的取值方式可见，它是一个无名数，纯粹是不同金属试样被压入深度的相互比较。洛氏硬度数值可以从硬度计刻度盘上的指示针直接读取，而无需测量压痕深度。

（2）表示方法。洛氏硬度试验，根据被测材料的软硬程度不同，选择不同的压头与试验力，组合成 15 种不同的洛氏硬度测量标尺，其中当遇到材料较薄、试样较小、表面硬化层较浅、测试表面镀覆层等情况时，就应改用表面洛氏硬度标尺。最常用的洛氏硬度标尺有 HRA、HRB、HRC 三种，各洛氏硬度标尺的试验条件与适用范围见表 1-3 和表 1-4。

在测试洛氏硬度时，要选取不同位置的三个测试点测出硬度值，再计算三个测试点硬度的平均值作为被测材料的硬度值。洛氏硬度试验应在被测试样的平面上进行，若在曲率半径比较小的柱面或球面上测定硬度时，需要查阅相关手册对硬度值进行修正。

洛氏硬度的表示方法为硬度数值＋ HR ＋使用的标尺。例如，56HRC 表示用 C 标尺测定的洛氏硬度值为 56。

表 1-3 常用洛氏硬度标尺技术条件

洛氏硬度标尺	硬度符号	压头类型	初试验力 F_0(N)	总试验力 $F_0 + F_1$(N)	标尺常数 S(mm)	全量程参数 N	适用范围
A	HRA	120°金刚石圆锥		588.4		100	20～95HRA
B	HRBW	1.587 5mm 钢球		980.7		130	10～100HRBW
C	HRC	120°金刚石圆锥		1471		100	20～70HRC
D	HRD			980.7			40～77HRD
E	HREW	3.175mm 钢球	98.07		0.002		70～100HREW
F	HRFW	1.587 5mm 钢球		588.4			60～100HRFW
G	HRGW			1471		130	30～94HRGW
H	HRHW	3.175mm 钢球		588.4			80～100HRHW
K	HRKW			1471			40～100HRKW

注 当金刚石圆锥表面和顶端球面是经过抛光的，且抛光至金刚石圆锥轴向距离尖端至少 0.4mm，实验适用范围可延伸至 10HRC。

表 1-4　　　　　　　　　　　　　　表面洛氏硬度标尺技术条件

表面洛氏硬度标尺	硬度符号	压头类型	初试验力 F_0(N)	主度试验力 F_1(N)	总试验力 F_0+F_1(N)	标尺常数 S(mm)	全量程常数 N	适用范围
15N	HR15N	120°金刚石圆锥体	29.42	117.7	147.1	0.001	100	70～94HR15N
30N	HR30N			264.8	294.2			42～86HR30N
45N	HR45N			411.9	441.3			20～77HR45N
15T	HR15T	1.587 5mm 钢球	29.42	117.7	147.1			67～93HR15T
30T	HR30T			264.8	294.2			29～82HR30T
45T	HR45T			411.9	441.3			10～72HR45T

（3）特点及应用。

1）洛氏硬度的优点。硬度试验的压痕小，对试样表面损伤小，可用来测定工件表面与较薄工件的硬度，也常用来直接检验成品或半成品的硬度，尤其是经过淬火处理的零件，常采用洛氏硬度计进行测试；试验操作简便，可以直接从试验机上读出硬度值，省去了烦琐的测量、计算、查表等工作。

2）洛氏硬度的缺点。由于压痕小，不适合粗大组织（如铸铁）的硬度测量；而且硬度值的准确性不如布氏硬度，数据重复性差；不同洛氏硬度标尺的试验条件不同，测得的硬度值无法直接比较。

3. 维氏硬度

布氏硬度试验不适合测定硬度较高与较薄的材料，而且不同测量规范的硬度值并不连续。洛氏硬度试验虽可用来测定各种金属材料的硬度，但由于采用了不同压头和总试验力的试验标尺，其硬度值之间彼此没有联系，也不能直接互相换算。因此，为了从软到硬对各种金属材料进行连续性的硬度标定与比较，人们制定了维氏硬度试验法。

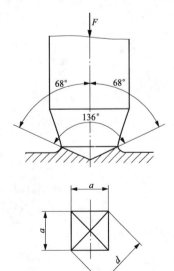

图 1-7　维氏硬度试验原理示意

（1）测量原理。现行维氏硬度的试验方法是 GB/T 4340.1—2009《金属材料 维氏硬度 第一部分：试验方法》，该标准中维氏硬度的测定原理与布氏硬度相似，也是以单位面积压痕所受的压力作为硬度值，所不同的是维氏硬度的压头形状不是球体。试验原理如图 1-7 所示，将相对面夹角为 136°的金刚石正四棱锥体作为压头，在规定的试验力 F 作用下，压入被测试样表面，持续试验力一定时间后，去除试验力，在试样表面上压出一个四方锥形的压痕，测量压痕两对角线的平均长度 d，计算出压痕面积，然后计算单位面积压痕所受的压力，即为硬度值，维氏硬度用符号 HV 表示，即

$$HV = \frac{F}{S} = \frac{F}{\dfrac{d^2}{2\sin 68°}} = 1.854\ 4\ \frac{F}{d^2} \qquad (1\text{-}10)$$

式中：F 为试验力，kgf；S 为压痕面积，mm^2；d 为压痕两对角线长度的平均值，mm。

测量材料的维氏硬度时只要量出压痕对角线的平均长度

d，就可以通过式（1-10）计算或查维氏硬度表得到硬度值。

维氏硬度试验所用的试验力可根据试样的大小、薄厚等条件进行选择，一般在试样厚度允许的情况下尽可能选用较大的试验力，以获得较大的压痕，提高测量精度。常用的试验力大小为 49.03～980.7N。

（2）表示方法。维氏硬度的取值范围为 5～1000HV。标注方法与布氏硬度相同，即硬度值＋HV＋试验条件。对于钢和铸铁若试验力保持时间为 10～15s 时，可以不标出。例如，640HV30 表示用 30kgf(294.2N) 试验力，保持 10～15s 测定的维氏硬度值为 640。

（3）特点及应用。

1）维氏硬度的优点：所施加的试验力小，压入浅，尤其适用于零件表面层硬度的测量，如化学热处理的渗层硬度测量，其测量结果精确可靠；维氏硬度的试验力可任意选取，硬度值连续，适用范围宽，从很软的材料到很硬的材料都可以测量及比较硬度。

2）维氏硬度的缺点：测量维氏硬度值时，需要测量对角线长度，然后查表或计算，比较烦琐；而且进行维氏硬度测试时，对试样表面的质量要求高，测量效率较低，因此在实际生产中维氏硬度的应用远没有洛氏硬度、布氏硬度广泛。

上述各种硬度试验的条件不同，因此各硬度值之间没有换算关系。但是应用中可根据近似的比例关系粗略地换算。例如，在 200～600HB 范围 1HRC≈10HB。当 HB＜450 时，HB≈HV 等。需要换算时，可按相关的规定计算或查阅黑色金属各种硬度之间的换算表进行换算。

4. 里氏硬度

（1）测量原理。里氏硬度是一种动态硬度试验法。测量时将笔形里氏硬度计的冲击装置用弹簧力加载后定位于被测位置，自动冲击后即可由硬度计显示系统读出硬度值。里氏硬度用符号 HL 表示，其硬度值定义为距离工件表面 1mm 时冲击体回弹速度（v_R）与冲击速度（v_A）之比的 1000 倍，即

$$HL = \frac{v_R}{v_A} \times 1000 \tag{1-11}$$

式中：v_R 为冲击体回弹速度，m/s；v_A 为冲击体冲击速度，m/s。

（2）表示方法。里氏硬度值的表示方法为硬度值＋HL＋冲击装置型号。例如，700HLD 表示用 D 型冲击装置测定的里氏硬度值为 700。常用的冲击装置有 D、DC、G、C 四种型号。硬度越高，其回弹速度也越大。

（3）特点及应用。

1）里氏硬度的优点：里氏硬度计是一种小型便携式硬度计，操作方便，无论是大、重型工件还是几何尺寸复杂的工件都能容易地检测；主观因素造成的误差小，对被测件的损伤极小，适合于各类工件的测试，特别是现场测试。

2）里氏硬度的缺点：其物理意义不够明确。

1.1.3　冲击韧性

很多机械零部件在工作过程中不仅受到多种静载荷作用，有的还受到具有很大速度的冲击载荷作用，如锻锤、冲床的冲头与模具、变速齿轮等。在进行设计与选材时，只考虑材料的强度指标是不够的。因为有些金属材料在缓慢增加的载荷作用下，显示出较高的强度，但在冲击载荷作用下，却表现得比较脆弱；相反也有些金属材料的强度并不高，但在冲击力作

用下，却表现出较强的承受能力。因此，研究金属材料在冲击载荷作用下的力学性能，对设计选材及材料鉴定有着重要的意义。

金属材料在冲击载荷作用下抵抗破坏的能力称为冲击韧性，评定冲击韧性最常用的方法是一次冲击试验。

1. 冲击试验原理

一次冲击试验通常在摆锤式冲击试验机上进行。为使冲击试验的结果可以互相比较，对试样的形状尺寸有相应的规定。

冲击试样根据 GB/T 229—2007 规定，有夏比 U 形缺口试样与夏比 V 形缺口试样两种。两种试样的形状、尺寸如图 1-8 所示。

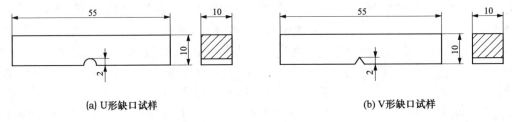

    (a) U形缺口试样   (b) V形缺口试样

图 1-8　冲击试样

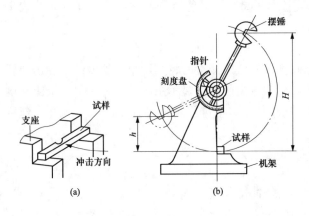

图 1-9　冲击试验示意

试验时，将试样放在试验机的机架上，试样缺口背向摆锤冲击方向，然后将质量为 m 的摆锤提升到一定高度 H，如图 1-9 所示，使其具有势能 mgH，然后让摆锤自由落下将试样冲断；冲断试样后摆锤回摆到 h 高度，此时摆锤的剩余能量为 mgh，在忽略摩擦和阻尼等条件下，摆锤冲断试样所消耗的能量，称为冲击吸收能量，用 K 表示。根据试验所用试样不同，冲击吸收能量用 K_U 和 K_V 表示，即

$$K = mg(H - h) \tag{1-12}$$

由于冲击载荷是能量载荷，因此其抗力指标不是用力，而是用冲击吸收能量 K 来表示。冲击韧性是冲击吸收能量除以试样断口处横截面积所得的商，即

$$a_K = \frac{K}{S} \tag{1-13}$$

式中：a_K 为冲击韧性，J/cm^2；K 为冲击吸收能量，J；S 为试样断口处横截面面积，mm^2。

对常用钢材而言，所测 K 越大，材料的抗冲击能力越强，韧性越好。一般将 a_K 值低的材料称为脆性材料，a_K 值高的材料称为韧性材料。但由于测出的 K 的组成包括冲断试样消耗的弹性变形功、塑性变形功、裂纹撕裂功，比较复杂。只有塑性变形功、裂纹撕裂功所占比例较大，试样在破断前有明显塑性变形的断裂，为韧性断裂；如果塑性变形功、裂纹撕裂功所占比例小，则表明试样在破断前几乎不发生塑性变形，这种断裂为脆性断裂。所以有时

测得的 K 值及计算出来的 a_K 值并不能真正反映材料的韧脆性质。往往脆性材料在断裂前没有明显的塑性变形，断口比较平整，呈颗粒状，有金属光泽；韧性材料在断裂前有明显的塑性变形，断口呈纤维状，没有金属光泽。

2. 冲击试验的应用

（1）确定韧脆转变温度。某些金属材料在一定的低温条件下，其断裂性质由韧性断裂转变为脆性断裂，表现为冲击韧性突然降低，这种现象称为金属材料的冷脆。金属由韧性断裂转变为脆性断裂的温度称为冷脆转变温度。

为了确定材料的冷脆转变温度，可分别在一系列不同温度下进行冲击试验，测定出冲击吸收能量随试验温度的变化曲线，如图 1-10 所示。由曲线可见，冲击吸收能量随温度的降低而减小；在某一温度范围，材料的冲击吸收能量急剧下降，表明材料由韧性状态向脆性状态转变，此变化对应的温度范围即为韧脆转变温度。

金属材料的韧脆转变温度越低，材料低温抗冲击性能越好。这对于在高寒地区或低温条件下工作的机械和工程结构而言，非常重要。在选择金属材料时，应考虑工作的最低温度要高于金属的韧脆转变温度，才能保证正常工作。

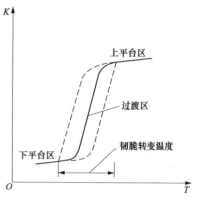

图 1-10 冲击吸收能量-温度曲线

（2）检验钢材的回火脆性、热脆等脆性转变趋势。有一些合金钢在中温区回火时会出现冲击韧性下降的现象，称为回火脆性。也有些结构钢在高温区热加工时会出现冲击韧性下降的现象，称为热脆。

为检验脆性转变趋势是否出现，可通过冲击试验作出冲击吸收能量 K 随试验温度的变化曲线，根据 K 值的变化及冲击断口的形状，了解脆性转变趋势，制订相应的热处理工艺与热加工工艺，避免出现回火脆性、热脆等。

（3）间接分析材料的质量。冲击吸收能量对金属材料的内部组织、缺陷敏感，能灵敏地反映材料品质、宏观缺陷和显微组织方面的微小变化，因而可利用冲击试验来检验冶炼、热处理及各种热加工的产品质量，为改进生产工艺，控制产品质量提供依据。例如可通过测量冲击吸收能量及试样断口分析，判断材料有无脆性转变，检查试样断口有无夹渣、气泡、白点、严重分层、偏折等。

3. 多次冲击试验

金属零件在实际使用过程中，经过一次冲击断裂的情况极少。大多数零件是在一次冲击不足以使零件破坏的小能量多次冲击作用下的破坏。这种破坏是由于多次冲击损伤的累积，导致裂纹的产生与扩展的结果，与大能量一次冲击的破坏过程有本质的区别。因此，对于这些零件不能用一次冲击试验测得的冲击韧性来衡量其对冲击载荷的承受能力，而应采用小能量多次冲击抗力的指标。

大量试验证明，材料对大能量一次冲击的抗力与小能量多次冲击的抗力取决的因素不同。一般一次冲击抗力主要取决于材料的塑性，小能量多次冲击抗力则主要取决于材料的强度。而强度、硬度高的金属材料，往往塑性、韧性较低。为此在设计承受一般冲击载荷的零件时，不应为了追求过高的冲击韧性而降低材料的强度，以免小能量多次冲击抗力过低。

小能量多次冲击试验一般采用落锤式连续冲击试验机，其试验原理如图 1-11 所示。试验机可通过调节冲锤重量、主轴转速及回转半径，变换冲击能量，冲击频率。

试验时将试样放在试验机上，使试样受到试验机锤头一定能量的多次冲击，记录试样在不同冲击能量下，开始出现裂纹和最后破断时的冲击次数，作出冲击能量与冲断周次的关系曲线，由此确定材料对多次冲击的抗力。

多次冲击试验对正确评价金属材料，充分发挥材料的潜力，正确地选材，制订合理的热处理工艺具有重要的意义。

1.1.4 疲劳

1. 疲劳的概念

实际生产中许多机械零件在工作中承受的是大小、方向，都随时间的变化发生周期性变化的重复应力和交变应力，如图 1-12 所示。例如，机械装置中的主轴、曲轴、齿轮、弹簧、轴承等是在这种应力下工作的。这种零件尽管在工作中所受的应力远低于材料的强度极限，甚至低于屈服强度，但经过一定时间的工作后仍会发生断裂，这种现象称为疲劳或疲劳断裂。

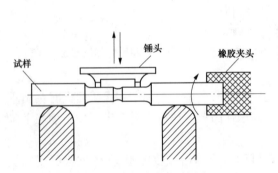

图 1-11 多次冲击试验示意

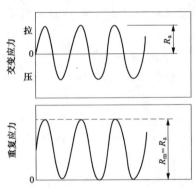

图 1-12 交变应力与重复应力示意

统计数据表明，在循环应力和交变应力下工作的零件 80％以上的失效原因属于疲劳破坏；不管是脆性材料还是塑性材料零件，疲劳断裂都表现为突然的破坏，失效前无明显的变形，疲劳破坏的零件工作应力比较小很容易被忽视，很难预防，所以疲劳破坏经常造成重大事故。疲劳破坏对零件的形状、尺寸、表面状态和使用条件环境比较敏感。因此，为使零件在使用过程安全、可靠、耐久，合理地选择材料、提高材料的疲劳强度是不容忽视的问题。

研究表明，疲劳断裂首先是在零件应力集中的部位或材料强度较低的部位产生，例如在软点、夹杂、原始裂纹、气孔、加工痕等处，先形成微小的裂纹核心，即裂纹源。随后在循环应力、交变应力的反复作用下，裂纹不断扩展长大。由于疲劳裂纹不断扩展，使零件的有效工作面逐渐减小，因此，零件所受应力不断增加，当应力超过材料的强度极限时，则发生突然的疲劳断裂。

金属材料疲劳断裂的断口，一般由疲劳

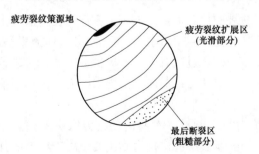

图 1-13 疲劳断口示意

源、疲劳断裂面和最后断裂面组成，如图 1-13 所示。观察疲劳破坏断口，可见疲劳断裂面由于在周期性应力作用下及两裂纹面反复挤压、摩擦的结果，使断口有光滑、发亮的表面；多数疲劳断裂面有明显可见的、围绕疲劳源呈半圆分布的疲劳弧线。最后断裂面的断面比较粗糙，颜色灰暗，断口处可见纤维状或颗粒状的宏观特征。

2. 疲劳指标

材料的疲劳指标，要通过各种载荷的疲劳试验来确定。疲劳试验证明，材料受到的周期性变化的应力越大，则载荷能够循环的周次越少；周期性变化的应力越小，能够循环的周次越多。据此，取多根一定形状、尺寸的试样，在不同的弯曲应力下进行旋转，直至试样断裂。作出循环应力大小与循环周次之间的关系曲线，称为疲劳曲线，如图 1-14 所示。从疲劳曲线可以看出，随着循环应力的降低，循环次数增加。当循环应力降到某一值后，曲线变成水平直线，这表明当循环应力小于某一定值时，材料可经受无数次循环永不断裂（即不发生疲劳破坏），则此应力值称为材料的疲劳极限，用 R_{-1} 表示。

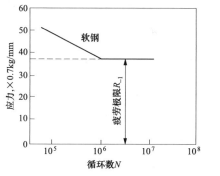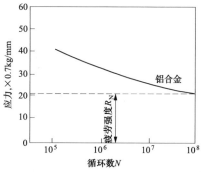

图 1-14 疲劳曲线

一般钢铁材料循环周次为 10^7 时，疲劳曲线逐渐趋近水平，因此规定钢铁材料循环周次为 10^7 时，能承受的最大循环应力为疲劳极限。有色金属材料、高温合金等的疲劳曲线只是逐渐趋近横坐标，没有水平线段。这表明循环周次只是随循环应力的降低而增加，没有明显的疲劳极限。对于这类材料一般规定循环周次为 10^8 时，能承受的最大循环应力为疲劳强度，用 R_N 表示。一般材料疲劳极限与抗拉强度的比值为 $0.4 \sim 0.6$，疲劳极限也是零件设计的重要依据。

由于大部分机械零件的损坏是由疲劳造成的。为了消除或减少疲劳破坏，必须提高零件的疲劳抗力，这对于提高零件的使用寿命有着重要意义。影响疲劳抗力的因素很多，除与材料的本性有关外，在结构设计上注意减轻零件的应力集中，改善零件表面粗糙度，可减小缺口效应，提高疲劳抗力；采用强化表面的处理，如表面淬火、化学热处理、表面喷丸、表面滚压等都可提高表面硬度，改变零件表层的残余应力状态，从而使零件的疲劳抗力提高。

1.1.5 断裂韧性

一般认为零件在许用应力下工作不会发生塑性变形，更不会发生断裂，然而事实并非如此。工程中曾多次出现过在应力低于许用应力情况下，甚至远低于屈服极限的情况下，工程零件发生突然断裂的事故，称为低应力脆断。研究表明，由低应力脆断是由于工件中宏观裂纹的存在引起的。材料和构件中裂纹的存在是很难避免的，它可以在材料的生产和加工过程中产生，如冶金缺陷、锻造裂纹、焊接裂纹、淬火裂纹、机加工裂纹等，也可以在使用过程中产生，如疲劳裂纹、腐蚀裂纹等。裂纹的存在破坏了材料的连续性和均匀性，改变了材料内部应力状态和应力分布，当材料受到外力作用时，裂纹的尖端附近会出现应力集中，使局部应力超过材料的许用应力值，使得裂纹失稳扩展，直至最终断裂。

经典的强度理论是在不考虑裂纹的萌生和裂纹的扩展的条件下进行强度计算的，认为断裂是瞬时发生的。然而实际上无论哪种断裂都有裂纹萌生、扩展直至断裂的过程，因此，断裂在很大程度上取决于裂纹萌生抗力和扩展抗力。断裂韧性就是用来反映材料抵抗裂纹失稳扩展能力的性能指标，通常用临界应力强度因子 K_{IC} 表示。

$$K_{IC} = YR_k \sqrt{a_c} \tag{1-14}$$

式中：Y 为裂纹形状系数，取决于裂纹的形状；a_c 为裂纹长度；R_k 为断裂应力。

断裂韧性是材料本身的一种力学性能指标，主要取决于材料的成分、组织结构及各种缺陷，而与外加应力及试样尺寸等外在因素无关。因此，适当调整成分，通过合理冶炼、加工及热处理获得最佳的组织，就能有效提高材料的断裂韧性，从而提高含裂纹构件的承载能力。

1.2　金属材料的物理化学性能

1.2.1　材料的物理性能

（1）密度。密度是指单位体积的物质质量，用 $\rho(g/cm^3)$ 表示。一般地，金属材料具有较高的密度，陶瓷材料次之，高分子材料最低。材料的密度关系到它们制造的构件或零件的自重。金属材料中密度小于 $5g/cm^3$ 的称为轻金属，如铝、镁、钛及它们的合金，多用于航空航天器、车船等交通运输工具。

（2）熔点。材料由固态变为液态时的温度称为熔点。一般地，晶体材料（如金属、陶瓷）具有确定的熔点，非晶体（如高分子材料、玻璃）没有固定熔点。材料的熔点对其零件的耐热性影响较大，高熔点的陶瓷材料可制造耐高温零件，而高分子材料熔点低、耐热性差，一般不能做耐热构件。

（3）导热性。热能由高温区向低温区传递的现象称为热传导或导热。导热性用热导率 $\lambda[W/(m \cdot K)]$ 表示。一般地，金属材料的导热性较好（其中 Ag 的导热性最好，Cu、Al 次之），而陶瓷材料及高分子材料导热性较差。导热性好的材料可制造散热器、热交换器、活塞等。

（4）导电性。材料传导电流的能力称为导电性，用电阻率 $\rho(\Omega \cdot m)$ 来表示。金属一般具有良好的导电性。导电性与导热性一样，是随合金成分的复杂化而降低的，因而纯金属的导电性比合金好。纯钢、纯铝的导电性好，可用于制作输电线；Ni-Cr 合金、Fe-Mn-Al 合金、Fe-Cr-Al 合金的导电性差而电阻率较高，可用作电阻丝。一般而言，塑料、陶瓷导电性很差，常作为绝缘体使用，但部分陶瓷为半导体，少数陶瓷材料在特定条件下为超导体。通常金属的电阻率随温度升高而增大，而非金属材料则与此相反。

（5）热膨胀性。材料随着温度变化而膨胀、收缩的特性称为热膨胀性。一般而言，材料受热时膨胀而使体积增大，冷却时收缩而使体积缩小。热膨胀性的大小用线胀系数 α_t 来表示。表 1-5 列出常见金属的线胀系数，体胀系数近似为线胀系数的 3 倍。

一般，陶瓷的线胀系数最低，金属次之，高分子材料的线胀系数最高。在温度变化环境下工作的零件，如线胀系数过高，易发生咬死或脱节。

表 1-5　　　　　　　　　　　　常用金属的物理性能

金属名称	符号	密度（20℃）（kg/m³）	熔点（℃）	导热系数［W/(m·K)]	电阻率（$10^{-6}\Omega\cdot cm$）	线胀系数（0～100℃）（10^{-6}/℃）
银	Ag	10.49×10^3	960.8	418.6	1.5	19.7
铜	Cu	8.96×10^3	1083	393.6	1.67～1.68（20℃）	17
铝	Al	2.7×10^3	660	221.9	2.655	23.6
镁	Mg	1.74×10^3	650	153.7	4.47	24.3
钨	W	19.3×10^3	3380	166.2	5.1	4.6（20℃）
镍	Ni	4.5×10^3	1453	92.1	6.84	13.4
铁	Fe	7.87×10^3	1538	75.4	9.7	11.76
锡	Sn	7.3×10^3	231.9	62.8	11.5	2.3
铬	Cr	7.19×10^3	1903	67	12.9	6.2
钛	Ti	4.508×10^3	1677	15.1	42.1～47.8	8.2
锰	Mn	7.43×10^3	1244	4.98(-192℃)	185(20℃)	37

（6）磁性。通常把材料能导磁的性能称为磁性。磁性材料分软磁材料和永磁材料。软磁材料易磁化、导磁性良好，外磁场去除后，磁性基本消失，如电工纯铁、硅钢片等。永磁材料经磁化后，保持磁场，磁性不易消失，如铝镍钴系、稀土钴等。许多金属，如 Fe、Ni、Pb 等有较高的磁性；但也有许多金属是无磁性的，如 Al、Cu、Pb、不锈钢等。非金属材料一般无磁性，但最近也出现了磁性陶瓷（铁氧体）等材料。

当温度升高到一定值时，磁性材料的磁性消失，这个温度称为居里点，如铁的居里点为 770℃。

1.2.2　材料的化学性能

（1）耐蚀性。材料在常温下抵抗氧、水蒸气及其他化学介质腐蚀破坏的能力称为耐蚀性。金属材料中钛及其合金、不锈钢的耐蚀性较好，而碳钢、铸铁的耐蚀性较差。陶瓷材料及高分子材料都具有极好的耐蚀性。耐蚀性好的材料可用于制造食品、化工、制药等设备的零件。

（2）抗氧化性。材料在加热到较高温度时抵抗氧化作用的能力称为抗氧化性。陶瓷材料具有很好的抗高温氧化性，金属材料中加入 Cr、Si 等元素可提高其抗氧化性。抗氧化性好的材料可用于制造高温结构件，如陶瓷可用于制造高温发动机零性，抗氧化性好的耐热钢可制造内燃机排气阀、加热炉底板等工件。

（3）热稳定性。材料的耐腐蚀性和抗氧化性统称化学稳定性，高温下的化学稳定性又称热稳定性。在高温条件下工作的设备（如锅炉、汽轮机、火箭等）上的部件需要选择热稳定性好的材料来制造。

1.3 金属材料的工艺性能

材料工艺性能的好坏，会直接影响制造零件的工艺方法、质量及成本。主要工艺性能有铸造性能、锻造性能、焊接性能、热处理性能、切削加工性能等。

(1) 铸造性能。材料铸造成形获得优良铸件的能力称为铸造性能。衡量铸造性能的指标有流动性、收缩性、偏析等。

1) 流动性。熔融材料的流动能力称为流动性，它主要受化学成分和浇注温度等影响。流动性好的材料容易充满铸腔，从而获得外形完整、尺寸精确和轮廓清晰的铸件。薄壁铸件更是在良好流动性时才能铸成。

2) 收缩性。铸件在凝固和冷却过程中，其体积和尺寸减小的现象称为收缩性。铸件收缩不仅影响尺寸，还会使铸件产生缩孔、疏松、内应力、变形、开裂等缺陷。因此，用于铸造的材料其收缩性越小越好。

3) 偏析。铸件凝固后，内部化学成分和组织的不均匀现象称为偏析。偏析严重的铸件各部分的力学性能会有很大的差异，会降低产品的质量。一般而言，铸铁比钢的铸造性能好，金属材料比工程塑料的铸造性能好。

(2) 锻造性能。锻造性能是指材料是否易于进行压力加工的性能，它取决于材料的塑性和变形抗力。塑性越好，变形抗力越小，材料的锻造性能越好。例如，纯钢在室温下就有良好的锻造性能，碳钢在加热状态锻造性能良好，铸铁则不能锻造。热塑性塑料可经挤压与压塑成形，这与金属挤压和模压成形相似。

(3) 焊接性能。两块材料在局部加热至熔融状态，冷却后能牢固地连接在一起的能力称为该材料的焊接性。碳钢的焊接性主要由化学成分决定，其中碳含量的影响最大。例如，低碳钢具有良好的焊接性，而高碳钢、铸铁的焊接性不好。某些工程塑料也有良好的可焊性，但与金属的焊接机制及工艺方法不同。

(4) 热处理性能。所谓热处理就是通过加热、保温、冷却的方法使材料在固态下的组织结构发生改变，从而获得所要求性能的一种加工工艺。在生产上，热处理既可用于提高材料的力学性能及某些特殊性能以进一步充分发挥材料的潜力，也可用于改善材料的加工工艺性能，如改善切削加工、拉拔挤压加工、焊接性能等。常用的热处理方法有退火、正火、淬火、回火、表面热处理（表面淬火、化学热处理）等。

(5) 切削加工性能。材料接受切削加工的难易程度称为切削加工性能。切削加工性能主要用切削速度、加工表面粗糙度和刀具使用寿命来衡量。影响切削加工性能的因素有工件的化学成分、组织、硬度、导热性、形变强化程度等。一般认为材料具有适当硬度（170～230HBW）和足够脆性时较易切削，所以灰铸铁比钢切削性能好，碳钢比高合金钢切削性好。改变钢的成分和适当热处理能改善切削性能。

习 题

1-1 机械零件在工作条件下可能承受哪些负荷？这些负荷会对机械零件产生什么作用？

1-2 常用的机械工程材料按化学组成可分为哪几大类？什么是结构材料、功能材料和复合材料?

1-3　15 钢从钢厂出厂时，其力学性能指标应不低于下列数值：$R_m=375MPa$，$R_{p0.2}=225MPa$，$A=27\%$，$Z=55\%$。现将本厂购进的 15 钢制成 $S_0=10mm$ 的圆形截面短试样，经过拉伸试验后，测得 $F_b=33.81kN$，$F_s=20.68kN$，$l_k=65mm$，$d_k=6mm$。试问这批 15 钢的力学性能是否合格，为什么。

1-4　下列各种工件应该采用何种硬度试验方法来测定硬度？写出硬度符号。

（1）锉刀；（2）黄铜轴套；（3）供应状态的各种碳钢钢材；（4）硬质合金的刀片；（5）耐磨工件的表面硬化层。

1-5　有关零件图纸上，出现了以下几种硬度技术条件的标注方法，这种标注是否正确？为什么？

（1）230HBW；（2）12～15HRC；（3）70～75HRC；（4）HRC55～60kgf/mm^2；（5）HBW220～250kgf/mm^2。

1-6　有一紧固螺栓使用后发现有塑性变形（伸长），试分析材料的哪些性能指标没有达到要求。

1-7　试根据书中有关表格查出 10、20、30、40、50、60 钢的 R_m、$R_{p0.2}$、A、Z、a_K 的数值，并画出以横坐标为钢号，以纵坐标为各种力学性能的关系曲线。

1-8　K 的含义是什么？有了塑性指标为何还要测定 a_K？

1-9　疲劳破坏是怎样产生的？提高零件疲劳强度的方法有哪些？

1-10　金属材料有哪些工艺性能？哪些金属与合金具有优良的可锻性？哪些金属与合金具有优良的可焊性？

2　金属的晶体结构与变形

2.1　金属的晶体结构

自然界中的固态物质按其内部构成的原子（离子或分子）的排列特征不同，分为晶体和非晶体两大类。

所谓晶体，是指内部原子（离子或分子）在三维空间呈规则地周期性排列的一类物质。常见的晶体如天然金刚石、水晶、氯化钠、冰糖等，另外，绝大多数的金属和合金在固态下都属于晶体。晶体的主要特点：结构有序；具有固定的熔点；一般有规则的几何外形；物理性质表现为各向异性。

所谓非晶体，是指内部原子（离子或分子）在三维空间呈混乱、无序排列的一类物质。常见的非晶体如松香、石蜡、玻璃等。

非晶体的主要特点：结构无序；没有固定的熔点；导热性和热膨胀性小；在相同应力作用下，塑性形变大；化学成分变化范围大等。

2.1.1　晶体结构的基本概念

（1）晶体结构。晶体中原子（离子或分子）规则排列的方式称为晶体结构。为便于研究晶体中原子的排列规律，将实际晶体结构的原子假想成固定不变的刚球，那么晶体就可看成由这些刚球堆砌而成。图 2-1 所示为晶体的原子刚球模型。从图中可看出，刚球模型立体感强、比较直观，但刚球紧密排列在一起，很难看清内部原子排列的规律和特点，不便于进一步研究。

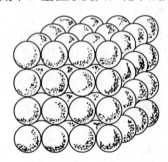

图 2-1　晶体原子的刚球模型

（2）晶格。为了更清楚地研究晶体中原子的排列规律，把组成晶体的原子刚球进一步抽象成质点，然后用一些假想的空间直线将这些质点连接起来就形成三维空间格架。这种用以描述晶体中原子排列的空间格架称为空间点阵或晶格，如图 2-2（a）所示。各连线的交点，称为节点，它们表示原子的中心位置。

（3）晶胞。晶格中原子的排列具有周期性的特点，为简便起见，通常从晶格中选取一个能够完全反映晶格特征的最小几何单元，称为晶胞，如图 2-2（b）所示。

（4）晶格常数。以晶胞左后角上的节点为坐标原点，沿其三条棱边分别作坐标轴 x、y、z（称为晶轴）建立一坐标系，并以三棱边的长度 a、b、c 及各边间的夹角 α、β、γ 这六个参数来表示晶胞的形状和大小，如图 2-2（a）所示。其中三棱边的长度 a、b、c 称为晶格常数，单位为 nm。金属的晶格常数大都为 0.1～0.7nm。

1848 年，法国晶体学家布拉菲（A. Bravais）用数学分析法证明，自然界中晶体的空间点阵只有 14 种，如图 2-3 所示，并称之为布拉菲点阵，这 14 种空间点阵归属于七个晶系，见表 2-1。

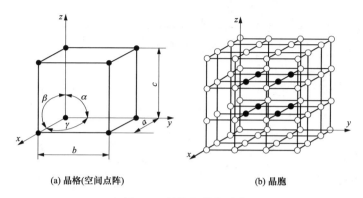

(a) 晶格(空间点阵)　　　　　　　　(b) 晶胞

图 2-2　晶格与晶胞示意

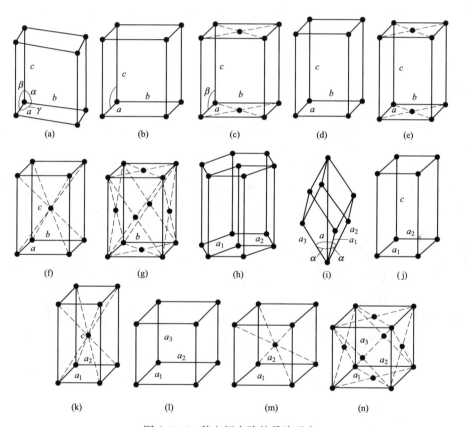

图 2-3　14 种空间点阵的晶胞示意

表 2-1　　　　　　　　　　　**14 种布拉菲点阵与七个晶系**

晶系	空间点阵	棱边长及夹角关系	Pearson 符号	晶胞阵点数	分图号
三斜	简单三斜	$a \neq b \neq c,\ \alpha \neq \beta \neq \gamma \neq 90°$	aP	1	1
单斜	简单单斜 底心单斜	$a \neq b \neq c,\ \alpha = \gamma = 90° \neq \beta$	mP mC	1 2	2 3

续表

晶系	空间点阵	棱边长及夹角关系	Pearson 符号	晶胞 阵点数	分图号
正交	简单正交	$a \neq b \neq c$，$\alpha = \beta = \gamma \neq 90°$	oP	1	4
	底心正交		oC	2	5
	体心正交		oI	2	6
	面心正交		oF	4	7
六方	简单六方	$a_1 = a_2 = a_3 \neq c$，$\alpha = \beta = 90°$，$\gamma = 120°$	hP	1	8
菱方	简单菱方	$a_1 = a_2 = a_3$，$\alpha = \beta = \gamma \neq 90°$	hR	1	9
正方 （四方）	简单正方	$a_1 = a_2 \neq c$，$\alpha = \beta = \gamma = 90°$	tP	1	10
	体心正方		tI	2	11
立方	简单立方	$a_1 = a_2 = a_3$，$\alpha = \beta = \gamma = 90°$	cP	1	12
	体心立方		cI	2	13
	面心立方		cF	4	14

2.1.2　理想金属的晶体结构

1. 三种典型金属的晶体结构

在已知的 80 余种纯金属中，大多数属于立方晶系的体心立方晶格、面心立方晶格和简单六方晶系的密排六方晶格这三种晶体结构。

（1）体心立方晶格（bcc）。体心立方晶格的晶胞（见图 2-4）是一个立方体，8 个原子分别位于立方体的顶角上，1 个原子位于立方体的中心，且与 8 个顶角原子紧密接触。顶角上的 8 个原子与相邻 8 个晶胞所共有，中心的原子归该晶胞所独有。

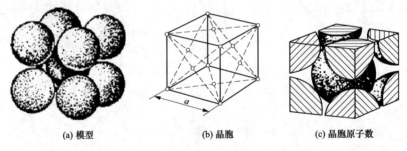

(a) 模型　　　　　　　　(b) 晶胞　　　　　　　　(c) 晶胞原子数

图 2-4　体心立方晶胞示意

体心立方晶格具有下列特征：

1）晶格常数。体心立方晶胞是立方体，故晶格常数 $a = b = c$，三条棱边的夹角 $\alpha = \beta = \gamma = 90°$。

2）晶胞原子数 n。晶胞中的原子数是指一个晶胞所包含的原子数目，$n = 1/8 \times 8 + 1 = 2$。

3）原子半径 r。原子半径是指晶胞中相距最近的两个原子之间距离的一半。对于体心立方晶胞，体对角线上的原子紧密接触，距离最近，所以其原子半径用晶格常数表示为 $r = \sqrt{3}/4a$。

4）致密度 K。致密度是指晶胞中的原子所占有的体积与该晶胞体积之比，致密度越大，原子排列越紧密。体心立方晶胞的致密度为

$$K = \frac{nv}{V} = \frac{2 \times \frac{4}{3}\pi r^3}{a^3} = \frac{2 \times \frac{4}{3}\pi \times \left(\frac{\sqrt{3}}{4}a\right)^3}{a^3} \approx 0.68 \tag{2-1}$$

即一个晶胞中有 68% 的体积被原子所占据，其余为空隙。

5）配位数。配位数是指晶格中与任一原子最近邻且等距离的原子数目。体心立方晶格的配位数为 8，如图 2-5（a）所示。配位数越大，晶格中原子排列的紧密程度越大。

具有体心立方晶格的金属有 α-Fe、Cr、Mo、W、V、Nb 等 30 余种。

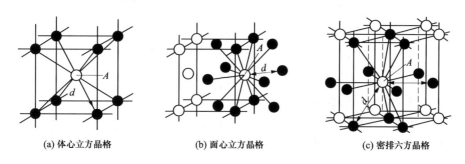

(a) 体心立方晶格　　　　　　(b) 面心立方晶格　　　　　　(c) 密排六方晶格

图 2-5　三种晶格的配位数示意

（2）面心立方晶格（fcc）。面心立方晶格的晶胞也是一个立方体，如图 2-6 所示。在立方体的 8 个顶角和 6 个面的中心位置各分布着一个原子，且面中心的原子与该面 4 个角上的原子相切。

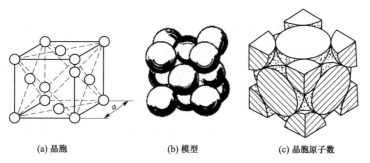

(a) 晶胞　　　　　　　　(b) 模型　　　　　　　　(c) 晶胞原子数

图 2-6　面心立方晶胞示意

面心立方晶格具有下列特征。

1）晶格常数。$a = b = c$，$\alpha = \beta = \gamma = 90°$。

2）晶胞原子数。$n = 1/8 \times 8 + 1/2 \times 6 = 4$。

3）原子半径。对于面心立方晶胞，面对角线上的原子紧密接触，距离最近，所以其原子半径用晶格常数表示为 $r = \sqrt{2}/4a$。

4）致密度。经计算，面心立方晶格的致密度为 0.74(74%)。

5）配位数。面心立方晶格的配位数为 12，如图 2-5（b）所示。

具有面心立方晶格的金属有 γ-Fe、Al、Cu、Ni、Au、Ag 等。

（3）密排六方晶格（hcp）。密排六方晶格的晶胞是一个正六棱柱体，如图 2-7 所示。在晶胞的 12 个顶角上各有 1 个原子，上下底面的中心各分布着 1 个原子，晶胞内部的空隙里还有 3 个原子。

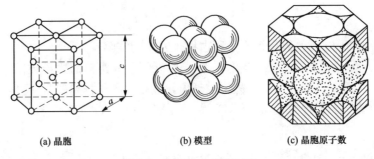

(a) 晶胞　　　　　　(b) 模型　　　　　　(c) 晶胞原子数

图 2-7　密排六方晶胞示意

密排六方晶格具有下列特征：

1）晶格常数。用底面边长 a 和两底面之间的距离 c 来表示。

2）晶胞原子数。密排六方晶胞中每个顶角上的原子均为 6 个晶胞所共有，而上、下底面中心的原子则同时为两个晶胞所共有，再加上晶胞内的 3 个原子，则晶胞原子数 $n = 1/12 \times 6 + 1/2 \times 2 + 3 = 6$。

3）原子半径。上、下底面的中心原子与周围 6 个顶角上的原子相切，则原子半径 $r = a/2$。

4）致密度。密排六方晶格的致密度为 0.74(74%)。

5）配位数。密排六方晶格的配位数为 12，如图 2-5（c）所示。

具有密排六方晶格的金属有 Cd、Zn、Mg、α-Ti、Be 等。

2. 金属晶体中的晶向与晶面

晶体中任意两个原子之间的连线所指的方向称为一个晶向，由一系列原子所组成的平面称为一个晶面。晶体中的许多性能都与晶体中的特定晶向和晶面密切相关，为便于研究和表述不同晶向和晶面的原子排列情况及其在空间的位置，通常采用晶向指数和晶面指数来表示。

（1）晶向指数的标定方法。

1）设坐标。以晶胞的三个棱边为坐标轴，以棱边长度（即晶格常数）作为坐标轴的长度单位。

2）作平行线。从坐标原点作一条直线平行于待标定晶向。

3）求坐标值。在所作平行线上任取一点，求出该点的坐标值。

4）化整数。将三个坐标值化约成互质整数。

5）入括号 []。将化简的坐标值依次写入方括号中，即得到所求的晶向指数。

立方晶格中的三个重要晶向如图 2-8 所示。

一般以 $[uvw]$ 来表示晶向指数的普遍形式，如果晶向指向坐标的负方向，则坐标值出现负值，这时要在晶向指数的该数字上加上一负号，如图 2-8 中所示的 $[\bar{1}10]$。

一个晶向指数表示一系列平行同向的晶向。所有原子排列规律相同，方向不同的晶向同属一晶向族。一晶

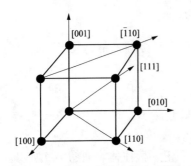

图 2-8　立方晶格中的三个重要晶向

向族中的各晶向指数的数字相同，但符号、次序不同，以 $\langle uvw \rangle$ 记之。如 $\langle 100 \rangle$ 晶向族包括 $[100]$、$[010]$、$[001]$ 三个晶向及反向 $[\bar{1}00]$、$[0\bar{1}0]$、$[00\bar{1}]$，共 6 个晶向。

（2）晶面指数的标定方法。

1）设坐标。以晶胞的三个棱边为坐标轴，以棱边长度（即晶格常数）作为坐标轴的长度单位建立坐标系。坐标原点应位于待标定晶面之外，以免出现零截距。

2）求截距。求出待定晶面在各坐标轴上的截距。

3）取倒数。取各截距的倒数。

4）化整数。将三个倒数值约成互质整数。

5）入括号。将化简的互质整数依次写入圆括号中，即得到所求的晶面指数。

晶面指数一般以 (hkl) 表示。如果晶面在某一坐标轴上的截距为负值，则要在相应的数值上加上一负号。如果晶面与其中的一个坐标轴平行，就认为在其上的截距为 ∞，其倒数为 0。图 2-9 所示为立方晶格中的三个重要晶面。

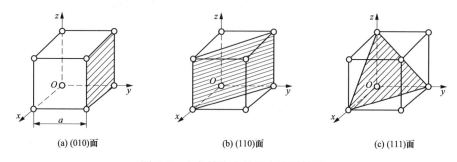

(a) (010)面   (b) (110)面   (c) (111)面

图 2-9　立方晶格中的三个重要晶面

一个晶面指数表示一系列平行晶面。所有原子排列规律相同，方位不同的晶面属同一晶面族。晶面族用花括号 $\{h\,k\,l\}$ 表示。例如，$\{110\}$ 晶面族包含 (110)、(101)、(011)、$(\bar{1}10)$、$(\bar{1}01)$、$(0\bar{1}1)$ 六个晶面。

（3）晶体的各向异性。由于晶体中不同晶面和晶向上的原子排列紧密程度不同，因而晶体在不同方向上表现出不同的物理、化学和力学性能，此特性称为晶体的各向异性。

如果晶体内部的晶格位向完全一致，则称为单晶体。单晶体是理想状态的晶体结构，它们只有在特殊条件下才能得到。单晶体具有明显的各向异性。例如，具有体心立方晶格的 α-Fe 单晶体的弹性模量，在边长方向 $[100]$ 方向为 135GPa，而在对角线 $[111]$ 方向为 290GPa，后者是前者的两倍多。同时，在这两个晶向上的屈服强度、磁导率等，也表现出明显的不同。晶体的各向异性，在以后研究金属塑性变形时，将是一个重要理论基础。

2.1.3　实际金属的晶体结构

由于结晶和加工条件等原因，实际金属的晶体结构有多晶体结构和存在晶体缺陷两个特点。

1. 多晶体结构

实际使用的金属材料并非单晶体，其结构是由许多位向不同的小单晶体组成的多晶体结构，如图 2-10 所示。每个小单晶体在空间上呈不规则的颗粒状，称为晶粒。晶粒与晶粒之间的边界称为晶界。由于多晶体中晶粒位向是任意的，晶粒的各向异性被相互抵消和补充，因此多晶体表现出各向同性。如上述 α-Fe 的弹性模量，在各个方向的数值均为 210GPa，表现为各向同性。

2. 晶体缺陷

在实际金属内部都存在着某些局部区域原子排列不规则的现象。通常把这种原子排列不完整，偏离理想分布的结构区域称为晶体缺陷。按照缺陷的几何形状特征，可将其分为点缺陷、线缺陷和面缺陷三大类。

（1）点缺陷。点缺陷是指晶格中三维尺寸都很小（不超过几个原子直径）的缺陷。常见的点缺陷包括空位、间隙原子、置换原子等。

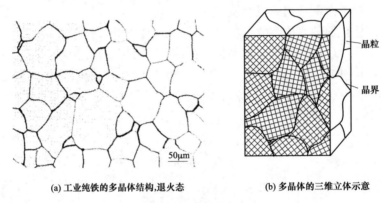

(a) 工业纯铁的多晶体结构,退火态   (b) 多晶体的三维立体示意

图 2-10 多晶体示意

1）空位。空位是指晶格中某个原子脱离了其平衡位置而形成的空结点，如图 2-11（a）所示。空位的浓度随着晶体温度的升高而提高，另外，塑性变形、高能粒子辐射、热处理等也会促进空位的形成。

2）间隙原子。间隙原子是指位于晶格间隙之中的原子，如图 2-11（b）所示。间隙原子大多数是原子半径很小的原子，如钢中的氮、碳、硼等。

3）置换原子。置换原子是指晶格的正常结点上被其他异类原子所替代而形成的点缺陷，如图 2-11（c）所示。

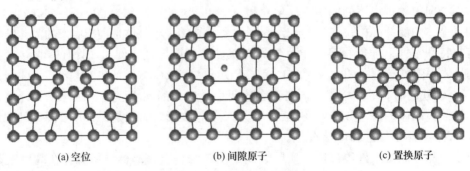

(a) 空位   (b) 间隙原子   (c) 置换原子

图 2-11 晶体中的点缺陷

点缺陷对性能的影响：造成局部晶格畸变，使金属的电阻率增加、屈服强度提高，但塑性、韧性下降。

（2）线缺陷。线缺陷是指晶体中一维方向尺寸较大，其他二维方向尺寸较小的缺陷。线缺陷通常指各种类型的位错。位错的概念最早由意大利数学家和物理学家维托·伏尔特拉

（Vito Volterra）于1905年提出。位错又称为错位（英文名称dislocation），它指的是一列或多列原子有规律的错排区域，可视为晶体中已滑移部分与未滑移部分的分界线。位错有刃型位错和螺型位错两种基本形式。

1）刃型位错。刃型位错如图2-12（a）所示。ABCD晶面上部的晶体相对于下部的晶体多出了一个半原子面EFGH，此半原子面好像一把刀切入晶体中，使刃口线（称为位错线，即EF）周围几个原子间距内的原子产生了错排，故此种位错称为刃型位错。刃型位错的形成可看成ABCD上部的晶体在外力作用下相对于下部晶体向左滑动了一个原子间距，如图2-12（b）所示。其中，ABCD为滑移面，位错线EF就是已滑移区ABFE和未滑移区EFCD的交界线。刃型位错有正负之分，半原子面在滑移面上方的称为正刃型位错，半原子面在滑移面下方的称为负刃型位错。

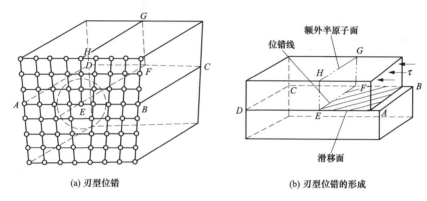

(a) 刃型位错　　　　　　　　　(b) 刃型位错的形成

图 2-12　刃型位错示意

2）螺型位错。图2-13（a）所示为螺型位错示意。晶体右侧上部的晶体相对于下部的原子在切应力作用下向后错动了一个原子间距，若将错动区的原子用线连接起来，则具有螺旋线的特征，故称螺型位错。图2-13（b）所示为位错线周围的原子排列示意，EF是位错线，位错线周围的原子失去正常的排列，沿位错线的原子每绕轴一周，原子面向前移动一个原子间距。

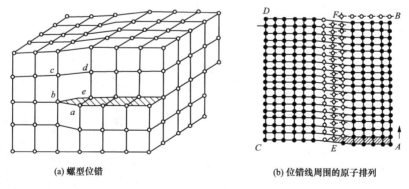

(a) 螺型位错　　　　　　　　　(b) 位错线周围的原子排列

图 2-13　螺型位错示意

实际金属中的位错很多，位错线甚至相互连接呈网状，如图2-14所示。

通常用位错密度 ρ 来表示金属中位错的多少。位错密度是指单位体积中位错线的总长度或单位面积上位错线的数量。

$$\rho = \frac{\sum L}{V} \tag{2-2}$$

式中：ρ 为位错密度，cm^{-2}；$\sum L$ 为位错线的总长度，cm；V 为晶体体积，cm^3。

　　一般经适当退火的金属，其位错密度 $\rho \approx 10^6 \sim 10^8 \, cm^{-2}$，而经过剧烈冷变形的金属，其位错密度可增至 $10^{11} \sim 10^{12} \, cm^{-2}$。位错的存在极大地影响金属的力学性能，如图 2-15 所示。当金属为理想晶体或仅含有极少量位错时，金属的屈服强度 R_{eL} 很高。随着位错密度的增加，R_{eL} 逐渐降低。当对金属进行形变加工时，位错密度增加，由于位错之间的相互作用和制约，R_{eL} 又会随之提高。实际生产中，一般通过增加位错密度的方法来提高金属的强度。

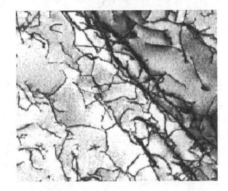

图 2-14　透射电镜下钛合金中的位错线（黑线）

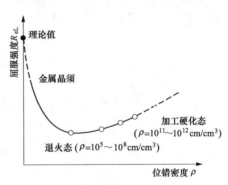

图 2-15　金属的强度与位错密度的关系

　　（3）面缺陷。面缺陷是指二维尺寸很大而第三维尺寸很小的缺陷。金属晶体中的面缺陷主要是晶界和亚晶界。

　　1）晶界。金属是多晶体，是由大量外形不规则的单晶体即晶粒组成的。晶粒和晶粒之间的接触界面称为晶界。晶界实际上是不同位向晶粒之间的原子排列过渡层，其原子排列规则性较差，如图 2-16（a）所示。

　　2）亚晶界。晶粒也不是完全理想的单晶体，而是由许多位向差很小的亚晶粒组成的，如图 2-17 所示。亚晶粒之间的边界称为亚晶界。亚晶粒之间的位向差很小，最多 $1° \sim 2°$。亚晶界可看作由同号刃型位错垂直排列成位错墙而构成的，如图 2-16（b）所示。

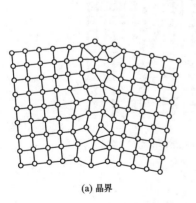
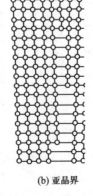

(a) 晶界　　　　　(b) 亚晶界

图 2-16　晶界与亚晶界原子排列示意

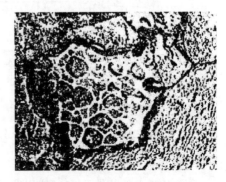

图 2-17　金镍合金中的亚晶粒

晶界和亚晶界均可提高金属的强度，同时也能提高金属的塑性。晶界越多，晶粒越细，对塑性变形的阻碍作用越大，塑性变形抗力就越大，强度就越高；晶粒越细，金属的塑性变形能力也越大，塑性就越好。另外，晶界和亚晶界对金属中许多过程的进行也具有极为重要的作用。

（4）晶体缺陷对金属材料性能的影响。晶体缺陷及其附近均有明显的晶格畸变，对金属的塑性变形、固态相变及扩散等过程都起着重要的作用，进而对金属材料的性能产生重要的影响，见表 2-2。需要说明的是，在实际晶体结构中，上述晶体缺陷并不是静止不变的，会随着温度和加工过程等条件的改变而不断变化，它们之间可以发生交互作用，并且能合并和消失。

表 2-2   **金属晶体缺陷和对性能的影响**

缺陷种类		名称	对金属性能的影响
按晶体缺陷几何尺寸分	点缺陷	晶格空位	点缺陷造成局部晶格畸变，使金属的强度、硬度和电阻增加。点缺陷的运动是金属中原子扩散的主要方式
		间隙原子	
		置换原子	
	线缺陷	位错	减少或增加位错密度都可以提高金属的强度
	面缺陷	晶界	晶界和亚晶界均可提高金属的金属强度。晶界越多，晶粒越细，金属的塑性变形能力越大，塑性越好
		亚晶界	

2.2 金属的结晶

金属的晶体结构多和液态金属的结晶过程有关。另外，工业生产中绝大多数金属的制造都要经历熔炼和铸造过程，也就是经历由液态转变为固态的结晶过程。由于金属结晶时形成的组织与其他各种性能有着密切的关系，因此研究金属结晶过程的基本规律，对改善金属材料的性能具有重要意义。纯金属和合金的结晶都遵循结晶的基本规律。只是合金的结晶比纯金属的要复杂些，为便于研究，本节先介绍纯金属的结晶，合金的结晶将在第 3 章介绍。

2.2.1 纯金属结晶的条件

1. 金属结晶的充分条件

试验结果表明，液态金属内部的原子并非是完全无规则的混乱排列，而是在短距离小范围内呈现出短程有序排列，即存在短程有序的原子集团，如图 2-18 所示。由于液态金属内部的原子热运动比较强烈，这些短程有序排列的原子集团是不稳定的，它们只能存在短暂的时间就会很快消失，同时新的短程有序排列集团又会不断地形成，出现了"时起时伏、此起彼伏"的现象。这种结构不稳定的现象称为结构起伏，但液态金属原子在大的范围内仍是无序分布的，即长程无序。

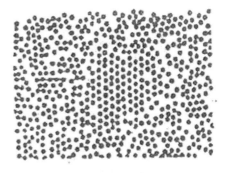

图 2-18 液态金属原子短程有序排列示意

因此，液态金属结晶的充分条件是存在着结构起伏，这是金属结晶的内因。

2. 金属结晶的必要条件

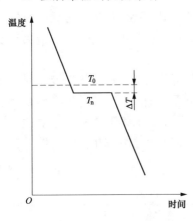

图 2-19 液态纯金属的冷却曲线

在液态纯金属的冷却过程中，可以用热分析法来测定其温度的变化规律，即冷却曲线，如图 2-19 所示。液态金属从高温开始冷却并向环境散热，温度均匀下降。理论而言，液态金属在以相当缓慢的冷却速度下冷却到熔点温度，就会开始结晶出固体。以相当缓慢的速度冷却结晶而得到的冷却曲线，只是一种理想状态，实际上很难实现。通常把金属的熔点 T_0 称为理论结晶温度，而实际金属冷却时，总是在一定的冷却速度下进行的，只有把温度下降到 T_0 温度以下 T_n 后金属才开始结晶，这种现象称为过冷现象。因此，过冷是纯金属结晶的必要条件。通常把 T_n 称为实际结晶温度，其与理论结晶温度之差称为过冷度 ΔT，即 $\Delta T = T_0 - T_n$。

试验表明，过冷度不是一个恒定值，它与纯金属的性质、纯度和冷却速度有关。对于同一种金属，冷却速度越大，实际结晶温度越低，则过冷度 ΔT 越大，如图 2-20 所示。

液态金属之所以必须在一定过冷度下才开始结晶，是由热力学条件决定的。图 2-21 所示为同一物质液态与固态材料的自由能（自由能是表征物质能量的一个状态函数）与温度的关系曲线，由于固、液态材料的自由能曲线的斜率不同，故两条曲线相交于一点，如图中 T_0。在此温度下，固态与液态的自由能相等，这相当于平衡结晶温度，所以不会结晶。当温度低于 T_0 某一温度时，固态自由能低于液态自由能，就可自发地进行结晶。温度越低，过冷度越大，液态和固态的自由能差越大，金属结晶的驱动力就越大，结晶越容易进行。这就是金属结晶时必须过冷的根本原因。

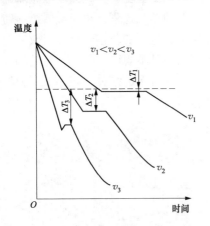

图 2-20 不同冷却速度下的冷却曲线

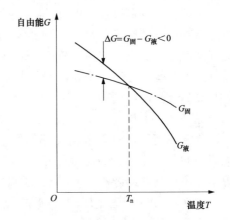

图 2-21 自由能随温度变化示意

由于金属的晶体结构比较简单，并总含有杂质，所以实际结晶时的过冷并不大，一般只有几摄氏度或十几摄氏度，通常不超过 20℃。

2.2.2 纯金属结晶的过程

液态纯金属的结晶是依靠晶核形成和晶核长大两个基本过程来实现的，这是结晶的普遍规律，如图 2-22 所示。

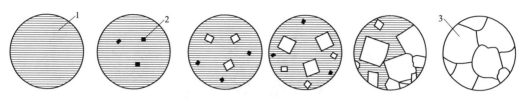

图 2-22 液态金属结晶过程示意
1—液体；2—晶核；3—晶粒

当液态金属冷却至结晶温度后，一些短程有序的较大尺寸的原子集团开始变得稳定，并形成极细小的晶体，称为晶核。晶核形成后，不断吸附周围原子而长大。同时在液态金属中又会产生新的晶核并不断长大，直至液态金属消失，最后形成许许多多外形不规则、尺寸大小不等的小晶体（即为晶粒）。金属结晶结束后，就形成了实际金属的多晶体结构。

1. 晶核的形成

液态金属结晶时有自发形核和非自发形核两种方式。

（1）自发形核。自发形核是指由液态金属内部短程有序排列的原子集团自发形成晶核的过程。自发形核的形核率 N（单位时间内单位体积液体中形成的晶核数目）与液体的过冷度和原子的活动能力有关。随着过冷度的增加，结晶驱动力增大，晶核易于形成，形核率 N 增加。但是，过冷度的增加又意味着实际结晶温度降低，使原子的扩散能力下降，结果造成形核困难，又使形核率减小。

（2）非自发形核。非自发形核是指依附于液态金属中的固态杂质表面而形成晶核的过程。由于实际的液态金属中，总是或多或少地含有某些杂质，这些杂质可作为结晶的核心，大大提高形核率。

自发形核和非自发形核是同时存在的，但主要按非自发形核方式进行。这是因为自发形核时需要较高的过冷度，而非自发形核时，晶核依附于杂质表面形核，可使形核时的过冷度大大降低。通常条件下，实际金属形核所需的过冷度最多不超过 20℃，一般只有几摄氏度，而纯铁自发形核时的过冷度高达 295℃。

2. 晶核的长大

晶核一旦形成，其长大就开始了。晶体长大的过程也就是液态金属中的原子不断向晶核表面堆砌，固相界面不断向液态金属中推移的过程。

晶核长大初期，外形比较规则，但随着晶核的长大，晶体的棱角逐渐形成。由于棱角处散热速度快，因而优先长大，如树枝一样先形成枝干，称为一次晶轴或一次枝晶，如图 2-23 所示。一次晶轴上同样会出现很多凸出的尖端，长大后成为新的枝晶，称为二次晶轴或二次枝晶，依次类推，会长出三次、四次枝晶等。晶核的这种长大方式称为树枝状长大，图 2-24 所示为树枝状晶体的形貌。若金属纯度高，结晶时又能不断得到金属液的补充，则结晶后看不到任何树枝晶的痕迹，只能看到各个外形不规则的晶粒。

2.2.3 结晶后的晶粒大小

晶粒的大小称为晶粒度，通常以单位面积的晶粒数目或晶粒的平均直径来表示。

金属结晶后的晶粒大小对金属材料的性能有很大的影响。常温下工作的金属，晶粒越细小，强度和硬度越高，同时塑性和韧性也越好。

金属晶粒的大小取决于形核率 N 和长大率 G（单位时间内晶体长大的线长度）。N/G

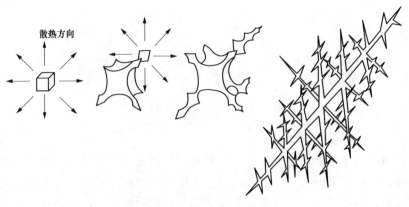

图 2-23　晶体树枝状长大示意

(a) 金属的树枝晶Ⅰ

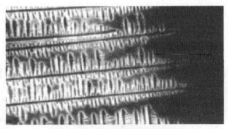

(b) 金属的树枝晶Ⅱ

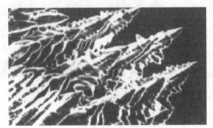

(c) 金属的树枝晶Ⅲ

(d) 冰的树枝晶

图 2-24　树枝状晶体的形貌

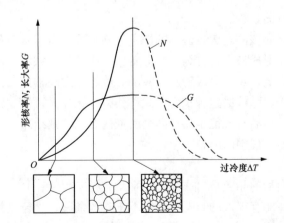

图 2-25　金属结晶时形核率、长大率与过冷度的关系

的比值越大，晶粒越细小，因此凡是能促进形核、抑制长大的因素都能细化晶粒。工业生产中经常采用以下方法控制金属结晶后的晶粒大小。

1. 增大过冷度

形核率 N 和长大率 G 都随着过冷度的增大而增大。但两者的增大速率不同，形核率的增大速率大于长大率的增大速率，如图 2-25 所示。在一般的金属结晶时的过冷度范围内，增大过冷度能细化晶粒。在工业生产中，增大过冷度最常用的措施是提高金属凝固时的冷却速度，常通过改变各种铸造条件来实现。例如，采用金属型代替砂型等。近年来发展起来的快速凝固技术可获得晶粒尺寸小于微米数量级的超细晶粒金属材料。

2. 变质处理

用增加过冷度的方法细化晶粒只对小型或薄壁的铸件有效，对较大的厚壁铸件，只使表层金属的晶粒得到细化。而且过大的过冷度还可能导致某些形状复杂的铸件产生过大的内应力，甚至出现变形或开裂等铸造缺陷。因此，增加过冷度的方法受到一定限制，而广泛采用变质处理的方法来细化晶粒。

变质处理是指在浇注前往液态金属中加入一定量的变质剂，促进非自发形核来细化晶粒的工艺方法。例如，在铸铁中加入硅铁或硅钙合金，可细化石墨片和珠光体，从而生产出高强度的孕育铸铁，如图 2-26 所示。还有一类变质剂，虽不能提供结晶核心，但能阻止晶粒长大，如在铝硅合金中加入钠盐就是这个作用。

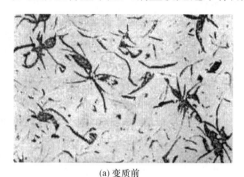

(a) 变质前　　　　　　　　　　　　　(b) 变质后

图 2-26　变质处理前后铸铁的显微组织

3. 振动或搅拌

对正在结晶的金属进行振动或搅拌，可使长大中的枝晶破碎而增加新的结晶核心，从而增大形核率，使晶粒细化。例如，用机械的方法使铸型振动或变速转动，进行超声波处理等。

2.3　金属的变形及再结晶

金属材料受到外力作用时会发生塑性变形。塑性变形不仅使金属材料的形状或尺寸发生改变，其内部组织和性能也会发生相应变化。塑性变形是金属零件成形的重要方法，也是改善材料性能的重要手段。因此，研究材料在变形过程中的变形机理及其影响因素，不仅可以改善材料的性能，对合理选用材料和改进材料的加工工艺具有重要的理论和实际意义。

2.3.1　金属的塑性变形

1. 单晶体的塑性变形

单晶体塑性变形的基本方式主要有滑移和孪生两种，但主要方式是滑移。

（1）滑移。滑移是指在切应力的作用下，晶体的一部分相对于另一部分沿着一定的晶面（滑移面）和晶向（滑移方向）发生相对滑动的过程。滑移变形有以下特点：

1）滑移只能在切应力的作用下发生。产生滑移的最小切应力称为临界切应力。单晶体受力后，外力在任何晶面上都可分解为正应力和切应力。正应力只能引起弹性变形及解理断裂。只有在切应力的作用下金属晶体才能产生塑性变形，如图 2-27 所示。

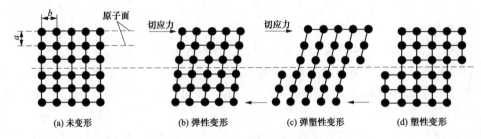

(a) 未变形　　　(b) 弹性变形　　　(c) 弹塑性变形　　　(d) 塑性变形

图 2-27　单晶体滑移变形示意

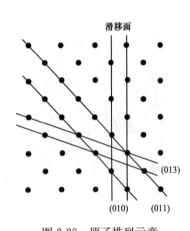

图 2-28　原子排列示意

2）滑移总是沿晶体中原子密度最大的晶面（密排面）和其上密度最大的晶向（密排方向）进行。这是因为密排面之间的面间距最大，结合力最弱；又由于密排方向上的原子间距最小，原子在密排方向上移动距离最短，发生滑移所需的临界切应力最小，如图 2-28 所示。

一个滑移面和该面上的一个滑移方向结合起来组成一个滑移系。三种常见金属晶格的滑移系见表 2-3。滑移系越多，金属发生滑移的可能性越大，塑性就越好。滑移方向对塑性的贡献比滑移面更大，面心立方晶格和体心立方晶格的滑移系的数量相同，但面心立方晶格的滑移方向多于体心立方晶格，因此，其塑性好于体心立方晶格。例如，属于面心立方晶格的金、银和铜等金属的塑性明显高于体心立方晶格的铁和铬。

表 2-3　　　　　　　　　　　　　三种常见金属晶格的滑移系

晶格	体心立方晶格		面心立方晶格		密排六方晶格	
滑移面	$\{110\} \times 6$		$\{111\} \times 4$		$\{0001\} \times 1$	
滑移方向	$<111> \times 2$		$<110> \times 3$		$<11\overline{2}0> \times 3$	
滑移系	$6 \times 2 = 12$		$4 \times 3 = 12$		$1 \times 3 = 3$	

3）滑移时晶体伴随着转动。在拉伸时，单晶体发生滑移，外力将发生错动，产生一力偶，迫使滑移面向拉伸轴平行方向转动，如图 2-29 所示。同时晶体还会以滑移面的法线为转轴转动，使滑移方向趋向于最大切应力方向，如图 2-30 所示。

4）滑移是通过位错的运动来实现的。滑移并非是晶体两部分沿滑移面做整体的相对滑动，滑移是通过滑移面上位错的运动来实现的，如图 2-31 所示。若是整体相对滑动，所需的理论临界切应力值比实际测量的临界切应力值大 3～4 个数量级。晶体通过位错运动产生滑移时，只有位错中心的少数原子发生移动，它们移动的距离远小于一个原子间距。由于位错每移出晶体一次造成一个原子间距的变形量，因此晶体发生的总变形量一定是这个方向上的原子间距的整数倍。滑移的结果在晶体表面形成台阶，称为滑移线。若干条滑移线组成一个滑移带，如图 2-32 所示，图 2-33 所示为工业纯铜中的滑移带。

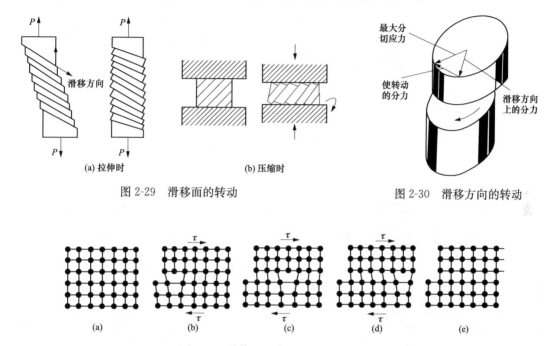

图 2-29　滑移面的转动　　　　　　　　　图 2-30　滑移方向的转动

图 2-31　晶体通过位错运动造成滑移示意

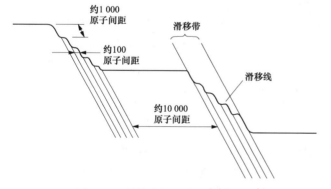

图 2-32　晶体中的滑移线和滑移带

图 2-33　工业纯铜中的滑移带

（2）孪生。孪生是指在切应力作用下，晶体的一部分相对于另一部分沿一定晶面（孪生面）和晶向（孪生方向）发生切变的过程。发生切变而位向改变的这一部分晶体称为孪晶。孪晶与未变形部分晶体原子分布形成对称，如图 2-34 所示。孪生所需的临界切应力比滑移的大得多，因此，孪生只在滑移很难进行的情况下才发生。体心立方晶格金属在室温和受冲击时才发生孪生。滑移系较少的密排六方晶格金属，如镁、锌、镉等，则容易发生孪生。

图 2-35 所示为锌晶体中的变形孪晶组织。

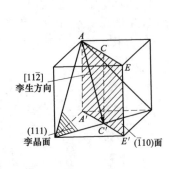
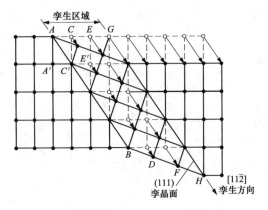

图 2-34　孪生示意

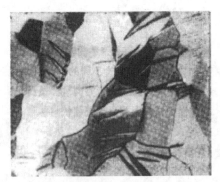

图 2-35　锌晶体中的孪晶组织

2. 多晶体的塑性变形

多晶体在塑性变形过程中，每个晶粒内部也是以滑移为主要变形方式，但是由于晶粒之间存在位向差，并且存在晶界，故多晶体的塑性变形要复杂得多。

多晶体中每个晶粒位向不一致，一些晶粒的滑移面和滑移方向接近于最大切应力方向（称晶粒处于软位向），另一些晶粒的滑移面和滑移方向与最大切应力方向相差较大（称晶粒处于硬位向）。晶粒受到外力作用时，处于软位向的晶粒首先发生滑移。由材料力学可知，拉伸时，在与外力呈 45°方向上的切应力最大，偏移该方向越远，则切应力越小（与外力平行或垂直方向的切应力等于零）。各个晶粒的位向是无序的，有的晶粒的滑移面和滑移方向可能接近 45°方向，为软位向；有的晶粒的滑移面和滑移方向可能偏离 45°方向，为硬位向。这样，处于软位向的晶粒先发生滑移变形，而处于硬位向的晶粒可能还只有弹性变形。由此可见，由于多晶体金属中每个晶粒所处的位向不同，金属的塑性变形将会在不同晶粒中逐批发生，是不均匀的塑性变形过程。如图 2-36（a）所示，用 A、B、C 表示出不同位向晶粒分批滑移的次序。

在外力的作用下，多晶体金属中软位向的晶粒优先产生滑移变形，硬位向的相邻晶粒尚不能滑移变形，只能以弹性变形相平衡。由于晶界附近点阵畸变和相邻晶粒位向的差异，变形晶粒中位错移动难以穿过晶界传到相邻晶粒，致使位错在晶界处塞积，只有进一步增大外力变形才能继续进行。如图 2-36（b）和图 2-37 所示，随着变形加大，晶界处塞积的位错数目不断增多，应力集中也逐渐提高。当应力集中达到一定程度后，相邻晶粒中的位错便开始滑移，变形就从一批晶粒扩展到另一批晶粒。同时，一批晶粒在变形过程中逐步由软位向转变为硬位向，变形越来越困难，另一批晶粒又从硬位向转变为软位向，参加滑移变形，从而使变形在不同位向的晶粒之间交替地发生。

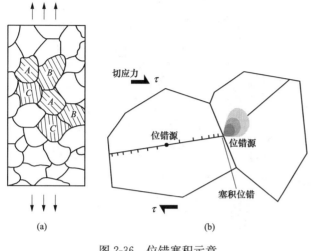

图 2-36 位错塞积示意

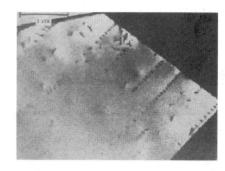

图 2-37 Cu-4.5Al 合金晶界的位错塞积

所以，多晶体的塑性变形，是在各晶粒互相影响、互相制约的条件下，从少数晶粒开始，分批进行，逐步扩大到其他晶粒，从不均匀的变形逐步发展到均匀的变形。当有大量晶粒发生滑移后，金属便显示出明显的塑性变形。

金属晶粒越细，晶界越多，由位错塞积所造成的应力越集中，则需要较大的外力才能使相邻晶粒发生塑性变形，从而使变形抗力增大，金属的强度就越高；同时，金属晶粒越细，单位体积内晶粒数目越多，参与变形的晶粒数目也越多，同样的变形量分散在更多的晶粒内进行，减小了应力集中，使材料在断裂前能发生更大的塑性变形，因此使金属的塑性提高。此外，金属的晶粒越细，晶界曲折越多，越不利于裂纹的传播，从而在断裂过程中消耗更多的能量，因此，金属的韧性也较好。通过细化晶粒来同时提高金属的强度、硬度、塑性和韧性的方法称为细晶强化。

3. 合金的塑性变形

合金的组织是单相固溶体时，由于溶质原子溶入，会产生固溶强化。固溶强化的原因如下：一是溶质原子使晶格发生畸变，阻碍了位错的运动，塑性变形抗力增加，金属的强度提高；二是溶质原子常常位于位错附近，减少了晶格畸变，使位错处于较稳定的状态，可动位错数量减少。

当合金的组织由多相混合物组成时，合金的塑性变形除与合金基体的性质有关外，还与第二相的性质、形态、大小、数量和分布有关，工业合金中第二相多数是金属化合物。

当第二相在晶界呈网状分布时，对合金的强度和塑性不利；当第二相在晶内呈片状分布时，可提高强度、硬度，但会降低塑性和韧性；当第二相在晶内呈颗粒状弥散分布时，金属化合物的硬质点会阻碍位错的运动。在外力作用下，位错线遇到硬质点时发生弯曲，位错通过后在硬质点周围留下一个位错环（见图 2-38）或者位错线切过第二相颗粒（见图 2-39）。第二相颗粒越细，分布越均匀，对位错运动的阻力越大，塑性变形抗力就越大，从而提高合金的强度、硬度，但塑性和韧性略有下降，这种强化方法称为弥散强化或沉淀强化。弥散强化的原因是由于硬的颗粒不易被切变，阻碍了位错的运动，提高了变形抗力。

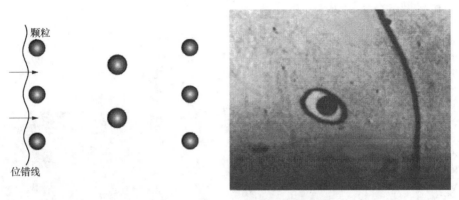

图 2-38　位错绕过第二相颗粒示意和电镜照片

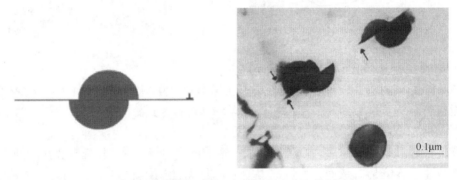

图 2-39　位错切过第二相颗粒示意和电镜照片

2.3.2　塑性变形对金属材料的组织与性能的影响

1. 塑性变形对金属组织结构的影响

（1）晶粒变形，形成纤维组织。金属在外力作用下产生塑性形变时，不仅外形发生变化，而且其内部的晶粒形状也相应地被拉长或压扁。当变形量很大时，晶粒将被拉长成纤维状，晶界变得模糊不清，杂质呈现细带状或链状分布，如图 2-40 所示。

（2）形成亚结构，细化晶粒。塑性变形会使晶粒内部的亚结构发生变化。金属经过大的塑性变形后，由于位错的运动和交互作用，位错堆积在局部的区域，使晶粒分化成许多位向略有差异的亚晶粒，如图 2-41 所示。亚晶粒边界上聚集大量位错，而内部的位错密度相对低得多。随着变形量的增大，产生的亚结构也越细。

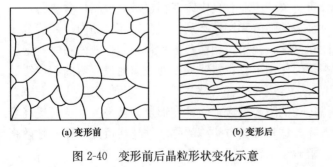

图 2-40　变形前后晶粒形状变化示意

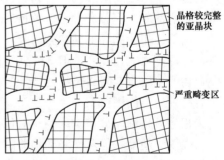

图 2-41　金属经塑性变形后形成的亚结构

（3）产生形变织构。当金属变形量很大时（变形量达到70％以上），由于晶粒的转动，晶粒的位向会趋于一致，这种结构称为形变织构。形变织构有两种：一种是各晶粒的一定晶向平行于拉拔方向，称为丝织构。例如低碳钢经大变形冷拔后，<100>方向平行于拔丝方向；另一种是各晶粒的一定晶面和晶向平行于轧制方向，称为板织构，低碳钢的板织构为{001}<110>，如图2-42所示。

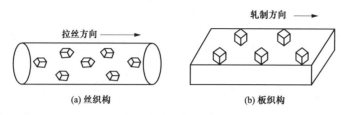

(a) 丝织构   (b) 板织构

图 2-42   形变织构示意

2. 塑性变形对金属性能的影响

（1）产生加工硬化。金属材料发生塑料变形后，随着变形程度的增加，金属的强度、硬度显著提高，而塑性、韧性明显下降的现象称为加工硬化或形变强化。图2-43所示为纯铜和低碳钢发生加工硬化后其强度和塑性的变化情况。金属发生塑性变形时，位错密度增加，位错间的交互作用增强，相互缠结，造成位错的运动阻力增加，引起金属塑性变形抗力的增加；另一方面，由于亚结构的形成，晶粒的细化，使金属的强度得以提高。

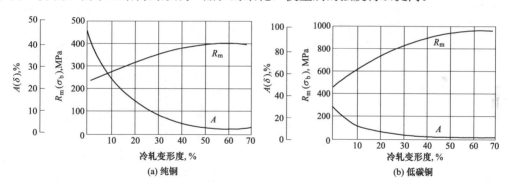

(a) 纯铜   (b) 低碳铜

图 2-43   低碳钢的加工硬化现象

（2）产生各向异性。由于纤维组织和形变织构的形成，使金属的性能产生了各向异性。例如沿纤维方向的强度和塑性明显高于垂直方向。用有织构的板材冲制筒形零件时，由于不同方向上的塑性差别很大，造成工件边缘不齐，壁厚不均的现象，这种现象称为"制耳"，如图2-44所示。工业中也可以有效利用织构获得所需的性能。硅钢片是利用织构的一个典范。冷轧后的硅钢片沿<100>晶向

图 2-44   各向异性导致的铜板"制耳"

（碾压方向）的磁化率u_m最高，铁损最小，应力中使铁芯中的磁力线与晶粒的<110>取向相同，可节省材料和降低铁损。

（3）产生残余内应力。残余内应力是指去除外力之后，残留于材料内部且自身平衡于材料内部的应力。冷塑性变形后材料内部的残余内应力明显增加，主要是由于材料在外力作用下内部变形不均匀所造成的。残余内应力会使材料的耐腐蚀性能下降，严重时可导致零件的变形或开裂，如黄铜弹壳腐蚀开裂。残余拉应力还会降低承载能力，尤其是降低疲劳强度。内应力一般分为以下三类。

第一类内应力：它是由于金属的表面和心部塑性变形不均匀造成的，存在于宏观范围内，故又称宏观内应力。

第二类内应力：它是由于晶粒之间变形不均匀造成的，存在于晶粒间，故又称微观内应力或晶间内应力。

第三类内应力：它是由于晶格畸变、原子偏离平衡位置造成的，存在于原子之间，又称晶格畸变应力。第三类内应力是使金属强化的主要原因，也是变形金属中的主要内应力。

内应力对金属性能的利弊视具体情况而决定。例如零件表面采用滚压或喷丸处理，使表层产生残余压应力，提高了零件的疲劳强度，这是有利的一面。但一般而言，由于内应力的存在，使零件的形状和组织不稳定而发生变形、翘曲以致开裂。此外，内应力的存在还会降低金属的耐腐蚀性。故金属在塑性变形后，通常都要进行退火处理，来消除或降低这些内应力。

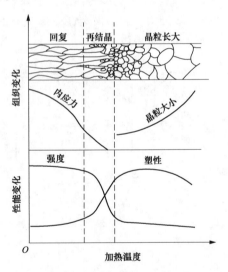

图 2-45　变形金属加热时组织和性能变化示意

2.3.3　金属的回复与再结晶

金属经过冷塑性变形后，内部组织和各性能均发生相应变化，而且由于位错等缺陷密度的增加以及畸变能的升高，使其处于热力学不稳定的状态，有向缺陷较少的稳定状态转化的趋势。当对变形金属加热时，由于原子扩散能力的增加，有利于促进其向低能量状态转变。

1. 回复

在回复加热阶段，由于加热温度较低，原子的扩散能力不强，只是晶粒内部的位错、空位、间隙原子等缺陷通过移动、复合消失而大大减少，而晶粒仍保持变形后的形态，变形金属的显微组织不发生明显的变化。此时材料的强度和硬度略有降低，塑性有所提高，残余内应力大大降低，如图 2-45 所示。工业上常应用回复过程对变形金属进行去应力退火，以降低残余内应力，保留加工硬化的效果。

2. 再结晶

变形后的金属在较高温度加热时，由于原子扩散能力增大，被拉长（或压扁）、破碎的晶粒通过重新生核、长大变成新的均匀、细小的等轴晶，此过程称为再结晶。变形金属进行再结晶后，金属的强度和硬度明显降低，而塑性和韧性大大提高，加工硬化现象被消除，此时内应力全部消失，物理、化学性能基本上恢复到变形以前的水平，如图 2-45 所示。再结晶生成的新晶粒的晶格类型与变形前、变形后的晶格类型均相同。

（1）再结晶温度。变形后的金属发生再结晶的温度是一个温度范围，并非某一恒定温度。一般再结晶温度指的是最低再结晶温度（$T_{再}$），通常用经大变形量（70％以上）的冷塑性变形的金属，经一小时加热后能完全再结晶的最低温度来表示。

最低再结晶温度与该金属熔点的关系为

$$T_{再}＝(0.35～0.4)T_{熔点} \tag{2-3}$$

其中的温度单位为绝对温度（K）。最低再结晶温度与下列因素有关：

1）预先变形度。金属再结晶前塑性变形的相对变形量称为预先变形度。预先变形度越大，金属的晶体缺陷就越多，组织越不稳定，最低再结晶温度也就越低。当预先变形度达到一定大小后，金属的最低再结晶温度趋于某一稳定值。

2）金属的熔点。熔点越高，最低再结晶温度也就越高。

3）杂质和合金元素。由于杂质和合金元素特别是高熔点元素，阻碍原子扩散和晶界迁移，可显著提高最低再结晶温度。例如，高纯度铝（99.999％）的最低再结晶温度为80℃，而工业纯铝（99.0％）的最低再结晶温度提高到290℃。

4）加热速度和保温时间。再结晶是一个扩散过程，需要一定时间才能完成。提高加热速度会使再结晶在较高温度下发生，而保温时间越长，再结晶温度越低。

（2）再结晶后的晶粒大小。晶粒大小影响金属的强度、塑性和韧性，因此生产上非常重视控制再结晶后的晶粒度，特别是对那些无相变的钢和合金。影响再结晶退火后晶粒度的主要因素是加热温度和预先变形度。

1）加热温度。加热温度越高，原子扩散能力越强，则晶界越易迁移，晶粒长大也越快。晶粒大小随加热温度的变化如图 2-46 所示。

2）预先变形度。变形度的影响主要与金属变形的均匀度有关。变形越不均匀，再结晶退火后的晶粒越大。变形度很小时，因不足以引起再结晶，晶粒不变。当变形度达到2％～10％时，金属中少数晶粒变形，变形分布很不均匀，所以再结晶时生成的晶核少，晶粒大小相差极大，非常有利于晶粒发生吞并过程进而快速长大，最终得到极粗大的晶粒。使晶粒发生异常长大的变形度称为临界变形度。生产上应尽量避免在临界变形度范围内的塑性变形加工。超过临界变形度之后，随变形度的增大，晶粒的变形更加强烈和均匀，再结晶核心越来越多，因此再结晶后的晶粒越来越细小。但是当变形度过大（≥90％）时，晶粒可能再次出现异常长大，一般认为它是由形变织构造成的。再结晶晶粒度随预先变形度的变化如图 2-47 所示。

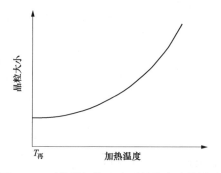

图 2-46　再结晶加热温度对晶粒大小的影响

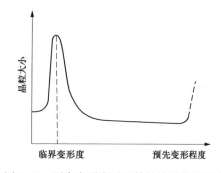

图 2-47　预先变形度对再结晶晶粒度的影响

由于塑性变形后的金属加热发生再结晶后，可消除加工硬化现象，恢复金属的塑性和韧性，因此生产中常用再结晶退火来恢复金属塑性变形的能力，以便继续进行形变加工。例如生产铁铬铝电阻丝时，在冷拔到一定的变形度后，要进行氢气保护再结晶退火，以继续冷拔获得更细的丝材。为了缩短处理时间，实际采用的再结晶退火温度比该金属的最低再结晶温度要高 100～200℃。

3. 晶粒长大

再结晶刚结束时的晶粒是比较细小均匀的等轴晶粒，如图 2-48（a）所示，如果继续升温或保温，晶粒之间便会相互吞并而长大，这一阶段称为晶粒长大，如图 2-48（b）、（c）所示。当金属变形量较大，产生织构，含有较多的杂质时，晶界的迁移将受到阻碍，只有少数处于优越条件的晶粒（如尺寸较大、取向有利等）优先长大，迅速吞食周围的大量小晶粒，最后获得异常粗大的组织，会使金属的强度、硬度、塑性、韧性等力学性能显著降低。一般情况下应当避免晶粒长大。

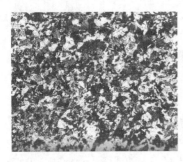  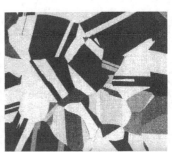

(a) 580℃保温 8min 后的组织　　(b) 580℃保温 15min 后的组织　　(c) 700℃保温 10min 后的组织

图 2-48　黄铜再结晶后晶粒的长大

2.4　金属的热加工

2.4.1　热加工与冷热工的区别

对金属进行冷加工变形，由于加工硬化作用，使金属塑性降低，变形抗力增大，变形精度高、表面粗糙度值降低，但它只适用于加工变形量小，截面尺寸变化不大的工件，如冷拉、冷轧等。对于截面尺寸变化大，变形量大的工件，必须进行热加工。金属在高温下，不仅其变形抗力小，塑性大，而且原子扩散能力强，金属可随时发生再结晶来消除塑性变形所引起的加工硬化现象，故热加工可顺利地进行大量的加工变形。所以，热加工与冷加工的区别应以金属的再结晶温度为界限，即凡在再结晶温度以上的加工过程称为热加工，反之称为冷加工。而不以具体的加工温度高低来划分。例如，铁的最低再结晶温度为 450℃，故即使它在 400℃下加工变形仍应属于冷加工；铅的再结晶温度在 0℃以下，故它在室温的加工变形便可称为热加工。

2.4.2　热加工对金属组织和性能的影响

热加工虽然不致引起加工硬化，但仍能使金属的组织和性能发生显著的变化。

（1）改善铸造组织和性能。可使钢中的气孔焊合，分散缩孔压实，从而使材料的致密度增加。热加工（如热锻造、热轧制等）能消除金属铸态的某些缺陷，如使气孔和疏松焊合；

部分消除某些偏析；将粗大的柱状晶破碎变为细小均匀的等轴晶粒；改善夹杂物和碳化物的形状、大小、分布等，从而使金属材料晶粒致密度与力学性能得到提高。

（2）细化晶粒。金属经过热加工和再结晶后，金属的晶粒一般会被进一步细化，金属的力学性能得到全面提高。但热加工后金属的晶粒大小与加工温度和变形量关系密切。变形量小，终止加工温度过高，所得到的晶粒粗大，相反则可以得到较为细小的晶粒。

（3）形成纤维组织。在热加工过程中，钢锭铸态组织中的夹杂物在高温下具有一定塑性，它们会沿着金属的变形流动方向伸长，形成纤维组织（又称为流线）。由于锻造流线的存在，金属会表现出明显的各向异性，通常是沿流线方向的强度、塑性和韧性高，抗剪强度低。而垂直于流线方向上，情况则正好相反，见表 2-4。图 2-49 所示为锻造曲轴与切削加工的曲轴流线分布图，由于切削曲轴的流线分布不合理，容易在轴肩处发生断裂。

表 2-4　　　　　　　　碳钢（0.45%C）机械性能与流线方向的关系

性能 取样	R_m（MN/m²）	$R_{p0.2}$（MN/m²）	A（%）	φ（%）	a_K（J/cm²）
横向	675	440	10	31	30
纵向	715	470	17.5	62.8	62

因此，为了获得最佳性能的零件，在设计和制造时，都必须使零件工作时的最大拉应力方向和流线方向重合，最大切应力方向和流线方向垂直，使流线方向能与零件的轮廓相符合。

（4）形成带状组织。如果钢在铸态下存在严重的夹杂物偏析或热加工时的温度偏低，则在钢中会出现沿变形方向呈带状或层状分布的显微组织，称为带状组织，如图 2-50 所示。带状组织使材料产生各向异性，特别是横向塑性和冲击韧性明显下降。热加工中可以使用交替改变变形方向的方法来消除带状组织。使用高温加热、长时间保温、提高热加工后的冷却速度等热处理方法也可以减轻或消除带状组织。

　(a) 锻造曲轴　　　　　　　(b) 切削曲轴

图 2-49　用不同加工方法得到的流线

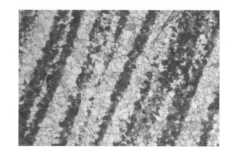

图 2-50　钢中的带状组织

由此可见，通过热加工改变了粗大的铸态组织，消除了气孔和疏松，使金属的组织得到改善。由于组织的改善，提高了金属的机械性能，特别是塑性，韧性提高得更多。所以工业上凡受力复杂、负荷较大的重要零件大多要经过热加工的方式来制造。当然，这些组织的改善和性能的提高，必须在正确的热加工工艺条件下才能取得，在此不再详述。

习 题

2-1 名词解释：晶格与晶胞、相与组织、单晶体与多晶体、滑移、加工硬化、再结晶。

2-2 已知常温下铜原子的直径为 $0.255nm$，请求出其晶格常数。

2-3 画出下列立方晶系中的晶向与晶面：$[111]$、$[011]$、(110)、(111)。

2-4 实际金属的晶体结构中存在哪些缺陷？对金属材料的性能有何影响？

2-5 液态金属结晶的充分和必要条件是什么？

2-6 金属结晶后影响晶粒大小的因素有哪些？实际生产中控制晶粒大小的途径有哪些？

2-7 用手来回弯折一根铁丝时，开始感觉省劲，后来逐渐感到有些费劲，最后铁丝被弯断。试解释过程演变的原因。

2-8 简要说明滑移的机理和特点。

2-9 为什么细晶粒金属的强度、硬度高，塑性、韧性好？

2-10 单晶体有各向异性，而多晶体则无各向异性，钢材经冷轧后又呈现各向异性，试解释原因。

2-11 金属的再结晶温度受哪些因素的影响？

2-12 何谓临界变形度？为什么实际生产中要避免在这一范围内进行变形加工？

2-13 试述纤维组织的形成及其对材料性能的影响。

2-14 热加工对金属组织和性能有何影响？钢材在热加工（如锻造）时，为什么不产生加工硬化现象？

3 铁碳合金相图

纯金属大多具有优良的塑性、韧性以及导电、导热性能，在工业上有一定的应用，但纯金属成本较高，种类有限，并且综合力学性能较低，难以满足许多机器零件和工程结构件对性能的要求，尤其是在特殊环境中服役的零件，有许多特殊的性能要求，如要求耐热、耐蚀、导磁、低膨胀等，纯金属更无法胜任，因此工业生产中广泛应用的金属材料是合金。合金的组织要比纯金属复杂，为了研究合金组织与性能之间的关系，就必须了解合金中各种组织的形成及变化规律。合金相图正是研究这些规律的有效工具。

3.1 合金的结构及相图

所谓合金，是指由一种金属元素与一种或几种其他元素结合而形成的具有金属特性的新物质，绝大多数的合金都是通过熔化、精炼、浇注制成的。只有少数合金是在固态下通过制粉、混合、压制、烧结等工艺制成的。合金元素可以显著地改变金属材料的结构、组织和性能，使得合金在强度、硬度、耐磨性等力学性能方面远远高于纯金属，并且在电、磁、化学稳定性等方面也不逊于纯金属。所以，工程上金属材料的应用大多以合金为主。钢和铸铁这两种现代工业中最重要的金属材料，就是由铁和碳为基本组元组成的铁碳合金。

（1）组元。组成合金所必需的并能独立存在的物质称为组元，简称元。组元既可以是金属或非金属元素，如 Fe、C、Cu、Zn 等，也可以是较稳定的化合物，如 Fe_3C、Al_2O_3 等。例如，普通黄铜是 Cu 和 Zn 两个组元组成的二元合金，组元就是铜元素与锌元素。锰钢是在以铁和碳两种元素为主的合金基础上加入锰元素，所以由 Fe、C、Mn 三种组元组成。另外，合金中稳定化合物也可以作为组元，例如铁碳合金中的 Fe_3C。

（2）相。在合金中，某一晶体结构相同、化学成分均匀，并有明显界面与其他部分区分开来的部分被称为相。相与相之间的转变称为相变。如果合金仅由一个相组成，称为单相合金；如果合金由两个或两个以上的不同相所构成则称为多相合金。例如，在从成分均匀的液体合金中结晶出某种晶体的过程中，合金系统是由两相，即液相和固相组成的；当全部凝固成一种晶体后，合金就由单一结构的晶体相组成。又如液体合金在结晶出两种结构各异的晶体过程中，合金是由三种相，即液相和两种固体相组成的；当全部凝固成上述两种晶体后，合金就由两种固体相组成。

（3）组织。由用肉眼或借助于显微镜能够观察到的合金的相组成的，包括相的数量、形态、大小、分布及各相之间的结合状态特征称为组织。相是组成组织的基本部分。同样的相可以形成不同的组织。组织是决定材料性能的一个重要因素。在相同条件下，不同的组织使材料表现出不同的性能。如何控制、改变组织对金属材料的生产具有重要意义。

3.1.1 合金中相的结构

固态合金中的相，按其晶格结构特点可以分为固溶体和金属化合物两类。

1. 固溶体

合金在固态时，合金组元之间通过溶解形成一种成分和性能均匀的且结构与组元之一相同的固相称为固溶体。与固溶体晶格结构相同的组元为溶剂，一般在合金中含量较多；另一组元为溶质，含量较少。

几乎所有的金属都能在固态或多或少地溶解其他元素成为固溶体，固溶体的性能随成分变化而变化。工业上使用的金属材料，绝大部分是以固溶体为基体，有的甚至完全由固溶体所组成，例如碳素钢和合金钢，其基体相均为固溶体，含量占组织中的绝大部分。

固溶体用 α、β、γ 等符号表示。A、B 组元组成的固溶体也可表示为 A(B)，其中 A 为溶剂，B 为溶质。例如铜锌合金中锌溶入铜中形成的固溶体一般用 α 表示，也可表示为 Cu(Zn)。

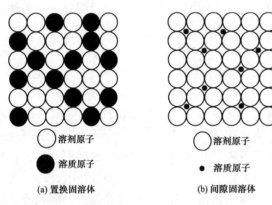

溶剂原子

溶质原子

(a) 置换固溶体

溶剂原子

溶质原子

(b) 间隙固溶体

图 3-1 置换固溶体与间隙固溶体示意

（1）固溶体的结构与分类。

1）置换固溶体。根据溶质原子在溶剂晶格中的配置不同，固溶体可以分为置换固溶体和间隙固溶体两类。若溶质原子代替了部分溶剂原子而占据着溶剂晶格中的某些晶格位置，称为置换固溶体，如图 3-1（a）所示。通常只有原子直径相差不大的元素（一般原子半径相差不超过 10%～12%）才有可能形成置换固溶体，钢中的 Mn、Cr、Ni、Si、Mo 等各种元素都能与 Fe 形成置换固溶体。

2）间隙固溶体。溶质原子分布在溶剂的晶格间隙中时形成的固溶体称为间隙固溶体。如图 3-1（b）所示，一般作为间隙固溶体的溶质原子多为原子半径小于 0.1Å 的非金属元素（原子半径相差达 59%），如 N、P、C 等。由于溶剂晶格的间隙有限，间隙固溶体能溶解的溶质原子数量也是有限的。

在一定的温度和压力外界条件下，溶质在固溶体中的极限浓度称为溶解度。从溶解度来看，一般原子半径差别越小，晶格类型越相同，在周期表中的位置越靠近，溶解度越大。

3）无序固溶体与有序固溶体。在置换固溶体中，溶质原子的分布通常是无序的，这种固溶体称为无序固溶体。但在一定条件下，如某些固溶体在极缓慢冷却条件下，其中的组元原子将做有规律的排列，这种固溶体称为有序固溶体（或超结构），如图 3-2 所示。

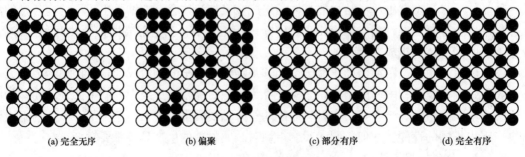

(a) 完全无序

(b) 偏聚

(c) 部分有序

(d) 完全有序

图 3-2 有序固溶体与无序固溶体

有序固溶体在加热到某一临界温度时，会转变为无序固溶体，而在缓慢冷却至这一温度时又变为有序固溶体，这个转变过程称为固溶体的有序变化。发生有序变化的临界温度称为固溶体的有序化温度。当固溶体中组成原子由无序排列转变为有序排列时，合金的某些物理性能（如比热容、电阻率等）和力学性能将发生变化，主要表现为硬度、脆性增加，而塑性、电阻率下降。

4) 有限固溶体和无限固溶体。根据溶质原子在溶剂中溶解度的大小，固溶体还可分为有限固溶体和无限固溶体。有限固溶体是指一定条件下，溶质原子在溶剂中有一个溶解度极限的固溶体；无限固溶体是指溶质与溶剂可以任何比例相互溶解，最大溶解度可达100%，对于无限固溶体，很难区分溶剂与溶质，通常把摩尔分数大于50%的元素称为溶剂，小于50%的元素称为溶质。溶剂与溶质之间只有形成置换固溶体时才有可能形成无限固溶体，例如，Cu 和 Ni 的原子半径相差很小，都是面心立方晶格，且处于同一周期相邻的元素，所以可形成无限固溶体。溶剂与溶质之间形成的间隙固溶体只能是有限固溶体。

溶质原子溶于固溶体中的量，称为固溶体的含量。固溶体的含量一般用质量分数（c）表示，也可以用摩尔分数 $[w(c)]$ 表示，其具体数值为

$$w(c) = 溶质元素的质量/固溶体的总质量 \times 100\%$$

$$c = 溶质元素的原子数/固溶体的总原子数 \times 100\%$$

在合金系统中，习惯上按照某种顺序（如按照固溶体的含量或按照固溶体稳定存在的温度范围）由低到高，用希腊字母 α、β、γ、δ、ε、ζ 等表示不同类型的固溶体，并称为 α 固溶体、β 固溶体等。

（2）影响固溶体类型和溶解度的主要因素。影响固溶体类型和溶解度的主要因素有组元的原子半径、电化学特性、晶格类型等。

原子半径、电化学特性接近、晶格类型相同的组元，容易形成置换固溶体，并有可能形成无限固溶体。当组元原子半径相差较大时，容易形成间隙固溶体。间隙固溶体都是有限固溶体，并且一定是无序的。无限固溶体和有序固溶体一定是置换固溶体。

（3）固溶体的性能。溶质原子融入溶剂晶格以后，由于溶质和溶剂的原子大小不同，固体中溶质原子附近的局部范围内必然造成晶格畸变，且晶格畸变随溶质原子浓度的增高而增大，溶质原子与溶剂原子的尺寸相差越大，所引起的晶格畸变也越严重，如图 3-3 所示。

反映在性能上，当溶质元素含量极少时，固溶体的性能与溶剂元素基本相同。随着溶质含量的升高，晶格畸变增大，使晶格位错运动的阻力加大，则金属的滑移变形变得更加困难，从而提高合金的强度和硬度，同时电阻率逐渐上升，导电率逐渐下降等。这种随溶质原子浓度的升高而使金属强度和硬度提高，塑性、韧性有所下降的现象称为固溶强化。

形成间隙固溶体时，晶格总是产生正畸变，如图 3-3（a）所示；对于置换固溶体，溶质原子较大时造成正畸变，较小时引起负畸变，如图 3-3（b）所示。

在溶质含量适当时可显著提高材料的强度和硬度，而塑性和韧性没有明显降低，因此固溶强化是金属强化的一种重要形式。例如，纯铜的强度 R_m 为 220MPa，硬度为 40HB，断面收缩率 Z 为 70%。当加入 19% 镍形成单相固溶体后，强度升高到 390MPa，硬度升高到 70HB，而断面收缩率仍有 50%。所以固溶体的综合机械性能很好，常被作为结构合金的基体相。但是材料通过单纯的固溶强化达到的强化指标往往还达不到使用要求，因而不得不在固溶强化的基础上补充进行其他强化处理。

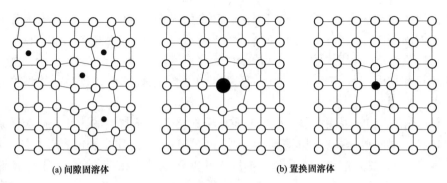

(a) 间隙固溶体　　　　　　　　　　　　　　(b) 置换固溶体

图 3-3　晶格正、负畸变示意

2. 金属化合物

合金组元相互作用形成的晶格类型和特性完全不同于任一组元的、具有金属特性的新相即为金属化合物，或称中间相。根据形成条件及结构特点，金属化合物主要有以下几类：

（1）正常价化合物。正常价化合物严格遵守一般化合物的原子价规律，成分固定可用确定的化学式表示。它们由元素周期表中相距较远、电负性相差较大的两元素组成。典型金属元素和元素周期表中第 IV、V、VI 族元素就能形成这样的化合物，如 Mg_2Sn、Mg_2Sb、Mg_2Si、$NaCl$、SiC、MnS、FeS 等。其中，Mg_2Sn 是铝合金中常见的强化相，MnS 和 FeS 是钢中常见的夹杂物。这类化合物中原子之间主要是以离子键相结合，因而具有很高的硬度和脆性。

（2）电子化合物。电子化合物不遵守化合价规律，而是服从电子浓度（化合物中价电子数与原子数之比）规律。只要电子浓度达到一定范围，就会形成一定的晶体结构，所以说电子浓度起主导作用。它们由 IB 族或过渡族元素与第 II 至第 V 族元素所组成。Cu-Zn 合金和 Cu-Al 合金中的电子化合物见表 3-1。

表 3-1　　　　　　　　　　**Cu-Zn 合金和 Cu-Al 合金中电子化合物及其结构类型**

合金系	电子浓度		
	$\frac{3}{2}\left(\frac{21}{14}\right)$	$\frac{21}{13}$	$\frac{7}{4}\left(\frac{21}{12}\right)$
	晶体结构		
	体心立方晶格（β 相）	复杂立方晶格（γ 相）	密排六方晶格（ε 相）
Cu-Zn	CuZn	Cu_5Zn_8	$CuZn_3$
Cu-Al	Cu_3Al	Cu_9Al_4	Cu_5Al_3

电子化合物虽然可以用分子式表示，实际上成分是可变的，可在电子化合物的基础上溶解其他组元，形成以化合物为基的固溶体。例如 Cu-Zn 合金中的 β 相，含锌量可在36.8%～56.5%范围内变化。

电子化合物主要以金属键结合，具有明显的金属特性，可以导电。它们的熔点和硬度较高，塑性较差，在许多有色金属中为重要的强化相。

（3）间隙化合物。间隙相和间隙化合物的结构主要受组元的原子尺寸因素所控制，通常是由过渡族金属 Fe、Cr、Mo、W、V 和原子尺寸很小的非金属元素 C、N、H、B 所组成。

尺寸较大的金属原子占据晶格的结点位置，尺寸较小的非金属原子有规则地嵌入晶格的间隙位置。根据非金属元素（以 X 表示）与金属元素（以 M 表示）原子半径的比值及化合物的结构特征，可将其分为间隙相和间隙化合物两大类。

1）间隙相。当 $r_X/r_M < 0.59$ 时，形成具有简单结构的化合物，称为间隙相。相中金属元素的晶格类型发生了变化，形成新的比较简单的晶格，而原子半径较小的非金属元素占据晶格的空隙位置。例如，VC 中的 V 原子不再组成原有的体心立方晶格，而是组成面心立方晶格；C 原子则规则地分布在晶格的空隙内，如图 3-4（a）所示。

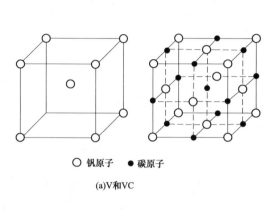

○ 钒原子　● 碳原子

(a)V和VC

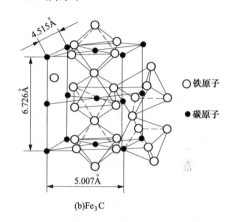

○铁原子

●碳原子

(b)Fe₃C

图 3-4　间隙化合物的晶体结构

一些间隙相及其晶格类型见表 3-2。间隙相具有金属特性，有极高的熔点和硬度（见表 3-3）。分布合理时，间隙相可有效地提高钢的强度、热强性、红硬性和耐磨性，因而是高合金钢和硬质合金中的重要组成相。

表 3-2　　　　　　　　　　钢中常见的间隙相

化学式	钢中可能遇到的间隙相	晶格类型
M_4X	Fe_4N、Nb_4C、Mn_4C	面心立方
M_2X	Fe_2N、Cr_2N、W_2C、Mo_2C	密排六方
MX	TaC、TiC、ZrC、VC	面心立方
	TiN、ZrN、VN	体心立方
	MoN、CrN、WC	简单六方
MX_2	VC_2、CeC_2、ZrH_2、TiH_2、LaC_2	面心立方

表 3-3　　　　　　　　　　钢中常见碳化物的硬度及熔点

类型	间隙相							复杂结构间隙化合物	
化学式	TiC	ZrC	VC	NbC	TaC	WC	MoC	$Cr_{23}C_6$	Fe_3C
硬度（HV）	2850	2840	2010	2050	1550	1730	1480	1650	约800
熔点（℃）	3080	3472±20	2650	3608±50	3983	2785±5	2527	1577	1227

2）具有复杂结构的间隙化合物。当 $r_X/r_M > 0.59$ 时，一般形成具有复杂结构的化合物，称为间隙化合物。间隙化合物也具有较高的熔点和硬度。在合金钢中经常遇到的有 M_3C（如 Fe_3C、Mn_3C）、M_7C_3（如 Cr_7C_3）、$M_{23}C_6$（如 $Cr_{23}C_6$）等就属于这一类化合物，

其中，Fe_3C 是钢铁材料的重要基本组成相，具有复杂的斜方晶格，如图 3-4 （b）所示。金属化合物也可溶入其他元素原子，形成以化合物为基的固溶体，如渗碳体中溶入 Mn、Cr 等合金元素所形成的 $(Fe，Mn)_3C$、$(Fe，Cr)_3C$ 等化合物，称为合金渗碳体。

金属化合物一般熔点较高，硬度高，脆性大。合金中含有金属化合物时，强度、硬度和耐磨性提高，而塑性和韧性降低。金属化合物是许多合金的重要组成相。

3.1.2 合金相图

合金相图是用图解的方法表示合金系中合金状态、温度和成分之间的关系，是了解合金中各种组织的形成与变化规律的有效工具。利用相图可以知道各种成分的合金在不同温度下有哪些相，各相的相对含量、成分，以及温度变化时所可能发生的变化。掌握相图的分析和使用方法，有助于了解合金的组织状态和预测合金的性能，也可按要求来研究新的合金。在生产中，合金相图是制订铸造、锻造、焊接及热处理工艺的重要依据。

不同组元按不同比例可配制成一系列成分的合金，这些合金的集合称为合金系，如铜镍合金系、铁碳合金系等。我们即将要研究的相图就是表明合金系中各种合金相的平衡条件和相与相之间关系的一种简明示图，也称为平衡图或状态图。所谓平衡是指在一定条件下合金系中参与相变过程的各相的成分和相对质量不再变化所达到的一种状态。此时合金系的状态稳定，不随时间而改变。

合金在极其缓慢冷却条件下的结晶过程，一般可认为是平衡结晶过程。在常压下，二元合金的相状态决定于温度和成分。因此，二元合金相图可用温度-成分坐标系的平面图来表示。

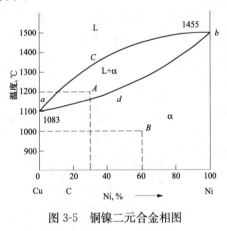

图 3-5 铜镍二元合金相图

图 3-5 所示为铜镍二元合金相图，它是一种最简单的基本相图。横坐标表示合金成分（一般为溶质的质量百分数），左、右端点分别表示纯组元（纯金属）Cu 和 Ni，其余的为合金系的每一种合金成分，如 C 点的合金成分为含 Ni20％，含 Cu 80％。坐标平面上的任一点（称为表象点）表示一定成分的合金在一定温度时的稳定相状态。例如，A 点表示，含 30％Ni 的铜镍合金在 1200℃时处于液相（L）＋α 固相的两相状态；B 点表示，含 60％Ni 的铜镍合金在 1000℃时处于单一 α 固相状态。

1. 相图的建立过程

合金发生相变时，必然伴随有物理、化学性能的变化，因此测定合金系中各种成分合金的相变的温度，可以确定不同相存在的温度和成分界限，从而建立相图。

常用的方法有热分析法、膨胀法、射线分析法等。现以铜镍合金系为例，简单介绍用热分析法建立相图的过程。

（1）配制系列成分的铜镍合金。例如，合金Ⅰ，100％Cu；合金Ⅱ，75％Cu＋25％Ni；合金Ⅲ，50％Cu＋50％Ni；合金Ⅳ，25％Cu＋75％Ni；合金Ⅴ，100％Ni。

（2）合金熔化后缓慢冷却，测出每种合金的冷却曲线，找出各冷却曲线上的临界点（转折点或平台）的温度，如图 3-6 所示。

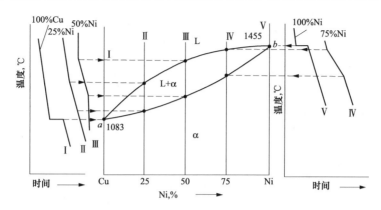

图 3-6 Cu-Ni 合金冷却曲线及相图建立

（3）画出温度-成分坐标系，在各合金成分垂线上标出临界点温度。

（4）将具有相同意义的点连接成线，标明各区域内所存在的相，即得到 Cu-Ni 合金相图，见图 3-6。

图中各开始结晶温度连成的相界线凹 ab 线称为固相线，各终了结晶温度连成的相界线凸 ab 线称为液相线。

从上述测定相图的方法可知，如配制的合金数目越多，所用金属的纯度越高，热分析时冷却速度越缓慢，则所测定的合金相图就越精确。

铜镍合金相图比较简单，实际上多数合金的相图很复杂。但是，任何复杂的相图都是由一些简单的基本相图组成的。现介绍几个基本的二元相图。

2. 匀晶相图

两组元在液态无限互溶，在固态也无限互溶，冷却时发生匀晶反应的合金系，称为匀晶系，并构成匀晶相图。例如 Cu-Ni、Fe-Cr、Au-Ag 合金相图等。

现以 Cu-Ni 合金相图为例，对匀晶相图及其合金的结晶过程进行分析。

（1）相图分析。Cu-Ni 相图（见图 3-7）为典型的匀晶相图。图中凸 ab 线为液相线，该线以上合金处于液相；凹 ab 线为固相线，该线以下合金处于固相。液相线和固相线表示合金系在平衡状态下冷却时结晶的始点和终点以及加热时熔化的终点和始点。L 为液相，是 Cu 和 Ni 形成的液溶体；α 为固相，是 Cu 和 Ni 组成的无限固溶体。图中有两个单相区：液相线以上的 L 相区和固相线以下的 α 相区。图中还有一个两相区：液相线和固相线之间的 L＋α 相区。

（2）合金的结晶过程。以 k 点成分的 Cu-Ni 合金（Ni 含量为 k％）为例分析结晶过程。该合金的冷却曲线和结晶过程如图 3-7 所示。首先利用相图画出该成分合金的冷却曲线，在 1 点温度以上，合金为液相 L；缓慢冷却至 1—2 温度之间时，合金发生匀晶反应，从液相中逐渐结晶出 α 固溶体；2 点温度以下，合金全部结晶为 α 固溶体。其他成分合金的结晶过程也完全类似。

（3）匀晶结晶的特点。与纯金属一样，固溶体从液相中结晶出来的过程中，也包括有形核与长大两个过程，且固溶体更趋于呈树枝状长大。固溶体结晶在一个温度区间内进行，即为一个变温结晶过程。在两相区内，温度一定时，两相的成分（即 Ni 含量）可根据杠杆定律确定。

二元合金两相平衡时，两平衡相的成分与温度有关，温度一定则两平衡相的成分均为确

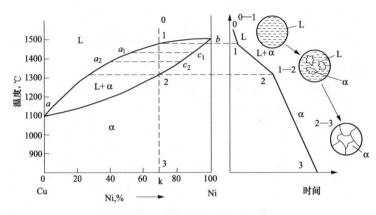

图 3-7　匀晶合金的结晶过程

定值。如图 3-8 所示，计算含 Ni $k\%$合金在 T_1 温度时液相 L 和固相 α 的成分或相对量的方法如下：

1）过给定合金成分含 Ni $k\%$作垂线 kk。

2）过给定温度 T_1 作水平线，交 kk 垂线于 O，分别与液、固相线交于 a、c；两者在横轴上的投影即分别为两个相在给定温度下含 Ni 的成分 $a\%$、$c\%$。

3）设合金总量为 Q，液相的相对量为 Q_L，固相的相对量为 $Q_α$。

显然，由质量平衡得合金中 Ni 的质量等于液、固相中 Ni 质量之和，即

$$Qk\% = Q_La\% + Q_αc\% \tag{3-1}$$

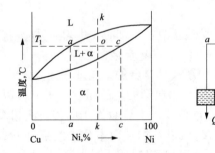

图 3-8　杠杆定律的证明及力学比喻

合金总质量等于液、固相质量之和，即

$$Q = Q_L + Q_α \tag{3-2}$$

联立式（3-1）和式（3-2），得

$$(Q_L - Q_α)k\% = Q_La\% + Q_αc\% \tag{3-3}$$

化简整理后得

$$\frac{Q_L}{Q_α} = \frac{k\% - c\%}{a\% - k\%} = \frac{kc}{ak} \text{ 或 } Q_Lak = Q_αkc \tag{3-4}$$

因式（3-4）与力学的杠杆定律（见图 3-8）相同，所以把 $Q_Lak = Q_αkc$ 称为二元合金的杠杆定律。杠杆两端为两相成分点 Q_L、$Q_α$，支点为该合金成分点 $k\%$。利用式（3-4），还可以推导出合金中液、固相的相对质量的计算公式。

设液、固相的相对质量分别为 w_L、w_α，即

$$w_L = \frac{Q_L}{Q}, w_\alpha = \frac{Q_\alpha}{Q} \tag{3-5}$$

将 $\dfrac{Q_L}{Q_\alpha} = \dfrac{kc}{ak}$ 两端加 1，得

$$\frac{Q_L}{Q_\alpha} + 1 = \frac{kc}{ak} + 1$$

即

$$\frac{Q_L + Q_\alpha}{Q_\alpha} = \frac{Q}{Q_\alpha} = \frac{kc + ak}{ak} = \frac{ac}{ak} \tag{3-6}$$

则

$$w_\alpha = \frac{Q_\alpha}{Q} = \frac{ak}{ac} \tag{3-7}$$

用 1 减去式（3-7）两端，得

$$1 - w_\alpha = 1 - \frac{ak}{ac} \tag{3-8}$$

即

$$w_L = \frac{ac - ak}{ac} = \frac{kc}{ac} \tag{3-9}$$

必须指出，杠杆定律只适用于相图中的两相区，即只能在两相平衡状态下使用。杠杆定律的两个端点为给定温度时的两相的成分点，而支点为合金的成分点。

4）两相区内，温度一定时，两相的相对质量是一定的，且符合杠杆定律。

5）固溶体结晶时成分是变化的（L 相沿 $a_1 \rightarrow a_2$ 变化，α 相沿 $c_1 \rightarrow c_2$ 变化），缓慢冷却时由于原子的扩散充分进行，形成的是成分均匀的固溶体。

（4）枝晶偏析。在实际生产条件下，合金结晶过程的冷却速度都很快，原子来不及充分扩散，所以结晶过程中形成成分不均匀的固溶体。因为固溶体的结晶一般按树枝晶长大，故 α 相中先结晶的树枝晶轴含高熔点组元（Ni）多含 Cu 少，后结晶的树枝晶枝梢或晶间含低熔点组元（Cu）较多含 Ni 较少，结果造成在一个晶粒之内化学成分的分布不均，这种现象称为枝晶偏析，如图 3-9 所示。由于枝晶成分上不均匀分布，反映在侵蚀后的试样上呈现深浅不同的颜色，先结晶出的含 Ni 量高，不易被腐蚀，呈亮白色，后结晶出的含 Cu 量高，易被腐蚀，呈黑色。

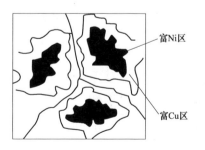 

图 3-9　枝晶偏析示意

枝晶偏析对材料的机械性能、抗腐蚀性能、工艺性能都不利。生产上为了消除其影响，常把合金加热到高温（低于固相线 100℃左右），并进行长时间保温，使原子充分扩散，获得成分均匀的固溶体。这种热处理称为扩散退火。

3. 共晶相图

两组元在液态无限互溶，在固态有限互溶，冷却时发生共晶反应的合金系，称为共晶系并构成共晶相图。例如 Pb-Sn、Al-Si、Ag-Cu 合金相图等。

现以 Pb-Sn 合金相图为例，对共晶相图及其合金的结晶过程进行分析。

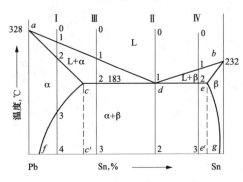

图 3-10　Pb-Sn 合金相图及成分线

（1）相图分析。Pb-Sn 合金相图（见图 3-10）中，adb 为液相线，acdeb 为固相线。合金系有三种相：Pb 与 Sn 形成的液体 L 相，Sn 溶于 Pb 中的有限固溶体 α 相，Pb 溶于 Sn 中的有限固溶体 β 相。相图中有三个单相区（L、α、β 相区）；三个两相区（L＋α、L＋β、α＋β 相区）；一条 L＋α＋β 的三相并存线（水平线 cde）。

d 点为共晶点，表示此点成分（共晶成分）的合金冷却到此点所对应的温度（共晶温度）时，共同结晶出 c 点成分的 α 相和 e 点成分的 β 相：$L_d \xrightarrow{恒温} \alpha_c + \beta_e$。

这种由一种液相在恒温下同时结晶出两种固相的反应称为共晶反应。所生成的两相混合物称为共晶体。发生共晶反应时有三相共存，它们各自的成分是确定的，反应在恒温下平衡地进行着。水平线 cde 为共晶反应线，成分在 ce 之间的合金平衡结晶时都会发生共晶反应。

cf 线为 Sn 在 Pb 中的溶解度线（或 α 相的固溶线）。温度降低，固溶体的溶解度下降。Sn 含量大于 f 点的合金从高温冷却到室温时，从 α 相中析出 β 相以降低其 Sn 含量。从固态 α 相中析出的 β 相称为二次 β，常写作 β_{II}。这种二次结晶可表达为 $\alpha \rightarrow \beta_{II}$。

eg 线为 Pb 在 Sn 中的溶解度线（或 β 相的固溶线）。Sn 含量小于 g 点的合金，冷却过程中同样发生二次结晶，析出二次 α，即 $\beta \rightarrow \alpha_{II}$。

（2）典型合金的结晶过程。

1）合金 I。合金 I 的平衡结晶过程如图 3-11 所示。液态合金冷却到 1 点温度以后，发生匀晶结晶过程，至 2 点温度合金完全结晶成 α 固溶体，随后的冷却（2—3 点间的温度），α 相不变。从 3 点温度开始，由于 Sn 在 α 中的溶解度沿 cf 线降低，从 α 中析出 β_{II}，到室温时 α 中 Sn 含量逐渐变为 f 点。最后合金得到的组织为 $\alpha + \beta_{II}$。其组成相是 f 点成分的 α 相和 g 点成分的 β 相。运用杠杆定律，两相的相对质量为

$$\alpha\% = \frac{4g}{fg} \times 100\%, \quad \beta\% = \frac{4f}{fg} \times 100\%（或 \beta\% = 1 - \alpha\%）$$

合金的室温组织由 α 和 β_{II} 组成，α 和 β_{II} 即为组织组成物。

组织组成物是指合金组织中那些具有确定本质、一定形成机制和特殊形态的组成部分。组织组成物可以是单相，或是两相混合物。

合金 I 的室温组织组成物 α 和 β_{II} 皆为单相，所以它的组织组成物的相对质量与组成相的相对质量相等。

2）合金 II。合金 II 为共晶合金，其结晶过程如图 3-12 所示。合金从液态冷却到 1 点温度后，发生共晶反应 $L_d \xrightarrow{恒温} \alpha_c + \beta_e$，经一定时间到 1′时反应结束，全部转变为共晶体（$\alpha_c + \beta_e$）。

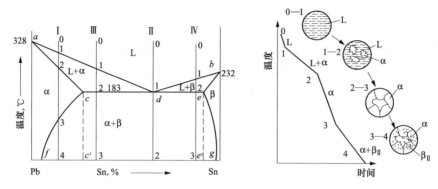

图 3-11 合金 I 结晶过程示意

共晶体中 α_c 与 β_e 的相对质量可用杠杆定律计算为

$$\alpha_c = \frac{de}{ce} \times 100\%$$

$$\beta_e = (1 - \alpha_c) \times 100\%$$

在 $1'$ 点以下，共晶转变结束，液相完全消失，合金进入共晶线以下 $\alpha+\beta$ 的两相区。这时，随着温度的下降，α_c 和 β_e 的溶解度分别沿着各自的固溶线 cf、eg 线变化，共晶体中的 α_c 和 β_e 均发生二次结晶，从 α 中析出 β_{II}，从 β 中析出 α_{II}。两种相的相对质量依杠杆定律变化。由于析出的 α_{II} 和 β_{II} 都相应地同 α 和 β 相连在一起，共晶体的形态和成分不发生变化，不用单独考虑。合金的室温组织全部为 $\alpha_f + \beta_g$ 共晶体，即只含一种组织组成物（即共晶体或共晶组织）；而其组成相仍为 α 和 β 相，如图 3-13 所示。图中黑色的 α 固溶体与白色的 β 固溶体呈交替分布。

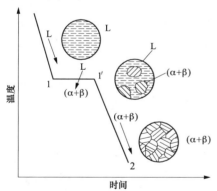

图 3-12 共晶合金结晶过程示意

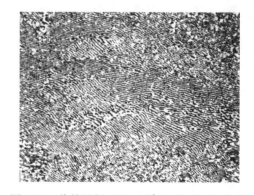

图 3-13 共晶组织（61.9% Sn 的 Pb-Sn 合金）

室温下 α_f 与 β_g 的相对质量可用杠杆定律计算：

$$\alpha_f = \frac{2g}{fg} \times 100\%$$

$$\beta_g = (1 - \alpha_f) \times 100\%$$

3）合金 III。合金 III 是亚共晶合金，成分在 cd 之间，位于共晶点左边。其结晶过程如图 3-14 所示。合金冷却到 1 点温度后，由匀晶反应生成 α 固溶体，此乃初生 α 固溶体。从 1 点到 2 点温度的冷却过程中，按照杠杆定律，初生 α 的成分沿 ac 线变化，液相成分沿 ad 线变化；初生 α 逐渐增多，液相逐渐减少。当刚冷却到 2 点温度时，合金由 c 点成分的初生 α 相和 d 点成分的液相组成。然后剩余液相进行共晶反应，但初生 α 相不变化。经一定时间到 $2'$ 点共晶反应结束时，合金转变为 $α_c + (α_c + β_e)$。从共晶温度继续往下冷却，初生 α 中不断析出 $β_{II}$，成分由 c 点降至 f 点；此时共晶体如前所述，形态、成分和总量保持不变。合金的室温组织为初生 $α + β_{II} + (α + β)$。

合金的组成相为 α 和 β，它们的相对质量为

$$α\% = \frac{3g}{fg} \times 100\%, \quad β\% = \frac{f3}{fg} \times 100\%$$

合金的组织组成物为初生 α、$β_{II}$ 和共晶体 $(α + β)$。它们的相对质量须两次应用杠杆定律求得。根据结晶过程分析，合金在刚冷到 2 点温度而尚未发生共晶反应时，由 $α_c$ 和 L_d 两相组成，它们的相对质量为 $α_c\% = \frac{2d}{cd} \times 100\%$，$L_d\% = \frac{c2}{cd} \times 100\%$。

其中，液相在共晶反应后全部转变为共晶体 $(α + β)$，因此这部分液相的质量就是室温组织中共晶体 $(α + β)$ 质量，即 $(α + β)\% = L_d\% = \frac{c2}{cd} \times 100\%$。

初生 $α_c$ 冷却时不断析出 $β_{II}$，到室温后转变为 $α_f$ 和 $β_{II}$。按照杠杆定律，$β_{II}$ 占 $α_f + β_{II}$ 质量百分数为 $\frac{fc'}{fg} \times 100\%$（注意，杠杆支点在 c' 点）；$α_f$ 占的质量百分数为 $\frac{c'g}{fg} \times 100\%$。由于 $α_f + β_{II}$ 的质量等于 $α_c$ 的质量，即 $α_f + β_{II}$ 在整个合金中的质量百分数为 $\frac{2d}{cd} \times 100\%$，所以在合金室温组织中，$β_{II}$ 和 $α_f$ 分别所占的相对质量为 $β_{II}\% = \frac{fc'}{fg} \frac{2d}{cd} \times 100\%$，$α_f\% = \frac{c'g}{fg} \frac{2d}{cd} \times 100\%$。这样，合金Ⅲ在室温下的三种组织组成物的相对质量为

$$α\% = \frac{c'g}{fg} \frac{2d}{cd} \times 100\%, \quad β_{II}\% = \frac{fc'}{fg} \frac{2d}{cd} \times 100\%; \quad (α + β)\% = \frac{c2}{cd} \times 100\%$$

图 3-15 所示为 Pb-Sn 亚共晶合金显微组织，图中黑色树枝状为初晶固溶体 α 相，黑色相间分布的为 $(α + β)$ 共晶体，初晶 α 内的白色小颗粒为 $β_{II}$ 固溶体。

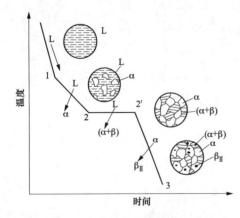

图 3-14　亚共晶合金结晶过程示意

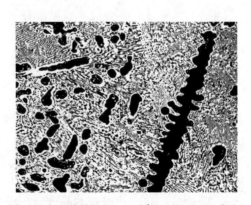

图 3-15　亚共晶组织（50％ Sn 的 Pb-Sn 合金）

成分在 cd 之间的所有亚共晶合金的结晶过程均与合金Ⅲ相同，仅组织组成物和组成相的相对质量不同。成分越靠近共晶点，合金中共晶体的含量越多。

4）合金Ⅳ。合金Ⅳ是过共晶合金，成分在 de 之间，位于共晶点右边。其结晶过程如图 3-16 所示，与亚共晶合金相似，也包括匀晶反应、共晶反应和二次结晶等三个转变阶段；不同之处是初生相为 β 固溶体，二次结晶过程为 $\beta \rightarrow \alpha_{II}$，所以室温组织为 $\beta + \alpha_{II} + (\alpha+\beta)$。

图 3-17 所示为 Pb-Sn 过共晶合金显微组织，图中亮白色形为初晶 β 固溶体，黑白相间分布的为 $(\alpha+\beta)$ 共晶体，初晶 β 内的边界处黑色小颗粒为 α_{II} 固溶体。

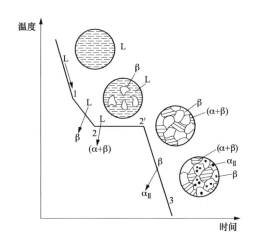

图 3-16 合金Ⅳ的冷却曲线及结晶过程

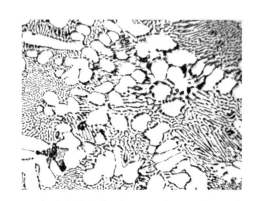

图 3-17 过共晶平衡组织（70% Sn 的 Pb-Sn 合金）

综合上述几种类型合金的结晶过程，可以看到 Pb-Sn 合金结晶所得的组织中仅出现了 α、β 两相。因此 α、β 相称为合金的相组成物。如图 3-10 所示各相区就是以合金的相组成物填写的。

不同的合金中，由于形状条件不同，各种相将以不同的数量、形状、大小互相组合，而在显微镜下可观察到不同的组织。

（3）标注组织的共晶相图。我们研究相图的目的是要了解不同成分的合金室温下的组织构成。因此，根据以上分析，将组织标注在相图上。以便很方便地分析和比较合金的性能，并使相图更具有实际意义，如图 3-18 所示。从图中可以看出，在室温下 f 点及其左边成分的合金组织为单相 α，g 点及其右边成分的合金组织为单相 β，$f-g$ 之间成分的合金组织由 α 和 β 两相组成。即合金系的室温组织自左至右相继为 α、$\alpha+\beta_{II}$、$\alpha+\beta_{II}+(\alpha+\beta)$、$(\alpha+\beta)$、$\beta+\alpha_{II}+(\alpha+\beta)$、$\beta+\alpha_{II}$、$\beta$。

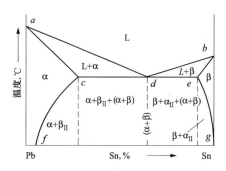

图 3-18 标注组织的共晶相图

由于各种成分的合金冷却时所经历的结晶过程不同，组织中所得到的组织组成物及其数量是不相同的。这是决定合金性能最本质的方面。

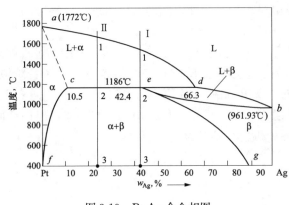

图 3-19　Pt-Ag 合金相图

4. 包晶相图

两组元在液态无限互溶，在固态有限互溶，冷却时发生包晶反应的合金系，称为包晶系并构成包晶相图。例如 Pt-Ag、Ag-Sn、Sn-Sb 合金相图等。

现以 Pt-Ag 合金相图为例，对包晶相图及其合金的结晶过程进行分析。

（1）相图分析。Pt-Ag 合金相图（见图 3-19）中存在三种相：Pt 与 Ag 形成的液溶体 L 相；Ag 溶于 Pt 中的有限固溶体 α 相；Pt 溶于 Ag 中的有限固溶体 β 相。e 点为包晶点。e 点成分的合金冷却到 e 点所对应的温度（包晶温度）时发生以下反应

$$\alpha_c + L_d \xrightarrow{\text{恒温}} \beta_e$$

这种由一种液相与一种固相在恒温下相互作用而转变为另一种固相的反应称为包晶反应。发生包晶反应时三相共存，它们的成分确定，反应在恒温下平衡地进行。水平线 ced 为包晶反应线。cf 为 Ag 在 α 中的溶解度线，eg 为 Pt 在 β 中的溶解度线。

（2）典型合金的结晶过程。

1）合金 I。合金 I 的结晶过程如图 3-20 所示。液态合金冷却到 1 点温度以下时结晶出 α 固溶体，L 相成分沿 ad 线变化，α 相成分沿 ac 线变化。合金刚冷到 2 点温度而尚未发生包晶反应前，由 d 点成分的 L 相与 c 点成分的 α 相组成。此两相在 e 点温度时发生包晶反应，L 相包围 α 相而形成 β 相。反应结束后，L 相与 α 相正好全部反应耗尽，形成 e 点成分的 β 固溶体。温度继续下降时，从 β 中析出 α_{II}。最后室温组织为 β ＋ α_{II}。其组成相和组织组成物的成分和相对质量可根据杠杆定律来确定。

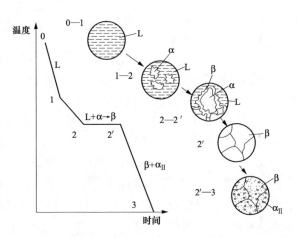

图 3-20　合金 I 结晶过程示意

在合金结晶过程中，如果冷速较快，包晶反应时原子扩散不能充分进行，则生成的 β 固溶体中会发生较大的偏析。原 α 处 Pt 含量较高，而原 L 区含 Pt 量较低。这种现象称为包晶偏析。包晶偏析可通过扩散退火来消除。

2）合金 II。合金 II 的结晶过程如图 3-21 所示。液态合金冷却到 1 点温度以下时结晶出 α 相，刚至 2 点温度时合金由 d 点成分的液相 L 和 c 点成分的 α 相组成，两相在 2 点温度发生包晶反应，生成 β 固溶体。与合金 I 不同，合金 II 在包晶反应结束之后，仍剩余有部分 α 固溶体。在随后的冷却过程中，β 和 α 中将分别析出 α_{II} 和 β_{II}，所以最终室温组织为 α ＋ β ＋

$\alpha_{II} + \beta_{II}$。

5. 共析相图与含有稳定化合物的相图

除了上述三个基本相图以外，还经常用到一些特殊相图，如共析相图、含有稳定化合物的相图等。

（1）共析相图。自某种均匀一致的固相中，同时析出两种化学成分和晶格结构完全不同的新固相的转变过程，称为共析反应。同共晶反应相似，共析反应也是一个恒温转变过程，也有与共晶线及共晶点相似的共析线和共析点。共析反应的产物称为共析体。由于共析反应是在固态合金中进行的，转变温度较低，原子扩散困难，因而易于达到较大的过冷度。所以同共晶体相比，共析体的组织要细致均匀得多。

最简单的具有共析反应的二元合金相图如图 3-22 所示，其下半部分为共析相图，形状与共晶相图相似。c 点成分（共析成分）的合金（共析合金）从液相经匀晶反应生成 γ 相后，继续冷却到 c 点温度（共析温度）时，发生共析反应，共析反应的形式类似于共晶反应，而区别在于它是由一个固相（γ 相）在恒温下同时析出两个固相（d 点成分的 α 相和 e 点成分的 β 相）。反应式为 $\gamma_c \xrightarrow{\text{恒温}} \alpha_d + \beta_e$，此两相的混合物称为共析体（层片相间）。各种成分合金的结晶过程的分析同于共晶相图。最常见的共析反应是铁碳合金中的珠光体转变。

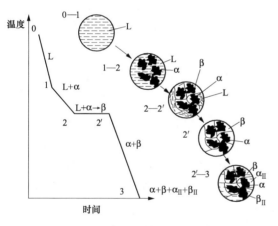

图 3-21　合金 II 结晶过程示意

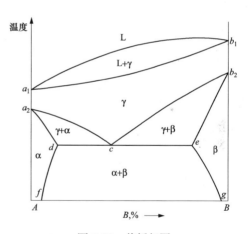

图 3-22　共析相图

（2）含有稳定化合物的相图。在有些二元合金系中组元间可能形成稳定化合物。稳定化合物具有一定的化学成分、固定的熔点，且熔化前不分解，也不发生其他化学反应。图 3-23 所示为 Mg_2Si 相图，稳定化合物 Mg_2Si 在相图中是一条垂线，可以把它看成一个独立组元而把相图分为两个独立部分。

由上述可知，二元合金相图的类型很多，但基本类型还是匀晶、共晶和包晶三大类。在二元合金相图时，应掌握以下要点：

1）相图中每一点都代表某一成分的合金在某一温度下所处的状态，此点称为合金的表象点。

2）在单相区中，合金由单相组成，相的成分即等于合金的成分，它由合金的表象点来决定。

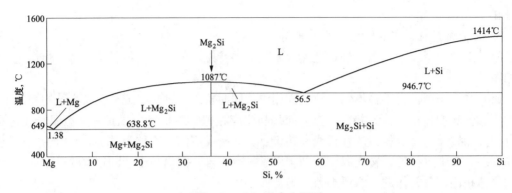

图 3-23　Mg-Si 合金相图

3）在两个单相区之间必定存在着一个两相区。在此两相区，合金处于两相平衡状态，两个平衡相的成分可由通过合金表象点的水平线与两相区边界线（即两相区与单相区的分界线）的交点来决定，两相的相对量运用杠杆定律可以计算。

4）在二元合金相图中，三相平衡共存表现为一条水平线——三相平衡线。三相平衡线的图形特征及性质见表 3-4。

表 3-4　　　　　　　　　　　　三相平衡线的图形特征及性质

序号	反应名称	图形特征	反应式	说明
1	共晶反应	α a L e b β	$L \xleftrightarrow{\text{恒温}} \alpha + \beta$	恒温下由一个液相 L 同时结晶出两个成分不同的固相 α 和 β 的一种反应
2	共析反应	α c γ e d β	$\gamma \xleftrightarrow{\text{恒温}} \alpha + \beta$	恒温下由一个固相 γ 同时析出两个成分不同的固相 α 和 β 的一种反应
3	包晶反应	L m p n β α	$L + \beta \xleftrightarrow{\text{恒温}} \alpha$	恒温下由液相 L 和一个固相 β 相作用生成一种新的固相 α 的一种反应

3.1.3　合金的性能与相图的关系

1. 合金的力学性能和物理性能

相图反映出不同成分合金室温时的组成相和平衡组织，而组成相的本质及其相对含量、分布状况又将影响合金的性能。图 3-24 所示为相图与合金力学性能及物理性能的关系。

图 3-24（a）所示为匀晶相图与使用性能的关系图组，可以看出，在相图中部，当合金固溶量增加时，对应的强度、硬度是增加的，而导电率在降低；在相图的左、右两部分，当合金固溶量比较小时，对应的强度、硬度降低，而导电率在上升。图 3-24（b）所示为共晶

相图与使用性能的关系图组。它表明，共晶成分的共晶体的力学性能在两组元材料性能之间，导电率也在两组元材料导电率之间，同时，强度、硬度上升，而导电率下降。图 3-24 (c) 所示为稳定化合物的相图与使用性能关系图组。在稳定化合物相区（即两个共晶相图之间），强度、硬度最高，而导电率最低。

综上所述，合金组织为两相混合物时，如两相的大小与分布都比较均匀，合金的性能大致是两相性能的算术平均值，即合金的性能与成分呈直线关系。此外，当共晶组织十分细密时，强度、硬度会偏离直线关系而出现峰值（如图中虚线所示）。单相固溶体的性能与合金成分呈曲线关系，反映出固溶强化的规律。在对应化合物的曲线上则出现奇异点。金属材料通过加元素以合金强化方法提高强度、硬度的时候，也使材料的塑性、韧性降低，并且也降低了材料的物理化学性能。

2. 合金的铸造性能与相图关系

合金铸造性能主要指流动性和缩孔性质。图 3-25 所示为合金铸造性能与相图的关系。从图 3-25 (a) 中可以看出，流动性好坏和缩孔性质主要取决于液相线和固相线水平距离及结晶的温度间隔（垂直距离）。相图中部成分的合金（固溶量多的合金），液固两线水平距离大，垂直距离也大，因此流动性处于最低点（最差），缩孔倾向于分散缩孔。而在相图两端靠近纯金属成分处（固溶量少的合金），流动性最好，缩孔也倾向于集中缩孔。从图 3-25 (b) 中来看，共晶成分及附近成分合金流动性最好，缩孔也倾向于集中缩孔。这是因为此处及附近液、固相线的间距最小，并且合金凝固温度最低。亚共晶合金和过共晶合金的铸造性能，从图中看，比共晶合金的差，也不如单一组元的合金。

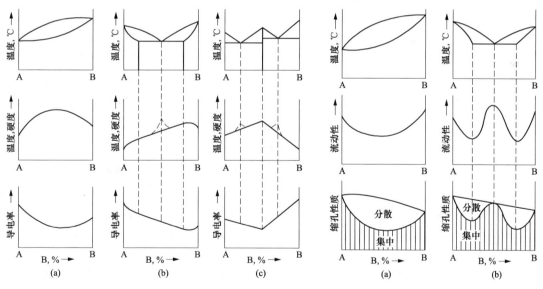

图 3-24　合金的使用性能与相图关系示意　　　图 3-25　合金的铸造性能与相图关系示意

综上所述，液相线与固相线间隔越大，流动性越差，越易形成分散的孔洞（也称缩松）。共晶合金熔点低，流动性最好，易形成集中缩孔，不易形成分散缩孔。因此铸造合金宜选择共晶或近共晶成分，有利于获得完好铸件。

3. 相图的局限性

最后应当指出应用相图时的局限性。首先，相图只给出平衡状态的情况，而平衡状态只有很缓慢的冷却和加热，或者在给定温度长时间保温才能满足，而实际生产条件下合金很少能达到平衡状态。因此用相图分析合金的相和组织时，必须注意该合金非平衡结晶条件下可能出现的相和组织以及与相图反映的相和组织状况的差异。其次，相图只能给出合金在平衡条件下存在的相、相的成分和其相对量，并不能反映相的形状、大小和分布，即不能给出合金组织的形貌状态。此外要说明的是，二元相图只反映二元系合金的相平衡关系，实际使用的金属材料往往不只限于两个组元，必须注意其他元素加入对相图的影响，尤其是其他元素含量较高时，二元相图中的相平衡关系可能完全不同。

3.2 铁 碳 合 金 相 图

碳钢和铸铁是应用极其广泛的重要金属材料，都是以铁为基础加入一定量的碳溶制而成的铁碳合金。铁碳合金相图是研究铁碳合金在平衡条件下的成分-温度-组织性能之间的关系和变化规律的重要工具，掌握铁碳合金相图，对于分析铁碳合金成分与组织、性能的关系，正确制订各种热加工工艺，更好地研究和使用钢铁材料等都有重要的指导意义。

铁碳合金相图是人类经过长期生产实践和大量科学试验总结出来的。铁和碳两个元素在固态下除可以有限互溶外，还可以彼此化合而形成金属化合物（如 Fe_3C）。Fe_3C 是一种介稳定的化合物，含碳量为 6.69%，在一般条件下，其成分和晶体结构不随温度而变化，可视为一个独立的组元。铁碳合金含碳量超过 6.69%，脆性很大，没有实用价值，所以本章讨论的铁碳（Fe-C）相图实际是 $Fe-Fe_3C$ 相图。

3.2.1 铁碳合金的组元与基本相

1. 组元

（1）纯铁 Fe。Fe 是过渡族元素，1 个大气压下的熔点为 1538℃，20℃时的密度为 $7.87 \times 10^3 \text{kg/m}^2$。纯铁在不同的温度区间有不同的晶体结构（同素异构转变），即

$$\delta\text{-Fe(体心)} \xrightleftharpoons{1394°} \gamma\text{-Fe(面心)} \xrightleftharpoons{912℃} \alpha\text{-Fe(体心)}$$

工业上常说的纯铁，一般含 Fe 量为 99.8%～99.9%，杂质含量为有 0.10%～0.20%。

工业纯铁的力学性能：抗拉强度 $R_m = 180 \sim 230\text{MPa}$，屈服强度 $R_{eL} = 100 \sim 170\text{MPa}$，延伸率 $A = 30\% \sim 50\%$，硬度为 50～80HBS。

可见，纯铁塑性和韧性很高，但强度和硬度很低，很少用来制造机械零件和金属结构；由于其铁磁性和高的磁导率，主要作为电工材料用于各种铁芯及仪器仪表行业。

（2）渗碳体 Fe_3C。在铁碳合金中，铁可与碳形成 Fe_3C、Fe_2C、FeC 等一系列化合物。该化合物在高温下不发生变化，非常稳定。而稳定的化合物可以视为一个独立的组元，因此整个铁碳合金相图可视为由 Fe_3C、Fe_2C、FeC 等一系列二元相图构成，如图 3-26 所示。

但在铁碳合金中，由于碳的质量分数高于 6.69% 的铁碳合金脆性极大，没有使用价值，因而对铁碳合金相图只研究 $Fe-Fe_3C$ 部分。

2. 铁碳合金中的基本相和组织

铁碳合金内部铁、碳原子相互作用形成各种相的结构。在固态时碳能溶解于铁的晶格中，形成间隙固溶体。当碳含量超过铁的溶解度时，多余的碳与铁形成金属化合物。

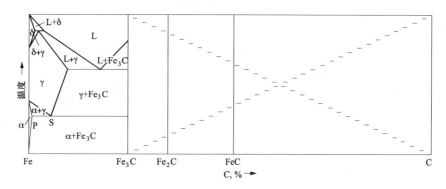

图 3-26 完整的铁碳合金相图

（1）铁碳合金的基本相。

1）铁素体。碳溶于 α-Fe 的间隙固溶体，称为铁素体，用符号 α 或 F 表示。铁素体仍然保持 α-Fe 的体心立方晶格。由于体心立方晶格的间隙很小，溶碳能力很低，在 600℃ 时溶碳量仅为 0.006%，随着温度升高溶碳量逐渐增加。在 727℃ 时，溶碳量 0.021 8%，而在室温下仅为 0.000 8%。因此，铁素体室温时的性能与纯铁相似，强度、硬度低，塑性和韧性好。

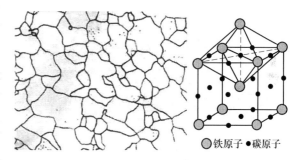

图 3-27 铁素体组织

铁素体的显微组织呈多边形晶粒，晶界曲折，如图 3-27 所示。

碳溶于 δ-Fe 的间隙固溶体，称为 δ 铁素体，又称高温铁素体，用符号 δ 表示。δ 铁素体也是体心立方晶格，其最大溶碳量为 1495℃时的 0.09%。由于温度高，对室温性能影响小，一般不考虑。

2）奥氏体。碳溶于 γ-Fe 的间隙固溶体，称为奥氏体，用符号 γ 或 A 表示。奥氏体仍保持 γ-Fe 的面心立方晶格。奥氏体中碳的固溶度较大，在 727℃时溶碳量 0.77%，随着温度的升高溶碳量逐渐增大，在 1148℃时溶碳量最大达 2.11%。奥氏体塑性和韧性好，强度和硬度较低，因此，生产中常将工件加热到奥氏体状态进行锻压。

奥氏体也是不规则多面体晶粒，其显微组织与铁素体的显微组织相

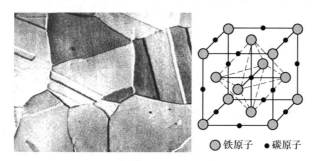

图 3-28 奥氏体组织

似，呈多边形，但晶界较铁素体平直，如图 3-28 所示。

3）渗碳体。渗碳体是铁和碳相互作用，形成的具有复杂晶格的间隙化合物，晶体结构十分复杂，通常称渗碳体，如图 3-29 所示。用分子式 Fe_3C 或 Cm 表示。渗碳体的含碳量为

6.69%，熔点为 1227℃，硬度很高（950～1050HV），抗拉强度 $R_m=30\text{MPa}$，塑性、韧性几乎为零，极脆。

渗碳体（Fe_3C）在铁碳合金中常以片状、球状、网状等形式与其他相共存，若能合理利用，渗碳体是钢中的主要强化相，其形态、大小、数量和分布对钢的性能有很大的影响。

渗碳体（Fe_3C）是介稳相，在一定的条件下，它将发生分解，$Fe_3C \longrightarrow 3Fe+C$，所分解出的单质碳为石墨，如图 3-30 所示，在该晶体中，同层的碳原子采用 sp2 杂化轨道以 σ 键与其他碳原子连接成六元环形的蜂窝式层状结构，碳原子之间的结合力很强，极难破坏，所以石墨的熔点很高，化学性质很稳定。该分解反应对铸铁有着重要意义。

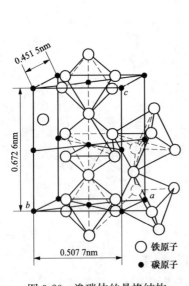

图 3-29　渗碳体的晶格结构

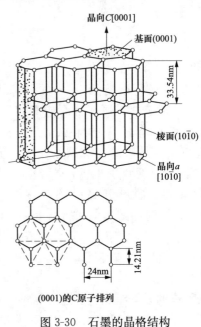

图 3-30　石墨的晶格结构

由于碳在 α-Fe 中的溶解度很低，所以常温下碳在铁碳合金中主要以渗碳体或石墨的形式存在。

（2）铁碳合金中基本相构成的组织。铁碳合金中的三种基本相（铁素体、奥氏体和渗碳体）可以相互组合形成基本组织珠光体和莱氏体。

1）珠光体。F 和 Fe_3C 的机械混合物称为珠光体，用符号 P 表示，其平均含碳量为 0.77%。其形态为 F 薄层和 Fe_3C 薄层片层相间的层状混合物，其显微形态为指纹状，如图 3-31 所示。性能介于 F 和 Fe_3C 之间，即具有较高的强度（$R_m=770\text{MPa}$）和塑性（$A=20\%～25\%$），缓冷时硬度为 180～200HBW，是一种综合力学性能较好的组织。

2）莱氏体。莱氏体组织是由 A 和 Fe_3C 两相组成的混合物，用符号 L_d 表示，平均含碳量为 4.3%。其形态为小点状 A 均匀分布于 Fe_3C 的基体上，其显微形态为蜂窝状，如图 3-32所示。在常温下，莱氏体是由珠光体和渗碳体组成，称为变态莱氏体，用符号 L'_d 表示。莱氏体组织由于含碳量高，Fe_3C 相对量也比较多（约占 64%以上），故莱氏体的性能与 Fe_3C 相似，即硬而脆。

铁碳合金中基本相及其构成的组织特征见表 3-5。

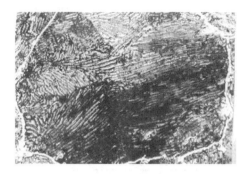

图 3-31 珠光体组织

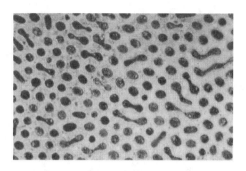

图 3-32 莱氏体组织

表 3-5 **铁碳合金中基本相及其构成组织**

基本相与组织		符号或分子式	构成	形态	性能
基本相	铁素体	F	C 溶入 α-Fe 中形成的间隙固溶体	晶界曲折的多边形晶粒	强度、硬度低，塑性和韧性好
	奥氏体	A	C 溶入 γ-Fe 中形成的间隙固溶体	晶界平直的多边形晶粒	塑性好，屈服强度低，易于加工成形
	渗碳体	Fe_3C	Fe 和 C 形成的具有复杂晶格的间隙化合物	片状、球状、网状等	塑性、韧性几乎为零，硬度高，极脆
珠光体		P	$F+Fe_3C$ 的混合物	片层状或指纹状	介于铁素体与渗碳体之间，强度较高，硬度适中，塑性和韧性较好
莱氏体		L_d	$A+Fe_3C$ 的混合物	蜂窝状	硬面脆

3.2.2　Fe-Fe₃C 合金相图

1. Fe-Fe₃C 相图中各点的温度、含碳量及含义

Fe-Fe₃C 合金相图是指在平衡（极其缓慢加热或冷却）条件下，用热分析法测定的不同成分的铁碳合金，在不同温度所处状态或组织的图形。相图中各点的温度、含碳量等见图 3-33 和表 3-6。

图 3-33 及表 3-6 中代表符号属通用，一般不随意改变。下面将根据 Fe-Fe₃C 合金相图及对典型铁碳合金结晶过程的分析，来研究铁碳合金的成分、组织、性能之间的关系。

2. Fe-Fe₃C 合金相图中重要的点和线

（1）三个重要的特征点。

1）J 点为包晶点。合金在平衡结晶过程中冷却到 1495℃时。B 点成分的液相 L 与 H 点成分的 δ 相发生包晶反应，生成 J 点成分的 A 相。包晶反应在恒温下进行，反应过程中 L、δ、A 三相共存，反应式为

$$L_B + \delta_H \xrightleftharpoons{1495℃} A_J \text{ 或 } L_{0.53} + \delta_{0.09} \xrightleftharpoons{1495℃} A_{0.17}$$

2）C 点为共晶点。合金在平衡结晶过程中冷却到 1148℃时。C 点成分的液相 L 发生共晶反应，生成 E 点成分的 A 相和 F 点的 Fe₃C 相。共晶反应在恒温下进行，反应过程中 L、A、Fe₃C 三相共存，反应式为

$$L_C \xrightleftharpoons{1148℃} A_E + Fe_3C \text{ 或 } L_{4.3} \xrightleftharpoons{1148℃} A_{2.11} + Fe_3C$$

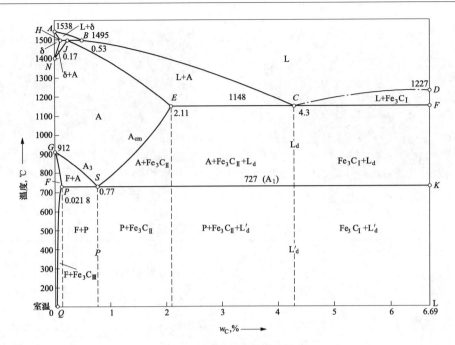

图 3-33　Fe-Fe₃C 合金相图

表 3-6　　　　　　　　　相图中各点的温度、含碳量及含义

符号	温度（℃）	含碳量［%（质量）］	含　义
A	1538	0	纯铁的熔点
B	1495	0.53	包晶转变时液态合金的成分
C	1148	4.30	共晶点
D	1227	6.69	Fe₃C 的熔点
E	1148	2.11	碳在 γ-Fe 中的最大溶解度
F	1148	6.69	Fe₃C 的成分
G	912	0	α-Fe→γ-Fe 同素异构转变点
H	1495	0.09	碳在 δ-Fe 中的最大溶解度
J	1495	0.17	包晶点
K	727	6.69	Fe₃C 的成分
N	1394	0	γ-Fe→δ-Fe 同素异构转变点
P	727	0.021 8	碳在 α-Fe 中的最大溶解度
S	727	0.77	共析点
Q	室温 (600)	0.000 8 (0.005 7)	室温时碳在 α-Fe 中的最大溶解度 （或 600℃）

共晶反应的产物是 A 与 Fe₃C 的共晶混合物，称莱氏体，用符号 L_d 表示，所以共晶反应式也可表达为

$$L_{4.3} \underset{1148℃}{\overset{1148℃}{\rightleftharpoons}} L_{d4.3}$$

莱氏体组织中的渗碳体称为共晶渗碳体。在显微镜下莱氏体的形态是块状或粒状 A（727℃时转变为珠光体）分布在渗碳体基体上。

3）S 点为共析点。合金在平衡结晶过程中冷却到 727℃时 S 点成分的 A 相发生共析反应，生成 P 点成分的 F 相和 K 点成分的 Fe₃C 相。共析反应在恒温下进行，反应过程中 A、F、Fe₃C 三相共存，反应式为

$$A_S \xrightleftharpoons[]{727℃} F_P + Fe_3C \text{ 或 } A_{0.77} \xrightleftharpoons[]{727℃} F_{0.0218} + Fe_3C$$

共析反应的产物是 F 与 Fe_3C 的共析混合物，称为珠光体，用符号 P 表示，因而共析反应可简单表示为

$$A_{0.77} \xrightleftharpoons[]{727℃} P_{0.77}$$

珠光体中的渗碳体称为共析渗碳体。在显微镜下珠光体的形态呈层片状。在放大倍数很高时，可清楚看到相间分布的渗碳体片（窄条）与铁素体片（宽条）。

珠光体的强度较高，塑性、韧性和硬度介于渗碳体和铁素体之间，其机械性能如下：

抗拉强度（R_m）770MPa   延伸率（A）   20%～35%

冲击韧性（a_K）30～40J/cm^2 硬度（HB）   180kgf/mm^2

（2）相图中的特性线。相图中的 ABCD 为液相线，AHJECF 为固相线。

1）水平线 HJB 为包晶反应线。碳含量 0.09%～0.53%的铁碳含金在平衡结晶过程中均发生包晶反应。

2）水平线 ECF 为共晶反应线。碳含量 2.11%～6.69%的铁碳合金，在平衡结晶过程中均发生共晶反应。

3）水平线 PSK 为共析反应线。碳含量 0.0218%～6.69%的铁碳合金，在平衡结晶过程中均发生共析反应。PSK 线在热处理中也称 A_1 线。

4）GS 线是合金冷却时自 A 中开始析出 F 的临界温度线，通常称 A_3 线。

5）ES 线是碳在 A 中的固溶线，通常称 A_{cm} 线。由于在 1148℃时 A 中溶碳量最大可达 2.11%，而在 727℃时仅为 0.77%，因此碳含量大于 0.77%的铁碳合金自 1148℃冷却至 727℃的过程中，将从 A 中析出 Fe_3C。析出的渗碳体称为二次渗碳体（Fe_3C_{II}）。A_{cm} 线也是从 A 中开始析出 Fe_3C_{II} 的临界温度线。

6）PQ 线是碳在 F 中的固溶线。在 727℃时 F 中溶碳量最大可达 0.0218%，室温时仅为 0.0008%，因此碳含量大于 0.0008%的铁碳合金自 727℃冷至室温的过程中，将从 F 中析出 Fe_3C。析出的渗碳体称为三次渗碳体（Fe_3C_{III}）。PQ 线也为从 F 中开始析出 Fe_3C_{III} 的临界温度线。

Fe_3C_{III} 数量极少，往往可以忽略。现分析铁碳合金平衡结晶过程时，均忽略这一析出过程。

3.3 典型铁碳合金的平衡结晶过程

根据 $Fe-Fe_3C$ 合金相图，铁碳含金可分为以下三类：

工业纯铁[w(C)≤0.0218%]

钢[0.0218%＜w(C)≤2.11%]
- 亚共析钢[0.0218%＜w(C)＜0.77%]
- 共析钢[w(C)=0.77%]
- 过共析钢[0.77%＜w(C)≤2.11%]

白口铸铁[2.11%＜w(C)＜6.69%]
- 亚共晶白口铸铁[2.11%＜w(C)＜4.3%]
- 共晶白口铸铁[w(C)=4.3%]
- 过共晶白口铸铁[4.3%＜w(C)＜6.69%]

3.3.1 工业纯铁

以含碳 0.01%的铁碳合金为例，其冷却曲线（见图 3-34）和平衡结晶过程如下。

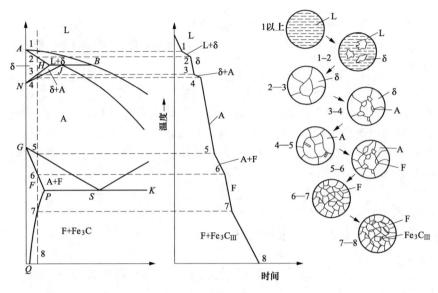

图 3-34 工业纯铁结晶过程示意

合金在 1 点以上为液相 L。冷却至稍低于 1 点时，开始从 L 中结晶出 δ，至 2 点合金全部结晶为 δ。从 3 点起，δ 逐渐转变为 A，至 4 点全部转变完成。4—5 点为完全的 A。自 5 点始，从 A 中析出 F。F 在 A 晶界处生核并长大，至 6 点时 A 全部转变为 F。在 6—7 点间为完全的 F。在 7—8 点间，从 F 晶界析出 Fe_3C_{III}。因此合金的室温平衡组织为 $F+Fe_3C_{III}$。F 呈白色块状；Fe_3C_{III} 量极少，呈小白片状分布于 F 晶界处。Fe_3C_{III} 的量随着含 C 量增加而增加，F 中最大的 Fe_3C_{III} 含量为 $Q_{Fe_3C_{III}} = \dfrac{0.0218-0.0008}{6.69-0.0008} \times 100\% = 0.3\%$。

3.3.2 共析钢

共析钢的冷却曲线和平衡结晶过程如图 3-35 所示。

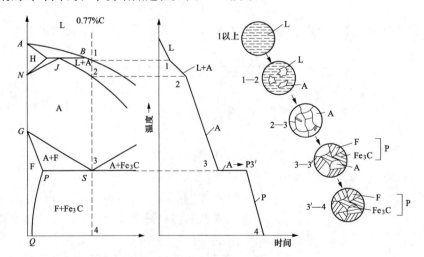

图 3-35 共析钢结晶过程示意

共析钢在 1 点温度以上为液相 L。当缓冷到 1 点温度时，开始从 L 中结晶出 A，并随着温度的下降，A 量不断增加，剩余 L 的量逐渐减少，直到 2 点以下温度时，L 全部结晶为 A。2—3 点温度间为单一 A 的冷却，没有相变。继续冷却到 3 点温度（727℃）时，A 发生共析转变形成珠光体 P。在 $3'$ 点以下直至室温 4 点，P 组织基本不再发生变化，故共析钢的室温平衡组织为珠光体 P。

共析钢共析转变结束后组织组成物全部是 P，组成相为 F 和 Fe_3C，此时它们的相对质量为

$$Q_F = \frac{SK}{PK} = \frac{6.69-0.77}{6.69-0.0218} \times 100\% = 88.8\%, \quad Q_{Fe_3C} = 1-F\% = 11.2\%$$

共析钢室温组织组成物也全部是 P，而组成相也为 F 和 Fe_3C，它们的相对质量为

$$Q_F = \frac{4L}{QL} = \frac{6.69-0.77}{6.69-0.008} \times 100\% = 88.5\%, \quad Q_{Fe_3C} = 1-88.5\% = 11.5\%$$

珠光体的显微组织如图 3-36 所示。在显微镜放大倍数较高时，能清楚地看到 F 和 Fe_3C 呈片层状交替排列的情况，呈指纹状，其中白色的基底为 F，黑色的层片是 Fe_3C。由于珠光体中 Fe_3C 量较 F 少，因此 Fe_3C 层片较 F 层片较薄。

图 3-36 珠光体的显微组织（500×）

3.3.3 亚共析钢

含碳量 0.09%～0.53% 的亚共析钢结晶时将发生包晶反应。现以含碳 0.4% 的铁碳含金为例分析亚共析钢的结晶过程，其冷却曲线和平衡结晶过程如图 3-37 所示。

亚共析钢在 1 点温度以上为液相 L。当缓冷到 1 点温度时，从 1 点起自 L 中结晶出 δ，至 2 点时，L 成分变为 0.53%C，δ 变为 0.09%C，发生包晶反应 $L_{0.53}+\delta_{0.09} \longrightarrow A_{0.17}$，生成 $A_{0.17}$，反应结束后尚有多余的 L。温度继续下降，$2'$ 点以下，自剩余 L 中不断结晶出 A，至 3 点合金全部转变为 A。在 3—4 点间 A 冷却，不发生相变。从 4 点起，冷却时由 A 中析出 F，并且随温度的降低，F 在 A 晶界处优先生核并

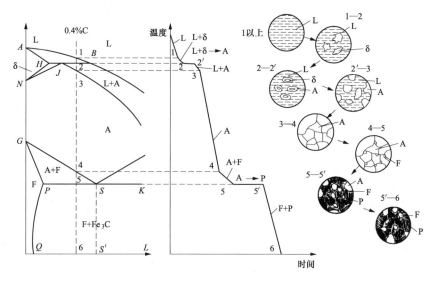

图 3-37 亚共析钢结晶过程示意

长大，F 数量增多，而 A 和 F 的成分分别沿 GS 和 GP 线变化。至 5 点时，A 的成分沿 GS 线变化到 S 点，剩余 A 的成分变为 0.77%C，而 F 的成分变为 0.021 8%C。此时剩余 A 发生共析反应，$A_{0.77} \longrightarrow F_{0.021\,8} + Fe_3C$，转变为 P，而 F 不变化。从 5′继续冷却至 6 点，从 F 中析出 Fe_3C_{III}，但是由于其数量很少，因此可忽略不计，可以认为合金组织不发生变化，因此室温平衡组织为 F+P。F 呈白色块状，P 呈层片状。

共析转变结束时的组织组成物（F 和 P）的相对质量为

$$Q_P = \frac{P5}{PS} = \frac{0.4 - 0.0218}{0.77 - 0.0218} \times 100\% = 50.55\%, \quad Q_F = 1 - 50.55\% = 49.45\%$$

共析转变结束时组成相（F 和 Fe_3C）的相对质量为

$$Q_F = \frac{5K}{PK} = \frac{6.69 - 0.4}{6.69 - 0.0218} \times 100\% = 94.33\%, \quad Q_{Fe_3C} = 1 - 94.33\% = 5.67\%$$

室温时的组织组成物（F 和 P）的相对质量为

$$Q_P = \frac{Q6}{QS'} = \frac{0.4 - 0.0008}{0.77 - 0.0008} \times 100\% = 51.9\%, \quad Q_F = 1 - 51.9\% = 48.1\%$$

室温时组成相（F 和 Fe_3C）的相对质量为

$$Q_F = \frac{6.69 - 0.4}{6.69 - 0.008} \times 100\% = 94.03\%, \quad Q_{Fe_3C} = 1 - 94.03\% = 5.97\%$$

所有亚共析钢的室温组织都是由 F 和 P 组成，只是 F 和 P 的相对量不同。随着含碳量的增加，P 量增多，而 F 量减少。碳含量大于 0.6% 的亚共析钢，室温平衡组织中的 F 常呈白色网状，包围在 P 周围。其显微组织如图 3-38 所示。图中白色部分为 F，黑色部分为 P，这是因为放大倍数较低，无法分辨出 P 中的层片，故呈黑色。

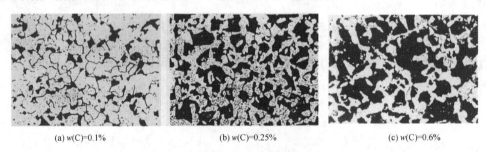

(a) $w(C)=0.1\%$ (b) $w(C)=0.25\%$ (c) $w(C)=0.6\%$

图 3-38 亚共析钢的显微组织（200×）

由于室温下 F 的含碳量极微，若将 F 中的含碳量忽略不计，则钢中的含碳量全部在 P 中，所以亚共析钢的含碳量可由其室温平衡组织来估算。即根据 P 的含量可求出钢的含碳量为 C%=P%×0.77%。由于 P 和 F 的密度相近，钢中 P 和 F 的含量（质量百分数）可以近似用对应的面积百分数来估算。

3.3.4 过共析钢

过共析钢含碳量为 0.77%～2.11%，现以碳含量为 1.2% 的铁碳合金为例，其冷却曲线和平衡结晶过程如图 3-39 所示。

过共析钢在 1 点温度以上为液相 L。当缓冷到 1 点温度时，从 1 点起自 L 中结晶出 A，至 2 点全部结晶完成。在 2—3 点间为完全的 A，从 3 点起，由 A 中析出 Fe_3C_{II}，随温度降低 Fe_3C_{II} 量不断增多并呈网状分布在 A 晶界上。至 4 点时，Fe_3C_{II} 析出停止，A 成分沿 ES

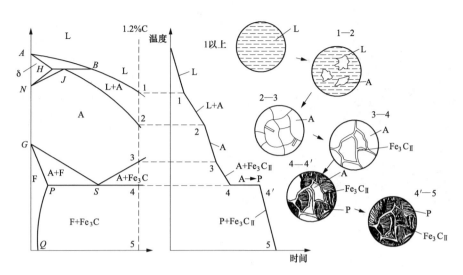

图 3-39 过共析钢结晶过程示意

线变化到 S 点，碳含量降为 0.77%，4—4' 剩余的 A 发生共析反应：$A_{0.77} \longrightarrow F_{0.0218} + Fe_3C$，转变为 P，而 Fe_3C_{II} 不变化。在 4'—5 点间冷却时组织不发生转变。因此室温平衡组织为 $Fe_3C_{II} + P$。在显微镜下，Fe_3C_{II} 呈网状分布在层片状 P 周围。

过共析钢中 Fe_3C_{II} 的量随含碳量增加而增加，当含碳量达到 2.11% 时，Fe_3C_{II} 量最大：

$$Q_{Fe_3C_{II}} = \frac{2.11 - 0.77}{6.69 - 0.77} \times 100\% = 22.6\%$$

共析转变结束时的组成相为 F 和 Fe_3C，它们的相对质量为

$$Q_{Fe_3C} = \frac{P4}{PK} = \frac{1.2 - 0.0218}{6.69 - 0.0218} \times 100\% = 17.67\%, \quad Q_F = 1 - 17.67\% = 82.33\%$$

共析转变结束时的组织组成物为 Fe_3C_{II} 和 P，它们的相对质量为

$$Q_{Fe_3C_{II}} = \frac{S4}{SK} = \frac{1.2 - 0.77}{6.69 - 0.77} \times 100\% = 7.26\%, \quad Q_P = 1 - 7.26\% = 92.74\%$$

室温时的组成相为 F 和 Fe_3C，它们的相对质量为

$$Q_{Fe_3C} = \frac{Q5}{QL} = \frac{1.2 - 0.0008}{6.69 - 0.0008} \times 100\% = 17.93\%, \quad Q_F = 1 - 17.93\% = 82.07\%$$

室温时的组织组成物为 Fe_3C_{II} 和 P，它们的相对质量为

$$Q_{Fe_3C_{II}} = \frac{S'5}{S'L} = \frac{1.2 - 0.77}{6.69 - 0.77} \times 100\% = 7.26\%, \quad Q_P = 1 - 7.26\% = 92.74\%$$

所有过共析钢的室温组织都是由珠光体和二次渗碳体组成。只是随着合金中含碳量的增加，组织中网状二次渗碳体的量增多。过共析钢的显微组织如图 3-40 所示。图中层片状黑白相间的组织为珠光体，白色网状组织为二次渗碳体。

3.3.5 共晶白口铸铁

共晶白口铸铁的含碳量为 4.3%，其冷却曲线和平衡结晶过程如图 3-41 所示。

共晶白口铸铁在 1 点温度以上为液相 L。当缓冷到 1 点温度时，合金在 1 点发生共晶反应，$L_{4.3} \longrightarrow A_{2.11} + Fe_3C$，由 L 转变为（高温）莱氏体 $L_d(A + Fe_3C)$ 呈蜂窝状。

此时共晶转变结束时两相（$A + Fe_3C$）的相对质量百分比为

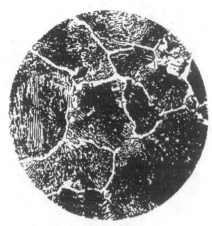

图 3-40 过共析钢的显微组织（500×）

$$Q_A = \frac{CF}{EF} = \frac{6.69 - 4.3}{6.69 - 2.11} \times 100\% = 52.2\%$$

$$Q_{Fe_3C} = 1 - 52.2\% = 47.8\%$$

在 1′—2 点间，L_d 中的共晶 A 不断析出 Fe_3C_{II}，其成分沿 ES 线变化。Fe_3C_{II} 与共晶 Fe_3C 无界线相连，在显微镜下无法分辨，但此时的莱氏体由 A+Fe_3C_{II}+Fe_3C 组成。由于 Fe_3C_{II} 的析出，至 2 点时 A 的碳含量降为 0.77%，并发生共析反应，A → P(F+Fe_3C)，转变为 P；高温莱氏体 L_d（A+Fe_3C）转变成低温莱氏体 L'_d（P+Fe_3C_{II}+Fe_3C）。

此时共析转变结束时两相（P+Fe_3C）的相对质量百分比为

$$Q_P = \frac{ZK}{SK} = \frac{6.69 - 4.3}{6.69 - 0.77} \times 100\% = 40.4\% , \quad Q_{Fe_3C} = 1 - 40.4\% = 59.6\%$$

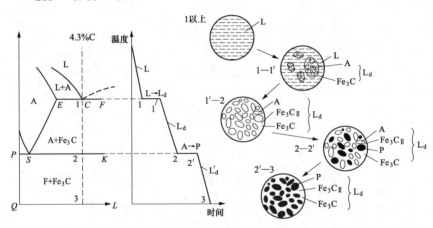

图 3-41 共晶白口铸铁结晶过程示意

从 2′ 至 3 点组织不变化。所以室温平衡组织仍为 L'_d，由黑色条状或粒状 P 和白色 Fe_3C 基体组成。共晶白口铁的显微组织如图 3-42 所示。

共晶白口铸铁的组织组成物全为 L'_d，而组成相还是 F 和 Fe_3C，它们的相对质量可用杠杆定律求出。共晶白口铸铁室温下两相的相对质量百分比为

$$Q_F = \frac{3L}{QL} = \frac{6.69 - 4.3}{6.69 - 0.0008} \times 100\% = 35.7\%$$

$$Q_{Fe_3C} = 1 - 35.7\% = 64.3\%$$

3.3.6 亚共晶白口铸铁

亚共晶白口铸铁含碳量为 2.11%～4.3%，现以碳含量为 3% 的铁碳合金为例，其冷却曲线和平衡结晶过程如图 3-43 所示。

图 3-42 共晶白口铁的显微组织（125×）

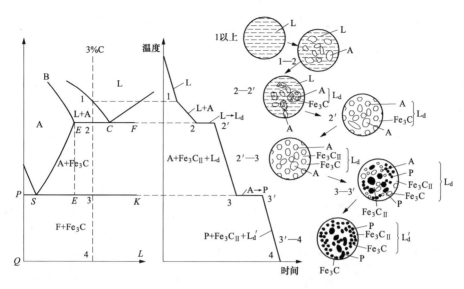

图 3-43 亚共晶白口铸铁结晶过程示意

亚共晶白口铸铁在 1 点温度以上为液相 L。当缓冷到 1 点温度起，发生匀晶反应，从 L 中结晶出初生 A，随着初生 A 量不断增多并呈树枝状长大，L 相成分沿 BC 变化，至 2 点时剩余 L 的成分变为含 4.3%C（A 的成分变为含 2.11%C），然后发生共晶反应转变为 L_d，而 A 不参与反应。在 2′—3 点间继续冷却时，初生 A 不断在其外围或晶界上析出 Fe_3C_{II}，同时 L_d 中的 A 也析出 Fe_3C_{II}。至 3 点温度时，所有 A 的成分均变为 0.77%，然后初生 $A_{0.77}$ 发生共析反应转变为 P；高温莱氏体 L_d 也转变为低温莱氏体 L_d'。在 3′ 以下到 4 点，冷却不引起转变。因此室温平衡组织为 $P+Fe_3C_{II}+L_d'$。网状 Fe_3C_{II} 分布在粗大块状 P 的周围，L_d' 则由条状或粒状 P 和 Fe_3C 基体组成。

亚共晶白口铸铁的组成相为 F 和 Fe_3C。组织组成物为 P、Fe_3C_{II} 和 L_d'。它们的相对质量可以利用杠杆定律求出。

先求合金钢冷却到 2 点温度时初生 $A_{2.11}$ 和 $L_{4.3}$ 的相对质量：

$$Q_{A_{2.11}}=\frac{2C}{EC}=\frac{4.3-3}{4.3-2.11}\times100\%=59.36\%, \quad Q_{L_{4.3}}=1-59.36\%=40.64\%$$

$L_{4.3}$ 通过共晶反应全部转变为 L_d，并随后转变为低温莱氏体 L_d'，所以 $L_d'\%=L_d\%=L_{4.3}\%=40.64\%$。

再求 3 点温度时（共析转变前）由初生 $A_{2.11}$ 析出的 Fe_3C_{II} 及共析成分的 $A_{0.77}$ 的相对质量：

$$Q_{Fe_3C_{II}}=\frac{SE'}{SK}Q_{A_{2.11}}=\frac{2.11-0.77}{6.69-0.77}\times59.36\%=13.44\%,$$

$$Q_{A_{0.77}}=\frac{E'K}{SK}Q_{A_{2.11}}=\frac{6.69-2.11}{6.69-0.77}\times59.36\%=45.92\%$$

由于 $A_{0.77}$ 发生共析反应转变为 P，所以 P 的相对质量就是 45.92%。

室温时，白口铸铁 $[w(C)=3.0\%]$ 中三种组织组成物（$L_d'+P+Fe_3C_{II}$）的相对质量百分比为

$$Q_{L'_d}=Q_{L_d}=\frac{E2}{EC}=\frac{3.0-2.11}{4.3-2.11}\times100\%=40.64\%$$

$$Q_{Fe_3C_{II}}=\frac{SE'}{SK}Q_{A2.11}=\frac{4.3-3.0}{4.3-2.11}\times\frac{2.11-0.77}{6.69-0.77}\times100\%=13.44\%$$

$$Q_P=100\%-Q_{L'_d}-Q_{Fe_3C_{II}}=100\%-40.64\%-13.44\%=45.92\%$$

而该合金在结晶过程中所析出的所有二次渗碳体（包括一次奥氏体和共晶奥氏体中析出二次渗碳体）的总量为

$$Q_{Fe_3C_{II}总}=\frac{2F}{EF}\frac{SE'}{SK}=\frac{6.69-3.0}{6.69-2.11}\times\frac{2.11-0.77}{6.69-0.77}\times100\%=18.24\%$$

图 3-44 亚共晶白口铁的显微组织（125×）

亚共晶白口铁的显微组织如图 3-44 所示。图中黑色块状或呈树枝状分布的为由初生奥氏体转变成的珠光体，基体为变态莱氏体。组织中的二次渗碳体与共晶渗碳体连在一起，难以分辨。

所有亚共晶白口铁的室温组织都是由珠光体和变态莱氏体组成。只是随着含碳量的增加，组织中变态莱氏体量增多。

3.3.7　过共晶白口铸铁

含碳量 4.30%～6.69% 的合金为过共晶白口铸铁，其结晶过程如图 3-45 所示。该合金冷却到与液相线相交的 1 点温度时，液态合金开始结晶出渗碳体，称为一次渗碳体（Fe_3C_I）。在 1 点和

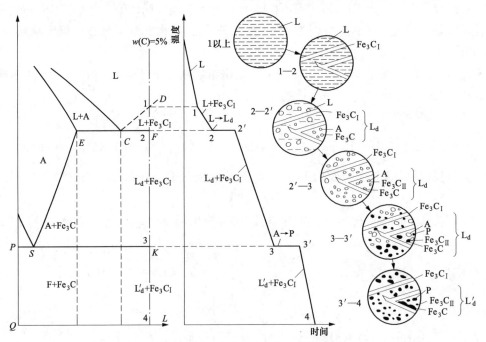

图 3-45　过共晶白口铸铁结晶过程示意

2点之间，随着温度下降，Fe_3C_I 量不断增多，剩余液体不断减少，其成分沿 CD 线（见图 3-33）变化。当冷却到与共晶线相交的2点（1148℃）时，剩余液相成分正好为共晶成分 $[w(C)=4.3\%]$，故发生共晶转变，生成高温莱氏体 L_d。此时组织为先结晶的 $Fe_3C_I+L_d$。在2点至3点之间，L_d 中的 A 随温度下降，不断析出 Fe_3C_{II}，在3点温度（727℃）时，共晶体中 A 向 P 转变，L_d 转变为低温莱氏体 L'_d，因此过共晶白口铸铁的室温组织为 $L'_d+Fe_3C_I$。过共晶白口铸铁的室温显微组织如图 3-46 所示，

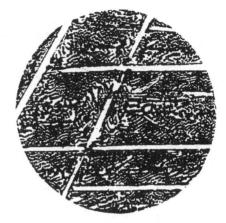

图 3-46 过共晶白口铁的显微组织（125×）

图中白色条状为 Fe_3C_I，基体组织为 L'_d。所有过共晶白口铸铁的结晶过程和组织均相似，只是随着含碳量的增加，组织中 Fe_3C_I 量增多。合金成分越接近 C 点共晶成分，室温组织中 L'_d 量越多，Fe_3C_I 越少。

过共晶白口铸铁的结晶过程与亚共晶白口铸铁大同小异，唯一的区别是：其先析出相是一次渗碳体（Fe_3C_I）而不是 A，而且因为没有先析出 A，进而其室温组织中除 L'_d 中的 P 以外再没有 P，即室温下组织为 $L'_d+Fe_3C_I$，组成相也同样为 F 和 Fe_3C。它们的质量分数的计算仍然用杠杆定律，方法同上。

各典型合金以液态冷却到室温的组织如图 3-47 所示，直观地反映出了各合金在不同温度下的状态。

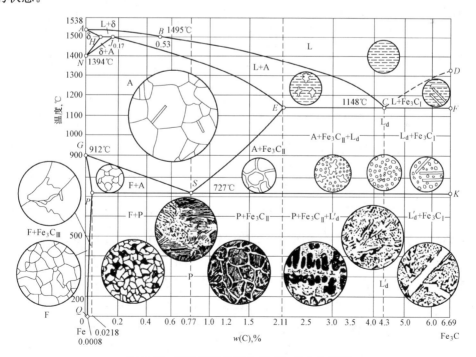

图 3-47 标注组织分区的 Fe-Fe₃C 合金相图

3.4　含碳量与铁碳合金平衡组织、机械性能的关系

3.4.1　按组织划分的 Fe-Fe₃C 合金相图

由 Fe-Fe₃C 相图，可知铁碳合金室温平衡组织都由 F 和 Fe₃C 两相组成，随含碳量增高，F 含量下降，由 100％按直线关系变至 0（含 6.69％C 时）；Fe₃C 含量相应增加，由 0 按直线关系变至 100％（含 6.69％C 时）。改变含碳量，不仅引起组成相的质量分数变化，而且产生不同结晶过程，从而导致组成相的形态、分布变化，也即改变了铁碳合金的组织。由图 3-48，可见随着含碳量增加，室温组织变化如下：

$$F + Fe_3C_{\text{III}} \longrightarrow F + P \longrightarrow P \longrightarrow P + Fe_3C_{\text{II}} \longrightarrow$$
$$P + Fe_3C_{\text{II}} + L_d' \longrightarrow L_d' \longrightarrow L_d' + Fe_3C_{\text{I}}$$

组成相的相对含量及组织形态的变化，会对铁碳合金性能产生很大影响。

3.4.2　碳钢的机械性能与碳含量的关系

对图 3-48 进行分析，得知铁碳合金的含碳量 $w(C) < 0.021\ 8\%$ 时，组织全部为 F；$w(C) = 0.77\%$ 时，全部为 P；$w(C) = 4.3\%$ 时，全部为 L_d'；$w(C) = 6.69\%$ 时，全部为 Fe₃C；在它们之间的组织则为相应组织的混合物。利用杠杆定律对其质量分数计算可得如图 3-48 所示的含碳量与组织（F、P、Fe₃C$_{\text{II}}$、L_d'、Fe₃C$_{\text{I}}$）的数量关系。

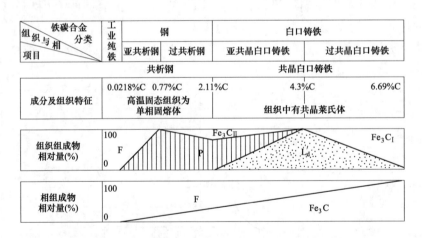

图 3-48　铁碳合金的含碳量与缓冷后的相及组织组成物的定量关系

硬度（HB）主要决定于组织中组成相或组织组成物的硬度和相对数量，而受它们的形态的影响相对较小。随碳含量的增加，由于硬度高的 Fe₃C 增多，硬度低的 F 减少，所以合金的硬度呈直线关系增大，由全部为 F 的硬度约 80HB 增大到全部为 Fe₃C 时的约 800HB。

强度是一个对组织形态很敏感的性能。随碳含量的增加，亚共析钢中 P 增多而 F 减少。P 的强度比较高，其大小与细密程度有关。组织越细密，则强度值越高。F 的强度较低。所以亚共析钢的强度随碳含量的增大而增大；但当碳含量超过共析成分之后，由于强度很低的 Fe₃C$_{\text{II}}$ 沿晶界析出，合金强度的增高变慢；到约 0.9％时，Fe₃C$_{\text{II}}$ 沿晶界形成完整的网，强度迅速降低；随着碳含量的增加，强度不断下降，到 2.11％后，合金中出现 L_d' 时，强度已

降到很低的值。再增加碳含量时，由于合金基体都为脆性很高的 Fe_3C，强度变化不大且值很低，趋近于 Fe_3C 的强度（20～30MPa）。

铁碳含金中 Fe_3C 是极脆的相，没有塑性，不能为合金的塑性做出贡献，合金的塑性全部由 F 提供，所以随碳含量的增大，F 量不断减少时，合金的塑性连续下降。到合金成为白口铸铁时，塑性就降到近于零值了，如图 3-49 所示。

对于应用最广的结构材料亚共析钢，其硬度、强度和塑性可根据成分或组织做如下估算：硬度（HB）$\approx 80 \times F\% + 180 \times P\%$ 或（HB）$\approx 80 \times F\% + 800 \times Fe_3C\%$；强度（$R_m$）$\approx 230 \times F\% + 770 \times P\%$（MPa）；延伸率（$A$）$\approx 50 \times F\% + 20 \times P\%$。式中的数字相应为 F、P 或 Fe_3C 的近似硬度、强度和延伸率；符号相应表示组织中 F、P 或 Fe_3C 的含量。

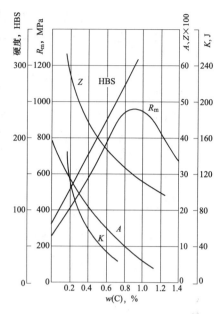

图 3-49 性能随含碳量的变化

3.5 Fe-Fe₃C 相图的应用和局限性

3.5.1 Fe-Fe₃C 相图的应用

Fe-Fe₃C 相图在生产中具有重大的实际意义，主要应用在钢铁材料的选用和加工工艺的制订两个方面。

1. 在钢铁材料选用方面的应用

（1）Fe-Fe₃C 相图所表明的某些成分-组织-性能的规律，为钢铁材料选用提供了根据。

（2）建筑结构和各种型钢需用塑性、韧性好的材料，因此选用碳含量较低的钢材。

（3）各种机械零件需要强度、塑性及韧性都较好的材料，应选用碳含量适中的中碳钢。

（4）各种工具要用硬度高和耐磨性好的材料，则选用含碳量高的钢种。

（5）纯铁的强度低，不宜用作结构材料，但由于其磁导率高，矫顽力低，可作软磁材料使用，例如做电磁铁的铁芯等。

（6）白口铸铁硬度高、脆性大，不能切削加工，也不能锻造，但其耐磨性好，铸造性能优良，适用于作要求耐磨、不受冲击、形状复杂的铸件，例如拔丝模、冷轧辊、货车轮、犁铧、球磨机的磨球等。

2. 在铸造工艺方面的应用

根据 Fe-Fe₃C 相图可以确定合金的浇注温度。浇注温度一般在液相线以上 50～100℃。从相图上可看出，纯铁和共晶白口铸铁的铸造性能最好。它们的凝固温度区间最小，因而流动性好，分散缩孔少，可以获得致密的铸件，所以铸铁在生产上总是选在共晶成分附近。在铸钢生产中，碳含量规定为 0.15%～0.6%，因为这个范围内钢的结晶温度区间较小，铸造性能较好。

3. 在热锻、热轧工艺方面的应用

钢处于奥氏体状态时强度较低，塑性较好，因此锻造或轧制选在单相奥氏体区内进行。

　　一般始锻、始轧温度控制在固相线以下 100～200℃ 范围内。温度高时，钢的变形抗力小，节约能源，设备要求的吨位低，但温度不能过高，防止钢材严重烧损或发生晶界熔化（过烧）。

　　终锻、终轧温度不能过低，以免钢材因塑性差而发生锻裂或轧裂。亚共析钢热加工终止温度多控制在 GS 线以上一点，避免变形时出现大量铁素体，形成带状组织而使韧性降低。过共析钢变形终止温度应控制在 PSK 线以上一点，以便把呈网状析出的二次渗碳体打碎。终止温度不能太高，否则再结晶后奥氏体晶粒粗大，使热加工后的组织也粗大。

　　一般始锻温度为 1150～1250℃，终锻温度为 750～850℃。

　　4. 在热处理工艺方面的应用

　　Fe-Fe₃C 相图对于制订热处理工艺有着特别重要的意义。一些热处理工艺如退火、正火、淬火的加热温度都是依据 Fe-Fe₃C 相图确定的。这将在下一章中详细阐述。

3.5.2　Fe-Fe₃C 相图的局限性

　　Fe-Fe₃C 相图的应用很广，为了正确掌握它的应用，必须了解其局限性。

　　(1) Fe-Fe₃C 相图反映的是平衡相，而不是组织。相图能给出平衡条件下的相、相的成分和各相的相对质量，但不能给出相的形状、大小和空间相互配置的关系。

　　(2) Fe-Fe₃C 相图只反映铁碳二元合金中相的平衡状态。实际生产中应用的钢和铸铁，除了 Fe 和 C 以外，往往含有或有意加入其他元素。被加入元素的含量较高时，相图将发生重大变化，在这样的条件下铁碳相图已不适用。

　　(3) Fe-Fe₃C 相图反映的是平衡条件下铁碳合金中相的状态。相的平衡只有在非常缓慢的冷却和加热，或者在给定温度长期保温的情况下才能达到。就是说，相图没有反映时间的作用。所以钢铁在实际的生产和加工过程中，当冷却和加热速度较快时，常常不能用相图来分析问题。

习　题

　　3-1　什么是固溶强化？造成固溶强化的原因是什么？

　　3-2　合金相图反映一些什么关系？应用时要注意什么问题？

　　3-3　为什么纯金属凝固时不能呈枝晶状生长，而固溶体合金却可能呈枝晶状生长？

　　3-4　30kg 纯铜与 20kg 纯镍熔化后慢冷至 1250℃，利用图 3-5 的 Cu-Ni 相图，确定：(1) 合金的组成相及相的成分；(2) 相的质量分数。

　　3-5　示意画出图 3-10 中过共晶合金 Ⅳ（假设 $w_{Sn}=70\%$）平衡结晶过程的冷却曲线。画出室温平衡组织示意图，并在相图中标注出组织组成物。计算室温组织中组成相的质量分数及各种组织组成物的质量分数。

　　3-6　铋（Bi）熔点为 271.5℃，锑（Sb）熔点为 630.7℃，两组元液态和固态均无限互溶。缓冷时 $w_{Bi}=50\%$ 的合金在 520℃ 开始析出成分为 $w_{Sb}=87\%$ 的 α 固相，$w_{Bi}=80\%$ 的合金在 400℃ 时开始析出 $w_{Sb}=64\%$ 的 α 固相，由以上条件：

　　(1) 示意绘出 Bi-Sb 相图，标出各线和各相区名称；

　　(2) 由相图确定 $w_{Sb}=40\%$ 合金的开始结晶和结晶终了温度，并求出它在 400℃ 时的平衡相成分和相的质量分数。

　　3-7　若 Pb-Sn 合金相图（见图 3-10）中 f、c、d、e、g 点的合金成分分别是 w_{Sn} 等于

2％、19％、61％、97％和99％。问在下列温度（t）时，$w_{Sn}=30$％的合金显微组织中有哪些相组成物和组织组成物？它们的相对质量百分数是否可用杠杆定律计算？是多少？

（1）$t=300℃$；（2）刚冷到183℃共晶转变尚没开始；（3）在183℃共晶转变正在进行中；（4）共晶转变刚完，温度仍在183℃时；（5）冷却到室温时（20℃）。

3-8 固溶体合金和共晶合金其力学性能和工艺性能各有什么特点？

3-9 纯金属结晶与合金结晶有什么异同？

3-10 为什么共晶线下所对应的各种非共晶成分的合金也能在共晶温度发生部分共晶转变呢？

3-11 某合金相图如图3-50所示，试标上①～③区域中存在的相；以及④、⑤区域中的组织。分析相图中包括哪几种转变并写出它们的反应式。

3-12 发动机活塞用Al-Si合金铸件制成，根据相图（见图3-51），选择铸造用Al-Si合金的合适成分，简述原因。

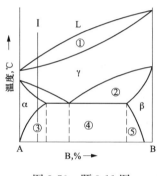

图 3-50 题 3-11 图

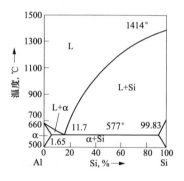

图 3-51 题 3-12 图

3-13 对某一碳钢（平衡状态）进行相分析，得知其组成相为80％F和20％Fe_3C，求此钢的成分及其硬度。

3-14 计算铁碳合金中Fe_3C的最大可能含量。

3-15 计算低温莱氏体L'_d中共晶渗碳体、Fe_3C和共析渗碳体的含量。

3-16 有一碳钢试样，金相观察室温平衡组织中，珠光体区域面积占93％，其余为网状Fe_3C_{II}，F与Fe_3C密度基本相同，室温时的F含碳量几乎为零。试估算这种钢的含碳量。

3-17 亚共析钢的力学性能大致是其组织组成物平均值，例如硬度HBS≈80×α％+240×P％，数字为α、P的硬度，α％、P％为组织中α、P的含量。试估算含碳量为0.4％的碳钢的硬度（HBS）、抗拉强度（R_m）、延伸率（A％）。

3-18 含碳量增加，碳钢的力学性能如何变化并简单分析原因。

3-19 同样形状的一块含碳量为0.15％的碳钢和一块白口铸铁，不做成分化验，有什么方法区分它们？

3-20 用冷却曲线表示E点成分的铁碳合金的平衡结晶过程，画出室温组织示意图，标上组织组成物，计算室温平衡组织中组成相和组织组成物的相对质量。

3-21 10kg含3.5％C的铁碳合金从液态缓慢冷却到共晶温度（但尚未发生共晶反应）时所剩下的液体的成分及质量。

4　钢 的 热 处 理

　　为满足工程中对钢使用性能和工艺性能的需求，需进一步提高钢的性能。改变钢的性能的主要途径：一是合金化（加入合金元素，调整钢的化学成分）；二是进行热处理。后者是改善钢的性能的最重要的加工方法。在机械工业中，绝大部分重要零件都必须经过热处理。

　　热处理是将固态金属或合金在一定介质中加热、保温和冷却，以改变整体或表面组织，从而获得所需性能的工艺，如图 4-1 所示。根据所要求的性能不同，热处理的类型有多种，其工艺过程都包括加热、保温和冷却三个阶段。按其加热和冷却方式不同，大致分类如下：

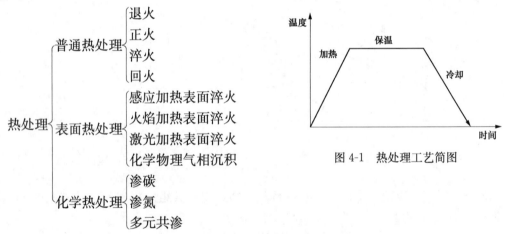

图 4-1　热处理工艺简图

本章主要介绍钢的热处理基本原理及常用热处理工艺和应用。

4.1　钢在加热时的组织转变

　　大多数热处理工艺（如淬火、正火、退火等）都要将钢加热到临界温度以上，获得全部或部分奥氏体组织，并使其成分均匀化，即进行奥氏体化。加热时形成的 A 的质量（成分均匀性及晶粒大小等），对冷却转变过程及组织、性能有极大的影响。因此，了解奥氏体化规律是掌握热处理工艺的基础。

4.1.1　转变温度

　　根据 Fe-Fe_3C 相图可知，共析钢、亚共析钢和过共析钢加热时，若想得到完全 A 组织，必须分别加热到 PSK 线（A_1）、GS 线（A_3）和 ES 线（A_{cm}）以上。实际热处理加热和冷却时的相变是在不完全平衡的条件下进行的，即加热和冷却温度与平衡态有一偏离程度（过热度或过冷度）。通常将加热时的临界温度标为 A_{c1}、A_{c3}、A_{ccm}；冷却时标为 A_{r1}、A_{r3}、A_{rcm}，如图 4-2 所示。

4.1.2 奥氏体化

1. 奥氏体化过程

若加热温度高于相变温度，钢在加热和保温阶段（保温的目的是使钢件里外加热到同一温度），将发生室温组织向 A 的转变，称奥氏体化。奥氏体化过程也是形核与长大过程，是依靠铁原子和碳原子的扩散来实现的，属于扩散型相变。现以共析钢为例介绍其奥氏体化过程，亚共析钢和过共析钢的奥氏体化过程与共析钢基本相同，但略有不同。亚共析钢加热到 A_{c1} 以上时还存在有自由铁素体，这部分铁素体只有继续加热到 A_{c3} 以上时才能全部转变为 A；过共析钢只有在加热温度高于 A_{ccm} 时才能获得单一的 A 组织。

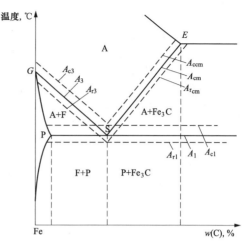

图 4-2　加热和冷却时钢的相变点的变化

共析钢奥氏体化过程如图 4-3 所示。

(a) 奥氏体的形核　　(b) 奥氏体的长大　　(c) 残余渗碳体的溶解　　(d) 奥氏体成分的均匀化

图 4-3　共析钢奥氏体化过程示意

（1）A 晶核的形成。钢加热到 A_{c1} 以上时，P 变得不稳定，F 和 Fe_3C 的界面在成分和结构上处于最有利于转变的条件下，首先在这里形成 A 晶核。

（2）A 晶核的长大。A 晶核形成后，随即也建立起 A-F 和 A-Fe_3C 的碳浓度平衡，并存在一个浓度梯度。在此浓度梯度的作用下，A 内发生碳原子由 Fe_3C 边界向 F 边界的扩散，使其同 Fe_3C 和 F 的两边界上的平衡碳浓度遭破坏。为了维持碳浓度的平衡，Fe_3C 必须不断往 A 中溶解，且 F 不断转变为 A。这样，A 晶核便向两边长大了。

（3）剩余 Fe_3C 的溶解。在 A 晶核长大过程中，由于 Fe_3C 溶解提供的碳原子远多于同体积 F 转变为 A 的需要，所以 F 比 Fe_3C 先消失，而在 A 全部形成之后，还残存一定量的未溶 Fe_3C。它们只能在随后的保温过程中逐渐溶入 A 中，直至完全消失。

（4）A 成分的均匀化。Fe_3C 完全溶解后，A 中碳浓度的分布并不均匀，原先是 Fe_3C 的地方碳浓度较高，原先是 F 的地方碳浓度较低，必须继续保温（保温目的之二），通过碳的扩散，使 A 成分均匀化。

亚共析钢和过共析钢的 A 形成过程与共析钢基本相同，不同的是亚共析钢的平衡组织中除了 P 外还有先析出的 F，过共析钢中除了 P 外还有先析出的 Fe_3C。若加热至 A_{c1} 温度，只能使 P 转变为 A，得到 A+F 或 A+Fe_3C 组织，称为不完全奥氏体化。只有继续加热至 A_{c3} 或 A_{ccm} 温度以上，才能得到单相 A 组织，即完全奥氏体化。

2. 奥氏体晶粒的大小及其影响因素

A 晶粒的大小对钢冷却后的组织和性能有很大影响。钢在加热时获得的 A 晶粒大小，

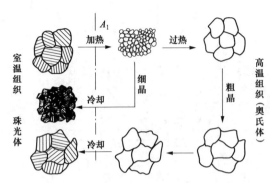

图 4-4　钢在加热和冷却时晶粒大小的变化

直接影响到冷却后转变产物的晶粒大小（见图 4-4）和力学性能。加热时获得的 A 晶粒细小，则冷却后转变产物的晶粒也细小，其强度、塑性和韧性较好；反之，粗大的 A 晶粒冷却后转变产物也粗大，其强度、塑性较差，特别是冲击韧性显著降低。

（1）奥氏体的晶粒度。晶粒度是表示晶粒大小的一种尺度。A 晶粒的大小用奥氏体晶粒度来表示。生产中常采用标准晶粒度等级图，由比较的方法来测定钢的 A 晶粒大小。GB 6394—2017《金属平均晶粒度测定法》将 A 标准晶粒度分为 00、0、1、2、…、10，共十二个等级，其中常用的为 1~8 级。1~4 级为粗晶粒，5~8 级为细晶粒。金属平均晶粒度标准评级图如图 4-5 所示。

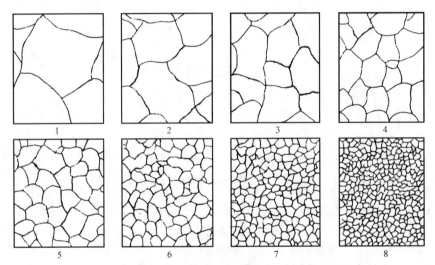

图 4-5　金属平均晶粒度标准评级图

（2）影响奥氏体晶粒大小的因素。

1）加热温度和保温时间。A 刚形成时晶粒是细小的，但随着温度的升高，A 晶粒将逐渐长大，温度越高，晶粒长大越明显；在一定温度下，保温时间越长，A 晶粒就越粗大。因此，热处理加热时要合理选择加热温度和保温时间，以保证获得细小均匀的 A 组织。

2）钢的成分。随着 A 中碳含量的增加，晶粒的长大倾向也增加；若碳以未溶碳化物的形式存在时，则有阻碍晶粒长大的作用。

在钢中加入能形成稳定碳化物的元素（如 Ti、V、Nb、Zr 等）和能形成氧化物或氮化物的元素（如适量的 Al 等），有利于获得细晶粒，因为碳化物、氧化物、氮化物等弥散分布在 A 的晶界上，能阻碍晶粒长大；Mn 和 P 是促进 A 晶粒长大的元素。

3．影响奥氏体化的因素

A 的形成速度取决于加热温度和速度、钢的成分、原始组织，即一切影响碳扩散速度的因素。

（1）加热温度。随加热温度的提高，碳原子扩散速度增大；同时温度高时 GS 和 ES 线间的距离大，A 中碳浓度梯度大，所以奥氏体化速度加快。

（2）加热速度。在实际热处理条件下，加热速度越快，过热度越大。发生转变的温度越高，转变的温度范围越宽，完成转变所需的时间就越短（见图 4-6），因此快速加热（如高频感应加热）时，不用担心转变来不及的问题。

（3）钢中碳含量。碳含量增加时，Fe_3C 量增多，F 和 Fe_3C 的相界面增大，因而 A 的核心增多，转变速度加快。

（4）合金元素。合金元素的加入，不改变 A 形成的基本过程，但显著影响 A 的形成速度。

（5）原始组织。原始 P 中的 Fe_3C 有片状和粒状两种形式。原始组织中 Fe_3C 为片状时 A 形成速度快，因为它的相界面积较大。并且，Fe_3C 片间距越小，相界面越大，同时 A 晶粒中碳浓度梯度也大，所以长大速度更快。

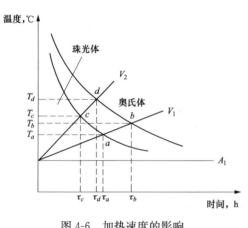

图 4-6　加热速度的影响

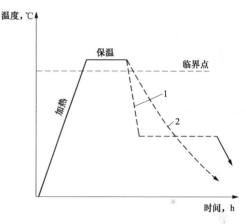

图 4-7　两种冷却方式示意

1—等温冷却；2—连续冷却

4.2　钢在冷却时的转变

Fe-Fe_3C 相图中所表达的钢的组织转变规律是在极其缓慢的加热和冷却条件下测绘出来的，但在实际生产过程中，其加热速度、冷却方式、冷却速度等都有所不同，而且对钢的组织和性能都有很大影响。

钢经过加热、保温后能获得细小的、成分均匀的 A，然后以不同的方式和速度进行冷却，以得到不同的产物。在钢的热处理工艺中，奥氏体化后的冷却方式通常有等温冷却和连续冷却两种。等温冷却是将已奥氏体化的钢迅速冷却到临界点以下的给定温度进行保温，使其在该等温温度下发生组织转变，如图 4-7 所示的曲线 1；连续冷却是将已奥氏体化的钢以某种冷却速度连续冷却，使其在临界点以下的不同温度进行组织转变，如图 4-7 所示的曲线 2。

钢的奥氏体化不是热处理的最终目的，它是为了随后的冷却转变做组织准备。因为大多数机械构件都在室温下工作，且钢件性能最终取决于 A 冷却转变后的组织，所以研究不同冷却条件下钢中 A 组织的转变规律,具有更重要的实际意义。

4.2.1 过冷 A 的转变曲线与转变产物的组织及性能

A 在相变点 A_1 以上是稳定相,冷却至 A_1 以下就成了不稳定相,必然要发生转变。但并不是冷却至 A_1 温度以下就立即发生转变,而是在转变前需要停留一段时间,这段时间称为孕育期。在 A_1 温度以下暂时存在的不稳定的 A 称为过冷奥氏体。在不同的过冷度下,过冷 A 将发生珠光体型转变、贝氏体型转变、马氏体型转变三种类型的组织转变。

连续冷却时,过冷 A 的转变发生在一个较宽的温度范围内,因而得到粗细不匀甚至类型不同的混合组织。虽然这种冷却方式在生产中广泛采用,但分析起来较为困难。在等温冷却情况下,可以分别研究温度和时间对过冷 A 转变的影响,从而有利于弄清转变过程和转变产物的组织与性能。

1. 过冷 A 的等温转变曲线

将奥氏体化后的共析钢快冷至临界点以下的某一温度等温停留,并测定 A 转变量与时间的关系,即可得到过冷 A 等温转变动力学曲线。

过冷 A 等温转变曲线图是用试验方法建立的。以共析钢为例,等温转变曲线图的建立过程如下:将共析钢制成一定尺寸的试样若干,在相同条件下加热至 A_1 温度以上使其奥氏体化,然后分别迅速投入到 A_1 温度以下不同温度的等温槽中进行等温冷却。测出各试样过冷 A 转变开始和转变终了的时间,并把它们描绘在温度-时间坐标图上,再用光滑曲线分别连接各转变开始点和转变终了点,即得到共析钢的过冷 A 等温转变曲线,如图 4-8 所示。

共析钢的过冷 A 等温转变曲线如图 4-9 所示。这种曲线形状类似字母 C,故称为 C 曲线(又称 TTT 曲线)。它不仅可以表达不同温度下过冷 A 转变量与时间的关系,同时也可以指出过冷 A 等温转变的产物。

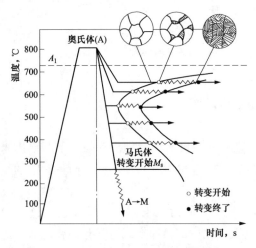

图 4-8 共析钢过冷 A 等温转变图的建立

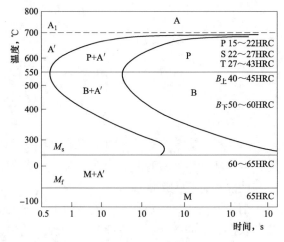

图 4-9 共析钢过冷 A 等温转变图

(1)C 曲线上各线、区的含义。C 曲线上部的水平线 A_1 是 P 和 A 的平衡(理论转变)温度,A_1 线以上为 A 稳定区。A_1 线以下为过冷 A 转变区。在该区内,左边的曲线为过冷 A 转变开始线,该线以左为过冷 A 孕育区,它的长短标志着过冷 A 稳定性的大小,右边的曲线为过冷 A 转变终了线。其右部为过冷 A 转变产物区。两条曲线之间为转变过渡区。C

曲线下面的两条水平线分别表示 A 向马氏体转变开始温度 M_s 点和 A 向马氏体转变终了温度 M_f 点，两条水平线之间为 M 和过冷 A 的共存区。

（2）C 曲线的"鼻尖"。由图 4-9 可见，共析钢在 550℃ 左右孕育期最短，过冷 A 最不稳定，它是 C 曲线的"鼻尖"。在鼻尖以上，随温度下降（即过冷度增大），孕育区变短，转变加快；在鼻尖以下，随温度下降，转变所需的原子的扩散能力降低，孕育区逐渐变长，转变渐慢。

2. 共析钢过冷 A 等温转变产物的组织形态

根据过冷 A 转变温度的不同，C 曲线包括以下三个转变区。

（1）高温转变——珠光体型转变。过冷 A 在 $A_1 \sim 550℃$ 温度范围等温时，将发生珠光体型转变，由于转变温度较高，原子具有较强的扩散能力，转变产物为 F 薄层和 Fe_3C 薄层交替重叠的层状组织，即珠光体型组织，故此温区也称珠光体转变区。转变温度越低，F 层和 Fe_3C 层越薄，层间距越小，硬度越高。为区别起见，这些层间距不同的珠光体型组织分别称为珠光体、索氏体和托氏体（曲氏体），用符号 P、S、T 表示。它们并无本质区别，也没有严格界限，只是形态上不同。P 较粗，S 较细，T 最细，其显微组织如图 4-10 所示。

 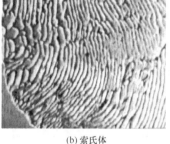 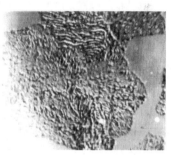

(a) 珠光体　　　　　　　　(b) 索氏体　　　　　　　　(c) 托氏体

图 4-10　层片状珠光体

A 向 P 的转变是一种扩散型转变（生核、长大过程），是通过碳、铁的扩散和晶体结构的重构来实现的。如图 4-11 所示，首先，在 A 晶界或缺陷（如位错多）密集处生成 Fe_3C 晶核，并依靠周围 A 不断供给碳原子而长大；在此同时，Fe_3C 晶核周围的 A 中碳含量逐渐降低，为形成 F 创造有利浓度条件，并最终从结构上转变为 F。F 的溶碳能力很低。在长大过程中必定将过剩碳排移到相邻 A 中，使其碳含量升高，这样又为生成新的 Fe_3C 创造了有利条件。此过程反复进行，A 就逐渐转变为 Fe_3C 和 F 片层相间的 P 组织了。

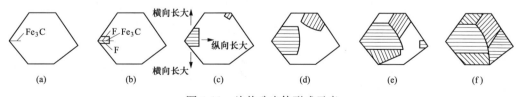

图 4-11　片状珠光体形成示意

（2）中温转变——贝氏体型转变。过冷 A 在 $550℃ \sim M_s$ 温度范围等温时，将发生贝氏体型转变。由于转变温度较低，原子扩散能力较差，Fe_3C 已经很难聚集长大呈层状。因此，转变产物为由含碳过饱和的 F 基体上弥散分布的 Fe_3C 组成的两相混合物，称为贝氏体，用符号 B 来表示。此温区称为贝氏体转变区。过冷 A 向 B 的转变属于半扩散型转变，Fe 原子不扩散而碳原子有一定扩散能力。转变温度不同，形成的 B 形态也明显不同。通常将 550～350℃间形成的称上贝氏体（$B_上$）；350℃～M_s 间形成的称下贝氏体（$B_下$）。

$B_上$ 的形成过程是先在 A 晶界上碳含量较低的地方生成 F 晶核，然后向晶粒内沿一定方向成排长大。在 $B_上$ 温区内，碳有一定扩散能力，F 片长大时，它能扩散到周围的 A 中，使其富碳。当 F 片间的 A 浓度增大到足够高时，便从中析出小条状或小片状 Fe_3C。断续地分布在 F 片之间，形成羽毛状 $B_上$。其显微组织如图 4-12 所示。

$B_下$ 的形成过程是 F 晶核首先在 A 晶界、孪晶界或晶内某些畸变较大的地方生成，然后沿 A 的一定晶向呈针状长大。$B_下$ 的转变温度较低、碳原子的扩散能力较小，不能长距离扩散，只能在 F 针内沿一定晶面以细碳化物粒子的形式析出。在光学显微镜下，$B_下$ 为黑色针状组织。其显微组织如图 4-13 所示。

图 4-12　上贝氏体组织（500×）

图 4-13　下贝氏体组织（500×）

B 的机械性能与其形态有关。$B_上$ 在较高温度形成，其 F 片较宽，塑性变形抗力较低；同时，Fe_3C 分布在 F 片之间，容易引起脆断，因此，强度和韧性都较差。$B_下$ 形成温度较低，其 F 针细小，无方向性，碳的过饱和度大，位错密度高，且碳化物分布均匀，弥散度大，所以强度硬度较高，塑性和韧性也较好，具有较好的综合机械性能，是一种很有应用价值的组织。

珠光体型组织和贝氏体型组织通常称为过冷 A 的等温转变产物，其组织特征及硬度见表 4-1。

表 4-1　　　　　　　　　共析钢过冷 A 等温转变产物的组织及硬度

组织名称	符号	转变温度（℃）	组织形态	层间距（μm）	分辨所需放大倍数	硬度（HRC）
珠光体	P	A_1～650	粗片状	约 0.3	小于 500	小于 25
索氏体	S	650～600	细片状	0.3～0.1	1000～1500	25～35
托氏体	T	600～550	极细片状	约 0.1	10 000～100 000	35～40
上贝氏体	$B_上$	550～350	羽毛状	—	大于 400	40～45
下贝氏体	$B_下$	350～M_s	黑色针状	—	大于 400	45～55

（3）低温转变——马氏体型转变。

1）马氏体的转变过程。过冷 A 在 M_s～M_f 将产生马氏体型转变，转变产物为马氏体，用符号 M 表示，此温区称为马氏体转变区。M 转变是指钢从 A 状态快速冷却，来不及发生扩散分解而产生的无扩散型转变，因而 M 的化学成分与母相 A 完全相同。当发生马氏体型转变时，过冷 A 中的碳全部保留在 M 中，形成过饱和的固溶体，产生严重的晶格畸变。M 具有体心正方晶格，M 正方度的大小，取决于 M 中的含碳量，含碳量越高，正方度越大。

2）M 的形态。主要有两种，即板条状 M 和针片状 M。M 的形态主要取决于 M 含碳量，含碳量低于 0.20％时，M 几乎完全为板条状；含碳量高于 1.0％时，M 基本为针片状；含碳量为 0.20％～1.0％时，M 为板条状和针片状的混合组织。

板条状 M 由一束束平行的长条状晶体组成，其单个晶体的立体形态为细长的板条状。显微组织中，板条 M 成束状分布，一组尺寸大致相同并平行排列的板条构成一个板条束。如图 4-14 所示，板条束内的相邻板条之间以小角度晶界分开，束与束之间具有较大的位向差。在光学显微镜下观察所看到的只是边缘不规则的块状，故又称为块状马氏体。在板条状 M 内，存在着高密度位错构成的亚结构，因此板条状 M 又称为位错 M。

(a) 显微组织 (500×)

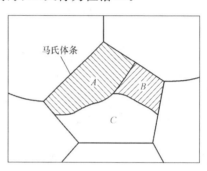
(b) 示意图

图 4-14　板条马氏体组织

针片状 M 是由互成一定角度的针状晶体组成，其单个晶体的立体形态呈双凸透镜状，显微组织为其截面形态，常呈片状或针状，故称为针片状马氏体。如图 4-15 所示，针片状 M 之间交错成一定角度。由于 M 晶粒一般不会穿越 A 晶界，最初形成的 M 针片往往贯穿整个 A 晶粒，较为粗大；后形成的 M 针片则逐渐变细、变短。由于针片状 M 内的亚结构主要为孪晶，故又称它为孪晶 M。

(a) 显微组织 (500×)

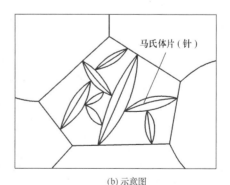
(b) 示意图

图 4-15　针片状马氏体组织

3）M 的力学性能。高硬度是 M 的主要特点。M 的硬度主要受含碳量的影响，如图

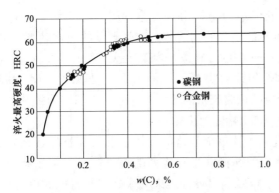

图 4-16　马氏体硬度与碳含量的关系

4-16 所示，在含碳量较低时，M 硬度随含碳量的增加而迅速上升；当含碳量超过 0.6％之后，M 硬度的变化趋于平缓。含碳量对 M 硬度的影响主要是由于过饱和碳原子与 M 中的晶体缺陷交互作用引起的固溶强化所造成。板条 M 中的位错和针片状 M 中的孪晶也是强化的重要因素，尤其是孪晶对针片状 M 的硬度和强度影响更大。

一般认为 M 的塑性和韧性都很差，实际只有针片状 M 硬而脆，而板条 M 则具有较好的韧性。尽可能细化 A 晶粒，以获得细小的 M 组织，这是提高 M 韧性的有效途径。

4）M 转变的特点。M 转变也是一个形核和长大的过程，但有着许多独特的特点。

①M 转变是在一定温度范围内进行的。在 A 的连续冷却过程中，冷却至 M_s 点时，A 开始向 M 转变，M_s 点称为马氏体转变的开始点；在以后继续冷却时，M 的数量随温度的下降而不断增多，若中途停止冷却，则 A 也停止向 M 转变；冷却至 M_f 点时，M 转变终止，M_f 点称为马氏体转变的终了点。随着含 C 量的增加，M_s 和 M_f 的温度降低，如图 4-17 所示。

②M 转变是一个非扩散型转变。由于 M 转变时的过冷度较大，Fe、C 原子的扩散都极其困难，所以相变时只发生从 γ-Fe 到 α-Fe 的晶格改组，而没有原子的扩散，M 中的碳含量就是原 A 中的碳含量。

③M 转变的速度极快。瞬间形核，瞬间长大，其线长大速度接近于音速。由于 M 的形

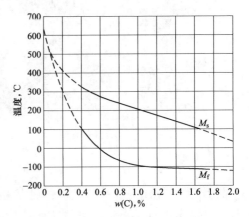

图 4-17　A 含 C 量对 M_s 和 M_f 的影响

成速度极快，新形成的 M 可能因撞击作用而使已形成的 M 产生微裂纹。

④M 转变具有不完全性。M 转变不能完全进行到底，即使过冷到 M_f 点以下，M 转变停止后，仍有少量的 A 存在。A 在冷却过程中发生相变后，在环境温度下残存的 A 称为残余 A，用符号 A' 表示。产生 A' 的原因，一方面是 M 转变为膨胀转变，A 先转变的 M 对尚未转变的 A 产生压力，抑制了 A 转变；另一方面 M_f 很低，一般冷却很难冷却到 M_f 以下，所以 M 未进行完全。淬火钢含碳量越高，M_s 和 M_f 的温度越低，A' 的数量越多，如图 4-18 所示。

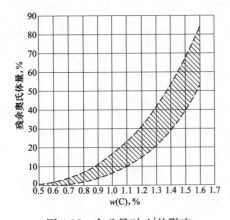

图 4-18　含 C 量对 A' 的影响

3. 影响 C 曲线的因素

C 曲线的位置和形状决定于过冷 A 的稳定性、等温转变速度及转变产物的性质。因此，凡是影响 C 曲线位置和形状的因素都会影响过冷 A 的等温转变。影响 C 曲线位置和形状的主要因素是 A 的成分与奥氏体化条件。

（1）含碳量的影响。亚共析钢和过共析钢 C 曲线的上部各多出了一条先共析相析出线，它表示在发生 P 转变之前，亚共析钢中要先析出 F，过共析钢中要先析出 Fe_3C_{II}。在正常热处理条件下，亚共析钢的 C 曲线随含碳量的增加而右移，过共析钢的 C 曲线随含碳量的增加而左移，如图 4-19 所示。过冷 A 的含碳量越高，先共析 F 析出速度越慢；过共析钢含碳量越高，未溶 Fe_3C 越多，越有利于过冷 A 分解的缘故。

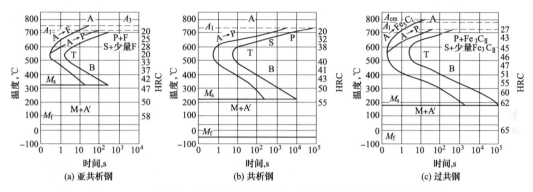

图 4-19　亚共析钢、共析钢和过共析钢过冷 A 等温转变曲线图的比较

（2）合金元素的影响。除 Co 以外的所有合金元素，当其溶入 A 后都能增加过冷 A 稳定性，使 C 曲线右移。当过冷 A 中含有较多的 Cr、Mo、W、V、Ti 等碳化物形成元素时，C 曲线的形状还发生变化，甚至 C 曲线分离成上下两部分，形成两个"鼻子"，中间出现一个过冷 A 较为稳定的区域，如图 4-20 所示。当强碳化物形成元素含量较多时，若在钢中形成稳定的碳化物，在奥氏体化过程中不能全部溶解，而以残留碳化物的形式存在，它们会降低过冷 A 的稳定性，使 C 曲线左移。

（3）加热温度和保温时间。随着加热温度的升高和保温时间延长，碳化物溶解越完全，A 成分越均匀，A 晶粒越粗大，晶界面积越少，都降低过冷 A 转变的形核率，使其稳定性增大。从而 C 曲线右移。

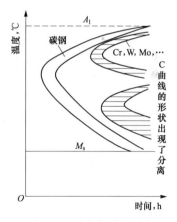

图 4-20　碳化物形成元素
对 C 曲线的影响

4.2.2　过冷 A 连续冷却转变曲线

生产中大多数情况下 A 为连续冷却转变，所以钢的连续冷却转变曲线（或 CCT 曲线）更有实际意义。为此，将钢加热到 A 状态，以不同速度冷却，测出其 A 转变开始点和终了点的温度和时间，并标在温度-时间（对数）坐标系中，分别连接开始点和终了点，即可得到连续冷却转变曲线，如图 4-21 所示。图中，P_s 线为过冷 A 转变为 P 的开始线，P_f 线为转变终了线，两线之间为转变的过渡区。KK' 线为转变的中止线，当冷却到达此线时，过

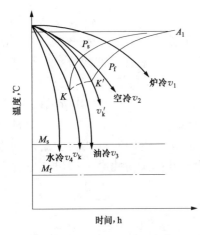

图 4-21　共析钢 CCT 曲线

冷 A 中止转变。

由图可知，共析钢以大于 v_k 的速度冷却时，由于遇不到 P 转变线，得到的组织为 M，这个冷却速度称为上临界冷却速度。v_k 越小，钢越易得到 M。冷却速度小于 v'_k 时，钢将全部转变为 P。v'_k 称为下临界冷却速度。v'_k 越小，退火所需的时间越长。冷却速度处于 $v_k \sim v'_k$ 时（如油冷），在到达 KK' 线之前，A 部分转变为 P，从 KK' 线到 M_s 点，剩余的 A 停止转变，直到 M_s 点以下时，才开始转变为 M，过 M_f 点后 M 转变完成。共析钢过冷 A 连续冷却转变产物的组织和硬度见表 4-2。

表 4-2　　　　　　　　　共析钢过冷 A 连续冷却转变产物的组织和硬度

冷却速度	冷却方法	转变产物	符号	硬度
v_1	炉冷	珠光体	P	170～220HBS
v_2	空冷	索氏体	S	25～35HRC
v_3	油冷	托氏体＋马氏体	T＋M	45～55HRC
v_4	水冷	马氏体＋残余奥氏体	M＋A′	55～65HRC

由共析钢连续冷却曲线的分析，我们可以了解到连续冷却转变有以下特点：过冷 A 连续冷却转变是在一个温度区间内进行，即在冷却速度曲线与转变开始线和转变终了线的交点对应的温度范围进行。因此获得组织的粗细不均匀，且可获得不同的组织。共析钢在连续冷却时过冷 A 向 P 转变停止后，A′直接冷却到 M_s 以下形成 M，故无 B 转变。但有些钢，例如某些亚共析钢、合金钢，在连续冷却时会发生 B 转变，得到 B 组织。

4.2.3　CCT 曲线和 C 曲线的比较与应用

如图 4-22 所示，实线为共析钢的 C 曲线，虚线为 CCT 曲线。由图可知：

（1）连续冷却转变曲线位于等温转变曲线的右下方，表明连续冷却时，A 完成 P 转变的温度要低些，时间要长一些。根据试验，等温转变的临界冷却速度大约为连续冷却转变的 1.5 倍。

（2）连续冷却转变曲线中没有 A 转变为 B 的部分，所以共析碳钢在连续冷却时得不到 B 组织，B 组织只能在等温处理时得到。

（3）连续冷却转变组织不均匀，先转变的组织较粗，后转变的组织较细。

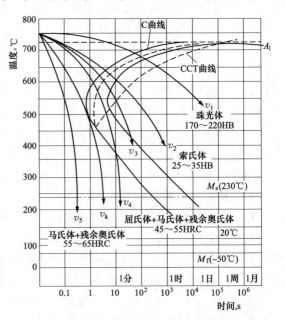

图 4-22　CCT 曲线和 C 曲线的比较

（4）连续冷却转变曲线可直接用于制订热处理工艺规范，但由于过冷 A 的连续冷却曲线测定比较困难，而等温转变曲线比较容易测定，故在精度要求不高的情况下常用过冷 A 等温转变曲线近似分析过冷 A 的连续冷却转变，也能较好地说明连续冷却时的组织转变。

如图 4-22 所示，v_1、v_2、v_3、v_4 和 v_5 为共析钢的五种连续冷却速度的冷却曲线。v_1 相当于在炉内冷却时的情况（退火），与 C 曲线相交于 650～700℃，转变产物为 P。v_2 和 v_3 相当于两种不同速度空冷时的情况（正火），与 C 曲线相交于 650～600℃，转变产物为细 P（S 和 T）。v_4 相当于油冷时的情况（油中淬火），在达到 550℃ 以前与 C 曲线的转变开始线相交，并通过 M_s 线，转变产物为 T、M 和 A'。v_5 相当于水冷时的情况（水中淬火），不与 C 曲线相交，直接通过 M_s 线冷至室温，转变产物为 M 和 A'。

上述根据 C 曲线分析的结果，与根据 CCT 曲线分析的结果是一致的（见图中各冷却速度曲线与 CCT 曲线的关系）。

4.3　钢的退火与正火

钢的热处理常分为预备热处理和最终热处理。预备热处理的目的在于消除铸造和冷热加工对金属组织的影响，调整工件硬度，为后续加工及最终热处理做组织性能的准备。而最终热处理是满足最终使用条件下组织性能要求的热处理。钢的正火与退火处理多用于预备热处理，对于性能要求不高的工件，退火和正火也可以作为最终热处理。退火和正火是应用最为广泛的热处理工艺。

4.3.1　钢的退火

将组织偏离平衡状态的钢件加热到适当的温度，经过一定时间保温后缓慢冷却（一般为随炉冷却），以获得接近平衡状态组织的热处理工艺称为退火。退火往往得到以 P 为主的组织，其主要目的如下：

（1）调整硬度以便进行切削加工。经适当退火后，可使工件硬度调整到 170～250HB，该硬度值具有最佳的切削加工性能。

（2）减轻钢的化学成分及组织的不均匀性（如偏析等），以提高工艺性能和使用性能。

（3）消除残余内应力（或加工硬化），可减少工件后续加工中的变形和开裂。

（4）细化晶粒，改善高碳钢中碳化物的分布和形态，为淬火做好组织准备。

退火工艺种类很多，常用的有完全退火、等温退火、球化退火、扩散退火、去应力退火、再结晶退火等。不同退火的加热温度范围的工艺如图 4-23 所示，它们有的加热到临界点以上，有的加热到临界点以下。对于加热温度在临界点以上的退火工艺，其质量主要取决于加热温度、保温时间、冷却速度、等温温度等。对于加热温度在临界点以下的退火工艺，其质量主要取决于加热温度的均匀性。

1. 完全退火

完全退火（又称重结晶退火）是将亚共析钢加热到 A_{c3} 以上 30～50℃，保温一定时间后随炉缓慢冷却或埋入石灰中冷却至 600℃ 以下，然后出炉在空气中缓慢冷却，以获得接近平衡组织的一种热处理工艺。

完全退火主要用于亚共析钢，其主要目的是细化晶粒、均匀组织、消除内应力、降低硬度和改善钢的切削加工性能。低碳钢和过共析钢不宜采用完全退火。低碳钢完全退火后硬度

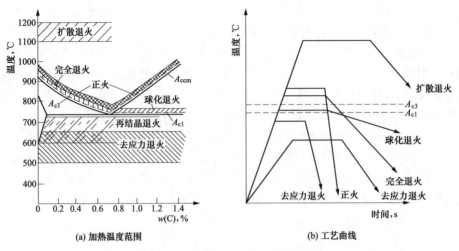

(a) 加热温度范围　　　　　(b) 工艺曲线

图 4-23　各种退火工艺的加热温度范围

偏低，不利于切削加工。过共析钢完全退火，加热温度在 A_{ccm} 以上，会有网状 Fe_3C_{II} 沿 A 晶界析出，造成钢的脆化。

2. 等温退火

完全退火一般是随炉冷却，生产周期长，很费工时，尤其是 A 稳定性很高的高合金钢，完全退火往往需要数十小时或更长，因此生产中常采用等温退火替代完全退火来缩短生产周期。

等温退火是将钢件或毛坯加热到高于 A_{c3}（含碳 0.3%～0.8%亚共析钢、共析钢）以上 30～50℃或 A_{c1}（含碳 0.8%～1.2%过共析钢）以上 30～50℃的温度，保温适当时间后较快地冷却到 P 区的某一温度，并等温保持，使 A 转变为 P 组织，然后出炉在空气缓慢冷却的热处理工艺。

图 4-24 所示为高速钢的完全退火与等温退火的比较，可见等温退火所需时间比完全退火缩短很多。等温退火的等温温度（A_{r1} 以下某一温度）应根据要求的组织和性能由被处理钢的 C 曲线来确定。温度越高（距 A_1 越近）则 P 组织越粗大，钢的硬度越低；反之，则硬度越高。

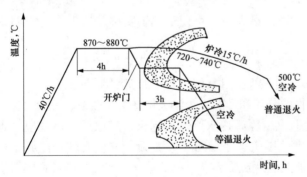

图 4-24　高速钢的等温退火与完全退火的比较

3. 球化退火

球化退火是将钢件加热到 A_{c1} 以上 30～50℃，充分保温使未溶 Fe_3C_{II} 球化，然后随炉缓慢冷却或在 A_{r1} 以下 20℃左右进行长期保温，使 P 中 Fe_3C 球化，随后出炉空冷的热处理工艺。

球化退火主要用于共析钢和过共析钢，其目的是使钢中的网状 Fe_3C、片状 Fe_3C 与碳化物球状化，形成球状 P 组织（见图 4-25），以降低共析或过共析钢的硬度，改善切削加工性，并为以后的淬火热处理做好组织准备。

球化退火加热、保温时 Fe_3C 不完全溶解，形成许多细小点状或链状 Fe_3C 分布在 A 基体上，在随后很慢的冷却过程中，细小的 Fe_3C 或 A 中的富碳区成为核心，Fe_3C 长大成球状或粒状。加热温度超过 A_{cl} 越高，A 成分均匀，冷却后形成的片状 P 多。有些钢形成球状 P 比较困难，通常要采用反复加热、冷却的循环退火法。

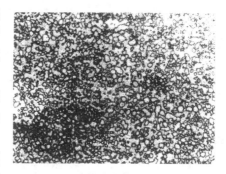

图 4-25　球状珠光体组织（500×）

若钢的原始组织中有严重的网状 Fe_3C 存在，则在球化退火前应先进行正火处理，消除网状 Fe_3C，以保证球化退火的效果。

4. 扩散退火

扩散退火（或均匀化退火）是将钢锭、铸钢件或锻坯加热到略低于固相线的温度 A_{c3} 或 A_{cm} 以上 150～250℃，通常为 1100～1200℃，保温 10～15h，然后随炉缓慢冷却至 350℃ 出炉的一种热处理工艺。

扩散退火的目的是消除铸造过程枝晶偏折产生的化学成分和组织不均匀现象。具体加热温度视钢种及偏析程度灵活确定。

扩散退火加热温度高保温时间长，易使晶粒粗大，因此需要再进行完全退火或正火来细化晶粒。

高温扩散退火生产周期长，消耗能量大，生产成本高，主要用于质量要求高的合金钢铸锭、铸件或锻坯，对于一般低合金钢和碳钢避免使用。

5. 去应力退火和再结晶退火

去应力退火是将钢件加热到低于 A_{cl} 的某一温度（一般为 500～650℃），保温，然后随炉冷却，从而消除冷加工以及铸造、锻造和焊接过程中引起的残余内应力而进行的热处理工艺。去应力退火能消除 50%～80% 的内应力，不引起组织变化，不会明显改变工件的力学性能；还能降低硬度，提高尺寸稳定性，防止工件的变形和开裂。

再结晶退火是将冷塑性变形的工件加热到再结晶温度以上（一般为 600～700℃），保温一定的时间，使冷塑变金属发生再结晶的退火工艺，再结晶退火多属于冷塑性变形加工的中间热处理。

再结晶退火的目的是将冷塑变产生的组织重新转变为均匀的等轴晶粒，消除加工硬化现象及残余应力，恢复钢的塑性和韧性，使塑性变形加工能继续进行。

4.3.2　正火

将钢件加热到 A_{c3}（对于亚共析钢）和 A_{ccm}（对于过共析钢）以上 30～50℃，保温适当时间后，在自由流动的空气中均匀冷却，得到 P 类组织（一般为 S）的热处理称为正火。对于某些合金钢（如 18CrMnTi 钢），由于钢中含有碳化物形成元素，为了能较快地溶入 A，故加热到 A_{c3} 以上 100～150℃ 进行正火称为高温正火。

1. 正火与退火的区别

（1）正火的冷却速度较退火快，得到的 P 组织的片层间距较小，P 更为细薄，目的是使钢的组织正常化，所以又称常化处理。例如，含碳小于 0.4% 时，可用正火代替完全退火。

（2）正火和完全退火相比，能获得更高的强度和硬度。

（3）正火生产周期较短，设备利用率较高，节约能源，成本较低，因此得到了广泛的应用。

2. 正火在生产中的应用

（1）作为最终热处理。可以细化 A 晶粒，使组织均匀化；减少亚共析钢中 F 含量，使 P 含量增多并细化，从而提高钢的强度、硬度和韧性；对于普通结构钢零件，如含碳 0.4%～0.7% 时，并且机械性能要求不很高时，可将正火作为最终热处理；为改善一些钢种的板材、管材、带材和型钢的机械性能，可将正火作为最终热处理。

（2）作为预先热处理。截面较大的合金结构钢件，在淬火或调质处理（淬火加高温回火）前常进行正火，以消除魏氏组织和带状组织，并获得细小而均匀的组织；对于过共析钢可减少 Fe_3C_{II} 量，并使其不形成连续网状，为球化退火做组织准备；对于大型锻件和较大截面的钢材，可先正火而为淬火做好组织准备。

（3）改善切削加工性能。低碳钢或低碳合金钢退火后硬度太低，不便于切削加工。正火可提高其硬度，改善其切削加工性能。

（4）改善和细化铸钢件的铸态组织。

（5）对某些大型、重型钢件或形状复杂、截面有急剧变化的钢件，若采用淬火的急冷将发生严重变形或开裂，在保证性能的前提下可用正火代替淬火。

4.4　钢 的 淬 火

淬火就是把钢加热到临界温度（A_{c3} 或 A_{c1}）以上某一温度，保温一定时间使之奥氏体化后，再以大于临界冷却速度的冷速急剧冷却，从而获得马氏体的热处理工艺（有些淬火是为了得到贝氏体组织）。

淬火的目的是获得马氏体组织，以便在随后不同温度回火后获得所需的性能，提高工件的强度、硬度，这是钢最经济、最有效的强化手段之一。

4.4.1　钢的淬火工艺

1. 淬火温度的选择

亚共析钢的淬火温度为 $A_{c3}+(30～50)$℃；亚共析钢必须加热到 A_{c3} 以上，获得完全 A，淬火后组织为细小 M，如图 4-26 所示。如果淬火加热温度过低，选择 $A_{c1}～A_{c3}$，则在淬火组织中将有先共析 F 出现，使淬火钢的硬度不足、有软点，影响力学性能。若加热温度超过 A_{c3} 过多，钢的表面氧化、脱碳严重。而且使 A 粗大，淬火 M 粗大，会使机械性能恶化。

共析钢和过共析钢的淬火温度为 $A_{c1}+30～50$℃。过共析钢加热到 A_{c1} 以上时，组织中会保留少量 Fe_3C_{II}，而有利于钢的硬度和耐磨性，并且，由于降低了 A 中的碳含量，可以改变 M 的

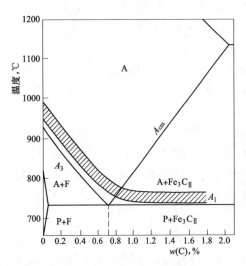

图 4-26　钢的淬火温度范围

形态，从而降低 M 的脆性。此外，还可减少淬火后 A′ 的量。

过共析钢如果加热温度在 A_{ccm} 以上进行完全奥氏体化淬火，由于加热温度高，A 晶粒粗化，淬火后 M 组织粗大，使钢的脆性增加。此外，由于 Fe_3C 过多的溶解，使 A 含 C 量增加，M_s 降低，淬火后 A′ 量增加，降低了钢的硬度和耐磨性。加热温度高还使钢表面氧化、脱碳严重，淬火内应力增加、淬火变形开裂的倾向增大。

过共析钢淬火前必须经过球化退火，使 Fe_3C 转变为球状，降低片状 Fe_3C 对淬火钢韧性的不利影响。

对于合金钢，特别是一些高合金钢，加入合金元素可起到细化 A 晶粒的作用，可适当提高淬火加热温度，以利于合金元素的溶解和均匀化。

2. 加热时间的确定

加热时间包括升温和保温两个阶段。通常以装炉后炉温达到淬火温度所需时间为升温阶段，并以此作为保温时间的开始；保温阶段是指钢件烧透并完成奥氏体化所需的时间。

加热时间受钢件成分、尺寸和形状、装炉量、加热炉类型、炉温和加热介质等因素的影响。可根据热处理手册中介绍的经验公式来估算，也可由试验来确定。

3. 淬火冷却介质

（1）理想淬火介质的冷却特性。冷却是决定钢的淬火质量的一个关键，因为要得到 M，淬火的冷却速度就必须大于临界冷却速度（v_k），但快冷则总是不可避免地要在钢中引起很大的内应力，往往就会造成钢件的变形和开裂。

淬火冷却时怎样才能既得到 M 而又不发生变形与开裂，这是淬火工艺中最主要的一个问题。要解决这个问题，可以从两个方面着手：一方面就是去寻找一种比较理想的冷却介质；另一方面则是改进淬火的冷却方法。

根据碳钢的过冷 A 等温转变曲线可知，理想的冷却介质应满足以下要求：

1）从淬火温度到 650℃ 之间，过冷 A 稳定，冷却速度可慢一些，以减少零件内外温差引起的热应力，防止零件变形。但也不能太慢，否则过冷 A 分解为高温产物。

2）在 650~550℃，过冷 A 很不稳定，特别在"鼻尖"附近最不稳定，在此温度范围内要快速冷却，超过钢的临界冷却速度（v_k），以期在 M_s 点以下获得马氏体组织。

3）在 M_s 点以下，过冷 A 已进入 M 转变区，冷却速度要缓慢。如果冷却速度大，同样会增加零件内外温差，使 M 转变不能同时进行，造成体积差，从而产生组织应力，导致了零件的变形与开裂。但是，到目前为止，符合这一特性要求的理想介质还没有找到。

根据以上要求，理想淬火剂的冷却曲线如图 4-27 所示。

（2）常用淬火介质。目前生产中常用的淬火介质有水、水溶性的盐类和碱类、矿物油等，尤其是水和油最为常用。

1）水。水是应用最为广泛的淬火介质，这是因为水价廉易得，而且具有较强的冷却能力。但它的冷却特性并不理想，在需要快冷的 650~550℃ 范围内，它的冷却速度较小；而在 300~200℃ 需要慢冷

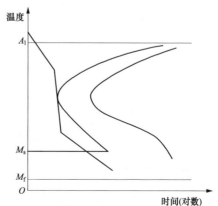

图 4-27　钢在淬火时理想的冷却曲线

时，它的冷却速度比要求的大，这样易使零件产生变形、甚至开裂。提高水温能降低 650～550℃ 范围的冷却能力，但对 300～200℃ 的冷却能力几乎没有影响，这既不利于淬硬，也不能避免变形，所以淬火用水的温度控制在 30℃ 以下。但水既经济又可循环使用，所以只能用作尺寸较小、形状简单的碳钢零件的淬火介质。

2）盐水。为提高水的冷却能力，在水中加入 5%～15% 的食盐成为盐水溶液，其冷却能力比清水更强，在 650～500℃ 范围内，冷却能力比清水提高近 1 倍，这对于保证碳钢件的淬硬而言是非常有利的。当用盐水淬火时，由于食盐晶体在工件表面的析出和爆裂，不仅能有效地破坏包围在工件表面的蒸汽膜，使冷却速度加快，而且还能破坏在淬火加热时所形成的氧化皮，使它剥落下来，所以用盐水淬火的工件，容易得到高的硬度和光洁的表面，不易产生淬不硬的软点，这是清水无法相比的，这也是盐水的优点。但其缺点是盐水在 300～200℃ 范围内，冷速仍像清水一样快，使工件易产生变形，甚至开裂。生产上为防止这种变形和开裂，采用先盐水快冷，在 M_s 点附近再转入冷却速度较慢的介质中缓冷。所以盐水主要用于形状简单、硬度要求高而均匀、表面要求光洁、变形要求不严格的碳钢零件的淬火，如螺钉、销、垫圈等。

3）油。油也是应用广泛的冷却介质；生产中用得较多的是 10 号机油，也有使用 20 号、30 号机油和变压器油的。号数较大的机油黏度过高；号数较小的机油则容易着火。

油的冷却能力比水弱，不论是 650～550℃ 还是 300～200℃ 都比水的冷却能力小。油的优点是在 300～200℃ 的马氏体形成区冷却速度很慢，不易淬裂；并且它的冷却能力很少受油温升高的影响，通常 20～80℃ 均可使用。油的缺点是在 650～550℃ 的高温区冷却速度慢，使某些钢不易淬硬，并且油在多次使用后，还会因氧化而变稠，失去淬火能力。因此，在工作过程中必须注意淬火安全，要防止热油飞溅，还需防止油燃烧引起火灾的危险。所以油广泛地用作各种合金或小尺寸的碳钢工件的冷却介质。

常用淬火介质的冷却能力见表 4-3。

表 4-3　　　　　　　　　　　　常用淬火介质的冷却能力

淬火冷却介质	冷却速度（℃/s）	
	650～550℃	300～200℃
水（18℃）	600	270
水（50℃）	100	270
10%NaCl 水溶液（18℃）	1100	300
10%NaOH 水溶液（18℃）	1200	300
10%Na₂CO₂ 水溶液（18℃）	800	270
矿物机油（50℃）	150	30

4）其他淬火介质。除水、盐水和油外，生产中还用硝盐浴或碱浴作为淬火冷却介质。

在高温区域，碱浴的冷却能力比油强而比水弱，硝盐浴的冷却能力比油略弱。在低温区域，碱浴和硝盐浴的冷却能力都比油弱。并且碱浴和硝盐浴具有流动性好，淬火变形小等优点，因此这类介质广泛应用于截面不大、形状复杂、变形要求严格的碳素工具钢、合金工具钢等工件，作为分级淬火或等温淬火的冷却介质。由于碱浴蒸汽有较大的刺激性，劳动条件差，所以在生产中使用得不如硝盐浴广泛。

常用碱浴、硝盐浴的成分、熔点及使用温度见表 4-4。

表 4-4　　　　　　常用碱浴、硝盐浴的成分、熔点及使用温度

介质	成分（质量%）	熔点（℃）	使用温度（℃）
碱浴	80%KOH+20%NaOH，另加 3%KNO$_3$+3%NaNO$_2$+6%H$_2$O	20	140～180
	85%KOH+5%NaNO$_2$，另加 3%～6% H$_2$O	30	110～180
硝盐浴	53%KNO$_3$+40%NaNO$_2$+7%NaNO$_3$，另加 3%H$_2$O	100	120～200
	55%KNO$_3$+45%NaNO$_2$，另加 3%～5%H$_2$O	130	150～200
	55%KNO$_3$+45%NaNO$_2$	137	155～550
	50%KNO$_3$+50%NaNO$_2$	145	160～500

4. 淬火方法

常用的淬火方法有单介质淬火、双介质淬火、分级淬火、等温淬火等，如图 4-28 所示。

（1）单介质淬火。钢件 A 化后，在一种介质中连续冷却至室温的操作方法，如图 4-28 曲线 1 所示。淬透性小的钢件在水中淬火；淬透性较大的合金钢件及尺寸很小的碳钢件（直径小于 3～5mm）在油中淬火。

单介质淬火法操作简单，易实现机械化，应用较广。缺点是水淬变形开裂倾向大；油淬冷却速度小，淬透直径小，大件淬不硬。只适用于形状简单、无尖锐棱角及截面无突然变化的零件。

（2）双介质淬火。钢件 A 化后，先在一种冷却能力较强的介质中冷却，冷却到 300℃ 左右后，再淬入另一种冷却能力较弱的介质中冷却。例如，先水淬后油冷、先水冷后空冷等。这种淬火操作如图 4-28 曲线 2 所示。

双介质淬火的优点是 M 转变时产生的内应力小，减小了变形和开裂的可能性。缺点是操作复杂，要求操作人员有实践经验。适用于形状复杂程度中等的高碳钢小零件和尺寸较大的合金钢零件。

（3）分级淬火。钢件 A 化后，迅速淬入稍高于 M_s 点的液体介质（盐浴或碱浴）中，保温适当时间，待钢件内外层都达到介质温度后出炉空冷，操作如图 4-28 曲线 3 所示。

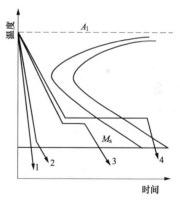

图 4-28　不同淬火方法示意

分级淬火能有效地减少热应力和相变应力，降低工件变形和开裂的倾向，所以可用于形状复杂和截面不均匀的工件的淬火。但受熔盐冷却能力的限制，适用于外形复杂或截面不均匀的小尺寸（碳钢件直径小于 10～12mm；合金钢件直径小于 20～30mm）精密零件，如刀具、模具和量具。

（4）等温淬火。钢件 A 化后，淬火温度稍高于 M_s 点的熔炉中，保温足够长的时间，直至 A 完全转变为 $B_下$，然后出炉空冷，又称贝氏体淬火。操作如图 4-28 曲线 4 所示。

等温淬火法能使工件得到较高的强度和硬度，同时具良好的韧性，并可以减少或避免工件的变形和开裂；缺点是生产周期长、生产效率低，工件的直径或厚度不能过大，否则，心部将因冷却速度慢而转变为索氏体，达不到淬火的目的。

等温淬火适用于处理形状复杂、要求具有较高硬度和冲击韧性的工具、模具的小件，如弹簧、螺栓、小齿轮、轴、丝锥等；也可用于高合金钢较大截面零件的淬火。

（5）局部淬火法。有些工件按其工作条件如果只是局部要求高硬度，则可进行局部加热淬火的方法，以避免工件其他部分产生变形和裂纹。

（6）冷处理。淬火时，A 向 M 的转变是从 M 转变开始温度 M_s 开始，到 M 转变终了温度 M_f 完成的。对于 M_f 点在室温以下的钢，在淬火冷却到室温后，将有一部分 A′ 不能转变为 A。为使这部分 A′ 继续转变为 M，淬火后应进行冷处理。

冷处理就是将淬火钢继续冷却至室温以下的某一温度，并停留一定时间，使 A′ 转变为 M，然后再恢复到室温。

很显然，只有 M_f 点低于室温的钢才进行冷处理；而且 M_f 点较室温越低，冷处理的作用就越大。因而冷处理温度就根据该钢的 M_f 点。对钢的机械性能要求和设备条件来确定，一般应低于零下 60℃。

冷处理时获得低温的办法，通常是采用干冰（固态 CO_2）和酒精的混合剂或冷冻机冷却。只有特殊的冷处理才置于 −103℃ 的液化乙烯或 −192℃ 的液态氮中进行。为了防止裂纹产生，可考虑在冷处理前先回火一次，冷处理后再回火一次的办法。

冷处理的目的是尽量减少钢中 A′，以获得最大数量的 M，从而提高钢的硬度和耐磨性，并稳定钢件的尺寸。因此，冷处理主要用于要求高强度，高耐磨性的零件，以及高精度的量具和精密零件等。

5. 淬火时易出现的缺陷及防止措施

（1）淬火时易出现的缺陷。

1）过热与过烧。淬火加热温度过高或保温时间过长，晶粒过分粗大，以致钢的性能显著降低的现象称为过热。工件过热后可通过正火细化晶粒予以补救。若加热温度达到钢的固相线附近时，晶界氧化和开始部分熔化的现象称为过烧。工件过烧后无法补救，只能报废。防止过热和过烧的主要措施是正确选择和控制淬火加热温度和保温时间。

2）淬火后硬度不足或出现软点。产生这类缺陷的主要原因有以下几个：

①亚共析钢加热温度低或保温时间不充分，淬火组织中残留有 F。

②加热时钢件表面发生氧化、脱碳，淬火后局部生成非 M 组织。

③淬火时冷速不足或冷却不均匀，未全部得到 M 组织。

④淬火介质不清洁，工件表面不干净，影响了工件的冷却速度，致使未能完全淬硬。

3）氧化与脱碳。工件加热时，介质中的氧、二氧化碳和水等与金属反应生成氧化物的过程称为氧化。而加热时由于气体介质和钢铁表层碳的作用，使表层含碳量降低的现象称为脱碳。氧化脱碳使工件表面质量降低，淬火后硬度不均匀或偏低。防止氧化脱碳的主要措施是采用保护气氛或可控气氛加热，也可在工作表面涂上一层防氧化剂。

4）变形和开裂。这是常见的两种缺陷，是由淬火应力引起的。淬火应力包括热应力（即淬火钢件内部温度分布不均所引起的内应力）和组织应力（即淬火时钢件各部转变为 M 时体积膨胀不均匀所引起的内应力）。淬火应力超过钢的屈服极限时，引起钢件变形；淬火应力超过钢的强度极限时，则引起开裂。

变形不大的零件，可在淬火和回火后进行校直，变形较大或出现裂纹时，零件只能报废。

（2）减少和防止变形、开裂的主要措施。

1）正确选材和合理设计。对于形状复杂、截面变化大的零件，应选用淬透性好的钢种，以便采用油冷淬火。在零件结构设计中，必须考虑热处理的要求，如尽量减少不对称性、避免尖角等。

2）淬火前进行退火或正火，以细化晶粒并使组织均匀化，减小淬火产生的内应力。

3）淬火加热时严格控制加热温度，防止过热使 A 晶粒粗化，同时也可减小淬火时的热应力。

4）采用适当的冷却方法。如采用双介质淬火、分级淬火、等温淬火等。淬火时尽可能使零件冷却均匀。厚薄不均的零件，应先将厚的部分淬入介质中。薄件、细长件和复杂件，可采用夹具或专用淬火压床进行冷却。

5）淬火后及时回火，以消除应力，提高工件的韧性。

4.4.2　钢的淬透性与淬硬性

1. 淬透性和淬硬性的概念

钢的淬透性是指奥氏体化后的钢在淬火时获得 M 的能力，其大小可用钢在一定条件下淬火获得淬透层深度能力（又称为淬硬层深度）。淬透性是钢的一个重要的热处理工艺性能，它是根据使用性能合理选择钢材和正确制订热处理工艺的重要依据。淬透层越深，表明钢的淬透性越好。

一定尺寸的工件在某种冷却介质中淬火时，其淬透层的深度与工件从表面到心部各点的冷却速度有关。若工件心部的冷却速度能达到或超过钢的临界冷却速度 v_k，则工件从表面到心部均能得到马氏体组织，这表明工件已淬透。若工件心部的冷却速度达不到 v_k，仅外层冷却速度超过 v_k，如图 4-29 所示，则心部只能得到部分 M 或全部非 M 组织，这表明工件未淬透。在这种情况下，工件从表到里是由一定深度的淬透层和未淬透的心部组成。显然钢的淬透层深度与钢件尺寸及淬火介质的冷却能力有关。工件尺寸越小，淬火介质冷却能力越强，则钢的淬透层深度越大；反之，工件尺寸越大，介质冷却能力越弱，则钢的淬透层深度就越小。

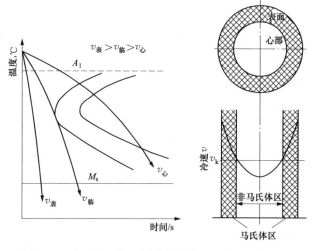

图 4-29　表面与心部不同冷却速度及未淬透工件示意

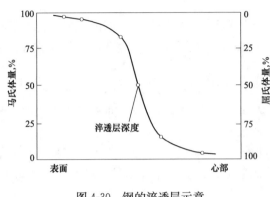

图 4-30　钢的淬透层示意

在钢件未淬透时，如何判定淬透层的深度呢？理论而言，淬透层的深度应是钢件表层全部 M 区域的厚度。但是在实际测定中很难准确掌握这个标准，因为在金相组织上淬透层与未淬透区并无明显的界线，淬火组织中有少量非 M（如 5%～10%T）时，其硬度值也无明显变化。当淬火组织中非 M 达到一半时，硬度发生显著变化，显微组织观察也较为方便。因此，淬透层深度通常为淬火钢件表面至半 M 区（50%M）的距离，如图 4-30 所示。

2. 影响淬透性的因素

钢的淬透性在本质上取决于过冷 A 的稳定性。过冷 A 越稳定，临界冷却速度越小，钢件在一定条件下淬火后得到的淬透层深度越大，则钢的淬透性越好。因此，凡是影响过冷 A 稳定性的因素，都影响钢的淬透性。过冷 A 的稳定性主要决定于钢的化学成分和奥氏体化温度。也就是说，钢的含碳量、合金元素及其含量以及淬火加热温度是影响淬透性的主要因素。

（1）含碳量。在正常加热条件下，亚共析钢的 C 曲线随含碳量的增加向右移，临界冷却速度降低，淬透性增大；过共析钢的 C 曲线随含碳量增加向左移，临界冷却速度增大，淬透性降低。

（2）合金元素。除 Co 以外，大多数合金元素溶入 A 后均使 C 曲线向右移，降低临界冷却速度，提高钢的淬透性。

（3）奥氏体化温度。提高奥氏体化温度将使 A 晶粒长大，成分更均匀化，从而减小了形核率，使过冷 A 更稳定，C 曲线向右移，提高钢的淬透性。

（4）钢中未溶第二相。未溶入 A 的碳化物、氮化物及其他非金属夹杂物，促进 A 转变产物的形核，降低过冷 A 的稳定性，使淬透性降低。

需要特别强调两个问题，一是钢的淬透性与具体工件的淬透层深度的区别。淬透性是钢的一种工艺性能，也是钢的一种属性，对于一种钢在一定的奥氏体化温度下淬火时，其淬透性是确定不变的。钢的淬透性的大小用规定条件下的淬透层深度表示。而具体工件的淬透层深度是指在实际淬火条件下得到的半马氏体区至工件表面的距离，是不确定的，它受钢的淬透性、工件尺寸、淬火介质的冷却能力等诸多因素的影响。二是淬透性与淬硬性的区别。淬硬性是指钢在淬火时的硬化能力，用淬火后 M 所能达到的最高硬度表示，它主要取决于 M 中的含碳量。淬透性和淬硬性并无必然联系，如过共析碳钢的淬硬性高，但淬透性低；而低碳合金钢的淬硬性虽然不高，但淬透性很好。

3. 淬透性的测定方法

按 GB/T 225—2006 标准，可采用末端淬火试验法测定钢的淬透性，如图 4-31（a）所示。其要点是：将标准试样（ϕ25mm×100mm）加热至 A 后，迅速喷水冷却。显然，喷水端冷却速度最大，距末端沿试样轴向距离增大，冷却速度逐渐减小。因此，末端组织应为 M，硬度最高。随着离水冷端的距离增大，组织和硬度也发生相应的变化。将硬度与水冷端距离的变化绘成曲线称为淬透性曲线，如图 4-31（b）所示。

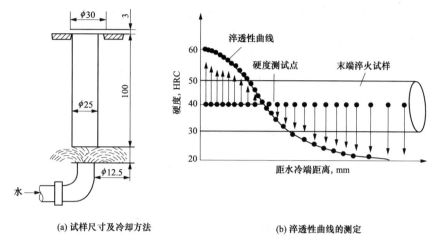

(a) 试样尺寸及冷却方法   (b) 淬透性曲线的测定

图 4-31   用末端淬火法测定钢的淬透性

钢的淬透性使用 J HRC/d 表示。其中，J 表示末端淬透性，d 表示至水冷端距离，HRC 为在该处测得的硬度。例如 J 45/5，即表示距水冷端 5mm 处试样硬度为 45HRC。

实际生产中也常用临界淬火直径 D_0 来衡量钢的淬透性。临界淬火直径 D_0 是钢在某种介质中淬火时，中心获得半 M 的最大直径。D_0 越大表示钢的淬透性越好。常用钢的临界直径 D_0 见表 4-5。

表 4-5   **常用钢的临界直径 D_0**

钢　号	半马氏体区硬度（HRC）	D_0(水，20℃)(mm)	D_0(油)(mm)	钢　号	半马氏体区硬度（HRC）	D_0(水，20℃)(mm)	D_0(油)(mm)
35	38	8～13	4～8	38CrMoAl	43	100	80
40	40	10～15	5～9.5	65Mn	53	25～30	17～25
45	42	13～16.5	6～9.5	60Si2Mn	52	55～62	32～46
60	47	11～17	6～12	50CrVA	48	55～62	32～40
20Cr	38	12～19	6～12	T10	55	10～15	<8
20CrMnTi	38	22～35	15～24	GCr9	55	33	20
40Cr	44	30～38	19～28	GCr15	55	36～41	25～26
40MnB	44	50～55	28～40	9Mn2V	55	52～57	37～38
40MnVB	44	60～76	40～58	9SiCr	55	47～51	34～36
35CrMo	43	36～42	25～34	CrWMn	55	52～57	37～38
40CrMnMo	44	>150	>110				

4. 钢的淬透性的应用

淬透性是机械零件设计中选材和制订热处理工艺的重要依据。淬透性不同的钢，淬火后得到的淬透层深度不同，所以沿截面的组织和力学性能差别很大。图 4-32 所示为淬透性不同的钢制成直径相同的轴，经调质处理后力学性能的对比。其中，图 4-32（a）所示为全部淬透，整个截面为 $S_回$ 组织，力学性能沿截面是均匀一致的；图 4-32（b）所示为仅部分淬透，心部为片状 S，强度较低、冲击性能更低。由此可见，淬透性越低，钢的综合力学性能越差。

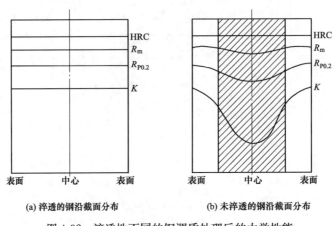

(a) 淬透的钢沿截面分布　　　　　　　(b) 未淬透的钢沿截面分布

图 4-32　淬透性不同的钢调质处理后的力学性能

因此，对于截面尺寸较大或形状复杂的重要零件，以及应力状态较复杂的螺栓、连杆等零件，要求截面力学性能均匀，应选用淬透性较好的钢。对于承受弯曲和扭转力的轴类零件，在横截面上的应力分布是不均匀的，其外层受力较大，心部受力较小，可考虑选用淬透性较低的、淬透层强（如为半径的 1/3～1/2）的钢。

另外，工件淬火时，由于心部的热量要从表面散出，使得心部和表面的冷却速度不同，而且截面尺寸越大，其冷却速度越低。这表明，截面尺寸不同的工件，实际淬透深度是不同的。这种随工件尺寸增大而热处理强化效果逐渐减弱的现象称为尺寸效应，在机械设计中引用手册中的数据时必须注意。

4.5　钢 的 回 火

钢件淬火后，为了消除内应力并获得所要求的组织和性能，将其加热到 A_{c1} 以下的某一温度，保温一定时间，然后冷却到室温的热处理工艺称为回火。

4.5.1　回火的目的

（1）降低脆性，消除或减小内应力。工件淬火后存在很大的内应力，如果不及时回火，往往会使工件发生变形甚至开裂。

（2）获得工件所要求的机械性能。工件淬火后硬度高而脆性大，不能满足各种工件的不同性能要求，需要通过适当回火的配合来调整硬度、减小脆性，得到所需的塑性和韧性。

（3）稳定工件尺寸，满足各种工件的使用性能要求。淬火 M 和 A′ 都是非平衡组织，具有不稳定性，会自发地向稳定的平衡组织（Fe 和 Fe_3C）转变，从而引起工件的尺寸和形状改变。通过回火可使淬火 M 和 A′ 转变为较稳定的组织，以保证工件在使用过程中不发生尺寸和形状的变化。

（4）对于某些高淬透性的合金钢，空冷时即可淬火成 M 组织，通过回火可使碳化物聚集长大，降低钢的硬度，以利于切削加工。

对于未经过淬火处理的钢，回火一般是没有意义的。而淬火钢不经过回火是不能直接使用的，为了避免工件在放置和使用过程中发生变形与开裂，淬火后应及时进行回火。

4.5.2 淬火钢在回火时的转变

淬火钢的组织是由 M 和 A' 所组成。M 是不稳定的，随时都有趋向平衡状态的趋势；而 A 是高温状态的组织，随时都有分解为 Fe 和 Fe_3C 的倾向。回火的实质就是通过加热促使 M 和 A' 向平衡状态转变的过程。我们把这种转变称为回火转变。

1. 淬火钢回火时的组织转变

一般按回火温度不同，将回火转变分为四个阶段，现仍以共析钢为例来说明。

（1）第一阶段，M 分解阶段。

1）在 <100℃ 回火时，只发生 M 中 C 原子的偏聚，没有明显的转变发生，又称回火准备阶段。

2）在 100~200℃ 回火时，马氏体开始分解，它的正方度减小，固溶在 M 中的过饱和 C 原子，脱溶沉淀而析出 ε 碳化物（晶体结构为正交晶格，分子式为 $Fe_{2.4}C$），这种碳化物与 M 保持共格联系，ε 碳化物不是一个平衡相，而是向 Fe_3C 转变前的一个过渡相。与此同时，母相 M 中的 C 并未全部析出，仍然含有过饱和的 C。

由 M 分解得到的过饱和 α 固溶体和与母相共格联系的 ε 碳化物所组成，称为回火马氏体，用 $M_回$ 表示。

在回火的第一阶段，由于回火的温度较低，不可能使 C 全部从 M 中析出，得到的 M 仍然是过饱和固溶体，加之形成的碳化物极为细小，又与母相共格联系，因此使钢的硬度降低很少，共析和过共析钢的硬度甚至略有上升，如图 4-33 所示。这是因为它们所析出的 ε 碳化物数量较多，弥散强化的效果较大所致。但是，由于部分 C 原子的析出，以及铁晶格扭曲程度的减弱，使钢中内应力有部分消除，钢的韧性也稍有增加。

（2）第二阶段，A' 分解阶段。在 200~300℃ 温度范围，除 M 继续分解外，同时 A' 也发生分解。淬火碳钢中 A' 自 200℃ 开始分解，至 300℃ 分解基本完成，一般转变为 B_F。此时 α 固溶体中仍含有 0.15%~0.20%C，淬火应力进一步降低。

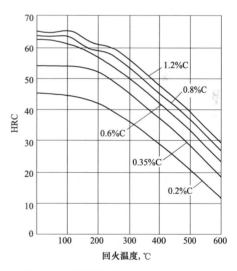

图 4-33 钢的硬度随回火温度的变化

这一阶段，虽然 M 继续分解会降低钢的硬度，但是由于同时出现软的 A' 分解为较硬的 B_F，所以使钢的硬度并不显著降低。

（3）第三阶段，回火屈氏体 $T_回$ 的形成。在回火温度 350~400℃ 阶段，因 C 原子的扩散能力增加，过饱和固溶体很快转变为 F。同时亚稳定的 ε 碳化物也逐渐地转变为稳定的 Fe_3C，并与母相失去共格联系，淬火时晶格畸变所存在的内应力大大消除。此阶段到 400℃ 时基本完成，其所形成的由尚未再结晶的 F 和细颗粒状的 Fe_3C 组成的混合物称为回火屈氏体，用 $T_回$ 表示。此时钢的硬度、强度降低，塑性、韧性上升。

（4）第四阶段，Fe_3C 聚集长大和 F 再结晶。在 400℃以上继续升高温度，钢中 Fe_3C 颗粒由小变大，由分解到集中，聚集长大为较粗的组织。

同时 F 的含 C 量已降至平衡浓度，其晶格也由体心正方晶格变为体心立方晶格，内部亚结构发生回复与再结晶，这种由多边形 F 和颗粒状 Fe_3C 组成的混合物称为回火索氏体，用 $S_回$ 表示。这时固溶强化作用已消失，而钢的硬度和强度则取决于 Fe_3C 质点的尺寸和弥散度。回火温度越高，Fe_3C 质点越大，弥散度越小，则钢的硬度和强度越低，而韧性却有较大的提高。

2. 淬火钢回火时的成分与性能变化

淬火钢在回火过程中，M 的含碳量、A′量、内应力及 Fe_3C 质点的尺寸等，随回火温度所发生的变化，如图 4-34 所示。

在回火过程中，随着淬火钢的组织变化，钢的力学性能也会发生相应的变化。随着回火温度的升高，钢的强度和硬度下降，而塑性和韧性提高，如图 4-35 所示。

在 200℃以下，由 M 中析出大量弥散分布的 ε 碳化物，具有强化基体的作用，使钢的硬度不至于下降，有时甚至会使某些高碳钢的硬度有所提高；在 200～350℃时，对于高碳钢而言，由于 A′转变为 $M_回$，会使硬度提高，而对于低、中碳钢而言，由于 A′的量相对较少，则硬度会缓慢下降；在 350℃以上时，由于 Fe_3C 的颗粒的粗大化及 M 逐渐转变为 F，使钢的硬度直线下降。

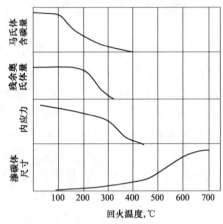

图 4-34　钢在回火时的变化

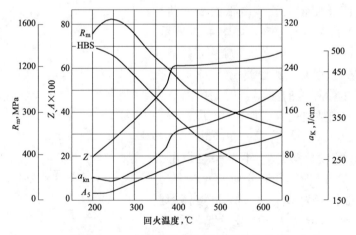

图 4-35　40 钢力学性能与回火温度的关系

4.5.3　回火的分类与应用

淬火钢回火后的组织和性能决定于回火温度。按回火温度范围的不同，可将钢的回火分为以下三类：

（1）低温回火（150～250℃）。所得组织为 $M_回$。淬火钢经低温回火后仍保持高硬度（58～64HRC）和高耐磨性。其主要目的是降低淬火应力和脆性。各种高碳工、模具及耐磨零件通常采用低温回火。

（2）中温回火（350～500℃）。所得组织为 $T_{回}$。淬火钢经中温回火后，硬度为 35～45HRC，具有较高的弹性极限和屈服极限，并有一定的塑性和韧性。中温回火主要用于各种弹簧及热锻模具等的处理。例如 65 钢弹簧一般在 380℃ 左右回火。

（3）高温回火（500～650℃）。所得组织为 $S_{回}$，硬度为 25～35HRC。淬火钢经高温回火后，在保持较高强度的同时，又具有较好的塑性和韧性，即综合机械性能较好。人们通常将中碳钢的淬火＋高温回火的热处理称为调质处理。它广泛应用于处理各种重要的结构零件，如在交变载荷下工作的连杆、螺栓、齿轮、轴类等。

4.5.4　回火脆性

回火温度升高时，钢的冲击韧性变化规律如图 4-36 所示。在 250～400℃ 和 450～650℃ 两个区间冲击韧性明显下降，这种脆化现象称为钢的回火脆性。

1. 低温回火脆性（第一类回火脆性）

在 250～400℃ 回火时出现的脆性称为低温回火脆性。几乎所有的钢都存在这类脆性，称为不可逆回火脆性。这是因为在 250℃ 以上回火时，碳化物薄片沿板条 M 的板条边界或针状 M 的孪晶带和晶界析出，破坏了 M 之间的连接，降低了韧性。在这样的温度下 A' 的分解也增进脆性，但它不是产生低温回火脆性的主要原因。

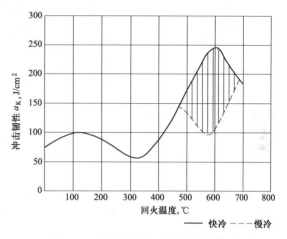

图 4-36　钢的韧性与回火温度的关系

为了防止产生这类脆性，一般不在该温度范围内回火，或采用等温淬火处理。钢中加入少量 Si，可使此脆化温区提高。

2. 高温回火脆性（第二类回火脆性）

在 450～650℃ 回火时出现的脆性称为高温回火脆性。它与加热、冷却条件有关。加热至 600℃ 以上之后，慢速冷却通过此温区时出现脆性；快速通过时不出现脆性。在脆化温度长时间保温后，即使快冷也会出现脆性。将已产生脆性的工件重新加热至 600℃ 以上快冷时，又可消除脆性。如果再次加热至 600℃ 以上慢冷，则脆性又再次出现。所以此脆性称为可逆回火脆性。

高温回火脆性的断口为晶间断裂。一般认为，产生高温回火脆性的主要原因是 Sb、Sn、P 等杂质在原 A 晶界上偏聚。钢中 Ni、Cr 等合金元素促进杂质的这种偏聚，而且本身也能发生晶界偏聚，因此增大了产生回火脆性的倾向。

尽量减少钢中杂质元素的含量，或者加入 Mo 等能抑制晶界偏聚的合金元素，可防止高温回火脆性。

4.6　钢的表面热处理

仅对钢的表面加热、冷却而不改变其成分的热处理工艺称为表面热处理。按照加热方式，有感应加热、火焰加热、激光加热、电接触加热和电解加热等表面热处理，最常用的是前三种。

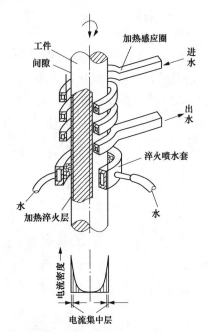

图 4-37　感应加热表面淬火原理示意

4.6.1　感应加热表面淬火

1. 感应加热的基本原理

感应线圈中通以交流电时，即在其内部和周围产生一与电流相同频率的交变磁场。感应加热表面淬火的基本原理如图 4-37 所示。把工件放入用空心紫铜管绕成的感应器内，给感应器通入一定频率的交流电，周围便存在同频率的交变磁场，于是在工件内部产生同频率的感应电流（涡流）。由于感应电流的集肤效应（电流集中分布在工件表面）和热效应，感应电流在工件截面上的分布是不均匀的，靠近表面的电流密度最大，而中心几乎为零，这使工件表层迅速加热到淬火温度，而心部则仍处于相变点温度以下，随即快速冷却，从而达到表面淬火的目的。

2. 感应加热的类型

电流透入工件表层的深度，主要与电流频率有关。对于碳钢，$\delta = \dfrac{500}{\sqrt{f}}$。其中，$\delta$ 为电流透入深度，mm；f 为电流频率，Hz。可见，电流频率越高，电流透入深度越小，加热层也越薄。根据所用电流频率的不同，感应加热可分为以下几种：

（1）高频感应加热。常用频率为 $200 \sim 300\text{kHz}$，淬硬层深度为 $0.5 \sim 2.0\text{mm}$，适用于中、小模数的齿轮及中、小尺寸的轴类零件的表面淬火。

（2）中频感应加热。常用频率为 $2500 \sim 8000\text{Hz}$，淬硬层深度为 $2 \sim 10\text{mm}$，适用于较大尺寸的轴类零件和大模数齿轮的表面淬火。

（3）工频感应加热。电流频率为 50Hz，淬硬层深度为 $10 \sim 20\text{mm}$，适用于较大直径机械零件的表面淬火，如轧辊、火车车轮等。

3. 感应加热表面淬火的特点与应用

与普通加热淬火相比，感应加热表面淬火加热速度快，加热时间短；淬火质量好，淬火后晶粒细小，表面硬度比普通淬火高，淬硬层深度易于控制；劳动条件好，生产率高，适于大批量生产。但感应加热设备较昂贵，调整、维修比较困难，对于形状复杂的机械零件，其感应圈不易制造，且不适合于单件生产。

感应加热表面淬火一般用于中碳钢和中碳低合金钢，如 45、40Cr、40MnB 钢等。这类钢经预先热处理（正火或调质）后表面淬火，心部保持较高的综合机械性能，而表面具有较高的硬度（$>50\text{HRC}$）和耐磨性。高碳钢也可表面淬火，主要用于受较小冲击和交变载荷的工具、量具等。

4. 感应加热表面淬火的特点

高频感应加热时相变速度极快，一般只需几秒或几十秒钟。与一般淬火相比，其组织和性能有以下特点：

（1）高频感应加热时，钢的奥氏体化是在较大的过热度（A_{c3}以上80～150℃）下进行的，因此晶核多，且不易长大，淬火后组织为细隐晶M。表面硬度高，比一般淬火高2～3HRC，而且脆性较低。

（2）表面层淬得M后，由于体积膨胀在工件表层造成较大的残余压应力，显著提高工件的疲劳强度。小尺寸零件可提高2～3倍，大件也可提高20％～30％。

（3）因加热速度快，没有保温时间，工件的氧化脱碳少。另外，由于内部未加热，工件的淬火变形也小。

（4）加热温度和淬硬层厚度（从表面到半M区的距离）容易控制，便于实现机械化和自动化。

由于有以上特点，感应加热表面淬火在热处理生产中得到了广泛的应用。其缺点是设备昂贵，形状复杂的零件处理比较困难。

感应加热后，根据钢的导热情况，采用水、乳化液或聚乙烯醇水溶液喷射淬火。淬火后进行180～200℃低温回火，以降低淬火应力，并保持高硬度和高耐磨性。在生产中，也常采用自回火，即在工件冷却到200℃左右时停止喷水，利用工件内部的余热来达到回火的目的。

4.6.2 火焰加热表面淬火

火焰加热表面淬火是采用氧-乙炔（或其他可燃气体）火焰（火焰温度3000℃以上），喷射在工件的表面上，将工件表面迅速加热，当达到淬火温度时立即喷水冷却，从而获得预期的硬度和有效淬硬层深度的一种表面淬火方法，如图4-38所示。

调节烧嘴的位置和移动速度，可以获得不同厚度的淬硬层。显然，烧嘴越靠近工件表面和移动速度越慢，表面过热度越大，获得的淬硬层也越厚。调节烧嘴和喷水管之间的距离也可以改变淬硬层的厚度。火焰加热表面淬火的工艺规范由试验来确定。

火焰加热表面淬火和高频感应加热表面淬火相比，具有设备简单，成本低等优点；但生产率低，淬硬层深

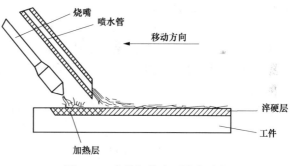

图4-38　火焰加热表面淬火示意

度不易控制，零件表面存在不同程度的过热，质量控制也比较困难。因此，主要适用于单件、小批量生产，以及需要局部淬火的工具或工件，如大型轴类、大模数齿轮、轴、轧辊、锤子等。

火焰加热表面淬火工件的材料，常选用中碳钢（如35、40、45钢等）和中碳低合金钢（如40Cr、45Cr等）。若碳的质量分数太低，则淬火后硬度较低；若碳和合金元素的质量分数过高，则易淬裂。火焰加热表面淬火法还可用于对铸铁件（如灰铸铁、合金铸铁等）进行表面淬火。

4.6.3 激光加热表面淬火

激光加热表面淬火是将激光束照射到工件表面上，在激光束能量的作用下，使工件表面迅速加热到奥氏体化状态，当激光束移开后，由于基体金属的大量吸热而使工件表面获得急

速冷却，以实现工件表面自冷淬火的工艺方法。

激光是一种高能量密度的光源，能有效地改善材料表面的性能。激光能量集中，加热点准确，热影响区小，热应力小；可对工件表面进行选择性处理，能量利用率高，尤其适合于大尺寸工件的局部表面加热淬火；激光处理对工件的尺寸及表面平整度没有严格要求，可对形状复杂或深沟、孔槽的侧面等进行表面淬火，尤其适合于细长件或薄壁件的表面处理。

激光加热表面淬火的淬硬层一般为 0.2～0.8mm。激光淬火后，工件表层组织由极细的 M、超细的碳化物和已加工硬化的高位错密度的 A′组成，工件表层与基体之间为冶金结合，状态良好，能有效防止表层脱落。淬火后形成的表面硬化层，硬度比常规淬火高 15%～20% 以上，显著提高了钢的耐磨性，热处理变形小，表面存在有高的残余压应力，疲劳强度高。

另外，激光加热速度极快，表面无需保护，靠自激冷却而不用淬火介质，工件表面清洁，有利于环境保护。同时工艺操作简单，也便于实现自动化。

4.7　钢的化学热处理

4.7.1　化学热处理概述

化学热处理是将钢件置于一定温度的活性介质中保温，使一种或几种元素渗入它的表面，改变其化学成分和组织，满足表面性能技术要求的热处理过程。按照表面渗入的元素不同，化学热处理可分为渗碳、氮化、碳氮共渗、渗硼、渗铝等。

1. 化学热处理的作用

（1）强化表面，提高零件某些机械性能，如表面硬度、耐磨性、疲劳强度、耐蚀性等。

（2）保护零件表面，提高某些零件的物理化学性质，如耐高温、耐腐蚀等。因此，在某些方面可以代替含有大量贵重金属和稀有合金元素的特殊钢材。

例如，渗碳、氮化、渗硼等，它们一般都会显著地增加钢的表面硬度和耐磨性；渗铬可以提高耐磨性和耐腐蚀性能，渗铝可以增加高温抗氧化性及渗硅可以提高耐酸性等。

2. 化学热处理的优点

化学热处理与钢的表面淬火相比较，虽然存在生产周期长的缺点，但它具有一系列优点：

（1）不受零件外形的限制，可以获得分布较均匀的淬硬层。

（2）由于表面成分和组织同时发生了变化，所以耐磨性和疲劳强度更高。

（3）表面过热现象可以在随后的热处理过程中给以消除。

3. 化学热处理的基本过程

（1）介质（渗剂）的分解。加热时介质分解，释放出欲渗入元素的活性原子。

（2）表面吸收。分解出来的活性原子在钢件表面被吸收并溶解，超过溶解度时还能形成化合物。

（3）原子扩散。溶入元素的原子在浓度梯度的作用下由表及里扩散，形成一定厚度的扩散层。

上述基本过程都和温度有关。温度越高，过程进行速度越快，扩散层越厚。但温度过高会引起 A 粗化，使钢变脆。所以，化学热处理在选定合适的处理介质之后，重要的是确定加热温度，而渗层厚度主要由保温时间来控制。

生产上应用最广的化学热处理工艺是渗碳、氮化和碳氮共渗（氰化）。

4.7.2　渗碳

将低碳钢放入渗碳介质中，在 900～950℃ 加热保温，使活性碳原子渗入钢件表面以获得高碳浓度（约 1.0%）渗层的化学热处理工艺称为渗碳。在经过适当淬火和回火处理后，可提高表面的硬度、耐磨性及疲劳强度，而使心部仍保持良好的韧性和塑性。因此，渗碳主要用于同时受严重磨损和较大冲击载荷的零件，如各种齿轮、活塞销、套筒等。渗碳钢的含碳量一般为 0.1%～0.3%，常用渗碳钢有 20、20Cr、20CrMnTi 等。

1. 渗碳方法

根据渗碳剂的状态不同，渗碳方法可分为固体渗碳、液体渗碳和气体渗碳三种。其中，液体渗碳应用极少而气体渗碳应用最广泛。

（1）固体渗碳。将零件和固体渗碳剂装入渗碳箱中，加盖并用耐火泥密封（见图 4-39），然后放入炉中加热至 900～950℃，保温渗碳。固体渗碳剂通常是一定粒度的木炭与 15%～20% 碳酸盐（$BaCO_3$ 或 Na_2CO_3）的混合物。木炭提供所需活性碳原子，碳酸盐起催化作用，反应如下：

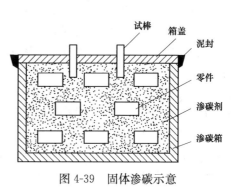

图 4-39　固体渗碳示意

$$C + O_2 \Longrightarrow CO_2，BaCO_3 \Longrightarrow BaO + CO_2，CO_2 + C \Longrightarrow 2CO$$

在渗碳温度下 CO 不稳定，在钢件表面分解，生成活性碳原子 $[C]$（$2CO \Longrightarrow CO_2 + [C]$），被钢表面吸收。

固体渗碳的优点是设备简单，容易实现，但生产率低，劳动条件差，质量不易控制，目前应用不多。

（2）气体渗碳。将工件装在密封的渗碳炉中（见图 4-40），加热到 900～950℃，向炉内滴入易分解的有机液体（如煤油、苯、甲醇等），或直接通入渗碳气体（如煤气、石油液化气等），通过下列反应产生活性碳原子，使钢件表面渗碳：

$$2CO \Longrightarrow CO_2 + [C]，CO_2 + H_2 \Longrightarrow H_2O + [C]$$
$$C_n H_{2n+2} \Longrightarrow (n+1)H_2 + n[C]$$

气体渗碳的优点是生产率高，劳动条件较好，渗碳过程可以控制，渗碳层的质量和机械性能较好。此外，还可实行直接淬火。

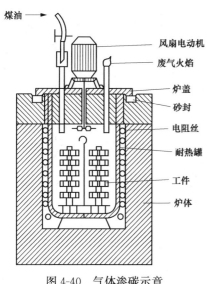

图 4-40　气体渗碳示意

2. 渗碳工艺

渗碳工艺参数包括渗碳温度、渗碳时间等。

A 的溶碳能力较大，因此渗碳加热到 A_{c3} 以上。温度越高，渗碳速度越快，渗层越厚，生产率也越高。为了避免 A 晶粒过于粗大，渗碳温度一般采用 900～950℃。

渗碳时间则决定于对渗层厚度的要求。在 900～950℃，每保温 1h，厚度增加 0.2～0.3mm。

低碳钢渗碳后缓冷下来的显微组织是表层为 P 和 Fe_3C_{II}，心部为原始亚共析钢组织（P+F），中间为过渡组织。一般规定，从表面到过渡层的一半处为渗碳层厚度。一般情况下，渗碳温度为 900～950℃时，一般渗碳气氛条件下，渗碳层厚度（δ）主要决定于保温时间（τ），即

$$\delta = K\sqrt{\tau} \quad (K \text{ 为常数，可由试验确定})$$

3. 渗碳后的热处理

为了充分发挥渗碳层的作用，使渗碳件表面获得高硬度和高耐磨性，心部保持足够的强度和韧性，工件在渗碳后必须进行热处理（淬火＋低温回火）。

渗碳件的淬火方法有以下三种：

（1）直接淬火。工件渗碳直接淬火［见图 4-41（a）］或预冷到 830～850℃后淬火［见图 4-41（b）］。这种方法一般适用于气体或液体渗碳，固体渗碳时较难采用。

直接淬火具有生产效率高、工艺简单、成本低、减少工件变形、氧化脱碳等优点。但是，由于渗碳温度高、时间长，容易发生 A 晶粒长大，因而可能导致粗大的淬火组织及表层 A' 量较多，影响工件的韧性和耐磨性。所以，直接淬火只适用于本质细晶粒钢或性能要求较低的零件。

（2）一次淬火。即在渗碳件缓慢冷却之后，重新加热淬火。与直接淬火相比，一次淬火可使钢的组织得到一定程度的细化。对于心部性能要求较高的工件，淬火温度应略高于心部成分的 A_{c3} 点；对于心部强度要求不高，而要求表面有较高硬度和耐磨性的工件，淬火温度应略高于 A_{c1}；对介于两者之间的渗碳件，要兼顾表层与心部的组织及性能，淬火温度可选在 $A_{c1} \sim A_{c3}$ 范围内，如图 4-41（c）所示。

（3）两次淬火。渗碳后缓冷，然后进行两次加热淬火，以使工件的表面和心部都能获得较高的机械性能。第一次淬火加热温度在 A_{c3} 以上 30～50℃，目的是细化心部组织并消除表层网状 Fe_3C。第二次淬火加热温度在 A_{c1} 以上 30～50℃，目的是使表层获得极细的 M 和均匀分布的细粒状 Fe_3C_{II}，如图 4-41（d）所示。两次淬火工艺复杂，生产率低，成本高，且会增大工件的变形及氧化与脱碳，因此现在生产上很少应用。

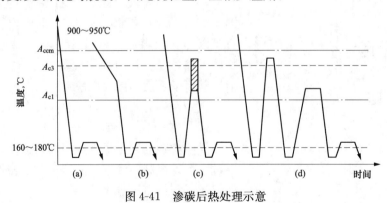

图 4-41　渗碳后热处理示意

不论采用哪种方法淬火，渗碳件在最终淬火后都应进行低温回火（150～200℃）。渗碳钢经淬火和低温回火后，表层硬度可达 60HRC 以上，耐磨性好，疲劳强度高。心部的性能取决于钢的淬透性。心部未淬透时，为 F+P 组织，硬度较低，塑性、韧性较好；心部淬透时，为低碳 M 或 M+T 组织，硬度较高，具有较高的强度和韧性。

4.7.3　氮化

氮化（渗氮）就是向钢的表面渗入氮元素的热处理工艺。氮化的目的在于更大程度地提高钢件表面的硬度和耐磨性，提高疲劳强度和耐蚀性。

与渗碳相比，钢件氮化后表层具有更高的硬度和耐磨性。氮化后的工件表层硬度高达 $1000\sim1200HV$，相当于 $65\sim72HRC$。这种硬度可保持到 $500\sim600℃$ 不降低，故钢件氮化后具有很好的热稳定性。由于氮化层体积胀大，在工件表层形成较大的残余压应力，因此可以获得比渗碳更高的疲劳强度。另外，钢件氮化后表面形成一层致密的氮化物薄膜，从而使工件具有良好的耐腐蚀性能。

钢件经氮化后表层即具有高硬度和高耐磨性，无需氮化后再进行热处理。为了保证工件心部的性能，在氮化前应进行调质处理。

目前较为广泛应用的氮化工艺是气体渗氮，即将氨气通入加热到氮化温度的密封氮化罐中，使其分解出活性氮原子（$2NH_3 \Longrightarrow 3H_2 + 2[N]$）。$\alpha$-Fe 吸收活性氮原子，先形成固溶体，当含氮量超过 α-Fe 溶解度时，便形成氮化物 Fe_4N 和 Fe_2N。

由于氨的分解温度较低，所以氮化温度不高，不超过调质的回火温度，通常为 $500\sim580℃$，因此氮化件的变形很小。但氮化所需的时间很长，要获得 $0.3\sim0.5mm$ 厚的氮化层，一般需要 $20\sim50h$。

为了缩短氮化时间，离子氮化获得了推广应用，其基本原理是，在真空容器内使氨气电离出氮离子，冲击阴极工件并渗入工件表面。离子氮化不仅显著缩短了氮化时间，而且能明显提高氮化层的韧性和疲劳抗力。

为了保证钢件氮化层的高硬度和高耐磨性，钢中应含有能形成稳定氮化物的合金元素，如 Al、Cr、Mo、V、Ti 等。目前最常用的氮化钢是 38CrMoAl。

氮化虽然使钢件具有一系列优异性能，但其工艺复杂，生产周期长，成本高，因此主要用于耐磨、耐热、抗蚀和精度要求很高的零件，例如磨床主轴、镗床镗杆、精密机床丝杆、精密齿轮、热作模具和量具等。

4.7.4　氰化

氰化就是向钢件表层同时渗入碳原子和氮原子的化学热处理工艺，又称为碳氮共渗。目前氰化方法有气体氰化和液体氰化两种。液体氰化因使用的介质氰盐有剧毒，污染环境，应用受到限制，目前应用较广泛的氰化工艺是中温气体氰化和低温气体氰化。其中低温气体氰化是以渗氮为主，因渗层硬度提高不多，故又称为软氮化。这里仅简单介绍中温气体氰化。

中温气体氰化是将钢件放入密封炉罐内加热到 $820\sim860℃$，并向炉内滴入煤油或其他渗碳剂，同时通入氨气。在高温下共渗剂分解出活性碳原子和氮原子，被工件表面吸收并向内层扩散，形成一定共渗层。在钢的氰化温度下，保温时间主要取决于要求的渗层深度，例如一般零件保温 $4\sim6h$，渗层深度可达 $0.5\sim0.8mm$。

和渗碳件一样，中温气体氰化后的零件经淬火加低温回火后，共渗层组织为细小的针片状马氏体、适量的粒状碳氮化合物和少量 A'。

在渗层含碳量相同的情况下，氰化件比渗碳件具有更高的表面硬度、耐磨性、抗蚀性、弯曲强度和接触疲劳强度。但耐磨性和疲劳强度低于渗氮件。

中温气体氰化和渗碳相比，具有处理温度低、速度快、生产效率高、变形小等优点，得到了越来越广泛的应用。但由于它的渗层较薄，主要只用于形状复杂、要求变形小、受力不大的小型耐磨零件。氰化不仅适用于渗碳钢，也可用于中碳钢和中碳合金钢。

4.8　钢的热处理新技术

热处理发展的主要趋势是不断改革加热和冷却技术，发展真空热处理，可控气氛热处理和形变热处理等，以及创造新的表面热处理工艺。新工艺和技术的发展，主要有以下几方面：

（1）为了提高零件的强度、韧性，增强零件的抗疲劳和耐磨损能力。

（2）减轻加热过程中的氧化和脱碳。

（3）减少热处理过程中零件的变形。

（4）节约能源，降低成本，提高经济效益。

（5）减少或防止环境污染等。

热处理的新发展很多，这里只简介可控气氛热处理、真空热处理和形变热处理，以及表面气相沉积技术。

4.8.1　可控气氛热处理

在炉气成分可以控制的炉内进行的热处理称为可控气氛热处理。炉气分渗碳性、还原性、中性气氛等。仅用于防止工件表面化学反应的可控气氛称为保护气氛。

可控气氛热处理的应用有一系列技术经济优点：能减少和避免钢件在加热过程中氧化和脱碳，节约钢材，提高工件质量；可实现光亮热处理，保证工件的尺寸精度；可进行控制表面碳浓度的渗碳和氰化；可使已脱碳的工件表面复碳；可进行穿透渗碳处理，例如，某些形状复杂且要求高弹性或高强度的工件，用高碳钢制造加工困难，可用低碳钢冲压成形，然后进行穿透渗碳，以代替高碳钢。这样可以大大革新加工程序。

（1）吸热式气氛。燃料气（天然气、城市煤气、丙烷、丁烷）按一定比例与空气混合后，通入发生器进行加热，在触媒的作用下，经吸热而制成的气体称为吸热式气氛，吸热式气氛主要用作渗碳气氛和高碳钢的保护气氛。

（2）放热式气氛。燃料气（天然气、乙烷、丙烷等）按一定比例与空气混合后，靠自身的燃烧反应而制成的气体，由于反应时放出大量的热量，故称为放热式气氛。它是所有制备气氛中最便宜的一种，主要用于防止加热时的氧化，如低碳钢的光亮退火，中碳钢小件的光亮淬火等。

（3）放热-吸热式气氛。这种气氛用放热和吸热两种方式综合制成。第一步，先将气体燃料（如天然气等）和空气混合，在燃烧室中进行放热式燃烧；第二步，将燃烧室中的燃烧产物再次与少量燃料混合，在装有催化剂的反应罐内进行吸热反应，产生的气体经冷却即为放热-吸热式气氛。它可用于吸热式和放热式气氛原来使用的各个方面。也可作为渗碳和碳氮共渗的载流气体。此种气氛含氮量低，因而可减轻氢脆倾向。

（4）滴注式气氛。用液体有机化合物（如甲醇、乙醇、丙酮、甲酰胺、三乙醇胺等）混合滴入或与空气混合后喷入热处理炉内所得到的气氛称为滴注式气氛。它主要用于渗碳、碳氮共渗、软氮化、保护气氛淬火和退火等。

4.8.2　真空热处理

在真空中进行的热处理称为真空热处理。它包括真空淬火、真空退火、真空回火、真空化学热处理等。

1. 真空热处理的效果

（1）可以减小变形。在真空中加热，升温速度很慢，工件截面温差很小，所以处理时变形较小。

（2）可以减少和防止氧化。真空中氧的分压很低，金属的氧化受到抑制。实践证明，在13.3Pa 的真空度下，金属的氧化速度极慢。在 1.33×10^{-3} Pa 的真空度下，可以实现无氧化加热。

（3）可以净化表面。在高真空中，表面的氧化物发生分解，工件可得到光亮的表面。另外，工件表面的油污属于碳氢氧的化合物，在真空中加热时分解为水蒸气、二氧化碳等气体，被真空泵排出。洁净光亮的表面不仅美观，而且对提高耐磨性、疲劳强度等都有明显的效果。

（4）脱气作用。溶解在金属中的气体，在真空中长时间加热时，会不断逸出并由真空泵排出。真空热处理的去气作用，有利于改善钢的韧性，提高工件的使用寿命。

除了上述优点以外，真空热处理还可以减少或省去清洗和磨削加工工序，改善劳动条件，实现自动控制。

2. 真空热处理的应用

真空技术的发展，以及对重要零件的更高性能和使用可靠性的要求，使真空热处理得到了越来越广泛的应用。

（1）真空退火。真空退火有避免氧化、脱碳和去气、脱脂的作用，除了钢、铜及其合金外，还可用于处理一些与气体亲和力较强的金属，如 Ti、Ta、Nb、Zr 等。

（2）真空淬火。真空淬火已大量用于各种渗碳钢、合金工具钢、高速钢和不锈钢的淬火，以及各种时效合金、硬磁合金的固溶处理。设备也由周期作业式的密闭淬火炉发展到了连续作业式的大型淬火炉。

（3）真空渗碳。真空渗碳也称为低压渗碳，是近年来在高温渗碳和真空淬火的基础上发展起来的一项新工艺。与普通渗碳相比有许多优点：可显著缩短渗碳周期，减少渗碳气体的消耗，能精确控制工件表层的碳浓度、浓度梯度和有效渗碳层深度。不形成反常组织和发生晶间氧化，工件表面光亮，基本不造成环境污染，并可显著改善劳动条件等。

4.8.3　形变热处理

形变强化和热处理强化都是金属及合金最基本的强化方法。将塑性变形和热处理有机结合起来，以提高材料机械性能的复合热处理工艺，称为形变热处理。在金属同时受到形变和相变时，A 晶粒细化，位错密度增高，晶界发生畸变，碳化物弥散效果增强，从而可获得单一强化方法不可能达到的综合强韧化效果。

根据形变与相变的关系，形变热处理可分为三种基本类型：在相变前进行形变；在相变中进行形变；在相变后进行形变。不管哪一种方法，都能获得形变强化与相变强化的综合效果。

（1）高温形变热处理。高温形变热处理是将钢加热到稳定的 A 区域，进行塑性变形，然后立即进行淬火和回火，如图 4-42 所示。

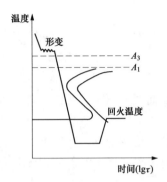

图 4-42　高温形变热处理
工艺曲线示意

这种工艺的要点如下：在稳定的 A 状态下形变时，为了保留形变强化的效果，应尽可能避免发生 A 再结晶的软化过程，所以，形变后应立即快速冷却。

高温形变热处理和普通热处理相比，不但能提高钢的强度，而且能显著提高钢的塑性和韧性，使钢的综合机械性能得到明显的改善。另外，由于钢件表面有较大的残余压应力，还可使疲劳强度显著提高。

高温形变热处理对钢材无特殊要求，可将锻造和轧制同热处理结合起来，省去重新加热过程，从而节约能源，减少材料的氧化、脱碳和变形，且不要求大功率设备，生产上容易实现，所以这种热处理得到了较快的发展。

（2）中温形变热处理。中温形变热处理是将钢加热到稳定的 A 状态后，迅速冷却到过冷 A 的亚稳区进行塑性变形，然后淬火和回火，如图 4-43 所示。具体工艺参数根据钢种和性能要求的不同有所差异。

这种方法和普通热处理相比，强化效果非常显著。淬透性好的中碳合金钢经中温形变热处理后，可大大提高强度，而不降低塑性，甚至略有提高。此外，还可提高钢的回火稳定性和疲劳强度。

中温形变热处理要求钢有高的淬透性（即过冷 A 的亚稳区较大，较宽），以使在形变时不产生非马氏体转变。

中温形变热处理的形变温度较低，因此形变速度要快，

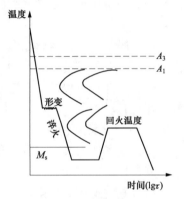

图 4-43　中温形变热处理
工艺曲线示意

压力加工设备的功率要大。这种方法的强化效果虽好，但因工艺实施较难，目前仅用于强度要求很高的弹簧钢丝、轴承等小型零件及刀具等。

4.8.4　表面气相沉积

气相沉积主要分化学气相沉积（CVD）和物理气相沉积（PVD）两种。

化学气相沉积是使挥发性化合物气体发生分解或化学反应，并在工件上沉积成膜的方法。利用多种化学反应，可得到不同的金属、非金属或化合物镀层。

物理气相沉积包括真空蒸发、溅射和离子镀三种方法，因为它们都是在真空条件下进行，因此也称为真空镀膜法。

气相沉积镀层的特点是附着力强、均匀、快速、质量好、公害小、选材广，可以得到全包覆的镀层。在满足现代技术提出的越来越高的要求方面，这种方法比常规方法有许多优越性。它能制备各种耐磨膜（如 TiN、TiC、W_2C、Al_2O_3 等）、耐蚀膜（如 Al、Cr、Ni 及某些多层金属等）、润滑膜（如 MoS_2、WS_2、石墨、CaF_2 等）、磁性膜、光学膜，以及其他功能性薄膜。因此，在机械制造、航天、原子能、电器、轻工等部门得到了广泛的应用。

![习题]

4-1 再结晶和重结晶有何不同?

4-2 说明共析钢 C 曲线各个区、各条线的物理意义,并指出影响 C 曲线形状和位置的主要因素。

4-3 何谓钢的临界冷却速度?它的大小受哪些因素影响?它与钢的淬透性有何关系?

4-4 亚共析钢热处理时快速加热可显著地提高屈服强度和冲击韧性,是何道理?

4-5 加热使钢完全转变为 A 时,原始组织是粗粒状珠光体为好,还是以细片状珠光体为好?为什么?

4-6 简述各种淬火方法及其适用范围。

4-7 马氏体的本质是什么?它的硬度为什么很高?是什么因素决定了它的脆性?

4-8 淬透性和淬透层深度有何联系与区别?影响钢件淬透层深度的主要因素是什么?

4-9 分析图 4-44 所示的试验曲线中硬度随碳含量变化的原因。图中曲线 1 为亚共析钢加热到 A_{c1} 以上,过共析钢加热到 A_{ccm} 以上淬火后,随钢中碳含量的增加钢的硬度变化曲线;曲线 2 为亚共析钢加热到 A_{c1} 以上,过共析钢加热到 A_{c1} 以上淬火后,随钢中碳含量的增加钢的硬度变化曲线;曲线 3 表示随碳含量增加,马氏体硬度的变化曲线。

4-10 共析钢加热到相变点以上,用图 4-45 所示的冷却曲线冷却,各应得到什么组织?各属于何种热处理方法?

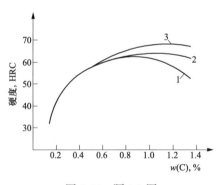

图 4-44 题 4-9 图

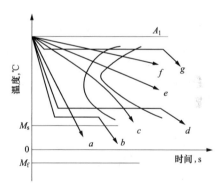

图 4-45 题 4-10 图

4-11 T12 钢加热到 A_{c1} 以上,用图 4-46 所示各种方法冷却,分析其所得到的组织。

4-12 正火与退火的主要区别是什么?生产中应如何选择正火与退火?

4-13 确定下列钢件的退火方法,并指出退火目的及退火后的组织:

(1)经冷轧后的 15 钢板,要求降低硬度;(2) ZG35 的铸造齿轮;(3)锻造过热的 60 钢锻坯。

4-14 说明直径为 10mm 的 45 钢试样经下列温度加热、保温并在水中冷却得到的室温组织:700、760、

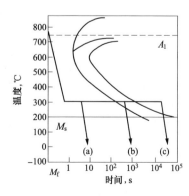

图 4-46 题 4-11 图

840、1100℃。

4-15　指出下列工件的淬火及回火温度，并说出回火后获得的组织。

（1）45 钢小轴（要求综合机械性能好）；（2）60 钢弹簧；（3）T12 钢锉刀。

4-16　用 T10 钢制造形状简单的车刀，其工艺路线为锻造→热处理→机加工→热处理→磨加工。（1）写出其中热处理工序的名称及作用；（2）制订最终热处理（即磨加工前的热处理）的工艺规范，并指出车刀在使用状态下的显微组织和大致硬度。

4-17　低碳钢（0.2％C）小件经 930℃、5h 渗碳后，表面碳含量增至 1.0％，试分析以下处理后表层和心部的组织：（1）渗碳后慢冷；（2）渗碳后直接水淬并低温回火；（3）由渗碳温度预冷到 820℃，保温后水淬，再低温回火；（4）渗碳后慢冷至室温，再加热到 780℃，保温后水淬，再低温回火。

4-18　调质处理后的 40 钢齿轮，经高频加热后的温度分布如图 4-47 所示，试分析高频加热水淬后，轮齿由表面到中心各区（Ⅰ，Ⅱ，Ⅲ）的组织变化。

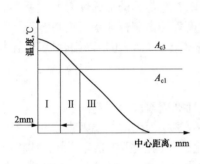

图 4-47　题 4-18 图

5 非合金钢（碳钢）及合金钢

金属材料是最重要的工程材料之一，工业上将金属及其合金分为黑色金属和有色金属两大类。黑色金属是以铁和碳为基体的合金（包括钢和铸铁）；有色金属包括除黑色金属以外的所有金属及其合金。

5.1 钢的分类与牌号

按照化学成分，钢可分为非合金钢（碳钢）和合金钢两大类。

5.1.1 非合金钢

非合金钢被广泛使用在工农业生产中。它们不仅价格低廉、容易加工，而且在一般情况下能满足使用性能的要求。

1. 非合金钢中杂质元素

由于原料和冶炼工艺的原因，非合金钢中除铁与碳两种元素外，还含有少量 Mn、Si、S、P，以及微量的气体元素 O、H、N 等杂质元素。Si 和 Mn 是炼钢时作为脱氧剂（锰铁、硅铁）加入而残留在钢中的，其余元素则是从原料或大气中带入钢中而冶炼时不能完全清除的有害杂质。它们对钢的性能有一定影响。

（1）锰和硅的影响。Si、Mn 加入钢中，可将钢液中的 FeO 还原成 Fe，并形成 SiO_2 和 MnO。Mn 还与钢液中的 S 形成 MnS 而大大减轻 S 的有害作用。这些反应产物大部分进入炉渣，小部分残留钢中成为非金属夹杂。钢中含 Mn 量为 $0.25\%\sim0.80\%$，含 Si 量为 $0.03\%\sim0.40\%$。

脱氧剂中的 Si 与 Mn 总会有一部分溶于钢液，凝固后溶于铁素体，产生固溶强化作用。在含量不高（<1%）时，可以提高钢的强度，而不降低钢的塑性和韧性，一般认为 Si、Mn 是钢中的有益元素。

1）Mn 的影响。Mn 来自生铁和脱氧剂，在钢中是一种有益的元素，其含量一般在0.8%以下。Mn 能溶入铁素体中形成固溶体，产生固溶强化，提高钢的强度和硬度；少部分的 Mn 则溶于 Fe_3C，形成合金渗碳体；Mn 能增加组织中珠光体的相对量，并使其变细；Mn 还能与硫形成 MnS（熔点 1620℃），以减轻硫的有害作用，避免热脆现象。

2）Si 的影响。Si 也是来自生铁和脱氧剂，在钢中也是一种有益的元素，其含量一般在0.4%以下。Si 和 Mn 一样能溶入铁素体中，产生固溶强化，使钢的强度、硬度提高，但使塑性和韧性降低。当 Si 含量不多，在碳钢中仅作为少量杂质存在时，对钢的性能影响也不显著。

（2）其他杂质的影响。

1）S 的影响。S 在固态铁中几乎不溶解，它与铁形成熔点为 1190℃ 的 FeS，FeS 又与γ-Fe 形成熔点更低的（985℃）共晶体。即使钢中含 S 量不高，由于严重偏析，凝固快完成时，钢中的 S 几乎全部残留在枝晶间的钢液中，最后形成低熔点的（Fe＋FeS）共晶。含有硫化物共晶的钢材进行热压力加工（加热温度一般为 1150～1250℃），分布在晶界处的共晶体处于熔融状态，一经轧制或锻打，钢材就会沿晶界开裂。这种现象称为钢的热脆。如果钢水脱氧不良，含有较多的 FeO，还会形成（Fe＋FeO＋FeS）三相共晶体，熔点更低（940℃），危害性更大。对于铸钢件，含硫过高，易使铸件发生热裂；S 也使焊件的焊缝处易发生热裂。

2）P 的影响。P 在铁中固溶度较大，钢中的 P 一般都固溶于铁中。P 溶入铁素体后，有比其他元素更强的固溶强化能力，尤其是较高的含 P 量，使钢显著提高强度、硬度的同时，剧烈地降低钢的塑、韧性，并且提高了钢的脆性转化温度，使得低温工作的零件冲击韧性很低，脆性很大，这种现象通常称为钢的冷脆。

S、P 在钢中是有害元素，在普通质量非合金钢中，其含量被限制在 0.045% 以下。如果要求更好的质量，则含量限制更严格。

在一定条件下 S、P 也用于提高钢的切削加工性能。炮弹钢中加入较多的 P，可使炮弹爆炸时产生更多弹片，使之具有更大的杀伤力。P 与 Cu 共存可以提高钢的抗大气腐蚀能力。

3）O、H、N 的影响。O 在钢中溶解度很小，几乎全部以氧化物夹杂形式存在，如 FeO、Al_2O_3、SiO_2、MnO 等，这些非金属夹杂使钢的力学性能降低，尤其是对钢的塑性、韧性、疲劳强度等危害很大。

H 在钢中含量尽管很少，但溶解于固态钢中时，剧烈地降低钢的塑、韧性，增大钢的脆性，这种现象称为氢脆。

少量 N 存在于钢中，会起强化作用。N 的有害作用表现为造成低碳钢的时效现象，即含 N 的低碳钢自高温快速冷却或冷加工变形后，随时间的延长，钢的强度、硬度上升，塑、韧性下降，脆性增大，同时脆性转变温度也提高了，造成了许多焊接工程结构和容器突然断裂事故。

碳钢尽管得到了广泛的应用。但是，碳钢在某些性能上不能满足使用要求，主要存在以下不足：

①强度和屈强比低。碳钢强度低，增加截面积提高构件刚度会使重量增加，构件笨重，不能满足重量轻、体积小、效率高的要求。碳钢的屈强比约为 0.6，合金钢为 0.85～0.9。

②热稳定性差（红硬性）。碳钢在使用温度超过 200℃后，软化变形，机械性能（强度、韧性）急剧下降，不能用于高温场合。

③耐腐蚀性差。碳钢在大多数介质中的耐腐蚀性很差，尤其对酸几乎没有任何抵御能力。

④淬透性差。碳钢不能用于制作大截面尺寸的重要零件。淬火时，急冷易变形、开裂；缓冷，又淬不透或淬透层很浅。

⑤不能满足某些特殊性能要求，如耐低温、高磁性、无磁性等。碳钢的冷脆性转变温度较高，一般为 −30～−20℃，故碳钢的使用温度应 ≥−20℃。

5.1.2　合金钢

为了提高钢的机械性能，改善钢的工艺性能或到某些特殊的物理化学性能，在冶炼过程中"有意"加入的一种或多种化学元素称为合金元素，由此形成的钢为合金钢。由于合金元素与钢中的铁、碳两个基本组元的作用，以及它们彼此间作用，促使钢中晶体结构和显微组织发生有利的变化。

常用的合金元素有铬（Cr）、锰（Mn）、镍（Ni）、钴（Co）、铜（Cu）、硅（Si）、铝（Al）、硼（B）、钨（W）、钼（Mo）、钒（V）、钛（Ti）、铌（Nb）、锆（Zr）、铼（Re）等。随着现代工业和科学技术的发展，对钢的力学性能和物理及化学性能提出了更高的要求，由于合金钢具有比碳钢更优良的性能，因而合金钢的用量比例在逐年增大。

合金元素在钢中的作用机理比较复杂，可归纳以下几个方面：阻碍奥氏体晶粒长大，细化晶粒；提高淬透性（Co除外）；提高回火稳定性，防止回火脆性；提高钢的使用性能，使之具有耐热、抗腐蚀、耐磨等特殊的性能；提高钢的强韧性；通过阻碍位错的移动来实现金属材料的强化。

1. 合金元素在钢中的存在形式

合金元素加入到钢中后，在钢中主要以固溶体和化合物的形式存在。

（1）溶于铁素体、奥氏体、马氏体中，形成铁基固溶体，产生固溶强化。

（2）溶入渗碳体中形成合金渗碳体，单独与碳作用形成合金碳化物，当碳含量较少时，一些元素间相互作用形成金属间化合物等，形成钢中的强化相，产生弥散强化。

另外，合金元素会与钢中杂质相互作用形成氧化物、硫化物及氮化物等夹杂物，或者以游离态存在，如 C、Pb 等。

合金元素在钢中的存在形式取决于：合金元素本身的性质，合金元素的含量及碳的含量，热处理条件（加热温度、冷却条件）。

根据钢中常用合金元素与碳的亲和力的大小，可将合金元素分为非碳化物形成元素和碳化物形成元素两大类。非碳化物形成元素有镍（Ni）、硅（Si）、铝（Al）、钴（Co）、硼（B）、铜（Cu）、锰（Mn）等，主要形成合金铁素体。碳化物形成元素依其形成碳化物的强弱次序排列有钛（Ti）、锆（Zr）、铌（Nb）、钒（V）、钨（W）、钼（Mo）、铬（Cr）、锰（Mn），除弱碳化物形成元素锰主要溶于铁素体，形成合金铁素体，其余大部分都溶于渗碳体形成合金渗碳体，也可以直接和碳作用形成特殊碳化物。当钢中碳化物形成元素含量较高或多种元素共存时，与碳作用相对较弱的合金元素也可以溶入铁素体中。

2. 合金元素对钢中基本相的影响

碳钢在平衡状态下的基本相组成是铁素体和渗碳体，合金元素的加入将使这两种基本相发生变化，从而使钢的性能改变。

（1）合金元素对铁素体的影响。加入钢中的非碳化物形成元素及过剩的碳化物形成元素都将溶于铁素体，形成合金铁素体，由于合金元素与铁在原子尺寸和晶格类型等方面存在着一定的差异，所以当合金元素溶入时，会使铁素体的晶格发生不同程度的畸变，使其塑性变形抗力明显增加，强度和硬度提高（即固溶强化），冲击韧性发生变化，图 5-1 所示为合金元素对铁素体硬度和冲击韧性的影响。一般而言，各合金元素的影响程度是不相同的，合金元素的原子半径与铁的原子半径相差越大，以及合金元素的晶格结构与铁素体不相同时，则该元素对铁素体的强化效果也越显著，由图 5-1（a）可见，Mn、Si、Ni 等强化铁素体的作用比 Cr、W、Mo 等要大，其原因即在于此。合金元素对铁素体冲击韧性的影响如图 5-1（b）所示，由图可知，冲击韧性随合金元素质量分数增加而变化的趋势是有所下降，但是当 Si 的质量分数 $w(Si) \leqslant 0.6\%$，Mn 的质量分数 $w(Mn) \leqslant 5\%$ 时，铁素体的韧性变化不大；当 Cr、Ni 的质量分数在适当的范围内 $[w(Cr) \leqslant 2\%，w(Ni) \leqslant 5\%]$ 时，铁素体的冲击韧性还有所提高。因此，Cr 和 Ni 是合金钢中的优良元素。

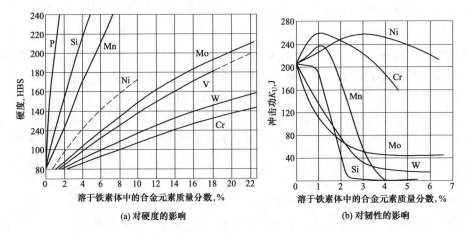

(a) 对硬度的影响　　　　　　　(b) 对韧性的影响

图 5-1　合金元素对铁素体性能的影响

对于大多数结构钢，在退火、正火、调质状态下，铁素体是钢中的主要基本相，为了获得良好的强韧性，常加入一定量的 Cr、Ni、Si、Mn 等合金元素，但必须严格控制各合金元素的质量分数。

（2）合金元素对渗碳体的影响。合金渗碳体是合金元素溶入渗碳体（置换铁原子）所形成的化合物。加入到钢中的合金元素，除溶入铁素体外，还能溶入渗碳体中形成合金渗碳体。合金渗碳体仍具有渗碳体的复杂晶体结构，但铁与合金元素的比例可变，两者的总和与碳之比则固定不变。渗碳体 Fe_3C 是一种稳定性最低的碳化物，因为渗碳体中 Fe 与 C 的亲和力最弱。合金元素溶入渗碳体，增强了 Fe 与 C 的亲和力，从而提高其稳定性。稳定性较高的合金渗碳体较难溶于奥氏体，从而阻碍了加热时奥氏体晶粒长大。

（3）形成特殊碳化物。合金碳化物包括合金渗碳体和单独形成的特殊碳化物。当碳化物形成元素超过一定量后，将形成这些元素自己的特殊碳化物。合金元素与碳的亲和力从大到小的顺序为 Ti、Zr、Nb、V、W、Mo、Cr、Mn。Ti、Nb、V 是强碳化物形成元素，它们在钢中优先形成特殊碳化物，如 NbC、VC、TiC 等。Cr、Mo、W 属于中强碳化物形成元素，既能形成合金渗碳体，如（Fe,Cr）$_3$C 等，又能形成各自的特殊碳化物，如 Cr_7C_3、$Cr_{23}C_6$、MoC、WC 等。Mn 作为弱碳化物形成元素，它与 C 的亲和力比与 Fe 的亲和力小，溶于渗碳体中，形成合金渗碳体（Fe,Mn）$_3$C，但难以形成特殊碳化物。

与 C 的亲和力强的合金元素形成的特殊碳化物，其稳定性最好。它们都具有高熔点、高稳定性、高硬度、高耐磨性、不易分解等特点。碳化物的稳定性越高，热处理加热时，碳化物的溶解及奥氏体的均匀化越困难。同样在冷却及回火过程中碳化物的析出及其聚集长大也越困难。

合金碳化物的种类、性能和在钢中分布状态将直接影响钢的性能及热处理时的相变。当钢中存在弥散分布的特殊碳化物时，将显著提高钢的强度、硬度和耐磨性，而不降低其韧性，这对提高材料的使用性能是十分有利的。因此，碳化物是钢中的重要组成相之一，其类型、数量、大小、形态及分布对钢的性能有着重要的影响。钢中常见碳化物的类型及特性见表 5-1。

表 5-1　　　　　　　　　　　　　　钢中常见碳化合物的类型及特性

碳化物类型	M₃C		M₇C₃		M₂C		M₆C		MC		
常见碳化物	Fe₃C	(Fe,Me)₃C	Cr₂₃C₆	Cr₇C₃	W₂C	Mo₂C	Fe₃W₃C	Fe₃Mo₃C	VC	NbC	TiC
硬度（HV）	900~1050	>900~1050	1000~1100	1600~1800	—	—	1200~1300		1800~3200		
熔点（℃）	~1650		1550	1665	2750	2700			2830	3500	3200
在钢中溶解的温度范围	A_{c1}线至950~1000℃	A_{c1}线至1050~1200℃	950~1100℃	>950℃直到熔点	回火时析出，>650~700℃时转变为M₆C		1150~1300℃		>1100~1150℃	几乎不溶解	
含此碳化物的钢种	碳钢	低合金钢	高合金工具钢及不锈钢、耐热钢	少数高合金工具钢	高合金工具钢，如高速工具钢、Cr12MoV、3Cr2W8V等		高合金工具钢，如高速工具钢、Cr12MoV、3Cr2W8V等		含V>0.3%的所有含V的合金钢	几乎所有含Nb、Ti的钢种	

3. 合金元素对 Fe-Fe₃C 相图的影响

合金总量少于 5％时可以按照铁碳合金相图判断合金钢的平衡组织，即合金钢的组织与相同含碳量的碳钢相似。当含碳量 $w(C)=0.021\,8\%\sim0.77\%$ 时，其平衡组织为亚共析组织（F＋P）；当含碳量 $w(C)=0.77\%$ 时，其平衡组织为共析组织（P）；当含碳量 $w(C)=0.77\%\sim2.11\%$ 时，其平衡组织为过共析组织（P＋Fe₃C_Ⅱ）。

当合金总量较多时，合金元素对铁碳合金相图的影响较大。合金元素可以使相图上 S 点及 E 点左移，使合金钢的组织不能按照相同含碳量的碳钢去判断。例如，含 $w(C)=0.3\%$的 3Cr2W8V 合金钢的组织为过共析组织。

（1）对奥氏体相区的影响。加入到钢中的合金元素，依其对奥氏体相区的作用可分为以下两类。

1）使奥氏体相区扩大的元素，如 Ni、Co、Mn、N 等合金元素。这些元素使 PSK（A_1）、$GS(A_3)$ 线下降（Co 除外），$NJ(A_4)$ 线上升，使奥氏体相区扩大，合金元素越多越显著，图 5-2（a）所示为 Mn 对奥氏体相区的影响。当钢中的这些元素含量足够高［如 $w(Mn)>13\%$或w（Ni）$>9\%$］时，在室温下钢具有单相奥氏体组织，称为奥氏体钢，如 Mn13 耐磨钢、1Cr18Ni9 不锈钢等。

2）缩小奥氏体相区的元素，如 Cr、Mo、Si、Ti、W、Al 等合金元素。这些元素使 $PSK(A_1)$、$GS(A_3)$ 线上升，NJ（A_4）线下降，使奥氏体相区缩小，合金元素越多越显著，图 5-2（b）所示为 Cr 对奥氏体相区的影响。当钢中的这类元素含量足够高时，奥氏体相区将消失，室温下钢具有单相铁素体组织，称为铁素体钢，如 1Cr17、Cr25 等均属铁素体类型的不锈钢。

（2）对 S 点和 E 点位置的影响。几乎所有合金元素都会使 S 点和 E 点左移，意味着共析点 S 和共晶点 E 的含碳量降低。由于 S 点的左移，使含碳量低于 0.77％的合金钢出现过共析组织，如在退火状态下，碳质量分数为 $w(C)=0.3\%$ 的碳钢为亚共析钢，而相同含碳量的热作模具钢 3Cr2W8V，由于添加了 W、Cr，使合金钢组织成为过共析钢，从而使钢的强度和硬度提高。同样，由于 E 点的左移，使含碳量低于 2.11％的合金钢出现共晶组织，成为莱氏体钢，如 W18Cr4V（平均含碳量为 0.7％～0.8％）。合金元素对钢的共析温度及共析点含碳量的影响如图 5-2 和图 5-3 所示。

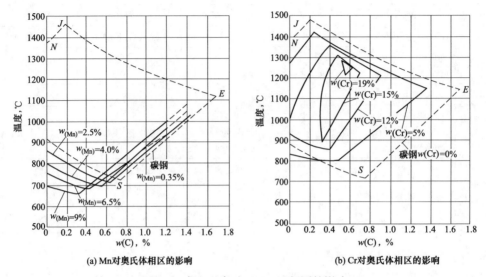

(a) Mn对奥氏体相区的影响　　　　　　　　(b) Cr对奥氏体相区的影响

图 5-2　合金元素对 Fe-Fe$_3$C 相图的影响

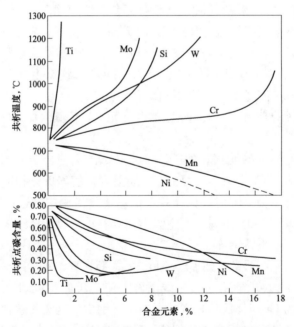

图 5-3　合金元素对钢的共析温度及共析点含碳量的影响

4. 合金元素对钢的相变过程的影响

(1) 对钢加热时奥氏体化过程的影响。

1) 对奥氏体化过程的影响。合金钢的奥氏体化过程与碳钢相同，既包括奥氏体的形核、长大、碳化物的溶解及奥氏体均匀化 4 个阶段，也是扩散型相变。大多数合金元素 Cr、Mo、W、V、Ti、Nb、Zr 等（除 Ni、Co 以外）强碳化物形成元素与 C 的亲和力强，形成难溶于奥氏体的合金碳化物，显著阻碍 C 的扩散，大大减慢了奥氏体形成的速度。为了加速碳化物的溶解和奥氏体成分的均匀化，得到比较均匀的，含有足够数量合金元素的奥氏体，充分发挥合金元素的有益作用，合金钢在热处理时要相应地提高加热温度或延长保温时间，才能保证奥氏体化过程的充分进行。

Co、Ni 等部分非碳化物形成元素能增大 C 的扩散速度，使奥氏体形成速度加快。Al、Si、Mn 等合金元素对奥氏体形成速度影响不大。

2）对奥氏体晶粒长大的影响。除 Co、Ni 以外，绝大多数合金元素，特别是强碳化物形成元素由于形成合金渗碳体和特殊碳化物，很难溶入奥氏体中，以弥散相的质点分布在奥氏体晶界上，阻碍晶界原子的扩散移动和奥氏体晶粒的长大，起到细化晶粒的作用。

合金元素（Mn、P、C、N 除外）对奥氏体晶粒长大都有阻碍作用，但影响程度不同：如 Zr、Ti、Nb、V、Al 等元素，强烈阻止奥氏体晶粒长大；W、Mo、Cr 等元素，中等程度阻碍奥氏体晶粒长大；Si、Ni、Co、Cu 等元素，影响相对较弱；合金元素 Mn、P 对奥氏体晶粒的长大起促进作用，因此含锰钢加热时应严格控制加热温度和保温时间。

（2）对过冷奥氏体转变的影响。

1）对过冷奥氏体等温转变的影响。过冷奥氏体等温转变包括珠光体和贝氏体转变，它们均属于扩散型转变。实践证明，除钴以外凡能溶入奥氏体中的合金元素均可降低原子扩散速度，减慢奥氏体的分解速度，增加了奥氏体的稳定性，从而使 C 曲线右移，钢的临界冷却速度下降，钢的淬透性提高。Mn、Si、Ni、Al、Cu 等弱和非碳化物形成元素仅使 C 曲线右移而不改变其形状，如图 5-4（a）所示。有的合金元素不仅使 C 曲线右移，而且使 C 曲线的形状也发生改变，如 Cr、W、Mo、V 等中强和强碳化物形成元素，对珠光体转变有强烈推迟效果，对贝氏体转变推迟效果较弱，使得珠光体转变与贝氏体转变明显地分为两个独立的区域，上部的 C 曲线是过冷奥氏体向珠光体的转变，下部的 C 曲线是过冷奥氏体向贝氏体的转变，只是推迟的效果各不相同，如图 5-4（b）所示。

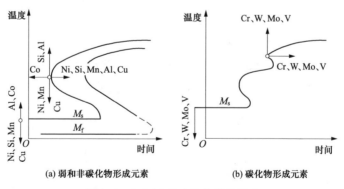

(a) 弱和非碳化物形成元素   (b) 碳化物形成元素

图 5-4 合金元素对 C 曲线的影响

2）对马氏体转变的影响。除 Co、Al 外，所有能溶入奥氏体的合金元素都使马氏体转变温度 M_s、M_f 点下降，其中 Mn、Cr、Ni、Mo 对 M_s 温度降低影响较明显，如图 5-5 所示。M_s 点温度降低越强烈，室温下得到残余奥氏体的量就越多，使钢在淬火后的残余奥氏体量增加。一些高合金钢在淬火后残余奥氏体量可高达 30%～40%，这对钢的性能会产生不利的影响，可通过淬火后的冷处理和回火处理来降低残余奥氏体量。

（3）对淬火钢回火转变过程的影响。合金元素对淬火钢回火转变与碳钢相同，包括马氏

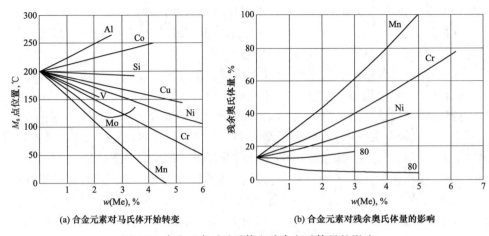

(a) 合金元素对马氏体开始转变　　　　　　　(b) 合金元素对残余奥氏体量的影响

图 5-5　合金元素对马氏体和残余奥氏体量的影响

体的分解、残余奥氏体的转变、碳化物的析出与聚集长大及铁素体的再结晶，属于扩散型转变，因而合金元素都起阻碍作用。

1）提高淬火钢的回火稳定性（耐回火性）。淬火钢在回火时，抵抗软化（强度、硬度下降）的能力称为回火稳定性。由于合金元素阻碍马氏体的分解、碳化物聚集长大和残余奥氏体转变的过程（即在较高温度才开始分解和转变），使回火时的硬度降低过程变缓，从而提高了淬火钢的回火稳定性，使得合金钢在相同的回火温度时，其强度和硬度比同样含碳量碳钢更高；或者要获得相同强度和硬度时，合金钢的回火温度要比相同含碳量碳钢高，这对于消除内应力是有利的，而使钢的冲击韧性更好。提高回火稳定性作用较强的合金元素有 V、Si、Mo、W、Ni、Co 等。

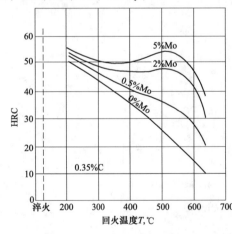

图 5-6　含碳 0.35％的钢加入不同 Mo 对回火硬度的影响

2）合金钢在回火时产生二次硬化现象。合金钢在回火时，随着回火温度升高，硬度不单纯降低，反而到某一温度范围时硬度增高，硬度比淬火后还高，称为二次硬化现象。含有 W、Mo、Cr、V 等元素的合金钢在淬火后回火加热时，当温度超过 400℃以上时由于析出特殊碳化物，这种碳化物颗粒很细，且不易聚集，产生弥散硬化作用，这类钢在 500～600℃回火时出现二次硬化现象。图 5-6 所示为钢中加入不同含量的 Mo 对回火硬度的影响。二次硬化现象对需要较高红硬性的工具钢具有重要意义。

3）产生第二类回火脆性。在含 Cr、Ni、Mn、Si 等元素的合金钢淬火后高温（450～650℃）回火时，若缓慢冷却会产生高温回火脆性（冲击韧性显著下降的现象），如图 5-7 所示。高温回火脆性主要由于某些杂质元素以及合金元素本身在原奥氏体晶界上的严重偏聚引起，如 Mn、Ni、Cr 都会促进杂质元素的偏聚，出现回火脆性。采用回火后快冷可抑制杂质元素向晶界偏聚；另外，通过加入 Mo、W

可强烈阻碍杂质元素向晶界迁移，以此来消除回火脆性。

防止第二类回火脆性的主要措施如下：提高钢的纯度，降低钢中杂质元素的含量；对于大截面零件，由于中心部分很难快冷，可在钢中加入适量对脆性具有抑制作用的元素，如 Mo 和 W；对于截面较小的零件，回火加热保温后用水或油快速冷却，抑制杂质元素向晶界偏聚。

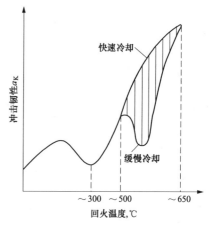

图 5-7　回火对合金钢冲击韧性的影响

5. 合金元素对钢力学性能的影响

（1）溶解于铁素体起固溶强化作用。几乎所有合金元素均能不同程度地溶于铁素体、奥氏体中形成固溶体，使钢的强度、硬度提高，但塑性韧性略有所下降，使钢具有强韧性的良好配合。

（2）形成碳化物起第二相强化作用。根据合金元素与碳之间的相互作用不同，常用的合金元素分为非碳化物形成元素和碳化物形成元素两大类。碳化物形成元素 Ti、Nb、V、W、Mo、Cr、Mn 等，它们在钢中能与碳结合形成碳化物，如 TiC、VC、WC 等，这些碳化物一般都具有高的硬度、高的熔点和稳定性，如果它们颗粒细小并在钢中均匀分布时，则显著提高钢的强度、硬度和耐磨性。

（3）增加结构钢中珠光体，起强化的作用。合金元素的加入，使 $Fe-Fe_3C$ 相图中的共析点左移，因而，与相同含碳量的碳钢相比，亚共析成分的结构钢（一般结构钢为亚共析钢）含碳量更接近于共析成分，组织中珠光体的数量，使合金钢的强度提高。

总之，钢中加入不同的合金元素会对钢的性能有不同的影响，各种合金元素对钢的强化性能影响见表 5-2。

6. 合金元素对钢工艺性能的影响

（1）对切削加工性能的影响。切削加工性能决定了金属被切削的难易程度和加工表面的质量好坏。材料的切削加工性能与其硬度、强度和塑性有密切关系。硬度过低、塑性太好，切削时容易形成积屑瘤，加工表面粗糙度差；硬度、强度过高，切削力增大，刀具磨损严重，也会造成加工表面质量下降。实践证明，钢材最适于切削的硬度范围为 170～230HB。

由于合金结构钢和合金工具钢中存在硬度高的碳化物组织，耐热钢具有较高的高温硬度，奥氏体不锈钢有较强的加工硬化现象等，因此，即使在较佳切削硬度范围内，合金钢的切削性能也比碳钢差得多。

为了提高钢的切削性能，可在钢中特意加入一些改善切削性能的合金元素，最常用的元素是 S，其次是 Pb 和 P。由于硫在钢中与锰形成球状或点状硫化锰夹杂，破坏了金属基体的连续性，使切削力降低，切屑易于碎断，改善钢的切削性能。在易切削钢中 S 的质量分数控制在 0.08%～0.030%。Pb 在钢中完全不溶，以 2～3μm 的极细质点均匀分布于钢中，使切削易断，同时起润滑作用，改善了钢的切削性能，在易切削钢中 Pb 的质量分数控制在 0.10%～0.30%。少量的 P 可溶入铁素体中，提高其硬度和脆性，有利于获得良好的加工表面质量，P 的质量分数控制在 0.08%～0.15%。

表 5-2　　　　　　　　　　各种合金元素的强化作用

合金元素	Si	Ni	Mn	Cr	Mo	W	V	Ti	Al	B
强化铁素体	最强	中等	强	弱	弱	弱	弱	若溶入铁素体作用强，但影响脆性	无	无
形成碳化物倾向	促进石墨化	不形成	弱			→		最强	不形成	
细化晶粒	无作用	弱	促进晶粒长大	弱	中等	中等	强	最强	微量作用强	略促进晶粒长大
对淬透性的影响	弱	中等	强	强	很强	中等，因极难溶入奥氏体中	强，若钒的化合物未溶入奥氏体中无作用	无作用，因 TiC 一般不溶入奥氏体中	弱	微量作用强烈
回火稳定性	强				强	强	强			
提高红硬性					强	强	强			
回火脆性		强	强	强	能防回火脆性	能防回火脆性				
经济性	便宜	昂贵极少	便宜	贵						

　　（2）对焊接性能的影响。焊接是工程构件钢的常用方法。金属构件要求焊缝与母材有牢固地结合，强度不低于母材，焊缝热影响区有较高的韧性，没有焊接裂纹。合金元素都能提高钢的淬透性，淬透性良好的合金钢在焊接时，容易在接头处出现淬硬组织，使该处脆性增大，容易出现焊接裂纹。增加淬透性的元素如 Mn、Cr、Mo 等都对焊接性产生有害作用。通常用碳当量（把其他元素对钢焊接性的影响和热影响区硬化倾向的作用折合成碳的作用）来作为钢焊接性好坏的判据。另外，焊接时合金元素容易被氧化形成氧化物夹杂，使焊接质量下降，例如，在焊接不锈钢时，形成 Cr_2O_3 夹杂，使焊缝质量受到影响，同时由于铬的损失，不锈钢的耐腐蚀性下降，所以高合金钢最好采用保护作用好的氩弧焊。

　　（3）对锻造性能的影响。由于合金元素溶入奥氏体后使变形抗力增加，使塑性变形困难，合金钢锻造需要施加更大的压力吨位；同时合金元素使钢的导热性降低、脆性加大，增大了合金钢锻造时和锻后冷却中出现变形、开裂的倾向，因此合金钢锻时一般应控制终锻温度和冷却速度。

　　（4）对铸造性能的影响。钢的铸造性能主要由铸造时金属的流动性、收缩特点、偏析倾向等来综合评定。它们与钢的固相线和液相线的垂直距离及结晶温度区间的大小有关。固、液相线的温度差越低，结晶温度区间越窄，铸造性能越好。因此，合金元素的作用主要取决于其对铁碳相图的影响。另外，一些元素如 Cr、Mo、V、Ti、Al 等，在钢中形成高熔点碳化物或氧化物质点，将增大钢液的黏度，降低其流动性，使铸造性能恶化。

5.1.3　钢的分类

　　钢的分类方法主要有按化学成分、主要质量等级和主要性能或使用特性分类。

　　1. 钢的标准分类（按照国家标准分类）

　　（1）按化学成分分类。钢按化学成分可分为非合金钢、低合金钢及合金钢。非合金钢是除了含有碳元素外还含有少量硅、锰、磷和硫等元素的钢，通常又称为碳钢。合金元素规定含量见表 5-3，具体分类参照 GB/T 13304.1—2008 的规定。

（2）按钢的质量分类。参照 GB/T 13304.1—2008，按钢的质量分类可分为普通质量钢、优质钢、特殊质量钢。

普通质量钢是指生产过程中不规定需要特别控制质量要求的钢。优质钢是指在生产过程中需要特别控制质量（如控制晶粒度、降低硫、磷含量、改善表面质量等），以达到具有特殊的质量要求（如有良好的抗脆断性能和冷成型性等）的钢。特殊质量钢是指在生产过程中需要特别严格控制质量和性能（如控制淬透性和纯洁度）的钢。

表 5-3　非合金钢、低合金钢和合金钢合金元素规定含量界限值摘自（GB/T 13304.1—2008）

合金元素	合金元素规定含量界限值（质量分数）（%）		
	非合金钢	低合金钢	合金钢
Al	<0.01	—	≥0.10
B	<0.000 5	—	≥0.005
Bi	<0.01	—	≥0.10
Cr	<0.03	0.30～<0.05	≥0.50
Co	<0.10	—	≥0.10
Cu	<0.10	0.10～<0.50	≥0.50
Mn	<1.00	1.00～<1.40	≥1.4
Mo	<0.05	0.05～<0.10	≥0.10
Ni	<0.30	0.30～<0.50	≥0.50
Nb	<0.02	0.02～<0.06	≥0.06
Pb	<0.40	—	≥0.40
Se	<0.10	—	≥0.10
Si	<0.50	0.50～<0.90	≥0.90
Te	<0.10	—	≥0.10
Ti	<0.05	0.05～<0.13	≥0.13
W	<0.10	—	≥0.10
V	<0.04	0.04～<0.12	≥0.12
Zr	<0.05	0.05～<0.12	≥0.12
La 系（每一种元素）	<0.02	0.02～<0.05	≥0.05
其他规定元素（C、S、P、N 除外）	<0.05	—	≥0.05

非合金钢分为普通质量非合金钢、优质非合金钢和特殊质量非合金钢。

低合金钢分为普通质量低合金钢、优质低合金钢和特殊质量低合金钢。

合金钢分为优质合金钢和特殊质量合金钢。

（3）按主要性能及使用性能分类。参照 GB/T 13304.1—2008，非合金钢分类如下：①以规定最高强度（或硬度）为主要特性的非合金钢，例如冷成形用薄钢板；②以规定最低强度为主要特性的非合金钢，如造船、压力容器、管道等用结构钢；③以规定碳含量为特性的非合金钢（但下述④、⑤所包括的钢除外），如线材、调质用钢等；④非合金易切削钢，

钢中硫含量 $w(Si) \geqslant 0.0700\%$，（熔炼分析）并（或）加入 Pb、Bi、Te、Se 或 P 等元素；⑤非合金工具钢；⑥具有专门规定磁性或电性能的非合金钢，例如无硅磁性薄板和带、电磁纯铁；⑦其他非合金钢，如原料纯铁。

低合金钢分类如下：①可焊接的低合金高强度结构钢；②低合金耐候钢；③低合金钢筋钢；④铁道用低合金钢；⑤矿用低合金钢；⑥其他低合金钢。

合金钢分类如下：①工程结构用合金钢，包括一般工程结构用合金钢、合金钢筋钢、压力容器用合金钢、地质和石油钻探用合金钢，高锰耐磨钢等；②机械结构用合金钢，包括调质合金结构钢、表面硬化合金结构钢、冷塑性成形合金结构钢、合金弹簧钢等；③不锈、耐蚀和耐热钢，包括不锈钢、耐酸钢、抗氧化钢和热强钢等，按其金相组织可分为马氏体型钢、铁素体型钢、奥氏体型钢、奥氏体、铁素体型钢、沉淀硬化型钢等；④工具钢，包括合金工具钢、高速工具钢，合金工具钢分为量具和刃具用钢、耐冲击工具用钢、冷作模具钢、热作模具钢、无磁模具钢、塑料模具钢等。高速工具钢分为钨钼系高速工具钢、钨系高速工具钢和钴系高速工具钢等；⑤轴承钢，包括高碳铬轴承钢、渗碳轴承钢、不锈轴承钢、高温轴承钢、无磁轴承钢等；⑥特殊物理性能钢，包括软磁钢、永磁钢、无磁钢、高电阻钢、合金等；⑦其他，如铁道用合金钢等。

2. 钢的常用分类

(1) 按化学成分分类。

非合金钢按碳的平均质量分数分类如下：低碳钢，含碳量 $w(C) \leqslant 0.25\%$；中碳钢，含碳量 $0.25\% \leqslant w(C) \leqslant 0.6\%$；高碳钢，$w(C) > 0.6\%$。

合金钢按合金元素总含量分类如下：低合金钢，合金元素总含量 $w(\sum Me) \leqslant 5\%$；中合金钢，$5\% < w(\sum Me) \leqslant 10\%$；高合金钢，$w(\sum Me) > 10\%$。

另外，根据钢中所含主要合金元素种类不同，也可分为锰钢、铬钢、铬钼钢、铬锰钛钢等。

(2) 按钢的质量分类（根据钢中有害杂质硫、磷的含量进行划分）。可分类如下：①普通钢，$w(S) < 0.050\%$，$w(P) < 0.045\%$；②优质钢，$w(S) < 0.030\%$，$w(P) < 0.030\%$；③高级优质钢，$w(S) < 0.020\%$，$w(P) < 0.020\%$；④特级优质钢，$w(S) < 0.010\%$，$w(P) < 0.020\%$。

(3) 按钢的用途分类。按用途可把钢分为结构钢、工模具钢、特殊性能钢。

1) 结构钢。根据用途不同可分为工程构件用钢和机器零件用钢。工程构件用钢，如建筑工程用钢、桥梁工程用钢、船舶工程用钢、车辆工程用钢等，常用金属材料主要有普通碳素结构钢和低合金高强度钢。机器零件用钢包括优质碳素结构钢、调质钢、渗碳钢、弹簧钢、轴承钢等。

2) 工模具钢。根据用途不同可分为碳素工模具钢和合金工模具钢。合金工模具钢又分为合金刃具钢、量具钢、模具钢。

3) 特殊性能钢。可分为不锈钢、耐热钢、耐磨钢等。

(4) 按金相组织分类。钢的金相组织随热处理方法不同而异。按退火组织分为亚共析钢、共析钢、过共析钢。按正火组织分为珠光体钢、贝氏体钢、马氏体钢及奥氏体钢。

(5) 按浇注前脱氧程度分类。按炼钢的脱氧程度不同，又可分为沸腾钢、半镇静钢、镇静钢和特殊镇静钢，合金钢一般为镇静钢。

1）沸腾钢。属脱氧不完全的钢，浇注时在钢锭模里产生沸腾现象。其优点是冶炼损耗少、成本低、表面质量及深冲性能好；缺点是成分和质量不均匀、抗腐蚀性和力学强度较差，一般用于轧制碳素结构钢的型钢和钢板。

2）镇静钢。属脱氧完全的钢，浇注时在钢锭模里钢液镇静，没有沸腾现象。其优点是组织致密、偏析小、成分和质量均匀、金属的收缩率低。缺点是成本较高。一般合金钢和优质碳素结构钢都为镇静钢。

3）半镇静钢。脱氧程度介于镇静钢和沸腾钢之间的钢，因生产较难控制，目前产量较少。

4）特殊镇静钢。特殊镇静钢比镇静钢脱氧程度更充分彻底，质量最好，适用于特别重要的结构工程。

其他分类方法还有按冶炼方法的不同，可分为转炉钢、电炉钢、电渣钢等。

5.1.4 钢的牌号

1. 碳钢的牌号

钢的种类很多，为了便于生产、管理和使用，必须对各种钢材进行统一的编号。我国的碳钢编号见表 5-4。

表 5-4　　　　　　　　　　　碳钢的编号方法

分类	编 号 方 法	
	举例	说　明
碳素结构钢	Q235-A·F	Q 为"屈"字的汉语拼音字首，后面的数字为屈服点（MPa）。A、B、C、D 表示质量等级，从左至右，质量依次提高。F、b、Z、TZ 依次表示沸腾钢、半镇静钢、镇静钢、特殊镇静钢。Q235-A·F 表示屈服点为 235MPa、质量为 A 级的沸腾钢
优质碳素结构钢	45 40Mn	两位数字表示钢的平均含碳量，以 0.01% 为单位。如钢号 45，表示平均含碳量为 0.45% 的优质碳素结构钢。化学元素符号 Mn 表示钢的含锰量较高
碳素工具钢	T8 T8A	T 为"碳"字的汉语拼音字首，后面的数字表示钢的平均含碳量，以 0.10% 为单位。如 T8 表示平均含碳量为 0.8% 的碳素工具钢。A 表示高级优质
一般工程用铸造碳钢	ZG200-400	ZG 代表铸钢。其后面第一组数字为屈服点（MPa），第二组数字为抗拉强度（MPa）。如 ZG200-400 表示屈服点为 200MPa、抗拉强度为 400MPa 的碳素铸钢

（1）普通碳素结构钢。碳素结构钢的牌号由代表钢材屈服点的字母、屈服点数值、质量等级符号、脱氧方法符号四部分按顺序组成。其中质量等级共有四级，分别用 A[$w(S) \leqslant$ 0.050%，$w(P) \leqslant 0.045\%$]、B[$w(S) \leqslant 0.045\%$，$w(P) \leqslant 0.045\%$]、C[$w(S) \leqslant 0.040\%$，$w(P) \leqslant 0.040\%$]、D[$w(S) \leqslant 0.035\%$，$w(P) \leqslant 0.035\%$] 表示。钢在冶炼时脱氧方法用汉语拼音字母符号表示，根据其脱氧程度不同有，F 表示沸腾钢（冶炼时脱氧不完全）；b 表示半镇静钢；Z 表示镇静钢（冶炼时脱氧较完全的钢）；TZ 表示特殊镇静钢，在钢号中 Z 和 TZ 符号可省略。例如 Q235-A·F，牌号中 Q 代表屈服点屈字汉语拼音首位字母，235 表示屈服点 $R_{eL} \geqslant 235MPa$，A 表示质量等级为 A 级，F 表示沸腾钢。

（2）优质碳素结构钢。这类钢中有害杂质元素 S、P 含量较低（≤0.04%），且同时保证钢的化学成分和机械性能，因而质量较好，强度和塑性也较好，主要用于制造重要的机械零件，一般都要经过热处理之后使用。优质碳素结构钢的牌号用两位数字表示。

根据化学成分不同，优质碳素结构钢又分为普通含锰量钢和较高含锰量钢两组。

1）正常含锰量的优质碳素结构钢：所谓正常含锰量，对含碳量小于 0.25% 的碳素结构钢，其含锰为 0.35%～0.65%；而对含碳量大于 0.25% 的碳素结构钢，其含锰量为 0.50%～0.80%。

2）较高含锰量的优质碳素结构钢：所谓较高含锰量，对于含碳量为 0.15%～0.60% 的碳素结构钢，含锰量为 0.7%～1.0%；而对含碳量大于 0.60% 的碳素结构钢，含锰量为 0.9%～1.2%。

若钢中锰的含量较高，则在两位数字后面加锰元素的符号 Mn。例如 65Mn 钢，表示钢中平均碳的质量分数为 0.65%，含锰量较高 [w(Mn)＝0.9%～1.2%]。若为沸腾钢，在两位数字后面加符号 F，例如 08F 钢。

(3) 碳素工模具钢。碳素工模具钢的碳含量为 0.65%～1.3%，根据有害杂质硫、磷含量的不同又分为优质碳素工模具钢（简称为碳素工具钢）和高级优质碳素工模具钢两类。碳素工模具钢的牌号冠以"碳"的汉语拼音字母 T，后面加数字表示钢中平均碳的质量分数的千倍数，例如，T9 是碳含量 0.90%（即千分之九）的碳素工具钢。T12 是碳含量 1.2%（即千分之十二）的碳素工具钢。碳素工具钢均为优质钢。若属高级优质钢，则在钢号后标注 A 字。例如，T 10A 表示碳含量为 1.0% 的高级优质碳素工具钢。

2. 合金钢的牌号

(1) 合金结构钢。合金结构钢主要包括调质钢、渗碳钢、弹簧钢、轴承钢等。

按照 GB/T 221—2008 和 GB/T 3077—2015 的规定，合金结构钢的牌号通常由四部分组成。第一部分（必须有）表示碳含量，用两位数字表示钢中碳的平均质量分数，以万分之几计；第二部分（必须有）表示合金元素含量，以化学元素符号＋阿拉伯数字表示，合金元素后面的数字表示该元素的近似质量分数，以百分之几计，如果合金元素平均质量分数低于 1.5% 时，则不标明其含量，当合金元素平均质量分数为 1.5%～2.49%、2.5%～3.49%、3.5%～4.49%、4.5%～5.49%、5.5%～6.49%、6.5%～7.49% 等时，则在合金元素后面相应标 2、3、4、5、6、7 等；第三部分（需要时）表示钢材冶金质量，即高级优质钢和特级优质钢，分别用 A 和 E 表示，优质钢不用符号表示；第四部分（需要时）表示产品用途、特性和工艺方法的符号。例如，20CrMnSi 表示碳平均质量分数为 0.20%、铬质量分数为 0.8%～1.10%、锰质量分数为 0.8%～1.10%、含硅量为 0.9%～1.20% 的合金结构钢；35SiMnA 表示碳平均质量分数为 0.32%～0.40%、硅质量分数为 1.1%～1.40%、锰质量分数为 1.10%～1.40% 的高级优质合金钢等；30CrMnSiE 为特级优质合金钢。

(2) 轴承钢。按化学成分及特性，轴承钢又分为高碳铬轴承钢、渗碳轴承钢、高碳铬不锈轴承钢、高温轴承钢四大类。

高碳铬轴承钢的牌号通常由两部分组成：第一部分表示"滚珠"的拼音字母 G，不表明含碳量；第二部分为合金元素铬的符号 Cr＋数字来表示，数字表示铬的平均质量分数（以千分之几计），其他合金元素以化学元素符号＋阿拉伯数字表示，表示方法与合金结构钢的第二部分相同。例如 GCr15，即是铬的平均含量为 1.5% 的滚动轴承钢。

渗碳轴承钢的牌号的第一部分表示"滚珠"的拼音字母 G；第二部分是两位数字（表示钢中碳的平均质量分数）＋化学元素符号＋阿拉伯数字与合金结构钢的牌号表示方法相同，高级优质渗碳轴承钢在尾部加 A。例如 G20CrNiMoA，表示碳的平均质量分数为 0.17%～0.23%、铬的平均质量分数为 0.35%～0.65%、镍的平均质量分数为 0.40%～0.70%、钼的平均质量分数为 0.15%～0.30% 的优质高级渗碳轴承钢。

高碳铬不锈轴承钢和高温轴承钢牌号的第一部分是代表"滚珠"的拼音字母 G；第二部

分与不锈钢和耐热钢的牌号表示方法相同。例如，G95Cr18 表示碳的平均质量分数为 0.90%～1.00%、铬的平均质量分数为 17%～19% 的高碳铬不锈轴承钢；G80Cr4Mo4V 表示碳的平均质量分数为 0.75%～0.85%、铬的平均质量分数为 3.75%～4.25%、钼的平均质量分数为 4.00%～4.50% 的高温轴承钢。

（3）合金工模具钢。合金工模具钢的牌号通常由两部分组成。第一部分表示碳含量，当钢中碳的平均质量分数小于 1.0% 时，用一位数字表示碳的平均质量分数，以千分之几计，当平均含碳量大于或等于 1.0% 时，不标出含碳量的数字；第二部分表示合金元素含量，以化学元素符号＋阿拉伯数字表示，表示方法与合金结构钢的第二部分相同，对含铬量小于 1.0% 的低铬合金工具钢，在铬含量（以千分之几计）前加 0。例如 9SiCr，表示钢中碳的平均质量分数为 0.85%～0.95%，硅的平均质量分数为 1.20%～1.50%，铬的平均质量分数为 0.95%～1.25%；CrMn 表示钢中碳的平均质量分数为 1.3%～1.5%。合金工模具钢中的高速工具钢的表示方法略有不同。

高速工具钢（简称高速钢）的牌号，一般不标出含碳量，仅标出合金元素含量，以化学元素符号＋阿拉伯数字表示，表示方法与合金结构钢的第二部分相同。例如 W6Mo5Cr4V2 钢中碳的平均质量分数为 0.80%～0.90%，钨的平均质量分数为 5.50%～6.75%，钼的平均质量分数为 4.50%～5.50%，铬的平均质量分数为 3.80%～4.40%，钒的平均质量分数为 1.75%～2.20%。

（4）不锈钢及耐热钢。根据 GB/T 221—2008 和 GB/T 20878—2007，不锈钢及耐热钢的牌号通常由两部分组成：第一部分表示碳含量，用两位或三位阿拉伯数字表示；第二部分表示合金元素含量，以化学元素符号＋阿拉伯数字表示。

1）碳含量表示。用两位或三位阿拉伯数字表示碳的平均质量分数。

①碳的质量分数 $w(C) \leqslant 0.03\%$ 时，用三位数表示碳的质量分数的上限值（以十万分之几计）。碳质量分数的上限值与牌号中的碳含量表示对照表见表 5-5。

表 5-5   碳质量分数的上限值与碳含量数字表示对照表 Ⅰ

碳质量分数的上限值 $w(C)$（%）	0.010	0.020	0.025	0.030
牌号中的碳含量数字	008	015	019	022

②碳的质量分数在 $w(C) = 0.03\%$～0.25% 时，用两位数（02～30）表示碳的质量分数的上限值（以万分之几计）。碳质量分数的上限值与牌号中的碳含量表示对照表见表 5-6。

表 5-6   碳质量分数的上限值与碳含量数字表示对照表 Ⅱ

碳质量分数的上限值 $w(C)$（%）	0.040	0.050	0.070	0.080	0.100	0.110
牌号中的碳含量数字	03	04	05	06	07	09
碳质量分数的上限值 $w(C)$（%）	0.120	0.150	0.180	0.200	0.250	
牌号中的碳含量数字	10	12	14	16	20	

③碳的质量分数 $w(C)=0.250\%\sim1.000\%$ 时，用两位数表示碳的质量分数的平均值（以万分之几计）。碳质量分数的平均值与牌号中的碳含量表示对照表见表5-7。

表5-7　　　　　　　　碳质量分数的平均值与碳含量数字表示对照表Ⅲ

碳质量分数 $w(C)$（%）	0.170~0.260	0.200~0.300	0.260~0.350	0.360~0.450	0.400~0.500	0.480~0.580	0.600~0.750
牌号中的碳含量数字	22	25	30	40	45	53	68
碳质量分数 $w(C)$（%）	0.750~0.850	0.750~0.950	0.850~0.950	0.900~1.000	0.950~1.100	0.950~1.200	1.450~1.700
牌号中的碳含量数字	80	85	90	95	102	108	158

2）合金元素含量表示。以化学元素符号＋阿拉伯数字表示，与合金结构钢的牌号表示方法相同。

例如，碳的平均质量分数不大于0.030%，铬的平均质量分数为16.00%~19.00%，钛的平均质量分数为0.10%~1.00%的不锈钢牌号为022Cr18Ti；碳的平均质量分数不大于0.25%，铬的平均质量分数为24.00%~26.00%，镍的平均质量分数为19.00%~22.00%的不锈钢牌号为20Cr25Ni20。

3. 铸钢的牌号

某些形状复杂的零件，工艺上难以用锻压的方法进行生产，性能上用力学性能较低的铸铁材料又难以满足要求，此时常采用铸钢件。依其化学成分分为铸造碳钢和铸造合金钢。

根据GB/T 5613—2014，铸钢的牌号通常由两部分组成：第一部分是铸钢代号，第二部分是用元素符号、名义含量或力学性能表示牌号。

（1）铸钢代号。铸钢代号用"铸钢"两字的汉语拼音的第一个大写字母ZG表示。当表示铸钢特殊性能时，可以用代表铸钢特殊性能的汉语拼音的第一个大写字母排在铸钢代号后面，如耐磨铸钢代号为ZGM，耐蚀铸钢代号为ZGS，耐热铸钢代号为ZGR。

（2）以力学性能表示铸钢的牌号。在铸钢代号后面加两组数字，第一组数字表示该牌号铸钢屈服强度的最低值，第二组数字表示其抗拉强度的最低值，单位均为MPA。例如ZG200-400，表示其屈服强度为200MPa，抗拉强度为400MPa。

（3）以化学成分表示铸钢的牌号。在铸钢代号后面加碳含量和合金元素符号及其含量。

1）碳含量的表示：用一组（两位或三位阿拉伯）数字表示铸钢的名义碳含量（碳质量分数，以万分之几计）。当碳质量分数 $w(C)<0.1\%$ 时，第一位数字为0，牌号中名义碳含量用上限值，如碳质量分数 $w(C)\leqslant0.09\%$ 时，ZG后面表示碳含量的数字是09；当碳质量分数 $w(C)\geqslant0.1\%$ 时，牌号中名义碳含量用碳的平均质量分数。

2）合金含量的表示。在名义碳含量后面排列各主要合金元素符号，合金元素符号后面用阿拉伯数字表示合金元素名义含量（合金元素质量分数，以万百分之几计），其表示方法与合金结构钢牌号的第二部分相同。例如ZGS06Cr19Ni10，表示该铸钢是耐蚀铸钢，其碳的名义含量是0.06%、铬的名义含量是19.00%、镍的名义含量是10.00%。

工程上的碳素铸钢，其碳的质量分数一般为0.15%~0.60%。常用碳素铸钢的牌号、化学成分、力学性能和用途见表5-8。

表 5-8　　　　　　　　　工程用铸钢的牌号、化学成分、力学性能和用途

牌号	化学成分（%）					力学性能					应用举例
	C	Si	Mn	S	P	R_{eL} (MPa)	R_m (MPa)	A (%)	Z (%)	K_{U2} (J)	
ZG200-400	0.20	0.50	0.80	0.04		200	400	25	40	30	有良好的塑性、韧性和焊接性能，用于受力不大、要求韧性好的机械零件，如机座、电气吸盘、变速箱体等
ZG230-450	0.30	0.50	0.90	0.04		230	450	22	32	25	有一定的强度、较好的塑形和韧性，焊接性能良好，用于受力不大、韧性较好的零件，如轴承盖、底板、阀体、机座、侧架、箱体、犁柱、砧座等
ZG270-500	0.40	0.50	0.90	0.04		270	500	18	25	23	有较高的强度和较好的塑形，铸造性能良好，焊接性能较好，切削性能好。用于制作飞轮、车辆车钩、缸体、机架、轴承座、连杆、箱体、曲轴
ZG310-570	0.50	0.60	0.90	0.04		310	570	15	21	15	强度及切削性能良好，塑形、韧性较低。用于载荷较高的零件，如联轴器、大齿轮、缸体、汽缸、机架、制动轮、轴及辊子
ZG340-640	0.60	0.60	0.90	0.04		340	640	10	18	10	高的强度、硬度和耐磨性，切削性能良好，焊接性能较差，流动性好，裂纹敏感性较大。用于耐磨性好的零件，如齿轮、车轮、阀轮、叉头

注　1. 牌号、成分和力学性能摘自 GB/T 11352—2009《一般工程用铸造碳钢件》。

　　2. 表列性能适用于厚度为 100mm 以下的铸件。

　　铸钢的流动性较差，凝固时收缩较大，并易生成魏氏组织。此组织特征是，铸件冷却时铁素体不仅沿奥氏体晶界，而且在奥氏体内一定的晶面上析出，呈粗针状。因而使钢的塑性及韧性降低，必须采用热处理来消除。

5.2　钢　的　用　途

5.2.1　结构钢的用途

　　结构钢按用途可分为工程构件用钢和机器零件用钢两大类。工程构件用钢主要是指用来制造钢架、桥梁、钢轨、车辆、船舶等结构件的钢种，一般做成钢板和型钢。大都是用碳素钢和低合金高强度钢制造，其成本低，用量大，一般不进行热处理，在热轧空冷状态下使用。机器零件用钢主要是指用来制造各种机器结构中的轴类、齿轮、连杆、弹簧、紧固件（螺钉、螺母）等零件的钢种，大都是用优质碳素钢和合金结构钢制造，一般都经过热处理

后使用。合金结构钢主要包括渗碳钢、调质钢、弹簧钢、滚动轴承钢等。

1. 工程构件用钢

（1）碳素结构钢的性能及其应用。碳素结构钢中含有害杂质 P、S 的量及非金属夹杂物较多，质量和性能一般，但其冶炼方法简单、工艺性好、价格低廉，而且在性能上也能满足一般工程结构件及对性能要求较低的普通零件的要求，因此应用广泛。这类钢主要是保证力学性能，通常在热轧状态使用，不进行热处理。但对某些零件，也可以进行正火、调质、渗碳等处理，以提高其使用性能。碳素结构钢的含碳量和力学性能见表 5-9。

表 5-9　　　　　碳素结构钢的含碳量和力学性能（摘自 GB/T 700—2006）

牌号	质量等级	脱氧方法	$w(C)$ (%)	屈服强度 R_{eL}（N/mm²）			抗拉强度 R_m （N/mm²）	断后伸长率 A（%）		
				厚度（或直径）(mm)				厚度（或直径）(mm)		
				≤16	16～40	40～60		≤40	40～60	60～100
Q195	—	F、Z	≤0.12	195	185	—	315～430	33	—	—
Q215	A	F、Z	≤0.15	215	205	195	335～450	31	30	29
	B									
Q235	A	F、Z	≤0.22	235	225	215	370～500	26	25	24
	B		≤0.20							
	C	Z	≤0.17							
	D	TZ								
Q275	A	F、Z	≤0.24	275	265	255	410～540	22	21	20
	B	Z	≤0.21							
	C	Z	≤0.22							
	D	TZ	≤0.20							

常用的碳素结构钢有 Q195、Q215、Q235 和 Q275，参见 GB/T 700—2006。

Q195、Q215 含碳量低，塑性、韧性较好，强度、硬度不高，加工性能和焊接性能好。主要轧制成钢板、钢筋、型材和焊接成钢管等用于一般桥梁和建筑等结构件，也可用作普通螺钉、螺帽、铆钉、轴套、销轴等普通机械零件。

Q235 含碳量适中，综合性能较好，强度、塑性、焊接等性能得到较好配合，用途最广泛。常轧制成盘条或圆钢、方钢、扁钢、角钢、工字钢、槽钢、窗框钢等型钢，中厚钢板。大量用于建筑及工程结构，用以制作钢筋或建造厂房房架、高压输电铁塔、桥梁、车辆、锅炉、容器、船舶等，也大量用作对性能要求不太高的机械零件。Q235C、Q235D 钢还可作某些专业用钢使用。

Q275 强度较高、塑性和韧性好，可用于受力较大的结构件及机械零件，如钢板、条钢、型钢、连杆、键、销等。

（2）低合金高强度结构钢。低合金高强度结构钢是在含碳量 $w(C)≤0.20\%$ 的碳素结构钢基础上，加入少量的合金元素发展起来的，其韧性高于碳素结构钢，同时具有良好的焊接性能、冷热压力加工性能和耐腐蚀性，部分钢种还具有较低的脆性转变温度。

1）低合金高强度结构钢的性能要求。

①高强度及足够塑性与韧性。低合金高强度结构钢主要用于制造大型工程构件，强度高

才能减轻结构自重，节约钢材和减少其他消耗。因此，在保证塑性和韧性的条件下，应尽量提高其强度。

②高的韧性和低的韧脆转变温度。大型工程构件一般都是焊接结构，不可避免地存在有各种焊接缺陷，因此必须具有较高的断裂韧度。另外，大型工程构件一旦发生断裂，往往会带来灾难性的后果，所以许多在低温下工作的构件必须具有良好的低温韧性（即具有较高的解理断裂抗力或较低的韧脆转变温度）。

③良好的焊接性能和冷成形性能。大型结构大都采用焊接制造，焊前往往要冷成形，而焊后又不易进行热处理，因此要求低合金高强度结构钢具有很好的焊接性能和冷成形性能。

④良好的耐蚀性。许多大型工程构件在大气（如桥梁、容器）、海洋（如船舶）中使用，因此要求有较高的耐蚀能力。

2）化学成分、性能及热处理。

① 化学成分。低的含碳量，主要合金元素是 Mn，辅助合金元素有 V、Ti、Nb 等。

a. 低含碳量：含碳量 $w(C) \leqslant 0.20\%$，以满足对塑性、韧性、可焊性及冷加工性能的要求。

b. 含少量的合金元素：一般合金元素总含量 $w(\sum Me) \leqslant 3.0\%$。主要合金元素为锰，因为锰的资源丰富，对铁素体具有明显的固溶强化作用。锰还能降低钢的韧脆转变温，使组织中的珠光体相对量增加，从而进一步提高强度。钢中加入少量的 V、Ti、Nb 等元素可细化晶粒、提高钢的韧性。加入稀土元素 RE 可提高韧性、疲劳极限，降低冷脆转变温度。

②性能特点。

a. 强度高。合金元素 Ti、V、Nb、Al 等在钢中可形成微细碳化物，能起细化晶粒和弥散强化的作用，从而可提高钢的抗拉强度、屈服强度，低合金高强度结构钢的屈服强度均高于 300MPa，高于碳素结构钢，如用低合金高强度结构钢代替碳素结构钢，在相同受载条件可使结构质量减轻 20%～30%，从而可降低结构自重、节约钢材。

b. 具有足够的塑性、韧性及良好的焊接性能，便于冲压或焊接成形。

c. 具有良好低温冲击韧性。元素锰及稀土元素 RE 可提高韧性、疲劳极限，降低钢的冷脆转变温度，一般在 $-40℃$ 时冲击韧性仍能保证不小于 $24 J/mm^2$，这对在高寒地区使用的工程构件及运输工具具有特别重要的意义。

d. 具有良好的耐蚀性，元素 Cu、P 的作用是提高钢对大气的耐蚀能力。

③热处理特点。这类钢大多在热轧状态下使用，组织为铁素体和珠光体。考虑到零件加工特点，有时也可在正火及正火加回火状态下使用。

低合金高强度结构钢的化学成分和力学性能见表 5-10 和表 5-11。

表 5-10   低合金高强度结构钢的化学成分（摘自 GB/T 1591—2008）

牌号	质量等级	化学成分（%）不大于													
		C	Si	Mn	P	S	Nb	V	Ti	Cr	Ni	Cu	N	Mo	B
Q345	A、B	0.20	0.50	1.70	0.035	0.035	0.07	0.15	0.20	0.30	0.50	0.30	0.012	0.10	—
	C				0.030	0.030									
	D	0.18			0.030	0.025									
	E				0.025	0.020									

牌号	质量等级	化学成分（%）不大于												
		C	Si	Mn	P	S	Nb	V	Ti	Cr	Ni	Cu	N	Mo	B
Q390	A、B	0.20	0.50	1.70	0.035	0.035	0.07	0.20	0.20	0.30	0.50	0.30	0.015	0.10	—
	C				0.030	0.030									
	D				0.030	0.025									
	E				0.025	0.020									
Q420	A、B	0.20	0.50	1.70	0.035	0.035	0.07	0.20	0.20	0.30	0.80	0.30	0.015	0.20	—
	C				0.030	0.030									
	D				0.030	0.025									
	E				0.025	0.020									
Q460	C	0.20	0.60	1.80	0.030	0.030	0.11	0.20	0.20	0.30	0.80	0.55	0.015	0.20	0.004
	D				0.030	0.025									
	E				0.025	0.020									
Q500	C	0.18	0.60	1.80	0.030	0.030	0.11	0.12	0.20	0.60	0.80	0.55	0.015	0.20	0.004
	D				0.030	0.025									
	E				0.025	0.020									
Q550	C	0.18	0.60	2.0	0.030	0.030	0.11	0.12	0.20	0.80	0.80	0.80	0.015	0.30	0.004
	D				0.030	0.025									
	E				0.025	0.020									
Q620	C	0.18	0.60	2.0	0.030	0.030	0.11	0.12	0.20	1.00	0.80	0.80	0.015	0.30	0.004
	D				0.030	0.025									
	E				0.025	0.020									
Q690	C	0.18	0.60	2.0	0.030	0.030	0.11	0.12	0.20	1.00	0.80	0.80	0.015	0.30	0.004
	D				0.030	0.025									
	E				0.025	0.020									

表 5-11　　　　低合金高强度结构钢的力学性能（摘自 GB/T 1591—2008）

牌号	质量等级	下屈服点 R_{eL}（MPa）≥			抗拉强度 R_m（MPa）			断后伸长率 A（%）≥			冲击吸收能量（K_{U2}）（J）≥	
		厚度（直径、边长）(mm)			厚度（直径、边长）(mm)			厚度（直径、边长）(mm)			试验温度（℃）	厚度（直径、边长）12～150mm
		≤16	>16～40	>40～63	≤40	>40～63	>63～80	≤40	>40～63	>63～100		
Q345	A、B	345	335	325	470～630			20	19	19	20	34
	C										0	
	D							21	20	20	−20	
	E										−40	
Q390	A、B	390	370	350	490～650			20	19	19	20	34
	C										0	
	D										−20	
	E										−40	

牌号	质量等级	下屈服点 R_{eL}(MPa)≥ 厚度（直径、边长）(mm)			抗拉强度 R_m(MPa) 厚度（直径、边长）(mm)			断后伸长率 A(%)≥ 厚度（直径、边长）(mm)			冲击吸收能量(K_{U2})(J)≥ 试验温度(℃)	厚度（直径、边长）12~150mm
		≤16	>16~40	>40~63	≤40	>40~63	>63~80	≤40	>40~63	>63~100		
Q420	A、B	420	400	680	520~680			19	18	14	20	34
	C										0	
	D										−20	
	E										−40	
Q460	C	460	440	420	550~720			17	16	16	0	34
	D										−20	
	E										−40	
Q500	C	500	480	470	610~770	600~760	590~790	17			0	55
	D										−20	47
	E										−40	31
Q550	C	550	530	520	670~830	620~810	600~790	16			0	55
	D										−20	47
	E										−40	31
Q620	C	620	600	590	710~880	690~880	670~860	15			0	55
	D										−20	47
	E										−40	31
Q690	C	690	670	660	770~940	750~920	730~900	14			0	55
	D										−20	47
	E										−40	31

3）典型牌号及用途。根据 GB/T 1596—2008，目前低合金高强度结构钢牌号有 Q345、Q390、Q420、Q460、Q500、Q550、Q620、Q690。

Q345 其使用状态的组织为细晶粒的铁素体加珠光体，综合力学性能好，焊接性、冷、热加工性能和耐蚀性能均好，C、D、E 级钢具有良好的低温韧性，是应用最广、用量最大的低合金高强度结构钢，广泛用于制造石油化工设备、船舶、桥梁、车辆等的焊接结构件，如我国的南京长江大桥就是用 Q345 钢制造的。

Q390、Q420 是具有代表性的中等强度级别的钢种，特别是在正火或正火加回火状态有较高的综合力学性能，而焊接性能也较好，用于制造大型船舶、桥梁、电站设备、中高压锅炉、高压容器、机车车辆、起重机械、矿山机械及其他大型焊接结构件。

Q460 含有 Mo 和 B，正火后组织为贝氏体，强度高，主要用于大型或高载荷焊接结构件、大型船舶、石油化工等厚壁高压容器及−40℃下工作的低温压力容器等的制作。

Q500 强度和硬度很高，需在 500℃下使用，多用于石油、化工领域中的中温高压容器或锅炉，还可用于大型锻件，如水轮机大轴等。

2. 机器零件用钢

(1) 优质碳素结构钢的性能及其应用。优质碳素结构钢中含有害杂质 P、S 的量及非金属夹杂物较少，其均匀性及表面质量都比较好，且生产上必须同时保证钢的化学成分和力学性能。这类钢的产量较大，价格便宜，力学性能较好，广泛用于制造各种机械零件和结构件。这类钢通常都要经过热处理才使用。

常用的优质碳素结构钢的性质及应用如下：

1) 08 和 10 钢。这类钢含碳量 $w(C) \leqslant 0.10\%$，金相组织中铁素体含量较多、珠光体较少，其力学性能为硬度、强度低，塑性、韧性好，具有较好的焊接性能和压延性能，常用于轧制成薄板或钢带，制造要求受力不大、韧性高的零件，如摩擦片、深冲器皿、汽车车身等。

2) 15、20、25 钢。这类钢含碳量 $w(C) \leqslant 0.25\%$，为低碳钢，其力学性能为硬度、强度较低，塑性、韧性好，具有较好的焊接性和压延性能，常用于制造受力不大、形状简单，但韧性要求较高或焊接性能较好的中、小结构件和紧固零件，如焊接容器、法兰盘、螺母、螺钉、拉杆、起重钩等，以及制造心部强度要求不太高的表面耐磨零件，如轴套、链条的滚子、轴以及不重要的齿轮、链轮、凸轮等。用于制作表面耐磨零件时，需进行渗碳或氰化处理，故这类钢又称为渗碳钢。

3) 30、35、40、45、50、55 钢。这类钢含碳量 $w(C) \leqslant 0.60\%$，为中高碳钢，塑性、韧性好，强度、硬度较高，切削性良好，淬透性低，易生水淬裂纹，多在调质或正火态使用，这类钢为调质钢。

30、35 钢适于制造受力不大，使用温度 <150℃ 的低载荷零件，如丝杠、拉杆、轴键、齿轮、轴套筒及各种标准件、紧固件等，调质处理后可获得强度与韧度良好的综合力学性能，用于制造上述性能要求较高的零件。

40、45 钢综合力学性能良好，焊接性较差，作焊接件时注意焊前预热，焊后消除应力退火，淬透性低，小型件宜采用调质处理，大型件宜采用正火处理。40 钢适于制造曲轴、传动轴、活塞杆、连杆、链轮、齿轮等。45 钢是最常用中碳调质钢，主要用于制造强度高的运动件，如透平机叶轮、压缩机活塞、机床主轴、齿轮、齿条、蜗杆等。

50、55 钢具有高强度和硬度，塑性和韧性差，切削性中等，焊接性差，淬透性差，水淬时易淬裂，多在正火或调质处理后使用。50 钢适用于制造在动载荷及冲击作用不大的条件下的耐磨性高的机械零件，如锻造齿轮、拉杆、轧辊、轴摩擦盘、发动机曲轴、重载荷心轴及各种轴类零件等，以及较次要的减振弹簧、弹簧垫圈等。55 钢适于制造高强度、高弹性、高耐磨性机件，如齿轮、连杆、轮圈、轮缘、机车轮箍、扁弹簧、热轧轧辊等。

4) 60、65、70、75、80 钢。这类钢含碳量 $0.60\% \leqslant w(C) \leqslant 0.80\%$，为高碳钢经适当热处理后，有较高的弹性极限，可用于制造要求弹性好、强度较高的零件，如弹簧、弹簧垫圈等，故称这类钢为弹簧钢。冷成形弹簧一般只进行低温去应力处理。热成形弹簧一般要进行淬火及中温回火处理。耐磨件则进行淬火及低温回火处理。60、65、70 钢宜用于制造截面小、形状简单、受力小的扁形或螺形弹簧零件，如汽门弹簧、弹簧环等，也宜用于制造高耐磨性零件，如轧辊、曲轴、凸轮及钢丝绳等。75、80 钢是含碳量最高的高碳结构钢，强度、硬度比其他高碳钢高，但弹性略低，宜用于制造板弹簧、螺旋弹簧、抗磨损零件、较低速车轮、钢丝钢带等。

5）15Mn、20Mn、25Mn。这类钢属于含锰较高的低碳渗碳钢，因锰高故其强度、塑性、可切削性和淬透性均比 15 钢稍高，宜通过渗碳、碳氮共渗处理，得到表面耐磨而心部韧性好的综合性能。热轧或正火处理后韧性好，用于制造心部机械性能要求较高且需渗碳的零件，如齿轮、曲柄轴、支架、铰链、螺钉、螺母等。

6）30Mn、35Mn　40Mn、45Mn、50Mn。这类钢属于含锰较高的调质钢，具有较高的强度、韧性和淬透性，冷变形时塑性好，焊接性中等，可切削性良好，调质后具有良好的综合力学性能。主要用来制造承受疲劳负荷下的零件，如螺钉、螺母等、转轴、心轴、花键轴、汽车半轴、万向接头轴、曲轴、连杆、制动杠杆、啮合杆、齿轮、离合器等。

7）60Mn、65Mn、70Mn。这类钢属于锰较高的弹簧钢，具有较高强度、硬度、弹性和淬透性，具有过热敏感性和回火脆性倾向，退火态可切削性尚可，冷变形塑性低，焊接性差。主要用来制造大尺寸螺旋弹簧、板簧、各种圆扁弹簧，弹簧环、片，冷拉钢丝及发条及承受大应力、磨损条件下工作零件，如各种弹簧圈、弹簧垫圈、止推环、锁紧圈、离合器盘等。

常用的优质碳素结构钢的化学成分和力学性能见表 5-12。

表 5-12　　　　优质碳素结构钢的化学成分和力学性能（摘自 GB/T 699—2015）

牌号	化学成分（质量分数）（%）			力 学 性 能			
	C	Mn	Cr	抗拉强度 R_m（MPa）	下屈服强度 R_{eL}（MPa）	断面收缩率 Z（%）	冲击吸收能量 K_{U2}（J）
08	0.05～0.11	0.35～0.65	≤0.10	325	195	60	
10	0.07～0.13	0.35～0.65	≤0.15	335	205	55	
15	0.12～0.18	0.35～0.65	≤0.25	375	225	55	
20	0.17～0.23	0.35～0.65	≤0.25	410	245	55	
25	0.22～0.29	0.50～0.80	≤0.25	450	275	50	71
30	0.27～0.34	0.50～0.80	≤0.25	490	295	50	63
35	0.32～0.39	0.50～0.80	≤0.25	530	315	45	55
40	0.37～0.44	0.50～0.80	≤0.25	570	335	45	47
45	0.42～0.50	0.50～0.80	≤0.25	600	355	40	39
50	0.47～0.55	0.50～0.80	≤0.25	630	375	40	31
55	0.52～0.60	0.50～0.80	≤0.25	645	380	35	
60	0.57～0.65	0.50～0.80	≤0.25	675	400	35	
65	0.62～0.70	0.50～0.80	≤0.25	695	410	30	
70	0.67～0.75	0.50～0.80	≤0.25	715	420	30	
75	0.72～0.80	0.50～0.80	≤0.25	1080	880	30	
80	0.77～0.85	0.50～0.80	≤0.25	1080	930	30	
85	0.82～0.90	0.50～0.80	≤0.25	1130	980	30	
15Mn	0.12～0.18	0.70～1.00	≤0.25	410	245	55	
20Mn	0.17～0.23	0.70～1.00	≤0.25	450	275	50	
25Mn	0.22～0.29	0.70～1.00	≤0.25	490	295	50	71

续表

牌号	化学成分（质量分数）（%）			力 学 性 能			
	C	Mn	Cr	抗拉强度 R_m（MPa）	下屈服强度 R_{eL}（MPa）	断面收缩率 Z（%）	冲击吸收能量 K_{U2}（J）
30Mn	0.27～0.34	0.70～1.00	≤0.25	540	315	45	63
35Mn	0.32～0.39	0.70～1.00	≤0.25	560	335	45	55
40Mn	0.37～0.44	0.70～1.00	≤0.25	590	355	45	47
45Mn	0.42～0.50	0.70～1.00	≤0.25	620	375	40	39
50Mn	0.48～0.56	0.70～1.00	≤0.25	645	390	40	31
60Mn	0.57～0.65	0.70～1.00	≤0.25	690	410	35	
65Mn	0.62～0.70	0.90～1.20	≤0.25	735	430	30	
70Mn	0.67～0.75	0.90～1.20	≤0.25	785	450	30	

（2）合金渗碳钢。渗碳钢通常是指低碳的优质碳素结构钢和合金钢经渗碳、淬火、低温回火后使用的钢种。渗碳钢具有外硬内韧的性能，主要用于制造表面承受强烈摩擦和磨损，同时承受动载荷，特别是冲击载荷的机器零件，如汽车、工程机械上的变速齿轮、内燃机上的凸轮、活塞销等，是机械制造中应用较广泛的钢种。

1）对合金渗碳钢的性能要求。

①表面具有高硬度和高耐磨性，心部具有足够的韧性和强度，即表硬里韧，以保证优异的耐磨性和接触疲劳抗力。

②有良好的热处理工艺性能。例如高的淬透性和渗碳能力，在高的渗碳温度（900～950℃）下，奥氏体晶粒不易长大，并有良好的淬透性。

2）化学成分及性能特点。

①化学成分。低的含碳量，C 的质量分数一般为 0.10%～0.25%，主要合金元素有 Cr、Mn、Ni、B 等，辅助合金元素有 W、Mo、V、Ti 等。

②性能特点。

a. 低碳可以保证零件心部有足够的塑性和韧性，含碳量高则心部韧性下降。

b. 合金元素 Cr、Mn、Ni、B 主要作用是提高钢的淬透性，从而提高心部的强度和韧性；合金渗碳钢经渗碳、淬火后，其心部可得到低碳马氏体，在提高强度的同时又保持良好的韧性；合金元素还能提高渗碳层的强度和塑性，其中以 Ni 的效果最好。

c. 辅加元素 W、Mo、V、Ti 等元素通过形成稳定的碳化物来细化奥氏体晶粒，防止在高温渗碳过程中奥氏体晶粒长大，同时合金碳化物的存在还能提高渗碳层的耐磨性。

合金渗碳钢的化学成分见表 5-13。

表 5-13　　　　　常用渗碳钢的牌号及其化学成分（摘自 GB/T 3077—2015）

	牌号	主要化学成分（质量分数）（%）							
		C	Si	Mn	Cr	Ni	V	Ti	其他
低淬透性	15Cr	012～0.18	0.17～0.37	0.40～0.70	0.70～1.00				
	20Cr	0.18～0.24		0.50～0.80	0.70～1.00				
	20Mn2	0.17～0.24		1.40～1.80					
	20MnV	0.17～0.24		1.30～1.60			0.07～0.12		

	牌号	主要化学成分（质量分数）（%）							
		C	Si	Mn	Cr	Ni	V	Ti	其他
中淬透性	20CrMn	0.17～0.23	0.17～0.37	0.90～1.20	0.90～1.20				
	20CrMnTi	0.17～0.23		0.80～1.10	1.00～1.30			0.04～0.10	
	20MnTiB	0.17～0.24		1.30～1.60				0.04～0.10	0.000 8～0.003 5B
	20MnVB	0.17～0.23		1.20～1.60			0.07～0.12		0.000 8～0.003 5B
高淬透性	18Cr2Ni4W	0.13～0.19	0.17～0.37	0.30～0.60	1.35～1.65	4.0～4.5			0.8～1.2W
	20Cr2Ni4	0.17～0.23			1.25～1.65	3.25～3.65			
	12Cr2Ni4	0.10～0.16			1.25～1.65	3.25～3.65			

3）热处理特点和组织性能。渗碳钢零件的一般工艺路线：下料→锻造→正火→切削加工→渗碳→淬火＋低温回火→磨削。

①预先热处理。合金渗碳钢零件，在切削加工前的预先热处理通常为正火。正火的目的是细化晶粒，经过正火后的钢材具有等轴状细晶粒，同时改变锻造状态的不正常组织，获得合适的硬度以便于切削加工。对于高淬透性渗碳钢零件，由于硬度较高退火软化困难，通常在锻造后进行一次空冷淬火，再于 650℃左右高温回火，其组织为回火索氏体，有利于切削加工。

②渗碳。零件的渗碳过程通常是在 900～950℃温度进行的，一般渗碳层深度范围为 0.8～1.2mm。渗碳扩散层的厚度决定于碳在奥氏体中的极限溶解度、碳在奥氏体中的扩散速度和扩散的时间。

③最终热处理。一般是渗碳后直接淬火加低温回火，使零件表层获得高碳回火马氏体加细小的碳化物，表面硬度一般为 58～64HRC；心部组织为韧性好的低碳马氏体或含有非马氏体的组织。

零件心部组织则根据钢的淬透性高低及零件尺寸的大小而定。高淬透性的钢种是低碳回火马氏体；中等淬透性的钢种是低碳回火马氏体加贝氏体（40～48HRC）；低淬透性的钢种是低碳回火屈氏体（25～40HRC）。

对渗碳时易过热的钢种如 20、20Cr 和 20Mn2 等，渗碳后需先正火，以消除晶粒粗大的过热组织，然后再淬火和低温回火。淬火温度一般为 $A_{c1}+30～50℃$。使用状态下的组织，表面是高碳回火马氏体加颗粒状碳化物加少量残余奥氏体（硬度达 58～62HRC），心部是低碳回火马氏体加铁素体（淬透）或铁素体加屈氏体（未淬透）。

4）常用钢种与用途。根据淬透性不同，可将渗碳钢分为三类。

①低淬透性合金渗碳钢。典型钢种有 20Cr、20Mn2 等，其淬透性较差，经渗碳、淬火与低温回火后心部强度均较低，水中淬火临界直径不超过 20～35mm，低温回火后的心部组织为回火低碳马氏体。该类钢只适用于制造受冲击载荷较小的耐磨件，如小轴、小齿轮、活塞销等。锰钢的淬透性比铬钢好些，但切削加工性则差些，渗碳时晶粒易长大。

②中淬透性合金渗碳钢。典型钢种有 20CrMnTi、12CrNi3A 等。该类钢合金元素总量大约为 4%，其淬透性较高，经渗碳、淬火与低温回火后心部强度较高，由于含有 Ti、V、Mo 等元素，渗碳时奥氏体晶粒长大倾向较小，可自渗碳温度预冷到 870℃左右直接淬火，

经低温回火后，具有良好的力学性能和工艺性能，油淬临界直径为 25～60mm。该类钢主要适用于制造承受冲击载荷的耐磨零件，如汽车变速齿轮、联轴节、齿轮铀、花键轴套等。

③高淬透性渗碳钢。典型钢种有 18Cr2Ni4WA 等。该类钢合金元素总量小于 7.5%，其淬透性高，经渗碳、淬火与低温回火后心部强度很高，其油淬临界直径大于 100mm，且具有良好的韧性。该类钢主要用于制造承受重载和强烈磨损的大截面零件，如飞机、坦克的曲轴和齿轮，内燃机车的主动牵引齿轮、柴油机曲轴等。

常见合金渗碳钢的热处理、力学性能和用途见表 5-14。

表 5-14　　　　　　　常用渗碳钢的热处理、性能及用途（摘自 GB/T 3077—2015）

类别	牌号	热处理温度（℃）			力学性能						用途
		一次淬火	二次淬火	回火	R_m (MPa)	R_{eL} (MPa)	A (%)	Z (%)	K_{U2} (J)	HBW	
					不大于						
低淬透性	15Cr	880 水、油	770～820 水、油	180 油、空气	685	490	12	45	55	179	船舶主机螺钉、齿轮、活塞销、凸轮、滑阀、轴等
	20Cr			200 油、空气	835	540	10	40	47	179	小轴、小模数齿轮、活塞销等小型渗碳件
	20Mn2	850 水、油		200 水、空气	785	590	10	40	47	187	
	20MnV	880 水、油		200 水、空气	785	590	10	40	55	187	同上，也用作锅炉、高压容器、大型高压管道等
中淬透性	20CrMn	850 油		200 水、空气	930	735	10	45	47	187	齿轮、轴、蜗杆、活塞销、摩擦轮
	20CrMnTi	880 油	870 油	200 水、空气	1080	850	10	45	55	217	汽车、拖拉机上的齿轮、齿轮轴、十字头等
	20MnTiB	860 油		200 水、空气	1130	930	10	45	55	187	代替 20CrMnTi 制造汽车、拖拉机截面较小、中等负荷的渗碳件
	20MnVB	860 油		200 水、空气	1080	885	10	45	55	207	代替 2CrMnTi、20Cr、20CrNi 制造重型机床的齿轮和轴、汽车齿轮
高淬透性	18Cr2Ni4W	950 空气	850 空气	200 水、空气	1180	835	10	45	78	269	大型渗碳齿轮、轴类和飞机发动机齿轮
	20Cr2Ni4	880 油	780 油	200 水、空气	1180	1080	10	45	63	269	大截面渗碳件如大型齿轮、轴等
	12Cr2Ni4	860 油	780 油	200 水、空气	1080	835	10	50	71	269	承受高负荷的齿轮、蜗轮、蜗杆、轴、方向接头叉等

注　表中试验采用试样毛坯直径尺寸全部为 15mm。

5）合金渗碳零件热处理工艺流程举例。

【例 5-1】 以合金渗碳钢 20CrMnTi 制造汽车变速齿轮为例，说明其工艺路线的安排和热处理工艺的选用。技术要求：渗碳层厚 1.2～1.6mm，表面含碳量为 1.0%；齿顶硬度 58～60HRC，心部硬度 30～45HRC。

生产工艺流程：锻造→正火→加工齿形→非渗碳部位镀铜保护→渗碳→预冷直接淬火＋低温回火→喷丸→磨齿（精磨）。

根据热处理技术要求，制订热处理工艺，如图 5-8 所示。

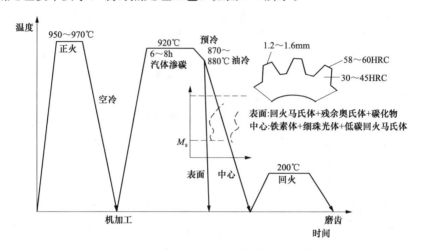

图 5-8 20CrMnTi 汽车变速齿轮热处理工艺路线

预热处理：正火加热温度 950～970℃。齿轮毛坯在锻造之后、切削加工之前正火的目的是一方面可以消除毛坯锻造中带来的粗大晶粒和残余应力等内部缺陷，另一方面还可以调整钢材硬度，使工件易于切削加工，保证齿形合格。20CrMnTi 钢正火后的硬度为 170～210HB，切削加工性能良好。

渗碳：气体渗碳加热温度 920℃。20CrMnTi 钢的渗碳温度定为 920℃左右，渗碳时间确定为 6～8h，保证要求的渗碳层厚度为 1.2～1.6mm，并使表面含碳量达到 1.0%。

最终热处理：渗碳后，自渗碳温度预冷至 870～880℃直接油淬，200℃低温回火 2～3h，喷丸。

齿轮经淬火＋低温回火最终热处理后，表层组织为高碳回火马氏体和少量均匀分布的细小合金碳化物颗粒，具有很高的硬度（58～60HRC）和耐磨性，其心部由于 Cr、Mn 元素提高钢的淬透性的影响，可以获得回火低碳马氏体组织，具有高的强度和足够的冲击韧性的良好配合，抗拉强度 $R_m = 1000MN/m^2$，塑性 $A = 50\%$，$K = 64J$。因此，20CrMnTi 汽车变速齿轮，经过上述切削加工和热处理后，所获得的性能基本上已满足技术要求。最后的喷丸处理主要是作为一种强化手段，使零件表层压应力进一步增大，提高疲劳强度。

（3）合金调质钢。调质钢通常是指中碳的优质碳素结构钢和合金结构钢经调质处理后使用的钢种。调质钢经淬火加高温回火后具有良好的综合力学性能，所以广泛用于制造受力复杂的汽车、机床及其他机器的各种重要零件重要的机械零件，尤其是一些大截面零件，如齿轮、连杆、螺栓、轴类件等。

1）对合金调质钢的性能要求。调质件大多承受多种工作载荷，受力情况比较复杂，要求高的综合力学性能，即具有高的强度和良好的塑性、韧性。合金调质钢还要求有很好的淬透性，但不同零件受力情况不同，对淬透性的要求不同。截面受力均匀的零件如连杆，要求整个截面都有较高的强韧性，则零件的淬透性要好。截面受力不均匀的零件，如承受扭转或弯曲力的传动轴，主要要求受力较大的表面区有较好的性能，心部要求可低一些，则对零件的淬透性要一般。

2）化学成分及性能特点。

①化学成分。调质钢含碳量为中碳，C 的质量分数为 0.25%～0.50%。合金调质钢主要添加元素为 Mn、Si、Cr、Ni、B，辅助添加元素为 W、Mo、V、Ti 等。

②性能特点。调质钢要求具有高强度、良好的塑性与韧性和很好的淬透性，含碳量过低不易淬硬，回火后强度不足；含碳量过高则韧性不够。如果零件要求较高的塑性与韧性，则用 $w(C) < 0.4\%$ 的调质钢；反之，如要求较高强度和硬度，则用 $w(C) > 0.4\%$ 的调质钢。使用优质碳素结构钢作为调质钢时，含碳量要接近上限范围，如 40、45、50 钢等。合金元素 Mn、Si、Cr、Ni、B 主要作用是提高淬透性，其次是强化基体铁素体（除 B 外），而且其韧性不会下降。强碳化物形成元素 V、Ti 的主要作用是加热时阻碍奥氏体晶粒长大，细化晶粒；而 W、Mo 的主要作用是防止调质钢在高温回火时发生第二类回火脆性。几乎所有合金元素都提高调质钢的耐回火性。

调整合金钢中增加淬透性的合金元素的含量，可以改善钢的淬透性能，提高合金钢的抗拉强度和屈服强度。因此，在选择合金元素时应优先选择增加淬透性能作用显著而价格较低的元素，如 B、Mn、Cr 等。但是合金元素不同的钢要调质到相同的硬度所采用的回火温度各不相同，即各种钢的抗回火性能不同。

淬透性能相同的钢调质到相同硬度时，抗拉强度和屈服强度基本相同，硬度与抗拉强度大致呈直线关系，因此，不同成分的调质钢，只有淬透性相同才能互换使用。

成分不同的钢调质后硬度与疲劳极限的关系不同。硬度在 35HRC 以下时疲劳极限和硬度呈直线关系，疲劳极限的波动范围为 130MPa。硬度超过 35HRC 时，疲劳极限的波动范围变宽。例如硬度为 55HRC 时，疲劳极限的波动范围达 380MPa。

合金调质钢的化学成分见表 5-15。

表 5-15　　　常用调质钢的牌号及其化学成分（摘自 GB/T 3077—2015）

类别	牌号	主要化学成分（质量分数）（%）						
		C	Si	Mn	Cr	Ni	Mo	其他
低淬透性	40Cr	0.37～0.44	0.17～0.37	0.50～0.80	0.80～1.10			
	45Mn2	0.42～0.49		1.40～1.80				
	45MnB	0.42～0.49		1.10～1.40				0.000 8～0.003 5B
	40MnVB	0.37～0.44						0.000 8～0.003 5B 0.05～0.10V
	35SiMn	0.32～0.40	1.10～1.40					
	42SiMn	0.39～0.45						

续表

类别	牌号	主要化学成分（质量分数）（%）						
		C	Si	Mn	Cr	Ni	Mo	其他
中淬透性	40CrNi	0.37~0.44	0.17~0.37	0.50~0.80	0.45~0.75	1.00~1.40		
	40CrMn	0.37~0.45		0.90~1.20	0.90~1.20			
	35CrMo	0.32~0.40		0.40~0.70	0.80~1.10		0.15~0.25	
	30CrMnSi	0.28~0.34	0.90~1.20	0.80~1.10	0.80~1.10			
	38CrMoAl	0.35~0.42	0.20~0.45	0.30~0.60	1.35~1.65		0.15~0.25	0.70~1.10Al
高淬透性	37CrNi3	0.34~0.41	0.17~0.37	0.30~0.60	1.20~1.60	3.00~3.50		
	25Cr2Ni4W	0.21~0.28			1.35~1.65	4.00~4.50		0.80~1.20W
	40CrNiMo	0.37~0.44		0.50~0.80	0.60~0.90	1.25~1.65	0.15~0.25	
	40CrMnMo	0.37~0.45		0.90~1.20	0.90~1.20		0.20~0.30	

3）热处理特点及组织。调质钢一般的工艺路线：下料→锻造→退火（或正火）→粗切削加工→调质→精切削加工。

①预热处理。调质钢预热处理的目的是改善锻造造成的晶粒粗大和带状组织，细化晶粒，调整硬度，便于切削加工，同时为淬火做组织准备。调质钢中合金元素种类和含量不同其正火后的组织相差很大。合金元素较少的调质钢，退火（或正火）后组织主要是珠光体（P）加少量的铁素体（F），而合金元素较多的调质钢正火后组织主要为马氏体 M。

对于珠光体型的调质钢，在 800℃左右进行一次退火代替正火可细化晶粒，改善切削性能。对马氏体型的调质钢，通过正火可得到马氏体组织，所以必须再在 A_{c1} 以下进行高温回火，使其组织转变为颗粒状的珠光体（回火索氏体）。高温回火后硬度可由 380~550HBS 降至 207~240HBS，使其便于切削加工。

②最终热处理。调质钢最终热处理为淬火加高温回火（调质），最终热处理后的使用状态下组织为回火索氏体。合金调质钢的淬透性较高，一般都用油淬，淬透性特别大的甚至可以采用空冷，这样能减少热处理缺陷。回火温度的选择取决于调质件的性能要求。当零件要求具有良好的综合性能（即良好的强韧性）时，一般采用 500~600℃ 的高温回火。为防止第二类回火脆性，回火后采用快冷（水冷或油冷）有利于韧性的提高。有一些调质钢制作的零件，根据性能要求，淬火后可采用中温或低温回火，获得回火屈氏体或者回火马氏体组织。如果零件要求具有极高的强度（R_m＝1600~1800MPa）时，应采用 200℃左右的低温回火，目的是获得中碳回火马氏体组织。

如果零件除了要求有较高的强度、韧性和塑性配合外，还在某些部位（如轴类零件的轴颈和花键部分）要求具有良好的耐磨性能和高耐疲劳性能时，则可在调质后进行表面淬火加低温回火或氮化处理，这样在得到表面高耐磨性硬化层的同时，心部仍保持综合力学性能高的回火索氏体组织。

近年来，利用低碳钢和低碳合金钢经淬火和低温回火处理，得到强度和韧性配合较好的低碳马氏体来代替中碳的调质钢。在石油、矿山、汽车工业上得到广泛应用，收效很大。例如，用 15MnVB 代替 40Cr 制造汽车连杆螺栓等，效果很好。

4) 典型钢种。根据淬透性不同，可将调质钢分为三类。

①低淬透性调质钢。这类钢的油淬临界直径为 30～40mm，常用钢种为 45、40Mn、40Cr 等，用于制造尺寸较小重要零件，如齿轮、轴、螺栓等。

②中淬透性调质钢。这类钢的油淬临界直径为 40～60mm，常用钢种为 35CrMo、40CrNi 等，用于制作截面尺寸较大、承受较大载荷零件，如大型发动机曲轴、连杆等。

③高淬透性调质钢。这类钢的油淬临界直径为 60～100mm，常用钢种为 40CrNiMo、37CrNi3 等，用于制造大截面、重载荷的零件，如汽轮机主轴、叶轮、航空发动机轴等。

常见合金调质钢的热处理、力学性能和用途见表 5-16。

表 5-16 常用调质钢的处理、性能和用途

类别	牌号	热处理（℃）		力学性能（不小于）					退火硬度 HBW	应用举例
		淬火	回火	R_m（MPa）	R_{eL}（MPa）	A（%）	Z（%）	K_{U2}（J）		
低淬透性	45	840	600	600	355	16	40	39	≤197	制作小截面、中载荷的调质件如主轴、曲轴、齿轮、连杆、链轮等
	40Mn	840	600	590	355	17	45	47	≤207	制作比 45 钢强韧性要求稍高的调质件
	40Cr	850 油	520	980	785	9	45	47	≤207	制作重要调质件，如轴类、连杆螺栓、机床齿轮、蜗杆、销等
	45Mn2	840 油	550	885	735	10	45	47	≤217	代替 40Cr 制作直径＜ϕ50mm 的重要调质件，如机床齿轮、钻床主轴、凸轮、蜗杆等
	45MnB	840 油	500	1030	835	9	40	39	≤217	
	40MnVB	850 油	520	980	785	10	45	47	≤207	可代替 40Cr 制作汽车、拖拉机和机床的重要调质件，如轴、齿轮等
	35SiMn	900 水	570	885	735	15	45	47	≤229	除低温韧性稍差外，可全面代替 40Cr 和部分代替 40CrNi
中淬透性	40CrNi	820 油	500	980	785	10	45	55	≤241	制作较大截面的重要件，如曲轴、主轴、齿轮、连杆等
	40CrMn	840 油	550	980	835	9	45	47	≤229	代替 40CrNi 作受冲击载荷不大零件，如齿轮轴、离合器等
	35CrMo	850 油	550	980	835	12	45	63	≤229	代替 40CrNi 制作大截面齿轮和高负荷传动轴、发电机转子等
	30CrMnSi	880 油	520	1080	885	10	45	39	≤229	用于飞机调质件，如起落架、螺栓、天窗盖、冷气瓶等
	38CrMoAl	940 水、油	640	980	835	14	50	71	≤229	高级氮化钢，制作重要丝杆、镗杆、主轴、高压阀门等

类别	牌号	热处理（℃）		力学性能（不小于）					退火硬度HBW	应用举例
		淬火	回火	R_m (MPa)	R_{eL} (MPa)	A (%)	Z (%)	K_{U2} (J)		
高淬透性	37CrNi3	820 油	500	1130	980	10	50	47	≤269	制作高强韧性的大型重要零件，如汽轮机叶轮、转子轴等
	25Cr2Ni4WA	850 油	550	1080	930	11	45	71	≤269	制作大截面高负荷的重要调质件，如汽轮机主轴、叶轮等
	40CrNiMoA	850 油	600	980	835	12	55	78	≤269	制作高强韧性大型重要零件，如飞机起落架、航空发动机轴
	40CrMnMo	850 油	600	980	785	10	45	63	≤217	部分代替 40CrNiMoA，如制作卡车后桥半轴、齿轮轴等

注　表中试验采用的试样毛坯直径尺寸（除了 38CrMoAl）均为 25mm，38CrMoAl 毛坯直径尺寸为 30m。

5）合金调质零件热处理工艺流程举例。

【例 5-2】　连杆螺栓是发动机中的一个重要的连接零件。在工作时，它承受冲击性的周期变化的拉应力和装配时的预应力，在发动机运转中，连杆螺栓如果破断，就会引起事故。因此，要求它应具有足够的强度、冲击韧性和抗疲劳能力。连杆螺栓性能要求：抗拉强度 $R_m \geqslant 900 \text{N/mm}^2$，下屈服强度 $R_{eL} \geqslant 700 \text{N/mm}^2$，硬度 300～341HB，断后伸长率 $A \geqslant 12\%$，断后面收缩率 $Z \geqslant 50\%$，冲击吸收能量 $K_{U2} \geqslant 80 \text{J}$，试选择连杆螺栓的材料，并制订其生产工艺路线。

为了满足上述综合机械性能的要求，确定选用 40Cr 钢制作连杆螺栓。

连杆螺栓生产工艺路线：下料→锻造→退火（或正火）→粗加工→调质→精加工→装配。

用 40Cr 制造连杆螺栓的热处理工艺路线如图 5-9 所示。

预热处理采用退火（或正火），其目的是改善锻造造成的晶粒粗大和带状组织，消除组织缺陷，细化晶粒，调整硬度，便于切削加工，同时为淬火做组织准备。40Cr 正火工艺采用将工件加热到870℃保温一段时间，然后空气中冷却。

最终热处理。调质钢最终热处理是

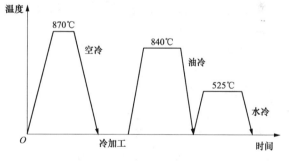

图 5-9　40Cr 调质钢热处理工艺路线图

获得回火索氏体组织。40Cr 调质工艺采用将工件加热到840℃保温一段时间，油中淬火，得到马氏体组织，然后在525℃回火。为防止第二类回火脆性，在回火的冷却过程中采用水冷，最终使用状态下的组织为回火索氏体。

（4）合金弹簧钢。弹簧是各种机械和仪表中的重要零件，它主要利用弹性变形时所吸收、储存的能量来缓和机械振动和冲击作用。弹簧钢是指专门用于制造弹簧和弹性元件的钢。根据 GB/T 13304—2008《钢分类》标准，弹簧钢按照其化学成分，分为非合金弹簧钢（碳素弹簧钢）和合金弹簧钢；按照基本性能及使用特性，弹簧钢属于机械结构用钢；按照质量等级，属于特殊质量钢，即在生产过程中需要特别严格控制质量和性能的钢，制作弹簧钢的时候技术要求比较高，生产技术直接决定钢品质的高低。

现代弹簧材料品种的发展，特别是新型的高强度金属合金的不断出现和物理特性的提高，使弹簧产品有了更高更广的效能；同时弹簧产品制造加工工艺的不断更新和优化，如结构成形、热处理、表面涂装等，使弹簧的应用和发展更能满足其功能要求，进一步提升了弹簧产品使用的安全性、经济性和环保特性。

1) 对弹簧钢的性能要求。弹簧产品主要用来制造在冲击、振动和周期性扭转、弯曲等交变应力下工作的弹簧和弹性元件。例如汽车拖拉机和机车上的叠板弹簧，除了承受车厢和载物重量外，还要承受运动中因地面不平等引起的冲击载荷和振动，使车辆运转平稳，并避免其他一些零件因受冲击而过早失效。此外，弹簧是靠利用材料的物理特性，通过一定的转换方式来实现其储存能量和释放能量的使用功能的。材料特性在很大程度上决定了弹簧的力学特性，影响着弹簧的设计开发和技术性能要求的提升。因此，要求弹簧钢具有以下性能：

① 高的强度。为提高弹簧抗疲劳破坏和抗松弛的能力，弹簧材料应具有一定的屈服强度与弹性极限，尤其要有高的屈强比。

② 高的疲劳强度，以保证弹簧件具有在长期振动和交变应力作用下抵抗疲劳破坏的能力。例如，轿车发动机气门弹簧一般要求疲劳寿命 $2.3 \times 10^7 \sim 3.0 \times 10^7$ 次，中高档轿车悬架弹簧一般要求 $2.0 \times 10^6 \sim 5.0 \times 10^6$ 次甚至更长的疲劳寿命，这就对材料的疲劳性能提出了很高的要求。

③ 足够的塑性和韧性。在弹簧制造过程中材料需经受不同程度的加工变形，因此要求材料具有一定的塑性。例如，形状复杂的拉伸和扭转弹簧的钩环及扭臂，当曲率半径很小时，在加工卷绕或冲压弯曲成形时，弹簧材料均不得出现裂纹、折损等缺陷。同时弹簧在承受冲击载荷或变载荷时，材料应具有良好的韧性，这样能明显提高弹簧的使用寿命。

④ 良好的耐热性和耐蚀性，以保证弹簧零件能在高温和易腐蚀条件下正常工作。

为了满足上述性能要求，弹簧钢必须具有优良的冶金质量（高的纯洁度和均匀性）、良好的表面质量（严格控制表面缺陷和脱碳）、精确的外形和尺寸。材料的表面缺陷，如裂纹、折叠、鳞皮、锈蚀、凹坑、划痕和压痕等，都易使弹簧在工作过程中造成应力集中。

2) 化学成分及性能特点。

① 含碳量为中、高碳。含碳量低，强度不够；含碳量高，塑韧性降低。为了提高钢的弹性极限和屈服极限，弹簧钢的含碳量要相对较高。碳素弹簧钢的碳质量分数一般为 $0.6\% \sim 0.90\%$。合金弹簧钢的碳质量分数一般为 $0.45\% \sim 0.7\%$。

② 含锰量。按照其锰含量又分为一般锰含量和较高锰含量两类。一般锰含量的质量分数为 $0.50\% \sim 0.80\%$，如 65、70、85，较高锰含量的质量分数一般为 $0.90\% \sim 1.20\%$，如 65Mn。

③ 合金元素。合金弹簧钢是在碳素钢的基础上，通过适当加入一种或几种合金元素来提高钢的力学性能、淬透性和其他性能，以满足制造各种弹簧所需性能的钢。

主合金元素为 Si、Mn，其主要作用是提高淬透性、强化铁素体、提高弹性极限，同时提高钢的回火稳定性，Si 还是提高屈强比的主要元素。但加入过多的 Si 会造成钢在加热时表面容易脱碳，加入过多的 Mn 容易使晶粒长大。

辅加元素为 Cr、V、W、Mo 等。Cr、V、W 等元素防止由 Mn 引起的过热倾向和由 Si 引起的脱碳倾向，并进一步提高淬透性。加入少量的 V 可细化晶粒，从而进一步提高强度并改善韧性。W 和 Mo 可防止第二类回火脆性。

常用弹簧钢的化学成分见表 5-17。

表 5-17　　　常用合金弹簧钢的牌号及其化学成分（摘自 GB/T 1222—2016）

牌号	化学成分（%）							Ni	Cu	P、S
	C	Si	Mn	Cr	V	W	B	不大于		
65	0.62～0.70			≤0.25						
70	0.62～0.75	0.17～0.37	0.50～0.80	≤0.25				0.25	0.25	0.035
85	0.82～0.90			≤0.25						
65Mn	0.62～0.70		0.90～1.20	≤0.25						
55SiMnVB	0.52～0.60	0.70～1.00	1.00～1.30	≤0.35	0.08～0.16		0.000 5～0.003 5			
60Si2Mn	0.56～0.64	1.50～2.00	0.70～1.00	≤0.35						
60Si2MnA	0.56～0.64	1.60～2.00	0.70～1.00	≤0.35						
60Si2CrA	0.56～0.64	1.40～1.80	0.40～0.70	0.70～1.00						
60Si2CrVA	0.56～0.64	1.40～1.80	0.40～0.70	0.90～1.20	0.10～0.20			0.35	0.25	0.025
55SiCrA	0.51～0.59	1.20～1.60	0.50～0.80	0.50～0.80						
55CrMnA	0.52～0.60	0.17～0.37	0.65～0.95	0.65～0.95						
60CrMnA	0.56～0.64	0.17～0.37	0.70～1.00	0.70～1.00						
60CrMnBA	0.56～0.64	0.17～0.37	0.70～1.00	0.70～1.00			0.000 5～0.004			
50CrVA	0.46～0.54	0.17～0.37	0.50～0.80	0.80～1.10	0.10～0.20					
30W4Cr2VA	0.26～0.34	0.17～0.37	≤0.40	2.00～2.50	0.50～0.80	4.00～4.50				

3）热处理特点和组织性能。根据弹簧的成形工艺不同，分为热成形弹簧和冷成形弹簧两种工艺。热成形后再进行热处理的弹簧是热成型弹簧，热处理后冷成形的弹簧是冷成型弹簧。大型弹簧或复杂形状的弹簧通常采用热成形工艺，小尺寸弹簧通常采用冷成形工艺。

①热成形弹簧。对于对截面直径或厚度尺寸≥10mm 各种大型和形状复杂的螺旋弹簧或钢板弹簧常用热轧正火（或退火）态的钢丝或钢板制成，如汽车、拖拉机、火车的板簧和螺旋弹簧。

热成形弹簧的热处理工艺路线一般如下：下料→加热压弯或卷绕成形→淬火＋中温回火→喷丸→装配。

弹簧钢的淬火加热温度一般为 830～880℃，加热后在 50～80℃的油中冷却，冷至 100～150℃立刻取出进行中温回火，回火温度一般为 400～450℃。淬火温度不能过高，否则易发生晶粒粗大和脱碳现象，使弹簧钢疲劳强度大为降低。淬火和中温回火后获得的组织是回火屈氏体，硬度为 40～52HRC，有很高的屈服强度和弹性极限，同时又有一定的塑性、韧性。

钢板弹簧通常是将热轧成形和淬火热处理结合进行的，即将弹簧件加热到比正常淬火温度高 50～80℃进行热轧成形，然后利用余热立即淬火，然后再进行中温回火。螺旋弹簧则大多是在热成形结束后，再重新进行淬火和中温回火处理。

弹簧的表面质量对其使用寿命影响较大，微小的表面缺陷（例如脱碳、裂纹、夹杂等）即可造成应力集中，使弹簧钢的疲劳强度大大降低。因此，弹簧件在热处理后，往往需采用喷丸处理，以消除或减轻表面缺陷，并可使表面产生硬化层，形成残余压应力，提高弹簧的疲劳极限和使用寿命。

②冷成形弹簧。对于对截面直径或厚度尺<10mm 的弹簧，通常采用冷拔（或冷拉）、冷卷成型，如仪表中的螺旋弹簧、发条及弹簧片等。根据拉拔工艺不同，冷成形弹簧热处理工艺有两种：一种是只进行去应力处理，另一种是进行常规热处理的弹簧。

第一种弹簧钢丝（或板）在冷成形前已具有很高的强度和足够的韧性，成型后的弹簧不必进行淬火处理，只需进行一次消除内应力和稳定尺寸的去应力退火处理，即将弹簧件加热到 250～300℃，保温一段时间，从炉内取出空冷即可使用。

对于常规热处理工艺的冷成形弹簧，冷拉钢丝工艺及后续热处理工艺有以下三种：

a. 铅浴处理冷拉钢丝先将钢丝连续拉拔三次，使总变形量达到 50％，然后加热到 A_{c3}＋100～200℃使其奥氏体化，随后在 450～550℃的铅浴中等温处理，使奥氏体全部转化为塑性高的索氏体组织，再冷拔后绕卷成形至所需尺寸，冷卷成形后再在 200～300℃退火消除应力即可。这类弹簧钢丝的屈服强度很高。

b. 油淬回火钢丝先将钢丝冷拉到规定尺寸，再进行淬火（油淬）＋中温回火，得到回火索氏体组织，最后冷卷成弹簧。这类钢丝强度虽不如铅浴处理的冷拉钢丝，但是其性能均匀一致。在冷卷成形后，只要进行去应力回火处理，不再经过淬火回火处理了。

c. 退火状态钢丝将钢丝拉拔到规定尺寸，再进行退火处理。软化后的钢丝冷卷成形后，需经过淬火＋中温回火后才能获得所需的力学性能。

4）常用弹簧钢及其用途。根据化学成分不同，弹簧钢大致可分为碳素弹簧钢和合金弹簧钢两大类。

①碳素弹簧钢。典型钢号是 65、70、85 和 65Mn 等，主要用于制造小截面的弹簧，用冷拔钢丝和冷成形法制成。其中 65Mn 强度高、淬透性好、脱碳倾向小、价格低、切削加工性好，但有过热敏感性，易产生淬火裂纹，并有回火脆性，广泛用于制造各种截面较小的扁、圆弹簧、板簧和弹簧片。

②合金弹簧钢。根据合金元素不同合金弹簧钢主要分为三类。

a. 硅、锰为主要合金元素的弹簧钢。硅锰弹簧钢是主要的热轧合金弹簧钢种，典型钢号有 60Si2Mn、55SiMnVB 等，淬透性明显高于碳素弹簧钢，这类钢广泛用于制作汽车、拖拉机、机车上的减振板簧和螺旋弹簧，以及要求承受较高应力的弹簧。

b. 铬为主要合金元素的弹簧钢。典型钢号有 50CrMn、50CrVA。50CrMn 由于含有 1％左右的铬和锰，有较高的淬透性，脱碳倾向小；缺点是铬和锰均加重回火脆性的倾向，回火后需快冷，多用于制造截面较大的和较重要的板簧和螺旋弹簧。50CrVA 钢具有良好的淬透性；加钒能细化组织，不易过热，并可提高钢的强度、韧性，降低缺口敏感性。这种钢脱碳倾向小，低温冲击韧性好。在较高温度下工作时，性能也较稳定，主要用于制造气门弹簧、安全阀弹簧。

c. 钒、钨、钼等为主要合金元素的弹簧钢。典型钢号有 60Si2CrVA、55SiCrA 等，碳化物形成元素铬、钒、钨、钼的加入，能细化晶粒，提高淬透性，提高塑性和韧性，降低过热敏感性，常用来制作在较高温度下使用的承受重载荷的弹簧。

常用弹簧铜的牌号热处理、性能及用途见表 5-18。

表 5-18　　　　　　　　　　　常用弹簧钢热处理、性能和用途

牌号	热处理		力学性能，不小于					用途
	淬火温度（℃）	回火温度（℃）	抗拉强度 R_m（N/mm²）	屈服强度 R_{eL}（N/mm²）	断后伸长率		断面收缩率 Z（%）	
					A（%）	$A_{11.3}$（%）		
65	840	500	980	785		9	35	用于直径小于 φ12mm 的一般机器上的弹簧，冷拉成钢丝作小型机械弹簧。如小型螺旋弹簧、弹簧片、弹性垫圈、止动圈等
70	830	480	1030	835		8	30	
85	820	480	1130	980		6	30	
65Mn	830	540	980	785		8	30	
55SiMnVB	860	460	1375	1225		5	30	用于直径 φ20～φ30mm，工作温度低于 250℃ 的弹簧。如机车车辆、汽车上的减振板簧、螺旋弹簧、汽缸安全阀簧、止回阀簧及其他高应力下工作的重要弹簧
60Si2Mn	870	480	1275	1180		5	25	
60Si2MnA	870	440	1570	1375		5	20	
60Si2CrA	870	420	1765	1570	6		20	用于直径小于 φ50mm，工作温度 250℃ 以下的承受重载荷的弹簧，如调速器弹簧、汽轮机汽封弹簧等
60Si2CrVA	850	410	1860	1665	6		20	
55SiCrA	860	450	1450～1750	1300（$R_{p0.2}$）	6		25	
55CrMnA	830～860	460～510	1225	1080（$R_{p0.2}$）	9		20	用于载重汽车、拖拉机小轿车上的板簧、φ50mm 直径的螺旋弹簧
60CrMnA	830～860	460～520	1225	1080（$R_{p0.2}$）	9		20	
60CrMnBA	830～860	460～520	1225	1080（$R_{p0.2}$）	9		20	
50CrVA	850	500	1275	1130	10		40	用于直径 φ30～φ50mm 高负荷的重要弹簧及工作温度 400℃ 以下的阀门弹簧、活塞弹簧、安全阀弹簧等
30W4Cr2VA	1050～1100	600	1470	1325	7		40	工作温度温度在 500℃ 下的耐热弹簧，如锅炉安全阀簧、汽轮机汽封弹簧片等

注　1. 淬火介质均为油。

　　2. 该表适用于直径或边长不大于 80mm 的棒料，以及厚度不大于 40mm 的扁钢。

5）弹簧钢零件热处理工艺流程举例。随着汽车轻量化及铁路重载提速的快速发展，无论是汽车悬挂簧还是机车转向架簧，都向着高强度、高应力、高品质、高可靠性等方向发展。目前，60Si2MnA 主要用于汽车、拖拉机、摩托车、机车上的减振板簧和螺旋弹簧、电力机车用升弓钩弹簧、转向架弹簧、汽缸安全阀簧等。60Si2MnA 电力机车用转向架弹簧的加工路线：下料（热轧扁钢）→机加工（切角、钻孔等）→校直→加热卷制成型→空冷→淬火→中温回火→喷丸→检验→装配→喷漆。

从下料到卷制的目的是获得零件的形状和结构。60Si2MnA 弹簧典型的热处理工艺是淬火加中温回火。

①加热奥氏体化。将 60Si2MnA 转向架弹簧加热到 950℃进行奥氏体化处理，同时卷制成型，保温 20min，然后空冷至 880℃。

②淬火。利用余热进行淬火热处理，淬火温度为 880℃，保温时间控制在 40min（根据厚度不同选取），出炉后油中淬火，目的是得到马氏体组织使材料硬度达到 60HRC。

③中温回火。弹簧淬火后应立即进行中温回火，以防因淬火应力引起自裂，回火温度一般为 370~430℃，保温时间为 90min，回火后金相组织为回火屈氏体，随着回火温度的升高，弹簧的屈服强度、抗拉强度和硬度值显著降低，伸长率、断面收缩率和冲击韧度显著升高。回火温度为 400℃时，综合力学性能最佳，$R_m = 1810MPa$，$R_{p0.2} = 1640MPa$，$A = 6.9\%$，$Z = 29.1\%$，$K = 19.2J$，硬度 54.3HRC。

喷丸的目的是强化钢材表面，使其产生残余压力，提高疲劳强度。喷漆的目的是防止弹簧钢表面的氧化并能有效防止锈蚀。

（5）滚动轴承钢。滚动轴承钢是指用来制造各种滚动轴承的滚动体（滚珠、滚柱、滚针等）及轴承内外套圈的专用钢种，也可用于制作形状复杂的工具、冷冲模具、精密模具，以及要求硬度高、耐磨性高的结构零件。滚动轴承钢根据成分不同分为高碳铬轴承钢、渗碳轴承钢、不锈轴承钢和高温轴承钢四类。

1）对轴承钢的性能要求。一般情况下，滚动轴承的主要破坏形式是在交变应力作用下的疲劳剥落，以及因摩擦磨损而使轴承精度丧失。此外，还有裂纹、压痕、锈蚀等。现代机器要求轴承能在高载荷、高转速及高的工作温度环境下，高可靠性地工作，并保持高的工作精度。因而要求滚动轴承用钢应具备下列性能：

①有较高的接触疲劳强度。滚动轴承运转时，滚动体在轴承内、外圈的滚道间滚动，其接触部分承受周期性交变载荷，每分钟可高达数十万次，在周期性交变应力的反复作用下，接触表面金属出现疲劳剥落，引起轴承振动、噪声增大，工作温度急剧上升，致使轴承产生接触疲劳破坏。因此，要求滚动轴承用钢应具有较高的接触疲劳强度。

②有良好的耐磨性。滚动轴承工作时，除了发生滚动摩擦外，同时也发生滑动摩擦。滑动摩擦的存在不可避免地使轴承零件产生磨损。如果轴承钢的耐磨性差，滚动轴承便会因磨损而过早地丧失精度或因旋转精度下降而使轴承振动增加、寿命降低。因此，要求轴承钢应具有良好的耐磨性。

③有较高的弹性极限。由于滚动体与套圈滚道之间接触面积很小，轴承在载荷作用下，特别是在较大载荷作用下，接触表面接触压力很大。为了防止在高接触压力下发生过大的塑性变形，使轴承精度丧失或发生表面裂纹，要求轴承钢应具有较高的弹性极限。

④有较高的硬度。材料的硬度对接触疲劳强度、耐磨性、弹性极限，都有直接的影响关系，因此，滚动轴承的硬度也直接影响着滚动轴承的寿命。滚动轴承钢的硬度并非越高越好，大小要适宜，过大或过小都会影响接触疲劳强度、耐磨性、弹性极限，从而影响轴承使用寿命。滚动轴承硬度应为 61~65HRC。

⑤有一定的韧性。多数滚动轴承在使用中都会承受一定的冲击载荷，因此要求轴承钢具有一定的韧性，以保证轴承不因冲击而破坏。

⑥有一定的防锈性能。滚动轴承的生产工序繁多，生产周期较长，有的成品还需较长时间的存放，因此，轴承在生产过程中和成品保存中都极易发生锈蚀，特别是在潮湿的空气中，所以要求轴承钢具有一定的防锈性能。

⑦有良好的工艺性能。滚动轴承在生产中，其零件要经过多道冷、热加工工序。这就要求轴承钢应具有良好的工艺性能，如冷、热成型性能、切削、磨削及热处理性能等，以适应大批量、高效率、低成本和高质量生产的需要。

此外，对于特殊工作条件下使用的轴承，对其用钢还必须提出相应的特殊性能要求，如耐高温、高速性能、抗腐蚀、防磁性能等。

2）化学成分及性能特点。

①高碳。轴承钢的含碳量一般为 $w(C)=0.95\%\sim1.15\%$，目的是保证钢在淬火后具有高的硬度和耐磨性。

②合金元素。主添加元素是 Cr，含量一般为 $w(Cr)=0.40\%\sim1.65\%$。Cr 的主要作用是提高钢的淬透性、接触疲劳损度、耐磨性和耐腐蚀性。钢中的 Cr 部分存在于渗碳体中，部分 Cr 溶入奥氏体。存在于渗碳体中的 Cr 使碳化物比较细小、均匀分布，形成了弥散分布的合金渗碳体，提高了钢的硬度和耐磨性，并增大其稳定性，使淬火加热时奥氏体晶粒不易长大。溶入奥氏体中的 Cr 能提高马氏体的回火稳定性，使钢在热处理后获得较高且均匀的硬度、强度和较好的耐磨性。当铬含量高于 1.65% 时，会因残余奥氏体量的增多而导致钢的硬度和稳定性下降。辅加合金元素为 Si、Mn、Mo、V 等。钢中加入 Si、Mn、Mo 会进一步提高淬透性和强度。加入 V 则是为了细化晶粒，V 部分溶于奥氏体中，形成碳化物，提高钢的耐磨性并防止过热。

③高的冶金质量。滚动轴承钢对有害杂质元素硫、磷含量控制严格，这是因为硫、磷能形成非金属夹杂物，在接触应力作用下会产生应力集中而导致疲劳破坏。因此，滚动轴承钢是一种高级优质钢，要求 $w(S)<0.015\%$，$w(P)<0.025\%$。

3）热处理特点和组织性能。高碳铬轴承钢的热处理主要为球化退化、淬火和低温回火。预备热处理一般是正火和球化退火。滚动轴承钢锻造时如果终锻温度比较高和锻造后冷却速度比较慢，会出现网状碳化物的缺陷。这种网状碳化物在球化退火时不易被消除，需要在球化退火前用正火工艺消除网状碳化物。球化退火的目的在于获得粒状珠光体组织，调整硬度，便于切削加工，并为淬火做组织准备。最终热处理是将轴承钢加热到 840℃，在油中淬火，并在淬火后立即进行低温回火（160～180℃），回火后的硬度可大于 61HRC。使用状态下的组织为回火马氏体和颗粒状碳化物与少量残余奥氏体。为了减少残余奥氏体量，稳定尺寸，可在淬火后进行冷处理（-80～-60℃），并在磨削加工后进行低温（120℃左右）时效处理。例如 GCr15，退火温度为 770～810℃，炉冷。淬火采用 840℃，回火采用 155～165℃，精密轴承还采用冷处理。其他铬轴承钢热处理工艺原则上与 GCr15 相同，只是具体工艺参数有差异。

渗碳轴承钢的热处理主要为正火、渗碳＋高温回火和淬火＋低温回火。锻造后的正火目的是便于切削加工；对于要求较高的轴承零件，一般渗碳后正火，然后高温回火，再进行淬火及低温回火处理。

不锈轴承钢的热处理主要为退火、淬火、冷处理、低温回火。例如，9Cr18 钢采用正火850～870℃，淬火 1050～1100℃，150～160℃ 低温回火，-75℃ 冷处理（当然也可以采用深冷处理）。

高温轴承钢的热处理：这类钢材采用退火、淬火＋高温回火，淬火温度根据采用的钢材不同而不同，回火通常采用 500℃ 以上，也即回火温度必须高于使用温度。

4）常用滚动轴承钢钢种与用途。滚动轴承钢按使用特点可分为高碳铬轴承钢（全淬透型轴承钢）、渗碳轴承钢（表面硬化型轴承钢）、不锈轴承钢和高温轴承钢四大类。

①高碳铬轴承钢。该类是专门用于制作轴承的钢材，对夹杂物、晶粒度有特殊要求。一般小型轴承可采用 GCr9、GCr15，中型轴承采用 GCr15、GCr15SiMn，大型轴承采用 GCr15SiMn，再大的轴承由于淬透性的问题，采用渗碳轴承钢。

②渗碳轴承钢。轧钢机械或矿山机械和其他需要耐冲击的设备采用渗碳轴承钢，中小型的轴承采用 20Cr、20CrMo、20CrMnMo 等渗碳钢，大型和特大型采用 20Cr2Ni4A、20Cr2Mn2MoA 等制作。

③不锈轴承钢。在需要耐腐蚀的地方如硫酸、盐酸、化肥等行业的轴承需要不锈轴承钢，一般采用高碳高铬不锈钢，如 9Cr18 钢。

④高温轴承钢。需要耐高温的地方的轴承需要高温轴承钢，这类轴承钢采用高速工具钢 W18Cr4V、W6Mo5Cr4V2、Cr4Mo4V、Cr15Mo4 等钢。

根据使用性能和尺寸不同，轴承可以分为小型、中型、大型和特大型几类。轴承内圈、外圈和滚子都采用专门的轴承钢，保持架一般采用碳钢，通常是 20 号碳钢。

常用高碳铬轴承钢的牌号化学成分、性能见表 5-19。

表 5-19　　　　高碳铬滚动轴承钢的化学成分（摘自 GB/T 18254—2016）

牌号	化学成分（质量分数%）								
	C	Si	Mn	Cr	Mo	Ni≤	Cu≤	P≤	S≤
GCr4	0.95～1.05	0.15～0.30	0.15～0.30	0.35～0.50	≤0.08	0.25	0.30	0.025	0.020
GCr15	0.95～1.05	0.15～0.35	0.25～0.45	1.04～1.65	≤0.10	0.30	0.25	0.025	0.025
GCr15SiMn	0.95～1.05	0.45～0.75	0.95～1.25	1.40～1.65	≤0.10	0.30	0.25	0.025～0.025	
GCr15SiMo	0.95～1.05	0.65～0.85	0.20～0.40	1.40～1.70	0.30～0.40	0.30	0.25	0.27～0.020	
GCr18Mo	0.95～1.05	0.20～0.40	0.25～0.40	1.65～1.95	0.15～0.25	0.25	0.25	0.025	0.020

（6）易切削结构钢。易切削结构钢是在钢中加入一些使钢变脆的元素，由于钢中加入的易切削元素，使钢的切削抗力减小，同时易切削元素本身的特性和所形成的化合物起润滑切削刀具的作用，使钢切削时易脆断成碎屑，从而降低了工件的表面粗糙度，提高切削速度和延长刀具寿命。使钢变脆的元素主要是硫，在普通低合金易切削结构钢中使用了铅、碲、铋等元素，这种钢的含硫量 $w(S)$ 为 0.08%～0.3%，含锰量 $w(Mn)$ 为 0.60%～1.55%。钢中的硫化物主要以 $(Fe, Mn)S$ 固溶体形式存在；钢中的硫和锰以硫化锰形态存在，硫化锰很脆并有润滑效能，从而使切削容易碎断，并有利于提高加工表面的质量。

易切削结构钢分加硫易切削钢、加硫磷易切削钢、加铅易切削钢、加钙易切削钢、加硫碳锰易切削钢等。易切削结构钢牌号用规定的符号和阿拉伯数字表示。即以"易"的汉语拼音首位字母 Y 打头，其后用两位阿拉伯数字表示碳含量的万分数。对含锰量较高的，其后标出 Mn。

易切削结构钢牌号有 Y08、Y12、Y15、Y20、Y30、Y35、Y45、Y08MnS、Y15Mn、Y35Mn、Y40Mn、Y45MnS、Y08Pb、Y12Pb、Y15Pb、Y45MnSPb 等。

Y12 硫磷复合低碳易切削钢，是现有易切削钢中磷含量最多的一个钢种。常用于制造对力学性能要求不高的各种机器和仪器仪表零件，如螺栓、螺母、销钉、轴、管接头等。

Y12Pb 含铅易切削钢，切削加工性好，不存在性能上的方向性，并有较高的力学性能，常用于制造较重要的机械零件、精密仪表零件等。

Y15 复合高硫低硅易切削钢，是我国自行研制成功的钢种，切削性能高于 Y12 钢，常用于制造不重要的标准件，如螺栓、螺母、管接头、弹簧座等。

Y15Pb 同 Y12Pb，切削加工性能更好。

Y20 低硫磷复合易切削钢，切削加工性能优于 20 钢而低于 12 钢，可进行渗碳处理，常用于制造要求表面硬、心部韧性高的仪器、仪表、轴类耐磨零件。

Y35 低硫磷复合易切削钢，力学性能较高，切削加工性能也有适当改善，可制造强度要求较高的标准件，可调质处理。

Y40Mn 高硫中碳易切削钢，有较高的强度、硬度和良好的切削加工性能，适于加工要求刚性高的机床零部件，如机床丝杠、光杠、花键轴、齿条等。

易切削结构钢可进行最终热处理，但一般不进行预先热处理，以免损害其切削加工性。

易切削结构钢的冶金工艺要求比普通钢严格，成本较高，故只有对大批量生产的零件，在必须改善钢材的切削加工性时，采用它才能获得良好的经济效益。

5.2.2　工模具钢的用途

工模具钢是用以制造各种工具的钢种。工模具钢通常分为碳素工模具钢、合金工模具钢。根据用途不同，合金工模具钢可分为合金刃具钢、合金模具钢和合金量具钢。

1. 碳素工模具钢的性能及其应用

工业中，用于制作刃具、模具和量具的非合金碳素钢称为碳素工模具钢。碳素工模具钢生产成本较低，原材料来源方便；易于冷、热加工，在热处理后可获得相当高的硬度；在工作受热不高的情况下，耐磨性也较好，因而得到广泛应用。

（1）碳素工模具钢的成分、性能及热处理。碳素工模具钢为高碳钢，其含碳量为 $0.65\%\sim1.35\%$，随含碳量提高，钢中碳化物量增加，钢的耐磨性提高，但韧性下降。

碳素工模具钢的优点是成本低、锻造成形和切削加工性比较好。碳素工模具钢的主要缺点如下：①淬透性差，在水中淬透直径为 15mm，而在油中淬透直径仅为 5mm，变形和开裂倾向性大；②回火抗力较差，为了提高碳素工模具钢的可锻性及减少其淬裂倾向，对其 S 和 P 的含量应比优质碳素结构钢限制更严格；③热硬性差，工作温度高于 250℃时钢的硬度和耐磨性急剧下降（切削温度低于 200℃）。

碳素工模具钢的预备热处理一般为球化退火，其目的是降低硬度（HB≤217），便于切削加工，并为淬火做组织准备。最终热处理为淬火加低温回火。由于淬透性差一般选用冷却能力强较强的冷却介质，如用水、盐水或碱水淬火。另外，其回火抗力较差，回火温度一般控制在 200℃以下。

使用状态下的组织为回火马氏体加颗粒状碳化物和少量残余奥氏体，硬度可达 60～65HRC。

（2）碳素工模具钢常用牌号及用途。由于碳素工模具钢的性能特点，其只能用来制造一些小型手工刀具、木工刀具和机用低速工具，以及精度要求不高、形状简单、尺寸小、负荷轻的小型冷作模具。碳素工模具钢牌号、成分、硬度及用途见表 5-20。

表 5-20　　　　　碳素工模具钢的牌号、成分、硬度及用途（摘自 GB/T 1299—2014）

牌号	化学成分（%）			退火硬度（HBW），不大于	淬火及其硬度		用途举例
	C	Si	Mn		温度（℃）	HRC	
T7	0.65～0.74	≤0.35	≤0.40	187	800～820		制作承受冲击负荷不大，且要求具有适当硬度和耐磨性及较好的韧性的工具，如木工工具、手用锯条等
T8	0.75～0.84	≤0.35	≤0.40	187	780～800		制作小型拉拔、拉伸、挤压模具
T8Mn	0.80～0.90	≤0.35	0.40～0.60	187			淬透性较大，可制断面较大的木工工具、手用锯条、刻印工具、铆钉冲模等
T9	0.85～0.94	≤0.35	≤0.40	192		≥62	适于制作韧性中等，硬度高的工具，如铆钉冲模、刻印工具、冲头、木工工具、凿岩工具
T10	0.95～1.04	≤0.35	≤0.40	197	760～780		适于制作耐磨性要求较高而冲击载荷较小的模具
T11	1.05～1.14	≤0.35	≤0.40	207			制作在工作时刃口不变热的工具，如锯、丝锥、锉刀刮刀、板牙、尺寸不大和断面无急剧变化的冷冲模及木工刀具
T12	1.15～1.24	≤0.35	≤0.40	207			适于制作不承受冲击载荷、切削速度不高、要求高硬度高耐磨的工具，如锉刀、刮刀、精车刀、铣刀、丝锥、量具
T13	1.25～1.35	≤0.35	≤0.40	217			

2. 合金刃具钢

合金刃具钢是用来制造各种加工工具的钢种。刃具的种类繁多如车刀、铣刀、刨刀、钻头、滚刀、插齿刀、丝锥、板牙、各种手动工具等。

刃具在切削过程中，刀刃与工件表面相互作用，使切屑产生变形与断裂，并从工件整体上剥离下来。故刀刃本身承受弯曲、扭转、剪切应力和冲击、振动等负荷作用。同时还要受到工件和切屑的强烈摩擦作用，使刃具与工件的摩擦产生大量的摩擦热。

由上述可知，刃具钢应具有以下使用性能：

（1）高硬度：刃具硬度必须大于被加工材料硬度，一般要求 HRC＞60。

（2）高耐磨性：为了保证刃具的使用寿命，应当要求有足够的耐磨性。耐磨性不仅取决于硬度，同时还与钢中硬质相的性质、数量、大小和分布有关。

（3）高热硬性（或红硬性）：热硬性是指钢在高温下保持高硬度的能力。要求高的热硬性是为了防止刀具在高速切削时因摩擦升温而软化。

（4）足够的韧性：避免刃具在受冲击振动时发生崩刃或脆断。

此外，选择刃具钢时应当考虑工艺性能的要求。例如，切削加工与磨削性能好，具有良好的淬透性，较小的淬火变形、开裂敏感性等各项要求都是刀具钢合金化及其选材的基本依据。

通常按照使用情况及相应的性能要求不同，刃具钢分为低合金工具钢和高速工具钢两类。

（1）低合金刃具钢。低合金刃具钢是在碳素工模具钢的基础上添加了少量的合金元素

（一般不超过 3%～5%）形成的一类钢。

1）低合金刃具钢的化学成分及性能特点。具有高碳成分，$w(C)=0.75\%～1.50\%$，以保证高的硬度和耐磨性。添加的合金元素有 Cr、Si、Mn、Mo、W、V 等。Cr、Si、Mn、Mo 主要用以提高钢的淬透性，Cr 和 Si 还可提高耐回火性；合金元素 Cr、Mo、W、V 可细化晶粒、降低热敏感性并与碳形成合金渗碳体和特殊碳化物，从而进一步提高钢的强度、硬度和耐磨性。为了避免碳化物的不均匀性，合金元素的总量一般为 3%～5%。

2）低合金刃具钢的热处理和组织。由于含碳量较高，低合金刃具钢的预热处理通常是锻造后进行球化退火。为了提高生产效率生产中一般采用等温球化退火。如果锻造后组织中出现了网状碳化物，则需要在球化退火之前进行正火处理消除网状碳化物。为了获得较高的硬度最终热处理为淬火＋低温回火，室温下其组织是回火马氏体＋颗粒状未溶碳化物＋残余奥氏体。淬火加热温度要根据工件形状、尺寸及性能要求等选定并严格控制，以保证工件质量。一般尺寸小且形状复杂的工具采用淬火下限温度，尺寸大且形状简单的工具可采用淬火上限温度。另外，合金刃具钢导热性较差，对于形状复杂、截面尺寸大的工件，在淬火加热前往往先在 600～650℃进行预热，然后再淬火。一般采用油淬、分级淬火或等温淬火，少数淬透性较低的钢（如 Cr06、CrW5 等钢）采用水淬。用 9SiCr 制作丝锥或板牙时的热处理工艺过程如图 5-10 所示。

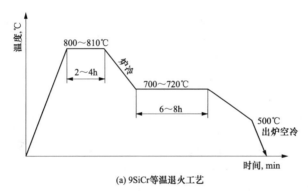

(a) 9SiCr等温退火工艺

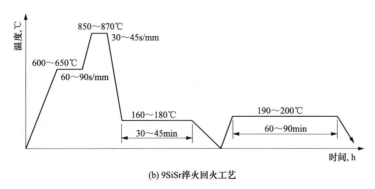

(b) 9SiSr淬火回火工艺

图 5-10　9SiCr 的热处理工艺曲线

3）常用低合金刃具钢及其用途。低合金刃具钢主要用于制造各种形状复杂、要求变形小的低速切削刃具，如木工工具、钳工工具、丝锥、板牙、铰刀、铣刀、拉刀等。常用的低合金刃具钢有 Cr2、Cr06、9SiCr、9Cr2、8MnSi 和 W。9SiCr 是应用最广泛的刃具钢,由于加入了 Si 和 Cr 淬透性好,油淬直径可达 40~50mm,同时 Si 具有强化铁素体、提高回火稳定性的作用,使 9SiCr 在 250~300℃仍能保持 60HRC 以上;Cr 具有细化碳化物的作用,提高了 9SiCr 的强韧性,不易崩刀。因此 9SiCr 常用于制作要求变形小的各种薄刃低速切削刃具,如板牙、丝锥、铰刀等。常用低合金刃具钢成分、热处理与用途见表 5-21。

表 5-21 常用量刃具钢的牌号、化学成分、热处理、力学性能及用途（摘自 GB/T 1299—2014）

牌号	化学成分 w（%）					热处理及硬度				应用
	C	Si	Mn	Cr	W	淬火温度（℃）	HRC	回火温度（℃）	HRC	
9SiCr	0.85~0.95	1.20~1.60	0.30~0.60	0.95~1.25		820~860 油	≥62	180~200	60~62	制造形状复杂、变形小、耐磨性高的低速切削刀具,如板牙、丝锥、手动铰刀,也可制作冷冲模、搓丝板、滚丝轮等
Cr06	1.30~1.45	≤0.40	≤0.40	0.50~0.70		780~810 水	≥64	160~180	62~64	制作木工工具,也可以制造简单冷加工模具,如冲孔模、冷压模等
Cr2	0.95~1.10	≤0.40	≤0.40	1.30~1.65		830~860 油	≥62	150~170	60~62	制造木工工具、冷冲模及冲头、也可制造中小尺寸冷作模
9Cr2	0.80~0.95	≤0.40	≤0.40	1.30~1.70		820~850/油	≥62	130~150	62~65	韧性好于 Cr2,制造木工工具、冷轧辊、冷冲模及冲头等
8MnSi	0.75~0.85	0.3~0.6	0.8~1.10			800~820 油	≥60			制造凿子、锯条及其他木工工具,冷冲模及冲头,也可以用于制造冷加工用的模具
W	1.05~1.25	≤0.40	0.10~0.30	0.80~1.20		800~830 水	≥62	150~180	59~61	制造小型麻花钻、丝锥、锉刀、板牙,以及切削速度低的工具

（2）高速工具钢。低合金刃具钢解决了碳素工模具钢的淬透性低、耐磨性不足等缺点,但由于低合金刃具钢所添加合金元素种类和数量不多,故其红硬性虽比碳素工模具钢高,但仍满足不了生产要求。如温度达到 250℃时硬度值已降到 60HRC 以下。因此要想大幅度提高钢的红硬性,靠低合金刃具钢难以解决,因此发展了高速工具钢。

高速工具钢（以下简称高速钢）是以钨、钼、铬、钒、钴为主要合金元素的高碳高合金钢。高速钢经热处理后,在 600℃以下仍然保持高的硬度,可达 60HRC 以上,故可在较高温度条件下保持高速切削能力和高耐磨性。同时具有足够高的强度,并兼有适当的塑性和韧性,这是其他超硬工具材料所无法比拟的。高速钢还具有很高的淬透性,中小型刃具甚至在空气中冷却也能淬透,故有风钢之称。高速工具钢主要用来制造切削加工刀具,如车刀、铣刀、铰刀、拉刀、麻花钻、齿轮刀具等。

1）高速工具钢的化学成分及性能特点。

①高碳的质量分数为 $w(C)=0.75\%\sim1.65\%$,碳在淬火加热时溶入奥氏体基体相中,提高了基体中碳的浓度,这样既可提高钢的淬透性,又可获得高碳马氏体,进而提高了高速钢的硬度。高速钢中碳与合金元素 Cr、W、Mo、V 等形成合金碳化物,可以提高钢的硬

度、耐磨性和红硬性。高速钢中含碳量必须与合金元素相匹配，过高过低都对其性能有不利影响。含碳量过高碳化物不均匀性增加，造成塑性下降，残余奥氏体增加；含碳量过低合金元素之间会形成硬而脆金属化合物，且不易溶入奥氏体，使高速钢的性能变差。

②高合金元素。高速钢的合金元素主要作用是提高其淬透性和红硬性。

Cr 的主要作用是提高钢的淬透性与耐磨性。Cr 的含量不超过 4%，Cr 的含量过高会使马氏体转变温度 M_s 下降，淬火后造成残余奥氏体增多。Cr 的碳化物 $Cr_{23}C_6$ 在淬火加热时几乎全部溶入奥氏体，增加了过冷奥氏体的稳定性，提高了高速钢的淬透性。Cr 还能使高速钢在切削过程中的抗氧化作用增强，形成较多致密的氧化膜 Cr_2O_3，并减少粘刀现象，从而使刃具的耐磨性与耐腐蚀性提高。

合金元素 Cr、W、Mo、V 等与 C 形成大量细小、弥散、坚硬而又不易聚集长大的合金碳化物，以造成二次硬化效应。通常所形成的强化相有 M_2C 型（如 W_2C、Mo_2C）、MC 型碳化物（如 VC）等，这些碳化物硬度很高，如 VC 的硬度可高达 2700～2990HV，并且在高温下不易发生聚集长大。

W 的存在可提高马氏体的高温稳定性，W 系高速钢在 450～600℃还能保持马氏体晶格特征，以维持高的硬度。同时也使 W 的碳化物在 560℃仍保持极为细小的尺寸，于是提供了二次硬化的能力。

由于刀具进行高速切削时，使用温度一般在 500～600℃以上，故高速钢实际上是一种热强钢，即高速钢基体有一定的热强性，而合金元素 Cr、W、Mo 在高温下固溶强化效果显著，使基体有一定的热强性。这便是高速钢含有大量的 Cr、W、Mo 等合金元素的目的。

高速钢中加 Co 元素可显著提高钢的红硬性，如 W2Mo10Cr4Co8（美国 M42）钢在 650～660℃时还具有很高的红硬性。Co 虽然不是碳化物形成元素，但在退火状态下大部分 Co 溶入铁素体中，在碳化物 MoC 中仍有一定的溶解度；Co 可提高高速钢的熔点，从而使淬火温度提高，使奥氏体中溶解更多的 W、Mo、V 等合金元素，可强化基体；Co 可促进回火对合金碳化物的析出还可以起阻止碳化物长大的作用，因此 Co 可通过细化碳化物而使钢的二次硬化能力和红硬性提高；Co 本身可形成 CoW 金属间化合物，产生弥散强化效果，并能阻止其他碳化物聚集长大。

综上所述，由于高速钢的成分特点，决定了高速钢在一定的热处理工艺条件下，具有淬透性好、耐磨性及红硬性高的性能特点。

③高速钢的铸态组织及其压力加工。高速钢在成分上差异较大，但主要合金元素大体相同，所以其组织也很相似。以 W18Cr4V 钢为例，其在室温下的平衡组织为莱氏体＋珠光体＋碳化物。但在实际生产中，高速钢铸件冷却速度较快，得不到上述平衡组织，高速钢的铸态组织由鱼骨状莱氏体、黑色组织 δ 共析体及马氏体加残余奥氏体所组成，如图 5-11 所示。高速钢的铸态组织中出现莱氏体，故又称高速钢为莱氏体钢。

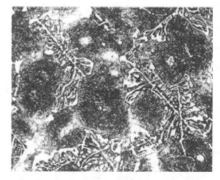

图 5-11 W18Cr4V 钢的铸态组织 400×

高速钢铸态组织中的碳化物含量多达 18%～27%，分布极不均匀，而且鱼骨状莱氏体组织脆性大无法通过热处理改善，这对钢的力学性能和工艺性能及所制工具的使用寿命均有很大影响。所以高速钢热处理之前必须在 900～1200℃经过反复锻打击碎鱼骨状莱氏体，同时又可通过高温扩散使高速钢的化学成分进一步均匀，以改善碳化物的不均匀性。

2）高速工具钢热处理和组织。高速钢的加工工艺流程一般为下料→锻造→球化退火→机加工（成形加工）→淬火→三次回火→磨削加工。

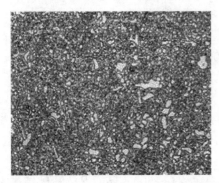

图 5-12　W18Cr4V 钢的退火组织 400×

①高速钢球化退火。高速钢锻造以后必须经过球化退火，其目的不仅在于降低钢的硬度，以利于切削加工，而且也为以后的淬火做好组织准备。球化退火后高速钢的组织为索氏体＋细颗粒状的碳化物，如图5-12 所示。

②高速钢淬火。高速钢淬火时进行两次预热。其原因如下：高速钢中含有大量合金元素，导热性较差，如果把工件直接放入高温炉中，会造成工件变形或开裂，特别是对大型复杂形状的工件则更为突出；高速钢淬火加热温度大多数在 1200℃以上，如果先预热，可缩短在高温处理停留的时间，这样可减小氧化脱碳及过热的危险性。

高速钢第一次预热温度为 600～650℃，可烘干工件上的水分；第二次预热温度为 800～820℃，使索氏体向奥氏体的转变可在较低温度内发生。

高速钢中含有大量难溶的合金碳化物，淬火加热温度必须高达 1280℃才可使合金碳化物溶解到奥氏体中，淬火之后马氏体中的合金元素含量才足够高，而且只有合金元素含量高的马氏体才具有高的红硬性。对高速钢红硬性影响最大的合金元素是 W、Mo 及 V，只有在1000℃以上时，其溶解量才急剧增加。因此，高速钢淬火温度越高，其红硬性越高。但是淬火温度超过 1300℃时，各元素溶解量虽然还有增加，但奥氏体晶粒则急剧长大，甚至在晶界处发生熔化现象，致使钢的强度、韧性下降。所以在不发生过热的前提下，在生产中常以淬火状态奥氏体晶粒的大小来判断淬火加热温度是否合适。对高速钢而言，合适的晶粒度为9.5～10.5 级。

淬火冷却通常在油中或盐浴中进行，但对形状复杂、细长杆状或薄片零件可采用分级淬火、等温淬火等方法。分级淬火后使残余奥氏体量增加 20％～30％，使工件变形、开裂倾向减小，使强度、韧性提高。油淬及分级淬火后的组织为马氏体＋颗粒状碳化物＋残余奥氏体，如图 5-13 所示，硬度为 61～63HRC。等温淬火和分级淬火相比，其主要淬火组织中除马氏体、碳化物、残余奥氏体外，还有下贝氏体。等温淬火可进一步减小工件变形，并提高韧性。分级淬火的分级温度停留时间一般不宜太长，否则二

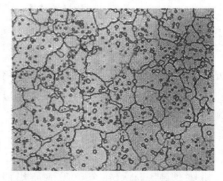

图 5-13　W18Cr4V 钢的淬火组织 400×

次碳化物可能大量析出，等温淬火所需时间较长。随等温时间不同，所获得贝氏体量不同，但等温时间过长可大大增加残余奥氏体量，这需要在等温淬火后进行冷处理或采用多次回火来消除残余奥氏体。否则将会影响回火后的硬度及热处理质量。

③高速钢回火。为了消除淬火应力、稳定组织、减少残余奥氏体量、产生二次硬化，高速钢一般要进行三次 550～570℃ 的高温回火处理，W18Cr4V 的硬度与回火温度的关系图如图 5-14 所示。在第一次回火过程中，随着温度的升高，大量细小、而稳定的合金碳化物（W_3C、Mo_2C）弥散地从马氏体中析出，产生了弥散强化，使钢的强度和硬度提高；同时由于碳化物的析出，使残余奥氏体中的碳和合金元素含量下降以及受马氏体的挤压减小，M_s 点上升，在随后的冷却过程中部分残余奥氏体转变成马氏体，即二次淬火，也使钢的硬度增加。上述两种使钢在回火过程中出现硬度回升的现象为二次硬化。

多次回火的目的是充分消除残余奥氏体，同时后一次回火可以消除前一次回火时残余奥氏体转变为马氏体时产生的内应力。W18Cr4V 在淬火后残余奥氏体约占 30％，经过三次回火残余奥氏体仅剩 3％ 左右。

在回火过程颗粒状碳化物没有变化，高速钢的最终组织为回火马氏体＋少量的残余奥氏体＋未溶碳化物，如图 5-15 所示。

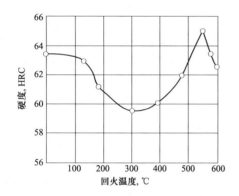

图 5-14　W18Cr4V 钢的硬度与回火温度的关系

图 5-15　W18Cr4V 钢淬火、回火后的组织 400×

综上所述，高速钢在热处理操作时，必须严格控制淬火加热及回火温度，淬火、回火保温时间，淬火、回火冷却方法。上述工艺参数控制不当，易产生过热、过烧、硬度不足、变形开裂等缺陷。

W18Cr4V 高速钢的热处理工艺曲线如图 5-16 所示。

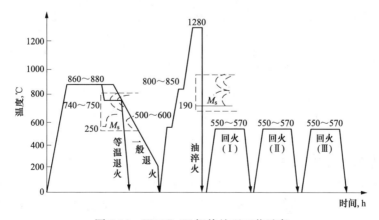

图 5-16　W18Cr4V 钢热处理工艺示意

3）常用高速工具钢及其用途。高速钢按基本化学成分可分为钨系和钨钼系高速钢；按性能分为低合金高速钢、普通高速钢和高性能高速钢；按制造工艺方法的不同可分为熔炉高速钢和粉末冶金高速钢。常用高速钢的牌号、成分、热处理及硬度见表5-22。

① 普通高速钢，是含Co<4.5%或含V<2.6%，且当含W+1.8Mo≥11.75%的高速钢。这类钢典型的包括W18Cr4V、W6Mo5Cr4V2、W9Mo3Cr4V、W2Mo9Cr4V2等。W18Cr4V（W18）强度较好，可磨性好，可用普通钢玉砂轮磨削，耐热性中等，热塑性差，通用性强，广泛用于制造钻头、铰刀、丝锥、铣刀、齿轮刀具、拉刀等。W6Mo5Cr4V2（M2）强度高，热塑性好，耐热性、可磨性稍次于W18Cr4V，可用普通钢玉砂轮磨削，适用于制作热成形刀具和承受冲击、结构薄弱的刀具。W9Mo3Cr4V耐热性、热塑性、热处理性能均较好，综合性能优于W18与M2，刀具寿命较长，用于制作加工普通轻合金、钢和铸铁的刀具。

表5-22　　　常用高速钢的牌号、成分、热处理及硬度（摘自GB/T 9943—2008）

牌号	化学成分（%）								热处理温度（℃）		退火硬度 HB	淬火回火 HRC
	C	Mn	Si	Cr	W	Mo	V	其他	淬火	回火		
W18Cr4V	0.73~0.83	0.10~0.40	0.20~0.40	3.80~4.40	17.20~18.70	—	1.00~1.20		1260~1280	550~570	≤255	≥63
W6Mo5Cr4V2	0.80~0.90	0.15~0.40	0.20~0.45	3.80~4.40	5.50~6.75	4.50~5.50	1.75~2.20		1210~1230	540~560	≤255	≥64
W9Mo3Cr4V	0.77~0.87	0.20~0.45	0.20~0.40	3.80~4.40	8.50~9.50	2.70~3.30	1.30~1.70		1220~1240	540~560	≤255	≥63
W6Mo5Cr4V3	1.15~1.25	0.15~0.40	0.20~0.45	3.80~4.50	5.90~6.70	4.70~5.20	2.70~3.20		1200~1220	540~560	≤262	≥64
W6Mo5Cr4V2Co8	1.23~1.33	≤0.45	≤0.70	3.80~4.50	5.90~6.70	4.70~5.30	2.70~3.20	8.00~8.80Co	1170~1190	550~570	≤285	≥65
W6Mo5Cr4V2Al	1.05~1.20	0.15~0.40	0.20~0.60	3.80~4.40	5.50~6.75	4.50~5.50	1.75~2.20	0.80~1.20Al	1230~1240.	550~570	≤269	≥65
W12Cr4V5Co5	1.50~1.60	0.15~0.40	0.15~0.40	3.75~5.00	11.75~13.00	—	4.50~5.25	4.75~5.25Co	1230~1250	540~560	≤277	≥65
W2Mo9Cr4VCo8	1.05~1.15	0.15~0.40	0.15~0.65	3.50~4.25	1.15~1.85	9.00~10.00	0.95~1.35	7.75~8.75Co	1180~1200	540~560	≤269	≥66
W3Mo3Cr4V2	0.95~1.03	≤0.40	≤0.45	3.80~4.50	2.70~3.00	2.50~2.90	2.20~2.50		1180~1200	540~560	≤255	≥63
W4Mo3Cr4VSi	0.83~0.93	0.20~0.40	0.70~1.00	3.80~4.40	3.50~4.50	2.50~3.50	1.20~1.80		1170~1190	540~560	≤255	≥63

② 高性能高速钢，是含Co≥4.5%或含V≥2.6%或含Al≥0.8~1.2%的高速钢。这类钢典型的包括W6Mo5Cr4V3（M3）、W6Mo5Cr4V2Co8（M36）、W12Cr4V5Co5（T15）、W2Mo9Cr4VCo8（M42）等。W6Mo5Cr4V3（M3）硬度及耐磨性高，但强度及韧性较低，耐热性比通用型高速钢高。可磨性差，用单晶钢玉砂轮能磨削，用于形状简单，而对耐磨性有特殊要求的刀具，也用于加工不锈钢、高强度、高温度合金等。W6Mo5Cr4V2Co8（M36）加钴后高温硬度显著提高，但强度及冲击韧性较低。可磨性好，可用普通钢玉砂轮磨削，用

于加工耐热不锈钢、高强度、高温合金等难切削材料，适合制造铣刀、钻头、滚刀、拉刀等。W12Cr4V5Co5（T15）综合了含钒钢耐磨性好与含钴钢耐热性高的优点，但可磨性差，用单晶钢玉砂轮能磨削，用于加工高温合金、不锈钢等，但因磨削困难，不宜制作复杂刀具。W2Mo9Cr4VCo8（M42）耐热性高，强度和硬度也较好，可磨性好，可用普通钢玉砂轮磨削，但价格较高，用于加工高强度耐热钢、高温合金、钛合金等难切削材料，但不宜在冲击载荷和系统刚性不足的条件下使用，适合制造铣刀、钻头、滚刀、拉刀等。

③低合金高速钢，是一种钨钼元素含量较低、钨当量不超过 11.75%（含 W+1.8Mo<11.75%）且≥6.5%，而铬、钒与普通高速钢相同的高速钢。这类钢有 W4Mo3Cr4VSi、W3Mo3Cr4V2。低合金高速钢合金元素含量硬度、耐磨性、耐热性较普通高速钢低，但低价格便宜，用于制作低、中速切削的刀具，如中心站、丝锥、小直径麻花钻，其切削性能比 W6Mo5Cr4V2 好。

3. 合金模具钢

模具是机械制造、无线电仪表、电机、电器等工业部门中制造零件的主要加工工具。合金模具钢是指专门用于制造冷冲模、热锻模、压铸模等模具的合金钢。模具钢分冷作模具钢和热作模具钢。由于冷作模具钢和热作模具钢的工作条件不同，对其性能要求不同，所以冷作模具钢和热作模具钢的选材及热处理工艺也不同。

（1）冷作模具钢。冷作模具钢主要用于制造使金属冷变形的模具，如冲裁模、冷挤压模、冷镦模、拔丝模等，工作温度一般不超过 200～300℃。由于被成形材料在冷态下成形，变形抗力较大，因而冷作模具在工作时承受很大的载荷及冲击、摩擦作用，磨损、变形和断裂是其失效的主要形式。为此，要求冷作模具钢具有以下性能：高硬度（58～62HRC）和高耐磨性；足够的强度和韧性；对于形状复杂、精度要求高的模具要具有良好的工艺性能，如淬透性、切削加工性等，在红硬性方面却要求较低或基本上没要求（因为是冷态成形）。

1）冷作模具钢的种类。用于制作冷作模具的钢主要有碳素工具钢、低合金刃具钢和冷作模具用钢。根据 C 和 Cr 的含量不同，冷作模具用钢又可分为合金含量较低的冷作模具用钢、高碳高铬（Cr12 型）冷作模具用钢 [$w(C)=1.4\%\sim2.30\%$，$w(Cr)\approx12\%$] 和高碳中铬冷作模具用钢，如 Cr5Mo1V、Cr6WV、Cr4W2MoV 等。

碳素工具钢、低合金刃具：用于制造小尺寸、形状简单、受力不大的模具，如 T8A、T10A、T12A、9SiCr、Cr2、Cr06 等刃具钢。

冷作模具用钢：用于制作尺寸较大、重载或性能要求较高、热处理变形要求较小的冷作模具。

2）冷作模具用钢的化学成分特点。

①高碳。多数冷作模具用钢的含碳量为 $0.90\%\sim2.30\%$，以保证高的硬度和耐磨性。高的含碳量可保证 C 与 Cr 形成碳化物 Cr_7C_3 或合金碳化物 $(Cr,Fe)_7C_3$，在淬火时一部分碳化物溶入奥氏体，以保证马氏体有足够的硬度，未溶碳化物起到细化晶粒的作用，提高钢的耐磨性。

②合金元素主加元素是 Cr，其主要作用是提高淬透性，细化晶粒，在油中淬火可以淬透；形成 Cr 的碳化物，提高钢的硬度与耐磨性。一般 Cr 的含量不超过 12%，否则会造成碳化物不均匀。辅加元素有 W、Mo、V 等。这些元素与 C 形成高硬度的碳化物，从而提高钢的耐磨性。此外，这些辅加元素还有细化晶粒作用，提高钢的强度与韧性。Mo 和 V 的加

入能进一步提高淬透性和细化晶粒，其中 V 与 C 形成的 VC 可进一步提高钢的耐磨性。合金元素 W、Si 的作用是提高淬透性、耐磨性和回火稳定性。

各种冷作模具用钢的牌号、化学成分及性能见表 5-23。

表 5-23　　　　冷作模具钢的牌号、化学成分及硬度（摘自 GB/T 1299—2014）

牌号	化学成分（%）							淬火及硬度	
	C	Si	Mn	Cr	W	Mo	V	温度（℃）/冷却剂	硬度 HRC
9Mn2V	0.85~ 0.95	≤0.40	1.70~ 2.00	—	—		0.10~ 0.25	780~810/油	≥62
9CrWMn	0.85~ 0.95	≤0.40	0.90~ 1.20	0.50~ 0.80	0.50~ 0.80			800~830/油	≥62
CrWMn	0.90~ 1.05	≤0.40	0.80~ 1.10	0.90~ 1.20	1.20~ 1.60			800~830/油	≥62
7CrSiMnMoV	0.65~ 0.75	0.85~ 1.15	0.65~ 1.05	0.90~ 1.20	—	0.20~ 0.50	0.15~ 0.30	淬火：870~900/ 油或空冷 回火：150±10/空	≥60
Cr4W2MoV	1.12~ 1.25	0.40~ 0.70	≤0.40	3.50~ 4.00	1.90~ 2.60	0.80~ 1.20	0.80~ 1.10	960~980/油 1020~1040/油	≥60
Cr8Mo2SiV	0.95~ 1.03	0.80~ 1.20	0.20~ 0.50	7.80~ 8.30	—	2.00~ 2.80	0.25~ 0.40	1020~1040/油或空	≥62
Cr5Mo1V	0.95~ 1.05	≤0.50	≤1.00	4.75~ 5.50		0.90~ 1.40	0.15~ 0.50	940（盐浴）或 950（炉控 气氛）/空冷，200 回火	≥60
Cr12	2.00~ 2.30	≤0.40	≤0.40	11.50~ 13.00				950~1000/油	≥60
Cr12MoV	1.45~ 1.70	≤0.40	≤0.40	11.00~ 12.50		0.40~ 0.60	0.15~ 0.30	950~1000/油	≥58
Cr12Mo1V1	1.40~ 1.60	≤0.60	≤0.60	11.00~ 13.00		0.70~ 1.20	0.50~ 1.10	1000（盐浴）或 1010（炉控 气氛）/空冷，200 回火	≥59

注　各钢种 S、P 含量均不大于 0.030%。

3）冷作模具用钢的热处理特点和组织性能。冷作模具用钢的加工工艺流程一般为下料→锻造→球化退火→机加工（成形加工）→淬火→回火→磨削加工。

冷作模具用钢的预热处理是球化退火，其目的不仅在于降低钢的硬度，以利于切削加工，而且也为以后的淬火做好组织准备。球化退火后的组织为索氏体＋细颗粒状的碳化物。高碳高铬型冷作模具的铸态组织与高速钢一样其铸态组织为网状共晶碳化物，在球化退火之前必须通过反复锻打来改变其形态和分布。

对于合金含量较低的冷作模具用钢，如 CrWMn、9Mn2V 和 9CrWMn，热处理工艺与低合金刃具钢相同。这类钢的最终热处理是淬火＋低温回火，由于淬透性好通常在油中淬火，其最终组织是回火马氏体＋颗粒状未溶碳化物＋残余奥氏体。

对于高碳高铬冷作模具钢，根据淬火温度和回火温度不同有两种不同最终热处理。现以用 Cr12MoV 钢制作冷挤压模为例介绍高碳高铬冷作模具用钢的热处理工艺。

① 低温淬火＋低温回火，也称一次硬化。采用 980~1030℃ 的温度加热淬火，然后在 150~170℃ 低温回火，得到的组织是细颗粒的回火马氏体＋颗粒状碳化物＋少量残余奥氏

体，其硬度可达 61～64HRC。如需提高韧性，可将回火温度提高到 200～270℃，从而使马氏体分解，硬度降低至 55～57HRC，韧性提高。这种热处理变形小，耐磨性和韧性好，一般承受较大载荷和形状复杂的模具用该方法。

② 高温淬火＋高温回火，也称二次硬化。在 1050～1100℃ 的高温加热淬火后，经 500～520℃ 多次高温回火，产生二次硬化，回火后硬度可达 60～62HRC，红硬性和耐磨性较高（但韧性较差）。这种方法适用于工作温度较高（400～500℃）、负荷不太大且韧性较低或淬火后还要渗氮的模具。

高碳高铬型冷作模具钢热处理后最终得到的组织是回火马氏体＋颗粒状碳化物＋少量残余奥氏体。

4）常用冷作模具用钢性能及用途。9Mn2V 钢是我国近年来发展的一种不含 Cr 的冷作模具用钢，可代替或部分代替含 Cr 的钢。9Mn2V 钢硬度和耐磨性较高，淬火变形及开裂倾向性小、而淬透性比碳素工模具钢大，但冲击韧性不高，回火稳定性较差，回火温度一般不超过 180℃，在 200℃ 回火时抗弯强度及韧性开始出现低值。适宜制造尺寸较小的冲模、冷压模、落料模，也可以制造各种精密量具、样板等。

9CrWMn 具有一定的淬透性和耐磨性，淬火变形小，碳化物分布均匀且颗粒细小，适宜制造截面不大而变形复杂的冷冲模。

CrWMn 具有较高的硬度、耐磨性和较好的韧性，但是对形成碳化物网较敏感。这种钢适于制作截面尺寸较大、要求耐磨性高、淬火变形小、工作温度不高的丝锥、板牙、铰刀等，也可制作小型冲模等。

7CrSiMnMoV 淬透性好，空冷即可淬硬，硬度可达 62～64HRC，淬火操作方便，过热敏感性小适宜制作汽车冷弯模具。

Cr8Mo2SiV 有高韧性、高耐磨性、高淬透性、淬火时尺寸变化小等特点，适宜制作冷剪切模、切边模、拉丝模、搓丝板、冷冲模、量规等。

Cr4W2MoV 钢具有高硬度、高耐磨性、高淬透性、尺寸稳定性好等特点，并具有较好的回火稳定性及综合力学性能，适宜制造各种冲模、冷镦模、落料模、冷挤凹模等。

Cr12 钢具有良好的耐磨性，其热处理变形小，适宜制造冲击负荷较小、要求高耐磨的冷冲模、挤压模、滚丝模、冷剪刀等。

Cr12MoV 具有高的淬透性和耐磨性，淬火时尺寸稳定性好，具有较高的韧性，适宜制作形状复杂的冲孔模、冷剪切刀、拉伸模、拉丝模、冷挤压模等。

近年来用高速钢作冷作模具的倾向日趋增大。选用高速钢作冷模具时，应采用低温淬火，以提高韧性。例如 W18Cr4V 钢作冷作模具时，则应采用 1190℃ 的低温淬火。又如 W6Mo5Cr4V2 钢，采用低温淬火后可使寿命大大提高。

（2）热作模具钢。热作模具钢主要用于制造使加热金属或液态金属成型的模具，如热锻模、热压模、热挤压模、压铸模等，图 5-17 所示为连杆锻模，工作时型腔表面温度可达 600℃ 以上。

图 5-17　连杆锻模

热作模具工作时受到比较高的冲击载荷，同时模腔表面要与炽热金属接触并发生摩擦，局部温度可达 500℃ 以上，并且还要不断反复受热与冷却，常因热疲劳而使模腔表面龟裂。因此要求热作模具钢具有以下性能：高温下良好的综合力学性能；高的抗热疲劳性能；高的淬透性、良好的导热性及高的抗氧化性。

1）热作模具钢的化学成分及性能特点。

①热作模具钢的碳质量分数 $w(C)$ 为 0.3%～0.6% 属于中碳合金钢，目的是通过调质处理获得高强度、高韧性和较高的硬度。

②合金元素主要有 Cr、Mn、Si、Ni、Mo 和 W。Cr、Mn、Si、Ni 的主要作用是提高钢的淬透性，使模具的表层与内部的强度与硬度趋于一致。Ni、Mn 和 Si 还可强化铁素体，以提高钢的强度。Cr、W 和 Mo 能提高共析点温度，使模具在反复加热和冷却过程中不发生相变，从而提高钢的抗热疲劳性能；另外 Cr、W、Mo 使钢在淬火＋高温回火（500～600℃）时出现二次硬化的现象，提高钢的红硬性，同时可以细化晶粒。Mo 和 W 的主要作用是防止第二类回火脆性及提高耐回火性。

2）热作模具钢的热处理特点和组织性能。热作模具钢热处理的目的主要是提高红硬性、抗热疲劳性和综合力学性能。热作模具钢的加工工艺路线一般为下料→锻造→球化退火→机加工（成形加工）→淬火→高温回火→磨削加工。

为了碳化物分布均匀，热处理之前要对热作模具钢反复锻打。热作模具钢的预热处理是球化退火，目的是消除锻造应力、降低硬度，便于机加工，同时细化晶粒、改善组织为最终热处理做准备。球化退火得到球状珠光体和颗粒状碳化物。最终热处理是淬火＋高温回火，得到的组织是回火索氏体＋颗粒状碳化物＋少量的残余奥氏体，以获得良好的综合力学性能。另外，钢中的 W、V、Mo 合金元素会使钢在高温回火时析出细小的合金碳化物产生二次硬化，从而使钢获得较高的红硬性。

常用热作模具钢的牌号、化学成分、热处理见表 5-24。

表 5-24　　常用热作模具钢的牌号、化学成分及热处理（摘自 GB/T 1299—2014）

牌号	化学成分 w(%)								交货状态（退火）HBS	淬火温度（℃）介质
	C	Si	Mn	Cr	W	Mo	Ni	V		
5CrMnMo	0.50～0.60	0.25～0.60	1.20～1.60	0.60～0.90	—	0.15～0.30	—	—	197～241	820～850 油
5CrNiMo	0.50～0.60	≤0.40	0.50～0.80	0.50～0.80	—	0.15～0.30	1.40～1.80	—	197～241	830～860 油
4Cr2NiMoV	0.35～0.45	≤0.40	≤0.4	1.80～2.20	—	0.45～0.60	1.10～1.50	0.10～0.30	≤220	910～960 油
5CrNi2MoV	0.50～0.60	≤0.40	0.10～0.40	0.80～1.20	—	0.35～0.55	1.50～1.80	0.05～0.15	≤255	850～880 油
3Cr2W8V	0.30～0.40	≤0.40	≤0.40	2.20～2.70	7.50～9.00	—	—	0.20～0.50	≤255	1075～1125 油
4Cr5W2VSi	0.32～0.42	0.80～1.20	≤0.40	4.50～5.50	1.60～2.40	—	—	0.60～1.00	≤229	1030～1050 油或空
4Cr5MoSiV	0.33～0.43	0.80～1.20	0.20～0.50	4.75～5.50	—	1.10～1.60	—	0.30～0.60	≤229	淬火：1010 盐浴 回火：550

注　各钢种 S、P 含量均不大于 0.030%。

3）常用的热作模具钢及其用途。

①热锤锻模用钢。热锤锻模工作时受冲击负荷作用，故对钢的力学性能要求较高，特别是对塑性变形抗力及韧性要求较高；热锤锻模的截面尺寸较大，故对钢的淬透性要求较高，以保证整个模具组织和性能均匀。热锤锻模用钢的含碳量为 0.5%～0.6%，加入的合金元素为 Cr、Ni、Mn、Mo 等。常用热锤锻模用钢有 5CrNiMo、5CrMnMo、4Cr2NiMoV、5CrNi2MoV、5Cr2NiMoVSi 等。5CrNiMo、5CrNi2MoV 和 5Cr2NiMoVSi 具有良好的淬透性、回火稳定性、韧性、强度和较高的红硬性和耐磨性，适宜制造大型、中型的热锤锻模（模具的截面尺寸≥400mm）。5CrMnMo 和 4Cr2NiMoV 具有较高的强度和耐磨性，但淬透性和耐热疲劳性较 5CrNiMo 差，适宜制作中小型的锤锻模（模具的截面尺寸＜400mm）。

②热挤压模用钢。热挤压模的工作特点是加载速度较慢，因此，模腔受热温度较高，通常可达 500～800℃。这类钢的应该具有高的高温强度（即高的回火稳定性）和高的耐热疲劳性能，对冲击韧性及淬透性的要求可适当放低。压铸模钢含碳量一般为 0.3%～0.6%，加入的合金元素有 Cr、Mn、Si、W、Mo、V 等。常用的热挤压模用钢有 3Cr2W8V、4Cr5W2VSi、4Cr5MnSiV 等热作模具钢。3Cr2W8V 在高温下具有高强度和高硬度（650℃ 时可达 300HBW）抗冷热交变疲劳强度性能好，但韧性较差，适宜制作高温下高应力、但不承受冲击载荷的凸、凹模，如平锻机上的凸凹模、镶块、铜合金挤压模、压铸模等；也可以制作承受大的压应力、弯应力和拉应力的模具，如反挤压模具等。4Cr5W2VSi 在中温下具有较高的强度、硬度、耐磨性和热疲劳性能，适宜制作热挤压用的模具和芯棒，铝、锌等轻金属的压铸模，以及高速锤用模具与冲头。

③压铸模用钢。总体而言，压铸模用钢的使用性能要求与热挤压模用钢相近，即以要求高的回火稳定性与高的热疲劳抗力为主。所以通常所选用的钢种大体上与热挤模用钢相同，如常采用 4CrW2Si、3Cr2W8V 等钢。但又有所不同，例如对于熔点较低的 Zn 合金压铸模，可选用 40Cr、30CrMnSi、40CrMo 等；对于 Al 和 Mg 合金压铸模，可选用 4CrW2Si、4Cr5MoSiV 等；对于 Cu 合金压铸模，多采用 3Cr2W8V 钢。

4. 合金量具钢

量具钢用于制造各种测量工具的钢称为量具钢，如卡尺、千分尺、样板、块规、塞规、螺旋测微仪等。

量具在使用过程中要与被测零件接触，经常与工件产生摩擦与碰撞，而且量具本身又必须具备非常高的尺寸精确性和稳定性，因此，要求具有以下性能：高硬度（一般大于 62HRC）和高耐磨性，以保证在长期使用中不致被很快磨损，而失去其精度；高的尺寸稳定性，以保证量具在使用和存放过程中保持其形状和尺寸的稳定；足够的韧性，以保证量具在使用时不致因偶然碰撞而损坏；在特殊环境下具有抗腐蚀性。

（1）量具钢的化学成分。

1）碳质量分数为 0.9%～1.50%，以获得足够的合金渗碳体和马氏体，保证高的硬度与耐磨性。

2）合金元素主要有 Cr、W、Mn。Cr、W 与 C 形成合金碳化物进一步提高了钢的硬度与耐磨性。Cr、W、Mn 能提高钢的淬透性，降低 M_s 点，使热应力与组织应力减小，减小淬火变形。

（2）热处理特点和组织性能。量具钢热处理的主要目的是在保持高硬度与高耐磨性的前提下，尽量采取各种措施使量具在长期使用中保持尺寸的稳定。量具在使用过程中随时间延长而发生尺寸变化的现象称为量具的时效效应。这是因为量具钢的含碳量较高，属过共析钢，淬火后含残余奥氏体，残余奥氏体转变为马氏体时引起体积膨胀；马氏体在使用过程中会继续分解，正方度降低引起体积收缩；残余内应力的存在和重新分布，使弹性变形部分地转变为塑性变形引起尺寸变化。因此，在量具钢的热处理工艺相对较复杂。

量具钢的加工工艺路线：下料→锻造→球化退火→机加工（成形加工）→粗磨→淬火→冷处理→低温回火→低温时效处理→精磨→研磨。

1) 预热处理可以采用球化退火或调质处理。球化退火的目的是消除锻造应力、降低硬度便于机加工、获得颗粒状碳化物为最终热处理做好组织准备。调质处理的主要目的是获得回火索氏体组织，因为回火索氏体与马氏体体积差较小，可以减小淬火变形和淬火应力。

2) 淬火和低温回火。为了保证硬度和耐磨性最终热处理采用淬火＋低温回火。淬火时尽量降低淬火温度并进行预热，以减小加热和冷却过程中的温差及淬火应力。量具的淬火介质为油（20～30℃），淬火方式不宜采用分级淬火和等温淬火，只有在特殊情况下才予以考虑。

3) 冷处理。高精度量具在淬火后必须进行冷处理，以减少残余奥氏体量，从而增加尺寸稳定性。冷处理温度一般为−80～−70℃并在淬火冷却到室温后立即进行，以免残余奥氏体发生陈化稳定。

4) 低温回火。淬火后低温回火的目的是得到回火马氏体组织，以保证高的硬度与耐磨性，回火温度为150～160℃，回火时间不应小于4～5h。

5) 时效处理。为了进一步提高尺寸稳定性，回火后，再在120～150℃进行24～36h的时效处理，降低马氏体的正方度，消除残余内应力，大大增加尺寸稳定性而不降低其硬度。

(3) 常用合金量具钢与用途。量具无专用钢种，根据量具的种类及精度要求，量具可选用不同的钢种。

1) 形状简单、精度要求不高的量具，可选用碳素工具钢，如T10A、T11A、T12A。由于碳素工具钢的淬透性低，尺寸大的量具采用水淬会引起较大的变形。因此，这类钢只能制造尺寸小、形状简单、精度要求较低的卡尺、样板、量规等量具。

2) 精度要求较高、形状较复杂的量具（如块规、塞规）通常选用高碳低合金刃具钢、冷作模具钢和轴承钢，如Cr2、CrWMn、GCr15等。由于这类钢是在高碳钢中加入Cr、Mn、W等合金元素，故可以提高淬透性、减小淬火变形、提高钢的耐磨性和尺寸稳定性。

3) 对于形状简单、精度不高、使用中易受冲击的量具，如简单平样板、卡规、直尺及大型量具，可采用渗碳钢15、20、15Cr、20Cr等。但量具须经渗碳、淬火及低温回火后使用。经上述处理后，表面具有高硬度、高耐磨性、心部保持足够的韧性。也可采用中碳钢50、55 60、65制造量具，但须经调质处理，再经高频淬火回火后使用，也可保证量具的精度。

4) 在腐蚀条件下工作的量具可选用不锈钢4Cr13、9Cr18制造。经淬火、回火处理后可使其硬度可达56～58HRC，同时可保证量具具有良好的耐腐蚀性和足够的耐磨性。

5) 若量具要求特别高的耐磨性和尺寸稳定性，可选渗氮钢38CrMoAl或冷作模具钢Cr12MoV。38CrMoAl钢经调质处理后精加工成形，然后再氮化处理，最后需进行研磨。Cr12MoV钢经调质或淬火、回火后再进行表面渗氮或碳、氮共渗。两种钢经上述热处理后，可使量具具有高耐磨性、高抗蚀性和高尺寸稳定性。

5.2.3 特殊性能钢

特殊性能钢是指除了具有一定的力学性能外，还具有特殊的物理或化学性能钢。特殊性能钢通常用来制造除要求具有一定的机械性能外，还要求具有特殊性能的工程构件或机器零件。特殊性能钢种类很多，机械产品中应用比较多的主要是不锈钢、耐热钢和耐磨钢。

1. 不锈钢

在自然环境（大气、水蒸气）或一定工业介质（盐溶液、酸）中具有高度化学稳定性的钢称为不锈钢。不锈钢主要在石油、化工、海洋开发、原子能、宇航、国防工业等领域用于制造在各种腐蚀性介质中工作的零件或构件。对不锈钢的性能要求主要是耐蚀性。此外，根据零件或构件不同的工作条件，要求其具有适当的力学性能。对某些不锈钢还要求其具有良好的工艺性能。

（1）不锈钢的化学成分及性能特点。

1）碳含量。不锈钢的碳含量为 $0.03\% \sim 0.95\%$。碳含量越高，钢的耐蚀性越差。因为 C 与钢中的合金元素 Cr 易在晶界处形成合金碳化物 $(Cr, Fe)_{23}C_6$ 使碳化物周围的基体贫 Cr。当 Cr 贫化到耐腐蚀所需的最低含量时，$w(Cr) = 11.7\%$，贫 Cr 区会迅速被腐蚀，造成晶间腐蚀，使金属产生沿晶界断裂的危险。因此，大多数不锈钢的碳含量为 $0.1\% \sim 0.2\%$，对于制造工具、量具等少数不锈钢，其碳含量较高，以获得高的强度、硬度和耐磨性，但此时 Cr 的含量也必须相应提高。

2）合金元素。不锈钢的耐腐蚀性主要是通过添加大量的合金元素 Cr 和 Ni 使钢合金化实现的。另外，添加的合金元素还有 Ti、Nb、Mn、Si、Mo、N、Cu、Al 等。

①Cr。研究表明 Cr 是提高钢的耐蚀性和抗氧化性的主要元素。Cr 能提高钢基体的电极电位。随着 Cr 含量的增加，当 Cr 原子与 Fe 原子比达到 1/8、2/8、3/8……时，钢的电极电位呈台阶式跃增，称为 $n/8$ 定律。当 $n = 1$，即 Cr 原子的摩尔分数为 12.5%，换成质量百分数为 $w(Cr) = 11.7\%$ 时，铁基固溶体的电极电位可由 $-0.56V$ 跃迁至 $+0.2V$，使钢的耐蚀性才明显提高，但是由于 C 与 Cr 会生成碳化物，故不锈钢的 Cr 质量分数一般应大于 $w(Cr) = 13\%$。Cr 是缩小奥氏体相区的元素，随着 Cr 的含量增加，奥氏体 A 区会逐渐缩小，当 Cr 质量百分数大于 12.7% 时，使钢形成单相铁素体组织。Cr 能形成稳定致密的 Cr_2O_3 氧化膜，使钢的耐蚀性大大提高。所以，Cr 是不锈钢中的必要元素。

②Ni。Ni 是扩大奥氏体相区的元素，当钢中的 Ni 达到一定值时，可使钢在常温下形成单相奥氏体组织，从而提高抗电化学腐蚀性能。同时，Ni 可以提高钢的塑性、韧性，改善钢的压力加工性能和焊接性能。

③Mo、Cu。Cr 在盐酸、稀硫酸和碱溶液等非氧化性酸中的钝化能力较差，加入 Mo 和 Cu，可以提高钢在非氧化性酸中的耐蚀性。

④Ti、Nb。Ti 和 Nb 的主要作用是防止奥氏体不锈钢发生晶间腐蚀。晶间腐蚀是一种沿晶粒周界发生腐蚀的现象，危害很大。它是由于 $Cr_{23}C_6$ 析出于晶界，使晶界附近铬含量降到 12% 以下，电极电位急剧下降，在介质作用下发生强烈腐蚀。Ti 和 Nb 与 C 的亲和力大于 Cr，加入 Ti、Nb 则先于铬与碳形成不易溶于奥氏体的碳化物 TiC 和 NbC，避免晶界贫铬，提高了钢的耐腐蚀性，由于碳化物 TiC 和 NbC 呈弥散状分布在基体上，也进一步提高了钢的强度。

⑤Mn、N。Mn 和 N 可以部分代替 Ni 以获得奥氏体组织，并能提高 Cr 不锈钢在有机

酸中的耐蚀性。

(2) 常用不锈钢的化学成分、性能、热处理及其应用。不锈钢按其正火状态下的组织结构主要分为马氏体型不锈钢、铁素体型不锈钢、奥氏体型不锈钢、奥氏体型-铁素体型（双相）和沉淀硬化型不锈钢。

1) 马氏体型不锈钢。马氏体型不锈钢是基体为马氏体组织，有磁性，通过热处理可调整其力学性能的不锈钢。

这类钢中 C 的平均质量分数为 $0.1\% \sim 1.0\%$，随着含碳量的增加，其强度与硬度增加，耐磨性提高，但耐腐蚀性下降。Cr 的平均质量分数为 $12\% \sim 18\%$，由于 Cr 的含量高，淬透性好，空冷时即可形成马氏体（临界淬透直径为 100mm）。这类钢主要用于制造机械性能要求较高，耐蚀性要求较低的机械零件和工具。

马氏体型不锈钢主要是 Cr13 型和 Cr18 型不锈钢两类。典型钢号为 12Cr13、20Cr13、30Cr13、40Cr13、95Cr18、90Cr18MnV 等，其化学成分、热处理、力学性能及应用见表 5-25。由于钢中 Cr 的含量较高，使共析点移至 $w(C) \approx 0.3\%$，所以 30Cr13 和 40Cr13 分别属于共析钢和过共析钢。

马氏体型不锈钢锻造或冲压后的预热处理是完全退火，目的是降低硬度或消除硬化现象，便于进一步加工。这类钢都需要经淬火加回火热处理后才能使用。12Cr13、20Cr13 的最终热处理为调质处理（1050℃油淬和 600～750℃高温回火），使用状态下的组织为回火索氏体。这两种钢具有良好的耐大气、蒸汽腐蚀能力及良好的综合力学性能，可用于拉伸、弯曲、卷边和焊接，但切削性能较差，主要用于制造要求塑韧性较高，能承受冲击载荷的耐蚀性结构件，如汽轮机叶片、水压机阀、螺栓、螺母等。30Cr13、40Cr13 和 95Cr18 的最终热处理为淬火加低温回火（1050℃油淬和 200～280℃低温回火），使用状态下的组织为回火马氏体。这种钢具有较高的强度、硬度（>50HRC）。主要用于要求耐蚀、耐磨的器件，如医疗器械、量具、滚动轴承等。

2) 铁素体型不锈钢。铁素体型不锈钢是基体以体心立方晶体结构的铁素体组织为主，有磁性，一般不能通过热处理硬化，但冷加工可使其轻微强化的不锈钢。

这类钢的成分特点是高 Cr 低 C，C 的平均质量分数小于 0.15%，Cr 的平均质量分数为 $12\% \sim 30\%$。由于含 C 量低，含 Cr 量高，使钢从室温加热到高温（960～1100℃），其组织始终是单相铁素体，因此这类钢不能通过热处理强化，可通过加入 Ti、Nb、Mo 等强碳化物形成元素或经冷塑性变形及再结晶来细化晶粒，提高其强度和硬度。

铁素体型不锈钢主要在退火或正火状态下使用，在热处理或其他热加工过程中应该注意的主要问题是脆化倾向，产生脆化的原因有两种。

①475℃脆性，即将钢加热到 450～550℃停留时会析出高铬化合物，使钢脆性增加。可通过加热到 600℃后快冷消除。

②σ 相脆性，即钢在 600～800℃长期加热时，因析出硬而脆的 σ 相使钢脆性增加，同时也会引起晶间腐蚀，降低钢的抗氧化性。可通过将钢重新加热至 820℃以上后快速冷却消除。

铁素体型不锈钢的性能特点是耐酸蚀，抗氧化能力强，塑性好，但强度和硬度比马氏体型不锈钢低，具有良好的塑性加工、切削加工和焊接性能。因此，铁素体型不锈钢主要用于对力学性能要求不高、而对耐蚀性和抗氧化性要求较高的硝酸和氮肥工业的耐蚀件。

铁素体型不锈钢主要是 Cr17 型，典型钢号如 06Cr13Al、10Cr17、10Cr17Mo 等，其化学成分、热处理、力学性能及应用见表 5-26。

表5-25　常用不锈钢的牌号、成分、热处理、力学性能及用途（摘自 GB/T 1220—2007）

类别	新牌号	旧牌号	化学成分（%）				热处理		经热处理的力学性能（不小于）					用途举例
			C	Cr	Ni	其他	淬火	回火	R_{eL} (MPa)	R_m (MPa)	A (%)	Z (%)	硬度	
马氏体型	12Cr13	1Cr13	0.08~0.15	11.50~13.50	(0.60)	Si≤1.00 Mn≤1.00	950~1000 油冷	700~750 快冷	345	540	22	55	HBW 159	制作抗弱腐蚀介质并承受冲击载荷的零件，如汽轮机叶片、水压机阀、螺栓、螺母、医疗器械
	20Cr13	2Cr13	0.16~0.25	12.00~14.00	(0.60)	Si≤1.00 Mn≤1.00	920~980 油冷	600~750 快冷	440	640	20	50	HBW 192	
	30Cr13	3Cr13	0.26~0.35	12.00~14.00	(0.60)	Si≤1.00 Mn≤1.00	920~980 油冷	600~750 快冷	540	735	12	40	HBW 217	制作具有较高硬度和耐磨性要求的医疗器械以及油泵轴、滚动轴承、弹簧等零件
	40Cr13	4Cr13	0.36~0.45	12.00~14.00	(0.60)	Si≤0.60 Mn≤0.80	1050~1100 油冷	200~300 空冷	—	—	—	—	HRC 50	
	95Cr18	9Cr18	0.90~1.00	17.00~19.00	(0.60)	Si≤0.80 Mn≤0.80	1000~1050 油冷	200~300 油、空冷	—	—	—	—	HRC 55	用于制造高耐磨损、高耐腐蚀零件，如轴、泵、阀、杆件、弹簧、紧固件等耐磨、耐蚀件
铁素体型	06Cr13Al	0Cr13Al	≤0.08	11.50~14.50	(0.60)	Si≤1.00 Mn≤1.00	退火 780~830 空冷或缓冷		175	410	20	60	HBW 183	制作石油精制装置里、蒸汽轮机叶片、压力容器衬里等
	10Cr17	1Cr17	≤0.12	16.00~18.00	(0.60)	Si≤1.00 Mn≤1.00	退火 780~850 空冷或缓冷		205	450	22	50	HBW 183	制作硝酸工厂、复合钢板等设备
	10Cr17Mo	1Cr17Mo	≤0.12	16.00~18.00	(0.60)	Si≤1.00 Mn≤1.00 Mo0.75~1.25	退火 780~850 空冷或缓冷		205	450	22	60	HBW 183	制作汽车轮毂、紧固件及汽车外饰件等
奥氏体型	06Cr19Ni10	0Cr18Ni9	≤0.08	18.00~20.00	8.00~11.00		固溶 1010~1150 快冷		205	520	40	60	HBW 187	耐蚀性好，用于制造深冲成形部件和耐酸管道、容器、结构件以及无磁、低温用部件等
	12Cr18Ni9	1Cr18Ni9	≤0.15	17.00~19.00	8.00~10.00	No.10	固溶 1010~1150 快冷		205	520	40	60	HBW 187	制作耐硝酸、冷磷酸及盐、碳酸溶腐蚀的设备零件
	06Cr17Ni12Mo2	0Cr17Ni12Mo2	≤0.08	16.00~18.00	10.00~14.00	Mo2.00~3.00	固溶 1010~1150 快冷		205	520	40	60	HBW 187	在海水和其他各种介质中，耐腐蚀性比06Cr19Ni10好，主要用作耐点蚀材料

注：　1. 表中所列奥氏体型不锈钢的Si≤1%，Mn≤2%。
　　　2. 表中所列各钢种的P≤0.035%，S≤0.030%。
　　　3. 括号内的值为允许添加的最大值。

表5-26　　常用耐热钢的牌号、成分、热处理、力学性能及用途（摘自 GB/T 1221—2007，GB/T 3077—2015）

类别	牌号	化学成分（%） C	Cr	其他	热处理（℃） 淬火	回火	力学性能（不小于） R_{eL}（MPa）	R_m（MPa）	A（%）	Z（%）	硬度 HBW	用途举例
珠光体型	12CrMo	0.08~0.15	0.40~0.70	Mo0.40~0.55	900 空冷	650 空冷	410	265	24	60	179	450℃的汽轮机零件，475℃的各种蛇形管
	15CrMo	0.12~0.18	0.80~1.10	Mo0.40~0.55	900 空冷	650 空冷	440	295	22	60	179	<550℃的蒸汽管，<650℃的水冷壁管及联箱和蒸汽管等
	12CrMoV	0.08~0.15	0.30~0.60	Mo0.25~0.35，V0.15~0.30	970 空冷	750 空冷	440	225	22	50	241	≤540℃的主汽管等，≤570℃的过热器管等
	12Cr1MoV	0.08~0.15	0.90~1.20	Mo0.25~0.35，V0.15~0.30	970 空冷	750 空冷	490	245	22	50	179	≤585℃的过热器管及≤570℃管路附件
马氏体型	12Cr13	0.08~0.15	11.50~13.50	Si≤1.00，Mn≤1.00，Ni≤0.60	950~1000 油冷	700~750 快冷	345	540	22	55	159	800℃以下耐氧化用部件
	20Cr13	0.16~0.25	12.00~14.00	Si≤1.00，Mn≤1.00，Ni≤0.60	920~980 油冷	600~750 快冷	440	640	20	50	192	耐蚀性好，制作汽轮机叶片
	12Cr5Mo	≤0.15	4.00~6.00	Ni≤0.60，Mo0.40~0.60，Si≤0.50，Mn≤0.50	900~950 油冷	600~700 空冷	390	590	18	50	200	制作再热蒸汽管，锅炉吊架、泵的零件、汽缸衬垫、阀、活塞杆、紧固件等
	42Cr9Si2	0.35~0.50	8.00~10.00	Si 2.00~3.00，Mn≤0.70	1020~1040 油冷	700~780 油冷	590	885	19	50	退火 269	制作内燃机进气阀的排气阀
	14Cr11MoV	0.11~0.18	10.00~11.50	Mo0.50~0.70，V0.25~0.40，Si≤0.50，Mn≤0.60	1050~1100 油冷	720~740 空冷	490	685	16	55	退火 200	用于透平叶片及导向叶片
	15Cr12WMoV	0.12~0.18	11.00~13.00	Mo0.50~0.70，W0.70~1.10，V0.15~0.30，Si≤0.50，Mn0.50~0.90	1000~1050 油冷	680~700 空冷	585	735	15	45		有较高的热强性，良好的减振性及组织稳定性，制作透平叶片、紧固件、转子及轮盘
铁素体型	10Cr17	≤0.12	16.00~18.00	Si≤1.00，Mn≤1.00，P≤0.040，S≤0.030	退火 780~850 空冷或缓冷		205	450	22	50	183	900℃以下耐氧化部件，如散热器，炉用部件、油喷嘴
	022Cr12	≤0.03	11.00~13.50	Si≤1.00，Mn≤1.00	退火 700~820 空冷或缓冷		195	360	22	60	183	耐高温氧化性好，制作汽车排气处理装置、锅炉燃烧室、喷嘴等

续表

类别	牌号	化学成分（%）			热处理（℃）		力学性能（不小于）					用途举例
		C	Cr	其他	淬火	回火	R_{eL} (MPa)	R_m (MPa)	A (%)	Z (%)	硬度 HBW	
铁素体型	06Cr13Al	≤0.08	11.50~14.50	Si≤1.00, Mn≤1.00	退火 780~830 空冷或缓冷		175	410	20	60	183	用于制作燃气透平压缩机叶片、退火箱、淬火台架
	16Cr25N	≤0.20	23.00~27.00	Si≤1.00, Mn≤1.50, Cu≤0.30, N≤0.25	退火 780~880 快冷		275	510	20	40	201	耐高温腐蚀性好，用于抗硫氨，如燃烧器、退火箱、阀、搅拌杆等
奥氏体型	06Cr19Ni10	≤0.08	18.00~20.00	Ni8.00~11.00, Si≤1.00, Mn≤2.00	固溶 1010~1150 快冷		205	520	40	60	187	通用耐氧化钢，可承受870℃以下反复加热
	22Cr21Ni12N	0.15~0.28	20.00~22.00	Ni10.5~12.5, N0.15~0.30, Si0.75~1.25, Mn1.00~1.60	固溶 1050~1150 快冷 时效 750~800 空冷		430	820	26	20	≤269	以抗氧化为主的汽油及柴油机用排气阀
	06Cr23Ni13	≤0.08	22.00~24.00	Ni12.0~15.0, Si≤1.00, Mn≤2.00	固溶 1030~1150 快冷		205	520	40	60	≤187	可承受980℃以下反复加热，炉用材料
	06Cr25Ni20	≤0.08	24.00~26.00	Ni19.0~22.0, Si≤1.50, Mn≤2.00	固溶 1030~1180 快冷		205	520	40	60	≤187	可承受1035℃加热，炉用材料，汽车净化装置材料
	45Cr14Ni14W2Mo	0.40~0.50	13.00~15.00	Ni13.0~15.0, Mo0.25~0.40, Si≤0.80, Mn≤0.70, W2.0~2.75	退火 820~850 快冷		315	705	20	35	≤248	用于制作700℃以下工作的内燃机、柴油机进、排气阀和紧固件，500℃以下工作的航空发动机及其他产品零件

注　1. 表中所列珠光体耐热钢的Si含量为0.17%~0.37%，Mn含量为0.40%~0.70%；奥氏体型耐热钢除标明外，Si≤1%，Mn≤2%。
　　2. 表中所列珠光体耐热钢的P≤0.035%，S≤0.035%，马氏体型和奥氏体型耐热钢的P≤0.035%，S≤0.030%。

3）奥氏体型不锈钢。奥氏体型不锈钢是基体以面心立方晶体结构的奥氏体组织为主，无磁性，主要通过冷加工使其强化的不锈钢。这类钢的成分特点是低碳高铬、镍。C的质量分数通常是 $w(C)<0.1\%$，Cr 的质量分数为 $w(Cr)=17\%\sim19\%$，Ni 的质量分数为 $w(Ni)=8\%\sim11\%$，有时也加入少量的 Mn、V 等稳定奥氏体的元素。这类钢含有大量的 Ni 元素，使钢在室温下的组织为单相奥氏体。奥氏体型不锈钢具有高的塑性与韧性，良好的冷热加工性、可焊性与耐蚀性，耐腐蚀性比马氏体型不锈钢好，在氧化性和还原性介质中耐腐蚀性较好。

奥氏体型不锈钢加热至单一奥氏体状态后，若以缓慢冷却，在冷却过程中奥氏体将会析出 $(Cr，Fe)_{23}C_6$ 碳化物，同时发生奥氏体向铁素体转变。因此，奥氏体型不锈钢在退火状态的组织是奥氏体＋铁素体＋碳化物 $[(Cr,Fe)_{23}C_6]$ 混合组织。碳化物的存在会使钢的耐腐蚀性下降。所以，奥氏体型不锈钢常采用热处理固溶处理保证钢具有良好的耐蚀性。固溶处理是将奥氏体不锈钢加热到 $1050\sim1150℃$，使碳化物溶入奥氏体，然后快速冷却（水冷），使奥氏体在冷却过程中来不及析出 $C_{r23}C_6$、$(Cr，Fe)_{23}C_6$ 或发生相变，从而室温下获得单相奥氏体组织。奥氏体型不锈钢经固溶处理后强度很低，不适合作为结构件材料使用。由于该类钢具有很强的加工硬化能力，故冷加工硬化是奥氏体型不锈钢的有效强化方法。

对于含有 Ti 或 Nb 的钢，在固溶处理后还要进行稳定化处理，以防止晶间腐蚀。稳定化处理是将钢加热到 $850\sim880℃$，保温数小时，使钢中铬的碳化物 $C_{r23}C_6$、$(Cr，Fe)_{23}C_6$ 完全溶解，而 Ti 或 Nb 的碳化物不完全溶解，然后缓慢冷却，使 TiC 充分析出，以防止发生晶间腐蚀。

经冷加工塑性变形或焊接的奥氏体型不锈钢会产生残余应力，零件在工作过程中将会引起应力腐蚀，降低耐蚀性能而导致早期断裂。为了消除残余应力，在冷加工或焊接之后要进行去应力退火。冷加工之后的去应力退火是将零件加热到 $300\sim350℃$，保温后空冷。焊接之后的去应力退火是将零件加热到 $850℃$ 之上，保温后缓慢冷却。

奥氏体不锈钢是目前应用最广泛的不锈钢，常用来制造耐酸设备，如耐蚀容器及设备内衬、输送管道、耐硝酸的设备零件等。典型奥氏体型不锈钢有 06Cr19Ni10、06Cr17Ni12Mo2、12Cr18Ni9 等，其化学成分、热处理、力学性能及应用见表 5-25。

2. 耐热钢

耐热钢是指在高温下具有足够的强度、抗氧化、耐腐蚀性能和长期的组织稳定性，能较好地适应高温工作条件的特殊性能钢。它们广泛用于热工动力、石油化工、航空航天等领域，如热炉、锅炉、热交换器、汽轮机、内燃机、航空发动机等在高温条件下工作的构件和零件。

（1）耐热钢的工作条件及性能的要求。耐热钢通常要在 $300\sim1200℃$、工作压力为几兆帕到几十兆帕的条件下长期工作，一般在高温下承受各种载荷，如拉伸、弯曲、扭转、疲劳、冲击等。此外，它们还与高温蒸汽、空气或燃气接触，表面发生高温氧化或气体腐蚀。在高温下工作，钢将发生原子扩散过程，并引起组织转变，这是与低温工作部件的根本不同点。因此，耐热钢的基本性能要求是：具有良好的高温强度及与之相适应的塑性，同时要有足够高温化学稳定性。另外，耐热钢还应该具有良好的导热性、较小的热膨胀系数及良好的铸造性、焊接性及可锻性。

高温强度是指金属在高温下长期工作承受机械负荷的能力，是保证金属零件在高温下能安全稳定地工作的必要条件。金属在高温下所表现的机械性能与室温下的机械性能有较大区别的。当金属的工作温度超过其再结晶温度，随着时间的变化，在一定的应力下金属将会发生缓慢的、连续的塑性变形，这种现象称为蠕变。若零件结构设计不合理或材料选择不当，由于蠕变量超出允许量将使机械零件失效或损坏。如汽轮机叶片，由于蠕变使叶片末端与汽缸之间的间隙逐渐较小，当间隙消失时会导致叶片与汽缸碰撞，造成重大事故。

衡量金属的高温强度指标是蠕变极限和持久强度。蠕变极限是指金属在一定温度下、一定时间内，产生一定变形量时所能承受的最大应力。例如，700℃、1000h 内产生 0.2% 变形量时的蠕变极限用 $\sigma_{0.2/1000}^{700}$ 表示。持久强度是指金属在一定温度下、一定时间内，发生断裂时所能承受的最大应力称为持久强度，如 700℃、1000h 内发生断裂时的应力用 σ_{1000}^{700} 表示。

高温热化学稳定性，是指金属在高温下对各种介质的化学腐蚀的抗力。其中，最主要的是抵抗氧化的能力，即抗氧化性。金属材料的高温抗氧化性是指金属在高温下长期工作对氧化作用的抗力，是金属零件在高温下能持久工作的重要条件。

（2）提高耐热钢的高温强度和抗氧化性的措施。

1）提高钢的高温强度的措施。钢的高温强度主要取决于原子间结合力和钢的组织结构状态。提高钢的高温强度的措施主要有以下几个：

①固溶强化。在钢中加入 Cr、Mn、W、Mo 等元素，可溶入基体形成单相固溶体，提高基体金属原子间的结合力，减缓原子扩散，使再结晶温度提高，从而提高钢的高温强度，产生固溶强化。溶质原子和溶剂金属原子尺寸差异越大，熔点越高，则基体的高温强度越高。

②第二强化相。在钢中加入 V、Ti、Ni、Nb、Al 等元素可形成细小弥散分布且稳定的 VC、TiC、NbC 等碳化物和稳定性更高的 Ni_3Ti、Ni_3Al、Ni_3Nb 等金属间化合物，它们在高温下不易聚集长大，阻止位错移动，起到弥散强化的作用，从而有效地提高了钢的高温强度。

③晶界强化。金属材料在高温下，其晶界强度低于晶内强度，晶界是薄弱环节。钢中加入微量 B、Zr、Hf、RE 等晶界吸附元素能净化晶界或填充晶界空位，阻碍晶界原子扩散，提高蠕变抗力，使晶界碳化物稳定，从而强化晶界，提高高温断裂抗力；加入化学性质极活泼的元素（如 Ca、Nb、Zr、稀土等）与 S、P 及其他低熔点杂质形成稳定的难熔化合物，可以减少晶界杂质偏聚，提高晶界区原子间结合力。

2）提高抗氧化性的措施。

①防止 FeO 形成或提高其形成温度。在高温氧化介质中，氧与金属表面反应会生成氧化膜。碳钢在 570℃ 以上生成的氧化膜主要是 FeO，FeO 疏松多孔，氧原子容易通过 FeO 进行扩散，使钢的内部继续氧化。FeO 与基体的结合强度也比较弱，容易剥落，使钢的表面发生腐蚀，导致零件破损。当 Cr、Al、Si 含量较高时，钢和合金在 800～1200℃ 也不会生成 FeO 氧化膜。零件工作温度越高，保证钢有足够抗氧化性的 Cr、Al、Si 含量也应越高。

②在金属表面形成一层连续、致密、结合牢固的合金氧化膜，阻碍氧进一步的扩散，使内部金属不被继续氧化。在钢中加入 Cr、Si、Al 等合金元素，在高温下钢与氧接触时，可在合金表面上形成致密的、结合牢固的高熔点、高硬度的 Cr_2O_3、SiO_2、Al_2O_3 氧化膜，严密地覆盖在钢的表面，可以保护钢在高温下被氧气持续腐蚀。Cr 是最主要的合金元素，其抗氧化作用最大，当合金中 Cr 含量为 15% 时，抗氧化温度可达 900℃，当 Cr 含量为 20%～25% 时，抗氧化温度可达 1100℃。由于 Al 能导致钢的强度下降，脆性增大，Si 会增大钢的

脆性，一般要限制在 3％以下。为了提高钢的抗氧化性，通常 Cr、Al、Si 同时加入。

（3）常用耐热钢的化学成分、性能、热处理及其应用。根据钢的性能耐热钢分为抗氧化钢和热强钢，根据钢的基体组织耐热钢分为马氏体型耐热钢、铁素体型耐热钢、奥氏体型耐热钢和珠光体型耐热钢。

1）马氏体型耐热钢。马氏体型耐热钢具有良好的综合力学性能、较好的高温强度、耐腐蚀性及振动衰减性，这类钢的铬含量高，其抗氧化性及高温强度均高于珠光体耐热钢，淬透性好，其最高工作温度与珠光体耐热钢相近，多用于制造工作温度不超过 650℃、承受较大载荷的零件，如压缩机及航空发动机叶片、汽轮机叶片和内燃机气阀、高温螺栓、转子和锅炉过热器等。

常用钢种有 Cr12 型（14Cr11MoV，15Cr12WMoV）、Cr13 型（12Cr13，20Cr13）、铬硅钢（42Cr9Si3 和 40Cr10Si2Mo）等。马氏体型耐热钢热处理是 1000～1150℃油淬，650～750℃高温回火，得到回火屈氏体或回火索氏体组织，高温回火的目的是保证在使用条件下组织稳定。

2）铁素体型耐热钢。铁素体耐热钢是含碳<0.1％、铬>17％的基体为铁素体组织的一类耐热钢。这类钢含有较多的铬、铝、硅等铁素体形成元素，其特点是热膨胀系数很小，表面氧化皮不易剥离，有优异的抗氧化性和耐高温气体腐蚀的能力，特别是在含硫介质中具有足够的耐蚀性，但高温强度低、焊接性能差、脆性大。

常用铁素体耐热钢种有 022Cr12、06Cr13Al、10Cr17、6Cr25N 等。

铁素体耐热钢从高温到低温均为铁素体组织，加热时不发生相转变，不能通过热处理析出碳化物产生弥散强化效果，高温强度不如奥氏体耐热钢和马氏体耐热钢。此类耐热钢适合于要求抗氧化性比高温强度更重要的零部件，主要作为高温不起皮钢，用于承受负荷较低而要求良好的高温抗氧化和抗腐蚀的部件，如锅炉用构件、热交换器、汽车排气净化装置、散热器、燃烧室、喷嘴、退火箱、炉罩等。这类钢加热时无固态相变发生，只作消除冷加工应力的退火处理，退火温度为 700～800℃。

3）奥氏体型耐热钢。由于 γ-Fe 原子排列致密，原子间结合力较强，再结晶温度高。因此，奥氏体耐热钢比珠光体、马氏体耐热钢具有更高的高温强度和抗氧化性。为了提高钢的抗氧化性和稳定奥氏体，这类钢中加入了大量的 Cr 和 Ni，同时也有利于提高钢的高温强度。加入 W、Mo、V、Ti、Nb、Al、B 等元素，可强化奥氏体（W、Mo 等）、形成合金碳化物（V、Nb、Cr、W、Mo 等）和金属间化合物（Al、Ti、Ni 等）及强化晶界（B），可进一步提高钢的高温强度。

因此，奥氏体型耐热钢具有高的高温强度和抗氧化性，高的塑性和冲击韧性及良好的可焊性和冷成形性。奥氏体型耐热钢其抗氧化性温度可达 850～1250℃，主要用于制造工作温度在 600～850℃的高压锅炉过热器、汽轮机叶片、发动机气阀、管道等。

典型牌号有 0Cr18Ni9、0Cr18Ni10Ti、4Cr14Ni14W2Mo。

这类钢的热处理工艺有固溶处理、时效强化和稳定化处理。时效强化是固溶处理后将钢加热至一定温度，由固溶体中析出弥散碳化物质点而使钢硬度提高的一种热处理工艺。通常将钢加热至 1000℃以上保温后油冷或水冷，进行固溶处理；然后在高于使用温度 60～100℃进行一次或两次时效处理，以沉淀出强化相，稳定钢的组织，进一步提高钢的高温强度。

4）珠光体耐热钢。常用钢种为 15CrMo、12Cr1MoV 等。这类钢一般在正火＋回火状态下使用，组织为珠光体加铁素体，其工作温度低于 600℃。由于含合金元素量少，工艺性好，常用于制造锅炉、化工压力容器、热交换器、气阀等耐热构件。其中 15CrMo 主要用于锅炉零件。这类钢在长期的使用过程中，易发生珠光体的球化和石墨化，从而显著降低钢的蠕变和持久强度。通过降低含碳量和含锰量，适当加入铬、钼等元素，可抑制球化和石墨化倾向。

常用耐热钢的牌号、成分、热处理、力学性能及用途见表 5-26。

3. 耐磨钢

耐磨钢主要是指在冲击载荷和磨损条件下使用高锰钢。高锰钢主要用于既承受严重磨损又承受强烈冲击的零件，如拖拉机、坦克的履带板、破碎机的颚板、挖掘机的铲齿、铁路的道岔等。因此，对高锰钢主要性能要求是具有高的耐磨性和冲击韧性。

高锰钢的成分特点有以下两个：高碳，含碳量为 0.9%～1.5%，以保证高的耐磨性；高锰，含锰量为 11%～14%，以保证形成单相奥氏体组织，获得良好的韧性。

高锰钢的铸态组织为奥氏体加碳化物，性能硬而脆。为此，需对其进行水韧处理，即把钢加热到 1100℃，使碳化物完全溶入奥氏体，并进行水淬，从而获得均匀的过饱和单相奥氏体。这时，其强度、硬度并不高（180～200HB），但塑性、韧性却很好。为获得高耐磨性，使用时必须伴随着强烈的冲击或强大的压力，在冲击或压力作用下，表面奥氏体迅速加工硬化，同时形成马氏体并析出碳化物，使表面硬度提高到 500～550HB，获得高耐磨性。而心部仍为奥氏体组织，具有高耐冲击能力。当表面磨损后，新露出的表面又可在冲击或压力作用下获得新的硬化层。

高锰钢水冷后不应当再受热，因加热到 250℃ 以上时有碳化物析出，会使脆性增加。这种钢由于具有很高的加工硬化性能，所以很难机械加工，但采用硬质合金、含钴高速工具钢等切削工具，并采取适当的刀角及切削条件，还是可以加工的。

高锰钢共包括 5 种牌号，其化学成分和力学性能见表 5-27。

表 5-27　高锰钢的化学成分和力学性能（摘自 GB/T 5680—2010）

牌号	化学成分（%）						力学性能（不小于）				HBS≤
	C	Mn	Si	S≤	P≤	其他	R_{eL} (MPa)	R_m (MPa)	A (%)	K_{U2} (J/cm²)	
ZG100Mn13	0.90~1.05	11.00~14.00	0.30~0.9	0.040	0.060		—	635	20	118	—
ZG120Mn13	1.05~1.35	11.00~14.00	0.30~0.90	0.040	0.060		—	685	25	147	300
ZG120Mn13Cr2	1.05~1.35	11.00~14.00	0.30~0.90	0.04	0.060	1.50~2.50Cr	390	735	20		300
ZG120Mn13W1	1.05~1.35	11.00~14.00	0.30~0.90	0.04	0.060	0.9~1.2W	390	735	20		300
ZG120Mn17	1.05~1.35	16.00~19.00	0.30~0.90	0.04	0.060		—	735	30		300

习　题

5-1　合金元素在钢中以哪些形式存在？对钢的性能有哪些影响？

5-2　合金元素对钢中基本相有何影响？对钢中的相变过程有何影响？对钢的回火转变

有何影响？

5-3　Q235 经调质处理后使用是否合理？为什么？

5-4　直径为 25mm 的 40CrNiMo 棒料毛坯，经正火处理后硬度高很难切削加工，这是什么原因？试设计一个最简单的热处理方法以提高其机械加工性能。

5-5　某汽车变速箱齿轮，要求 $\sigma_b \geqslant 1080$MPa，$K_{U2} \geqslant 55$J，齿面硬度 $\geqslant 58$HRC，试选择合理的材料，并制订热处理工艺，指出最终组织。（待选材料：20CrMnTi、T10、40Cr、GCr15、Q235）

5-6　用 W18Cr4V 钢制作铣刀，试安排其加工工艺路线，说明各热加工工序的目的，使用状态下的显微组织是什么，为什么淬火温度高达 1280℃，淬火后为什么要经过三次 560℃回火，能否用一次长时间回火代替。

5-7　汽车、拖拉机变速箱齿轮和汽车后桥齿轮多半用渗碳钢制造，而机床变速箱齿轮又多半用中碳（合金）钢制造，试分析原因。

5-8　在材料库中存有 42CrMo、GCr15、T13、60Si2Mn。现在要制作锉刀、齿轮、连杆螺栓，试选用材料，并说明应采用何种热处理方法及使用状态下的显微组织。

5-9　判断下列钢号的钢种、成分、常用的热处理方法及使用状态下的显微组织：Q235、T8、16Mn、20Cr、40Cr、20CrMnTi、4Cr13、GCr15、9CrSi、60Si2Mn、Cr12MoV、W6Mo5Cr4V2、3Cr2W8V、5CrMnMo、1Cr18Ni9Ti。

6 金属的腐蚀与防护

金属材料及其制品在使用过程中会受到各种不同形式的损坏，最常见的损坏形式是断裂、磨损和腐蚀。

断裂是指金属受载超过其承载能力而发生的破断，如轴的断裂、钢丝绳的破断等均属此类。但是，断裂的金属构件可以作为炉料重新进行熔炼，材料可以获得再生。

磨损是由于机械摩擦作用而引起的逐渐损坏，如活塞环的磨损、机车的车轮与钢轨间的磨损。在很多情况下，磨损了的零件是可以修复的。例如，采用堆焊和刷镀可以修复已磨损的轴。

腐蚀是指金属与环境介质作用而导致的变质和破坏，如钢铁的锈蚀就是最常见的腐蚀现象。腐蚀使金属转变为化合物，是不可恢复的，不易再生。

实践表明，上述三种破坏形式往往互相交叉、互相渗透、互相促进，许多情况下金属材料的破坏是由于两种、甚至三种破坏机制共同作用而造成的。

腐蚀不仅造成经济上的重大损失，并且往往阻碍新技术、新工艺的发展。因此，研究材料的腐蚀规律，弄清腐蚀发生的原因及采取有效防止腐蚀的措施，对于延长设备寿命、降低成本、提高劳动生产率具有十分重要的意义。

6.1 材 料 的 腐 蚀

6.1.1 腐蚀的定义

腐蚀是材料受环境介质的化学、电化学和物理因素协同作用产生的损坏或变质现象。材料发生腐蚀应具备以下条件：①材料和环境构成同一体系；②相互作用；③材料发生了化学或电化学破坏。只要具备以上条件，材料腐蚀就存在。因此，腐蚀是包括化学、电化学与机械因素或生物因素的共同作用。从广义上讲，任何结构材料，包括金属材料及非金属材料都可能遭受腐蚀。例如，混凝土的腐蚀，建筑用砖、石头的风化，油漆、塑料、橡胶等的老化，以及木材的腐烂（是一种细菌、霉菌引起的生物性损坏）等。

常用金属材料特别容易遭受腐蚀，因此金属腐蚀的研究受到广泛的重视。在大多数的金属腐蚀过程中，在金属表面或界面上进行着化学或电化学的多相反应，其结果使金属转变为氧化（离子）状态。金属腐蚀涉及金属学、金属物理、物理化学、电化学、力学与生物学等学科。深入研究多相反应的化学动力学和电化学动力学对于金属腐蚀具有特殊的重要意义。

6.1.2 材料腐蚀与防护在国民经济发展中的意义

材料腐蚀问题遍及国民经济的各个领域，从日常生活到工农业生产，从尖端科学技术到国防工业的发展，凡是使用材料的地方，都不同程度地存在着腐蚀问题。腐蚀带来巨大的经济损失，造成许多灾难性的事故，不但消耗大量宝贵的资源与能源，还对环境产生污染，其危害触目惊心。

据世界上主要工业国家的调查统计，材料腐蚀带来的经济损失占国民生产总值的 $1.8\%\sim4.2\%$，每年由于腐蚀可使 $10\%\sim20\%$ 的金属损失掉。1975 年，美国国家标准局向国会提交特别报告"美国金属腐蚀的经济影响"。该报告指出这一年美国由于金属腐蚀造成的经济损失约为700亿美元，为当年国民生产总值的4.2%，是当年水灾、火灾、地震、飓风等自然灾害损失（125亿美元）的5倍多。这一调查结果引起世界各国的震惊，产生了极大影响。我国在1981年由国家科委腐蚀科学学科组组织对全国10家化工企业的腐蚀损失进行了调查。结果表明，1980年这些企业由于腐蚀造成的经济损失约为当年生产总值的3.9%，这个数字与许多国家进行的全面腐蚀损失调查的结果大体相当。2002年中国工程院的调查结果表明，我国腐蚀损失（包括直接和间接损失）达到4979.2亿元。中国科学院海洋所研究员、中国工程院院士侯保荣等研究表明，2014年腐蚀及其影响给中国带来损失高达21 278亿元，占国家GDP的3.34%。世界腐蚀组织主席、中国科学院沈阳分院院长韩恩厚，在2017年4月24日第九个"世界腐蚀日"指出，腐蚀是全人类共同面对的问题，涉及消耗资源、影响环境、影响人类健康，我国腐蚀总成本约为GDP的5%，腐蚀代价大于所有自然灾害损失的总和。

因此，从节约资源与能源出发，解决腐蚀的问题已迫在眉睫。应当指出，通过普及腐蚀与防护知识，推广应用先进的防腐蚀技术，腐蚀造成的经济损失可减少30%～40%。只要搞好腐蚀控制，就可以获得显著的经济效益。

6.1.3 材料腐蚀的分类

材料腐蚀是一个十分复杂的过程。由于服役中的材料构件存在化学成分、组织结构、表面状态等差异，所处的环境介质的组成、浓度、压力、温度、pH值等千差万别，还处于不同的受力状态，因此材料腐蚀的类型很多，存在着各种不同的腐蚀分类方法。根据材料的类型，可以将腐蚀分为金属材料腐蚀和非金属材料腐蚀两类。根据腐蚀环境的温度，可以把腐蚀分成高温腐蚀和常温腐蚀。

1. 按照腐蚀机理分

（1）化学腐蚀。化学腐蚀是指金属与电解质直接发生化学作用而引起的破坏。腐蚀过程是一种纯氧化和还原的纯化学反应，即腐蚀介质直接同金属表面的原子相互作用而形成腐蚀产物。反应进行过程中没有电流产生，其过程符合化学动力学规律。例如，铅在四氯化碳、三氯甲烷或在乙醇中的腐蚀。镁或钛在甲醇中的腐蚀，以及金属在高温气体中刚形成膜的阶段都属于化学腐蚀。

（2）电化学腐蚀。电化学腐蚀是金属与电解质溶液发生电化学作用而引起的破坏。反应过程同时有阳极失去电子、阴极获得电子及电子的流动（电流），其历程服从电化学动力学的基本规律。金属在大气、海水、工业用水、各种酸、碱、盐溶液中发生的腐蚀都属于电化学腐蚀。

电化学腐蚀和化学腐蚀一样，都会引起金属失效。在化学腐蚀中，电子传递是在金属与氧化剂之间直接进行，没有电流产生。而在电化学腐蚀中，电子传递是在金属和溶液之间进行，对外显示电流。这两种腐蚀过程的区别见表6-1。

表6-1 化学腐蚀与电化学方向的比较

比较项目	腐 蚀 类 型	
	化学腐蚀	电化学腐蚀
介质	干燥气体或非电解质溶液	电解质溶液
反应式	$\sum ri \cdot Mi = 0$ （ri—系数；Mi—反应物质）	$\sum ri Mi \pm ne = 0$ （n—离子价数；e—电子； ri—系数；Mi—反应物质）

续表

比较项目	腐 蚀 类 型	
	化学腐蚀	电化学腐蚀
腐蚀过程驱动力	化学位不同	电位不同的导体间的电位差
腐蚀过程规律	化学反应动力学	电极过程动力学
能量转换	化学能与机械能和热能	化学能和电能
电子传递	反应物直接传递，测不出电流	电子在导体、阴、阳极上流动，可测出电流
反应区	碰撞点上，瞬时完成	在相互独立的阴、阳极区域独立完成
产物	在碰撞点上直接生成产物	一次产物在电极表面，二次产物在一次产物相遇处
温度	高温条件下为主	低温条件下为主

（3）物理腐蚀。金属由于单纯的物理溶解作用所引起的破坏。许多金属在高温熔盐、熔碱及液态金属中可发生这类腐蚀。例如用来盛放熔融锌的钢容器，由于铁被液态锌所溶解，钢容器逐渐被腐蚀而变薄。

2. 按照金属破坏的特征分

（1）全面腐蚀。全面腐蚀是指腐蚀作用发生在整个金属表面上，它可能是均匀的，也可能是不均匀的。碳钢在强酸、强碱中的腐蚀属于均匀腐蚀，这种腐蚀是在整个金属表面以同一腐蚀速率向金属内部蔓延，相对来说危险较小，因为事先可以预测，设计时可根据机器、设备要求的使用寿命估算腐蚀裕度。

（2）局部腐蚀。局部腐蚀是指腐蚀集中在金属的局部地区，而其他部分几乎没有腐蚀或腐蚀很轻微。局部腐蚀的类型很多，主要有以下几种：

1）应力腐蚀破裂。在拉应力和腐蚀介质联合作用下，以显著的速率发生和扩展的一种开裂破坏。

2）腐蚀疲劳。金属在腐蚀介质和交变应力或脉动应力作用下产生的腐蚀。

3）磨损腐蚀。金属在高速流动的或含固体颗粒的腐蚀介质中，以及摩擦副在腐蚀性介质中发生的腐蚀损坏。

4）小孔腐蚀。腐蚀破坏主要集中在某些活性点上，蚀孔的直径等于或小于蚀孔的深度，严重时可导致设备穿孔。

5）晶间腐蚀。腐蚀沿晶间进行，使晶粒间失去结合力，金属机械强度急剧降低。破坏前金属外观往往无明显变化。

6）缝隙腐蚀。发生在铆接、螺纹连接、焊接接头、密封垫片等缝隙处的腐蚀。

7）电偶腐蚀。在电解质溶液中，异种金属接触时，电位较正的金属促使电位较负的金属加速腐蚀的类型。

8）其他腐蚀。其他如氢脆、选择性腐蚀、空泡腐蚀、丝状腐蚀等都属于局部腐蚀。

此外，对于金属材料，根据产生腐蚀的环境状态，有以下两种分类：

按腐蚀环境的种类分为大气腐蚀、土壤腐蚀、淡水和海水腐蚀、微生物腐蚀、燃气腐蚀。

按在工业环境中介质的差别分为在酸性溶液中的腐蚀、在碱性溶液中的腐蚀、在盐类溶液中的腐蚀、在工业水中的腐蚀、在熔盐中的腐蚀、在液态金属中的腐蚀。

6.1.4 材料腐蚀程度的评定方法

材料的腐蚀倾向由其热力学稳定性决定，热力学上不稳定的材料具有腐蚀自发性。然而，腐蚀造成的破坏状况和程度大小则取决于腐蚀的动力学。为了定量地评定材料的耐蚀性和腐蚀程度的大小，需要科学的方法。腐蚀的类型不同，所采用的评定方法也不同。

1. 均匀腐蚀程度的评定方法

对于全面腐蚀情况下的均匀腐蚀，通俗采用下面介绍的重量法、深度法和电流密度法来表征腐蚀的平均速率。

(1) 重量法。重量法（确切地讲应为质量法）灵敏、有效、用途广泛，是最基本的定量评定方法之一。根据腐蚀前后的重量变化（增加或减少）来表示腐蚀的平均速率。若腐蚀产物全部牢固地附着于试样表面，或虽有脱落但易于全部收集，则常用增重法来表示。反之，如果腐蚀产物完全脱落或易于全部清除，则往往采用失重法。平均腐蚀速率（单位时间、单位面积的重量变化）的计算公式为

$$v_w = \frac{\Delta W}{St} = \frac{|W - W_0|}{St} \tag{6-1}$$

式中：v_w 为腐蚀速度，$g/(m^2 \cdot h)$；ΔW 为试样腐蚀前后质量的变化量，$\Delta W = |W - W_0|$，g；S 为试样的表面积，m^2；t 为试样腐蚀的时间，h。

需要注意：按式（6-1）计算腐蚀速率，是假定整个试验周期内腐蚀始终以恒定的速率进行，而实际中常常并非如此；当采用失重法时，应按有关标准规定的方法去除试样表面的残余腐蚀产物；公式中 S 通常是利用试样腐蚀前的表面积，然而，当试验周期内腐蚀导致的试样表面积变化比较明显时，将会影响数据的真实性。

(2) 深度法。从工程应用角度而言，影响结构或设备寿命和安全的重要指标是腐蚀后构件的有效截面尺寸。因此，用深度法表征腐蚀程度更有实际意义，特别是对衡量不同密度的材料的腐蚀程度，目前该方法已被纳入有关标准，例如 GB/T 10124《金属材料实验室均匀腐蚀全浸入试验方法》，美国材料试验协会标准 ASTM G1、ASTM G31 等。直接测量腐蚀前后或腐蚀过程中某两时刻的试样厚度，就可以得到深度法表征的腐蚀速率（失厚或增厚）。可选择具有足够精度的工具和仪器直接测量厚度变化，也可以采用无损测厚的方法，如涡流法、超声法、射线照相法、电阻法等，破坏法则以金相剖面法最为实用。

深度法表征的腐蚀速率可以由重量法计算出的腐蚀速率换算得到，换算公式为

$$v_d = \frac{8.76 v_w}{\rho} \tag{6-2}$$

式中：v_d、v_w 分别为深度法和重量法表示的腐蚀速率，mm/a 和 $g/m^2 \cdot h$。

对于腐蚀减薄情况，ρ 为腐蚀材料的密度；对于增厚情况，ρ 应为腐蚀产物的密度。但实际中腐蚀产物密度的准确值难以确定，因而式（6-2）一般仅用于减薄情况，ρ 单位为 g/cm^3。

根据深度法表征的腐蚀速率大小，可以将材料的耐蚀性分为不同的等级，10 级标准分类法见表 6-2。该分类方法对有些工程应用背景显得过细，因此还有低于 10 级的其他分类法。例如三级分类法规定：腐蚀速率小于 0.1mm/a，为耐蚀（1 级）：腐蚀速率在 0.1~1.0mm/a，为可用（2 级）；腐蚀速率大于 1.0mm/a，为不可用（3 级）。不管按照几级分类，仅具有相对性和参考性，科学地评定腐蚀等级还必须考虑具体的应用背景。

表 6-2　　　　　　　　　　　　　　　**均匀腐蚀的 10 级标准**

腐蚀性分类		耐蚀性等级	腐蚀速率（mm/a）	腐蚀性分类		耐蚀性等级	腐蚀速率（mm/a）
Ⅰ	完全耐蚀	1	<0.001	Ⅳ	尚耐蚀	6	0.1～0.5
Ⅱ	很耐蚀	2	0.001～0.005			7	0.5～1.0
		3	0.005～0.01	Ⅴ	欠耐蚀	8	1.0～5.0
Ⅲ	耐蚀	4	0.01～0.05			9	5.0～10.0
		5	0.05～0.1	Ⅵ	不耐蚀	10	>10.0

（3）电流密度表征法。金属的电化学腐蚀是由阳极溶解导致的，因而电化学腐蚀的速率可以用阳极反应的电流密度来表征。法拉第定律指出，当电流通过电解质溶液时，电极上发生电化学变化的物质的量与通过的电量成正比，与电极反应中转移的电荷数成反比。设通过阳极的电流强度为 I，通电时间为 t，则时间 t 内通过电极的电量为 It，相应溶解掉的金属的质量 Δm 为

$$\Delta m = \frac{AIt}{nF} \tag{6-3}$$

式中：A 为 1mol 金属的相对原子质量，g/mol；n 为金属阳离子的价数；F 为法拉第常数，96500C/mol。

对于均匀腐蚀情况，阳极面积为整个金属表面 S，因此腐蚀电流密度 i_{corr} 为 I/S。这样就可以得到重量法表示的腐蚀速率 v_w 和电流密度之间的关系：

$$v_w = \frac{\Delta m}{St} = \frac{Ai_{corr}}{nF} \tag{6-4}$$

同样可以得到以深度法表征的腐蚀速率与腐蚀电流密度的关系：

$$v_d = \frac{\Delta m}{\rho St} = \frac{Ai_{corr}}{nF\rho} \tag{6-5}$$

当电流密度 i_{corr} 的单位取 A/cm^2，其他量的单位同前面的规定时，式（6-4）和式（6-5）转换为

$$v_w = 3.73 \times 10^{-1} Ai_{corr}/n \tag{6-6}$$

$$v_d = 3.27 \times 10^{-3} Ai_{corr}/n\rho \tag{6-7}$$

前文所介绍的腐蚀速率表征方法均适用于均匀腐蚀情况。而对非均匀腐蚀，即便是全面腐蚀，上述方法也不适用，这时需要借助其他方法来评定腐蚀程度。

2. 局部腐蚀程度的评定方法

包括应力作用下腐蚀在内的广义局部腐蚀的特点是，材料的质量损失很小，但是，材料局部腐蚀可能会很严重。例如，点腐蚀可能造成容器穿孔，应力腐蚀会导致构件断裂，晶间腐蚀和选择性腐蚀通常虽然不会引起材料质量和尺寸的明显变化，但其强度却会显著下降。因此，评价局部腐蚀程度不能简单地采用适用于均匀腐蚀的方法，这时需要根据具体腐蚀类型，以及材料或结构安全可靠性的影响等来选择适用的评定方法。例如，对于点腐蚀的评定，可以采用点蚀密度、平均点蚀深度、最大点蚀深度等指标进行综合评价。断裂寿命或断裂时间法适用于应力作用下的腐蚀，电阻率的改变适用于多数局部腐蚀。测定腐蚀前后试件机械强度或断裂延伸率的变化，不仅适用于全面腐蚀（均匀的或不均匀的），更有利于评定各类局部腐蚀。假设试件腐蚀前、后的抗拉强度分别为 R_m 和 R'_m，延伸率分别为 ε_f 和 ε'_f，

则在规定腐蚀时间内，评定腐蚀程度的指标抗拉强度损失 K 和延伸率损失 K_ε，可分别表示为

$$K_R = \frac{R_m - R'_m}{R_m} \times 100\% \qquad (6\text{-}8)$$

$$K_\varepsilon = \frac{\varepsilon_f - \varepsilon'_f}{\varepsilon_f} \times 100\% \qquad (6\text{-}9)$$

6.2 电化学腐蚀理论基础

电化学腐蚀是金属腐蚀的主要形式。金属材料与电解质溶液相接触时，在界面上将发生有自由电子参加的氧化和还原反应，从而破坏了金属材料的特性。这个过程称为电化学腐蚀。电化学腐蚀反应具有以下特征：

(1) 金属与电解质之间存在着一个带电的界面层结构（双电层），影响这个界面层结构的因素都能显著地影响腐蚀过程的进行。

(2) 金属失去电子（氧化反应）和氧化剂获得电子（还原反应）这两个过程一般不在同一位置点发生，金属及其与电解质界面的局部区域有电流流过。

(3) 二次反应产物可以在远离局部阳极和局部阴极的第三极生成。

一般而言，电化学腐蚀现象是相当复杂的。电解质的化学性质、环境因素（温度、压力、流速等）、腐蚀产物的物理化学性质以及金属的特性、金属的微观和宏观的不均匀性等因素都将会对腐蚀过程产生错综复杂的影响。

电化学腐蚀现象极为常见，在潮湿的大气中，桥梁钢结构的腐蚀；海水中船体的腐蚀；土壤中输油输气管道的腐蚀；在含酸、碱、盐等工业介质中的腐蚀，一般均属于此类。

6.2.1 腐蚀原电池过程

1. 腐蚀原电池

(1) 原电池。金属的电化学腐蚀实质上是金属通过一对共轭的氧化-还原反应而被氧化的过程，使金属表面的原子转变为离子态而进入环境介质。其工作原理酷似一个将化学能转变为电能的原电池，其氧化反应和还原反应是同时而分别在不同位置独立进行的。

将锌板和铜板浸入稀硫酸溶液中，稳定一段时间后，再用导线把它们连接起来，这样就构成了一个工作状态下的原电池（伏特电池），如图 6-1 所示。图中的电流表指针转动表明，此原电池中有电流流过。电流的方向是由铜沿导线流向锌，电子则是从锌沿导线流向铜。此原电池中产生的电流是由于两个极板（锌与铜）的电位不同，它们的电位差是原电池反应及产生电池电流的原动力。

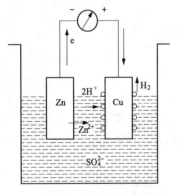

图 6-1 锌与铜在稀硫酸溶液中
构成的原电池

在锌-铜原电池中，锌的电位比铜低，锌为负极，铜为正极。在作为负极的锌（Zn）板表面上将发生放出电子的氧化反应

$$Zn \longrightarrow Zn^{2+} + 2e(\text{氧化反应})$$

在作为正极的铜板表面上将发生溶液中的氧化剂（这里是 H^+）获得电子的还原反应：

$$2H^+ + 2e \longrightarrow H_2\uparrow（还原反应）$$

图 6-2 所示为典型的丹尼尔电池（Daniell Cell）原理图。即将锌（Zn）板插入 $ZnSO_4$ 溶液中，将铜（Cu）板插入 $CuSO_4$ 溶液中，两种溶液之间架一个盐桥（饱和 KCl 溶液，凝胶状态），结果在两个电极之间仍然可以产生电流，电子从 Zn 极流向 Cu 极。两极发生的过程及总反应和锌-铜原电池（伏特电池）没有什么差别。丹尼尔电池的两个电极分别插入两个不同的电解质溶液中，氧化反应和还原反应分别在两处进行。

以上两种电池在负极发生的都是氧化反应，在正极发生的都是还原反应。只是在丹尼尔电池中，电子不是从还原剂（Zn）直接转移到氧化剂（Cu^{2+}）上，而是通过外电路转移。由于电子的定向流动，产生了电流，实现了由化学能转变成电能的过程。

（2）腐蚀原电池的定义及特点。在腐蚀电化学中规定，原电池中发生氧化反应（放出电子的反应）的电极称为阳极，而发生还原反应（获得电子的反应）的电极称为阴极。在原电池中，低电位的负极是阳极，高电位的正极是阴极，这与电解电池的情况正好相反。

阳极 Zn：$Zn \longrightarrow Zn^{2+} + 2e$ （氧化反应）

阴极 Cu：$2H^+ + 2e \longrightarrow H_2\uparrow$ （还原反应）

如果使铜和锌两块金属板直接接触，并浸入稀硫酸溶液中，如图 6-3 所示，同样也会观察到在锌块表面被逐渐溶解的同时，在铜块表面有大量的氢气析出，只不过此时两电极间的电流无法测得。类似这样的只能导致金属材料破坏而不能对外界做功的短路原电池称为腐蚀原电池或腐蚀电池。

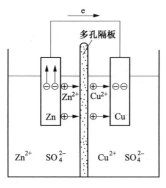

图 6-2　丹尼尔电池原理图

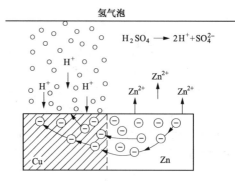

图 6-3　锌与铜在稀硫酸中构成腐蚀原电池

腐蚀原电池有如下特点：电池的阳极反应是金属的氧化反应，结果造成金属材料的破坏；电池的阴、阳极短路，产生的电流全部消耗在内部，转变为热，不对外做功；电化学腐蚀的实质是以金属为阳极的腐蚀原电池过程，在绝大多数情况下，这种电池是短路了的原电池。

（3）腐蚀原电池的化学反应及理论。不论是何种腐蚀电池，它必须包括阳极、阴极、电解质溶液和电路四个不可分割的组成部分，缺一不可。这四个组成部分就构成了腐蚀原电池工作的基本过程。

1）阳极过程。金属溶解，以离子形式进入溶液，并把等量电子留在金属上。

2）电子转移过程。电子通过电路从阳极转移到阴极。

3）阴极过程。溶液中的氧化剂接受从阳极流过来的电子后本身被还原。

由此可见，一个遭受腐蚀的金属的表面上至少要同时进行两个电极反应，其中一个是金属阳极溶解的氧化反应，另一个是氧化剂的还原反应。两个反应在金属表面上同时发生，且速度相同，保持着电荷守恒。凡能分成两个或更多个氧化、还原反应的腐蚀过程，都可称为电化学反应。钢铁、铝等在酸中的腐蚀反应均属于电化学反应。

腐蚀电池的阳极反应可写成通式：

$$Me \longrightarrow Me^{n+} + ne$$

每个反应中单个原子产生的电子数（n）等于元素的价数。腐蚀原电池的阴极反应可写成通式：

$$D + ne \longrightarrow [D \cdot ne]$$

其中，D 为吸收电子的物质。除 H^+ 外，能吸收电子的阴极反应还有

$$O_2 + 4H^+ + 4e \longrightarrow 2H_2O \quad （在含氧酸性溶液中）$$

$$O_2 + 2H_2O + 4e \longrightarrow 4OH^- \quad （在碱性或中性溶液中）$$

$$Me^{3+} + e \longrightarrow Me^{2+} \quad （金属离子的还原反应）$$

$$Me^+ + e \longrightarrow Me \quad （金属沉淀反应）$$

总之，阴极反应是消耗电子的还原反应。电化学腐蚀过程可分成阴极和阳极两个在相当程度上独立进行的过程，这是区分电化学腐蚀和化学腐蚀的重要标志。

2. 腐蚀电池的分类

从热力学角度而言，在金属材料/腐蚀介质构成的体系中，如果存在着电位差，且金属的电位较低，则将发生金属腐蚀。根据腐蚀电池电极尺寸的大小，腐蚀电池分为宏观电池和微观电池。

（1）宏观电池。通常指肉眼可分辨电极极性的电池，这种腐蚀电池一般会引起金属或金属构件的局部宏观腐蚀破坏。宏观电池有以下几种。

1）两种不同金属构成的电偶电池。当两种不同的金属或合金相互接触（或用导线连接起来）并处在某种电解质溶液中。由于这两种金属的电极电位不同，电极电位较负的金属将不断遭受腐蚀而溶解，而电极电位较正的金属则得到保护。这种腐蚀电池称为电偶电池，这种腐蚀称为接触腐蚀或电偶腐蚀。两种金属的电极电位相差越大，电偶腐蚀也越严重。另外，电池中阴、阳极的面积比和电解质的电导率等因素也对电偶腐蚀有一定影响。

①不同的金属浸在不同的电解质溶液中。例如，丹尼尔电池 Zn｜ZnSO₄｜｜CuSO₄｜Cu，如图 6-2 所示，其中锌为阳极发生溶解，铜为阴极，溶液中的 Cu^{2+} 离子接受电子还原为铜而析出。一般将负极写在左侧，正极写在右侧，"‖"表示盐桥，"｜"表示电极与电极液之间的界面。

电池反应：阳极 $Zn \longrightarrow Zn^{2+} + 2e$

阴极 $Cu^{2+} + 2e \longrightarrow Cu$

②不同金属浸入同一种电解质溶液中。

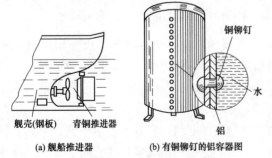

（a）舰船推进器　　（b）有铜铆钉的铝容器图

图 6-4　异种金属构成的腐蚀电池

例如，铁与铜同时浸于氯化钠溶液中 Fe｜NaCl｜Cu，如图 6-4（a）所示。在海水中，青

铜的电位较钢的电位更正，钢质船壳与青铜推进器构成电偶电池，钢制船壳成为阳极而遭受加速腐蚀。

电池反应：铁为阳极 $Fe \longrightarrow Fe^{2+} + 2e$

铜为阴极 $O_2 + 2H_2O + 4e \longrightarrow 4OH^-$

以上两类电池在各种设备、部件与腐蚀介质接触时经常见到。如铝制容器若用铜铆钉铆接时，连接部位接触腐蚀性介质时，由于铝的电位比铜负，因此，铜铆钉与铝制容器构成电偶电池，所以铝作为阳极遭受腐蚀破坏，铜铆钉则受到保护，如图 6-4（b）所示。

2）浓差电池和温差电池。同类金属浸于同一种电解质溶液中，由于溶液的浓度、温度或介质与电极表面的相对温度不同，可构成浓差或温差电池。

①盐浓差电池。如图 6-5 所示，将一长铜棒的一端与稀的硫酸铜溶液接触，另一端与浓的硫酸铜溶液接触，那么与较稀溶液接触的一端因其电极电位较负，作为电池的阳极将被溶液腐蚀。而在较浓溶液的另一端，由于其电极电位较正，作为电池的阴极，Cu^{2+} 离子将在这一端的铜表面上析出。

$$Cu \mid CuSO_4(稀) \mid\mid CuSO_4(浓) \mid Cu$$

在稀 $CuSO_4$ 溶液中，Cu 电极为阳极，其反应方程式为　　　$Cu \longrightarrow Cu^{2+} + 2e$

在浓 $CuSO_4$ 溶液中，Cu 电极为阴极，其反应方程式为　　　$Cu^{2+} + 2e \longrightarrow Cu$

被还原的铜沉积于电极表面上。

②氧浓差电池。如图 6-6 所示，这是由于金属与含氧量不同的溶液相接触而形成的。位于高氧浓度区域的金属为阴极，位于低浓度区域的金属为阳极，阳极金属将被溶液腐蚀。例如，工程部件多用铆、焊、螺纹等方法连接，连接处理不当，就会产生缝隙，由于在缝隙深处氧气补充较困难，形成浓差电池，导致了缝隙处的严重腐蚀。埋在不同密度或深度的土壤中的金属管道及设备也因为土壤中氧的充气不均匀而形成氧浓差电池腐蚀。海船的水线腐蚀等也属于氧浓差电池腐蚀。

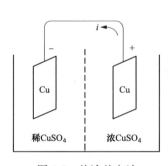

图 6-5　盐浓差电池

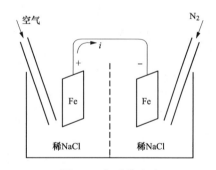

图 6-6　氧浓差电池

③温差电池。这类电池往往是由于浸入电解质溶液的金属处于不同温度的情况下形成的。它常常发生在换热器、蒸煮器、浸入式加热器及其他类似的设备中。铜在硫酸盐的水溶液中，高温端为阴极，低温端为阳极。组成温差电池后，使低温端的阳极端溶解，高温端得到保护。而铁在盐溶液中却是热端为阳极，冷端为阴极，热端被腐蚀。例如检修不锈钢换热器时，可发现其高温端比低温端腐蚀更严重，这就是温差电池造成的。

（2）微观电池。微观电池是用肉眼难以分辨出电极的极性，但确实存在着氧化和还原反应过程的原电池。微观电池是因金属表面电化学的不均匀性引起的，不均匀性的原因是多方面的，这里重点介绍以下几种：

1）化学成分不均匀形成的微观电池。众所周知，工业上使用的金属常含有各种各样的杂质，当金属与电解质溶液接触时，这些杂质则以微电极的形式与基体金属构成了许多短路微电池。倘若杂质作为微阴极，它将加速基体金属的腐蚀；反之，若杂质是微阳极的话，则基体金属就会受到保护而减缓其腐蚀。例如，Cu、Fe、Sb 等金属可加速 Zn 在硫酸中的腐蚀作用，Fe、Cu 等杂质大大加速了 Al 在盐酸溶液中的腐蚀速度，如图 6-7（a）所示。

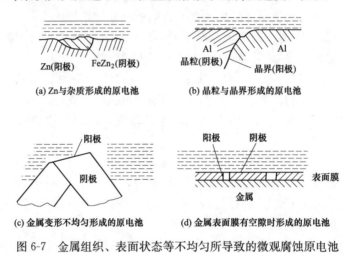

图 6-7　金属组织、表面状态等不均匀所导致的微观腐蚀原电池

钢和铸铁是制造工业设备最常用的材料，由于其成分不均匀性，存在着第二相碳化物和石墨，在它们与电解质溶液接触时，这些第二相的电位比铁正，成为无数个微阴极，从而加速了基体金属铁的腐蚀。

2）组织结构的不均匀性形成的微观电池。金属和合金的晶粒与晶界的电位不完全相同，往往以晶粒为阴极，晶界是缺陷、杂质、合金元素富集的地方，导致它比晶内更为活泼，具有更负的电极电位值，成为阳极，构成微观电池，发生沿晶腐蚀，如图 6-7（b）所示。单相固溶体结晶时，由于成分偏析，形成贵金属富集区和贱金属富集区，则贵金属富集区成为阴极，贱金属富集区成为阳极，构成微观电池加剧腐蚀。除此之外，合金存在第二相时，多数情况下第二相充当阴极加速了基体腐蚀。

3）物理状态的不均匀性形成的微观电池。金属在加工或使用过程中往往产生部分变形或受力不均匀性，以及在热加工冷却过程中引起的热应力和相变产生的组织应力等，都会形成微观电池。一般情况下，应力大的部位成为阳极，如在铁板弯曲处和铆接处容易发生腐蚀就是这个原因。另外，温差、光照的不均匀性也会引起微观电池的形成，如图 6-7（c）所示。

4）金属表面膜不完整形成的微观电池。金属的表面一般都存在一层初生膜。如果这种膜不完整、有孔隙或破损，则孔隙或破损处的金属相对于表面膜而言，电极电位较负，成为微电池的阳极，故腐蚀将从这里开始，如图 6-7（d）所示。这是导致小孔腐蚀和应力腐蚀的主要原因。

在生产实践中，要想使整个金属的物理和化学性质、金属各部位所接触的介质的物理和化学性质完全相同，使金属表面各点的电极电位完全相同是不可能的。由于种种因素使得金属表面的物理和化学性能存在着差异，使金属表面上各部位的电位不相等，我们把这些情况统称为电化学不均匀性，它是形成腐蚀电池的基本原因。

综上所述，腐蚀原电池的原理与一般原电池的原理一样，它只不过是将外电路短路的电池。腐蚀原电池工作时也产生电流，只是其电能不能被利用，而是以热的形式散失掉了，其工作的直接结果只是加速了金属的腐蚀。

6.2.2 电化学腐蚀的趋势——电极电位

自然界中，除了少数的贵金属外，金属和合金都有自发的腐蚀倾向。至于某种金属在特定的环境介质中，能否被腐蚀，为什么会发生腐蚀，通过电极电位是可以回答的。电极电位是以电极表面存在双电层为基础的，下面先讨论双电层。

1. 双电层的建立

金属是由具有一定结合力的原子或离子结合而成的晶体。晶体点阵上的质点离开点阵变成离子需要能量，需要外界做功。

任何一种金属与电解质溶液接触时，其界面上的原子（或离子）之间必然发生相互作用，会出现以下三种情况。

（1）金属表面上的金属正离子，由于受到溶液中极性分子的水化作用，克服了金属晶体中原子间的结合力，而进入溶液被水化，成为水化阳离子，有

$$Me^{n+} \cdot ne + nH_2O \longrightarrow Me^{n+} \cdot nH_2O + ne$$

产生的电子便积存在金属表面上成为剩余电荷。剩余电荷使金属带有负电性，而水化的金属正离子使溶液带有正电性。由于它们之间存在静电引力作用，金属水化阳离子只在金属表面附近移动，出现一个动平衡过程，构成了一个如图 6-8（a）所示的相对稳定的双电层。许多负电性强的金属（如 Zn、Cd、Mg、Fe 等）在酸、碱、盐类的溶液中都形成这种类型的双电层。

（2）电解质溶液与金属表面相互作用，如不能克服金属晶体原子间的结合力就不能使金属离子脱离金属。相反，电解液中部分金属正离子却沉积在金属表面上，使金属带正电性，而紧靠金属的溶液层中积聚了过剩的阴离子，使溶液带负电性，这样就形成了双电层。铜在硫酸铜溶液中的双电层即属于这种类型，如图 6-8（b）所示。这类双电层是由正电性金属在含有正电性金属离子的溶液中形成的。如铜在铜盐溶液中，汞在汞盐溶液中，铂在铂盐溶液中或铂在金或银盐溶液形成的双电层均属于此种形式。

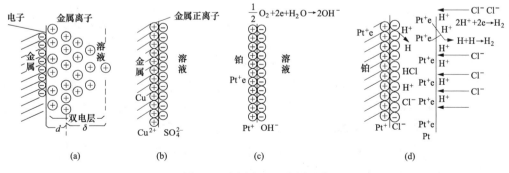

图 6-8 金属表面双电层示意

（3）另外还有一些正电性金属或非金属（如石墨）在电解质溶液中，既不能被溶液水化成正离子，也没有金属离子能沉积在其上，此时将出现另一种双电层。如将铂放入溶解有氧

的水溶液中，铂上将吸附一层氧分子或原子，氧从铂上取得电子并和水作用生成氢氧根离子存在于溶液之中，使溶液带负电性，而铂金属失去电子带正电性，如图 6-8（c）所示，这种电极称为氧电极。如果溶液中有足够的氢离子时，也会夺取铂的电子，而使氢离子还原成氢。这时金属铂也带正电性，而紧靠金属的液层积聚了过剩的阴离子（该阴离子是溶液中与 H^+ 离子配匹的阴离子），如

$$OH^- + H^+ \longrightarrow H_2O$$
$$Cl^- + H^+ \longrightarrow HCl$$
$$SO_4{}^{2-} + 2H^+ \longrightarrow H_2SO_4$$

这种双电层所构成的电极称为氢电极，如图 6-8（d）所示。

金属本身是电中性的，电解质溶液也是电中性的。但当金属以阳离子形式进入溶液；溶液中正离子沉积在金属表面上；溶液中离子、分子被还原时，都将使金属表面与溶液的电中性遭到破坏，形成带异种电荷的双电层。

金属/溶液界面上的双电层如图 6-9 所示，它是由紧密层与分散层组成。紧密层厚度用 d 表示，d 值决定于界面层的结构，特别是当两相中剩余电荷能够相互接近时，该层就紧密，d 值则小。无机阳离子剩余电荷由于水化程度较高，一般不能逸出水化球直接吸附在电极表面上，因此紧密层较厚。但一些无机阴离子由于水化程度低，能直接吸附在电极表面上，组成很薄的紧密层。d 值一般在厘米的 10^{-8} 数量级。分散层厚度用 δ 表示，一般在厘米的 $10^{-6} \sim 10^{-7}$ 量级，它与浓度和温度有关，扩散决定了分散层厚度 δ 值。

双电层的形成引起界面附近的电位跃，如图 6-9 所示。

$$\varphi = \psi + \psi_1 \tag{6-10}$$

式中：φ 为双电层总电位跃；ψ 为紧密层电位跃；ψ_1 为分散层电位跃。

当金属带负电时，双电层电位跃是负的；当金属带正电时，电位跃为正值。在溶液深处电位为零。

剩余电荷形成的双电层能产生电位跃外，物理吸附以及电极表面的分子、原子极化后形成的极性吸附（见图 6-10），均可以产生电位跃。

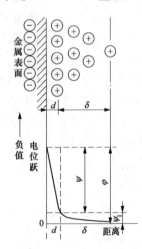

图 6-9　双电层及电位跃

2. 电极电位

（1）绝对电极电位与氢标电极电位。金属/溶液界面附近总的电位跃是电极电位的基础。所谓电极电位是指金属自动电离的氧化过程和溶液中金属离子的还原过程，在整个扩散中达到平衡时，金属表面和扩散末端之间的电位差。金属溶液两相间总的电位跃绝对值称为绝对电位。该值大小取决于电极特性和溶液的性质，即决定于金属的化学性质、金属的晶体结构、金属表面状态、温度、溶液的性质、金属离子浓度、H^+ 离子浓度、氧的浓度等。

金属/溶液之间的电位差是无法测量的，所以单个电极的绝对电极电位也就无法得知。在实际中经常使用的电极电位是指电极与标准氢电极组成的原电池的电位差，即氢标电极电位。标准氢电极是指在氢气压力为一个大气压，氢离子活度等于 1，进行 $\frac{1}{2}H_2 \rightleftharpoons H^+ + e$ 的可逆反应的电极体系。人们规定氢电极的标准电位 E_0 等于零。所以，标准氢电极与任何

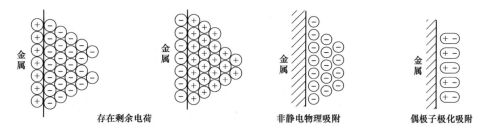

图 6-10 相间电位的形式

电极组成可逆原电池，反应达到平衡时测得的电位差就是该电极的电极电位值。通常指的电极电位就指的是氢标电极电位。

（2）平衡电极电位。

1）平衡电极电位（平衡电位）。平衡电极电位是指当金属电极与溶液界面的电极过程建立起平衡反应：

$$Me^{n+} \cdot ne + mH_2O \Longrightarrow Me^{n+} \cdot mH_2O + ne \tag{6-11}$$

该电极反应的电量和物质量在氧化、还原反应中都达到平衡时的电极电位，用 E 表示。若仅仅是电量的平衡，而无物质的平衡则称作稳态电位（E_R），显然稳态电位是一种非平衡电位。

平衡电位是在可逆电池中，可逆反应建立起来的电位。如铜在硫酸铜的溶液中的氧化溶解与 Cu^{2+} 离子的还原及电子的交换均达到平衡时的电位即平衡电位，它可用能斯特方程计算：

$$E = E_0 + \frac{RT}{nF}\ln\frac{a_{氧化}}{a_{还原}} \tag{6-12}$$

或

$$E = E_0 + \frac{RT}{nF}\ln C \tag{6-13}$$

式中：$a_{氧化}/a_{还原}$ 为物质氧化态与还原态活度比；C 为金属离子在溶液中的浓度；n 为交换电子数或金属离子的价数。

2）标准电极电位。标准电极电位是指参加电极反应的物质都处于标准状态，即 25℃、离子活度为 1、分压为 1 大气压时测得的电势（与氢电极比较）。各种金属元素的电极体系其标准电位见表 6-3。标准电极电位属于平衡电极电位，可借助热力学参数计算。

表 6-3 金属在 25℃ 时的标准电极电位（对于 $Me \Longrightarrow Me^{n+} + ne$ 的电极反应）

电极过程	E_0（V）	电极过程	E_0（V）	电极过程	E_0（V）
$Li \Longrightarrow Li^+$	−3.045	$Sr \Longrightarrow Sr^{2+}$	−2.89	$Pu \Longrightarrow Pu^{2+}$	−2.07
$Rb \Longrightarrow Rb^+$	−2.925	$Ca \Longrightarrow Ca^{2+}$	−2.87	$Th \Longrightarrow Th^{4+}$	−1.90
$K \Longrightarrow K^+$	−2.925	$Na \Longrightarrow Na^+$	−2.714	$Np \Longrightarrow Np^{3+}$	−1.86
$Cs \Longrightarrow Cs^+$	−2.923	$La \Longrightarrow La^{3+}$	−2.52	$Be \Longrightarrow Be^{2+}$	−1.85
$Ra \Longrightarrow Ra^{2+}$	−2.92	$Mg \Longrightarrow Mg^{2+}$	−2.37	$U \Longrightarrow U^{2+}$	−1.80
$Ba \Longrightarrow Ba^{2+}$	−2.90	$Am \Longrightarrow Am^{3+}$	−2.32	$Hf \Longrightarrow Hf^{4+}$	−1.70

电极过程	E_0（V）	电极过程	E_0（V）	电极过程	E_0（V）
$Al \Longrightarrow Al^{3+}$	-1.66	$Cr \Longrightarrow Cr^{3+}$	-0.74	$H_2 \Longrightarrow H^+$	0.000
$Ti \Longrightarrow Ti^{2+}$	-1.63	$Ga \Longrightarrow Ga^{3+}$	-0.53	$Cu \Longrightarrow Cu^{2+}$	$+0.337$
$Zr \Longrightarrow Zr^{4+}$	-1.53	$Fe \Longrightarrow Fe^{2+}$	-0.440	$Cu \Longrightarrow Cu^+$	$+0.521$
$U \Longrightarrow U^{4+}$	-1.50	$Cd \Longrightarrow Cd^{2+}$	-0.402	$Hg \Longrightarrow Hg_2^{2+}$	$+0.789$
$Np \Longrightarrow Np^{4+}$	-1.354	$In \Longrightarrow In^{3+}$	-0.342	$Ag \Longrightarrow Ag^+$	0.799
$Pu \Longrightarrow Pu^{4+}$	-1.28	$Tl \Longrightarrow Tl^+$	-0.336	$Rh \Longrightarrow Rh^{3+}$	$+0.80$
$Ti \Longrightarrow Ti^{3+}$	-1.21	$Mn \Longrightarrow Mn^{3+}$	-0.283	$Hg \Longrightarrow Hg^{2+}$	$+0.854$
$V \Longrightarrow V^{2+}$	-1.18	$Ni \Longrightarrow Ni^{2+}$	-0.250	$Pd \Longrightarrow Pd^{2+}$	$+0.987$
$Mn \Longrightarrow Mn^{2+}$	-1.18	$Mo \Longrightarrow Mo^{3+}$	-0.2	$Ir \Longrightarrow Ir^{3+}$	$+1.000$
$Nb \Longrightarrow Nb^{3+}$	-1.1	$Ge \Longrightarrow Ge^{4+}$	-0.15	$Pt \Longrightarrow Pt^{2+}$	$+1.19$
$Cr \Longrightarrow Cr^{2+}$	-0.913	$Sn \Longrightarrow Sn^{2+}$	-0.136	$Au \Longrightarrow Au^{3+}$	$+1.50$
$Co \Longrightarrow Co^{2+}$	-0.277	$Pb \Longrightarrow Pb^{2+}$	-0.126	$Au \Longrightarrow Au^+$	$+1.68$
$V \Longrightarrow V^{3+}$	-0.876	$Fe \Longrightarrow Fe^{2+}$	-0.036		
$Zn \Longrightarrow Zn^{2+}$	-0.762	$D_2 \Longrightarrow D^+$	-0.0034		

氢标准电极是这样做成的：将镀有一层蓬松铂黑的铂片放到氢离子活度为 1 的溶液中，通入以分压为一个大气压的纯氢气，氢气吸附于铂片上，氢气与溶液中氢离子之间建立起平衡：

$$\frac{1}{2} H_{2(P_{H_2}=1\text{气压})} \Longrightarrow H^+_{(a_{H^+}=1)} + e$$

它的电位定为零。为了测定某金属的电极电位，通常采用如图 6-11 所示的装置。这个装置实质上就是一个原电池。其右部分为一标准氢电极，称为参比电极；其左部分为待测的电极。该原电池可以表示为

$$Me \mid Me^+ \mid\mid H^+ \mid H_2(Pt)$$

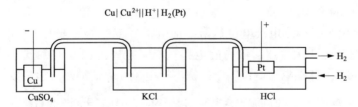

图 6-11　测量金属的电极电位装置

位于氢以上的金属为负电性贱金属，它的电位为负值；位于氢以下的金属称为正电性贵金属，它的标准电位为正值。由金属的电极电位值可衡量金属变成金属离子溶解进入溶液的倾向，负电性越强的金属，它的离子化趋势越大。

实际测量中用氢标准电极做参比电极不方便，而常采用其他的参比电极。常用的参比标准电极的电位值仍是以氢标准电极电位为基准的记作氢标。下面给出常用的标准电极及其电位值：

①饱和甘汞电极　　　　　　　　　　　　　　　　　　　标准电位值（氢标），V

　　Hg，Hg_2Cl_2（固体）｜饱和 KCl　　　　　　　　　　　+0.2415

②当量甘汞电极

　　Hg，Hg_2Cl_2（固体）｜$1NKCl$　　　　　　　　　　　+0.2800

③十分之一当量甘汞电极

　　Hg，Hg_2Cl_2（固体）｜$0.1NKCl$　　　　　　　　　+0.3337

④银-氯化银电极

　　Ag，AgCl｜$0.1NKCl$　　　　　　　　　　　　　　　+0.2881

⑤铜-硫酸铜电极

　　Cu｜饱和 $CuSO_4 \cdot 5H_2O$　　　　　　　　　　　　+0.316

（3）稳态电位。稳态电位是指在一个电极表面上同时进行两个不同质的氧化、还原过程的条件下，电荷平衡建立起来的电极电位。例如，将铁放入盐酸溶液之中，发生铁的氧化反应：

$$Fe \longrightarrow Fe^{2+} + 2e$$

使铁电极表面带上剩余电荷。同时，它吸附着酸溶液中的 H^+ 离子，在铁表面使氢还原：

$$2H^+ + 2e \longrightarrow H_2$$

达到平衡只可能是电荷交换的平衡 $i_{氧化} = i_{还原}$（$i_{Fe/Fe^{2+}} = i_{H_2/H^+}$）而无物质量的平衡。显然，稳态电位不是平衡电位，不能利用能斯特公式计算，只能靠实测取得。在实际中，由于金属通常很少处于自己离子的溶液中，而往往是与其他溶液相接触，很少是平衡可逆状态体系，故常呈现非平衡的稳态电位。某些金属在几种介质中的非平衡稳态电极电位见表 6-4。稳态电位在金属腐蚀里有极其重要的实际意义。此外还有一种非稳态电位，它是指电极过程的电荷与物质交换均没达到平衡，电荷交换无恒定值，也无稳定电位可言。

表 6-4　　　　　　　　　　某些金属在几种溶液中的非平衡电极电位　　　　　　　　　　V

金属	3％NaCl 溶液	$0.05M$ Na_2SO_4	$0.05M$ $Na_2SO_4 + H_2S$
Mg	−1.6	−1.36	−1.65
Al	−0.6	−0.47	−0.23
Mn	−0.91	—	—
Zn	−0.83	−0.81	−0.84
Cr	+0.23	—	—
Fe	−0.50	−0.50	−0.50
Cd	−0.52	—	—
Co	−0.45	—	—
Ni	−0.02	+0.035	−0.21
Pb	−0.26	−0.26	−0.29
Sn	−0.25	−0.17	−0.14
Sb	−0.09	—	—
Bi	−0.18	—	—
Cu	+0.05	+0.24	−0.51
Ag	+0.20	+0.31	−0.27

6.2.3　电极

一个完整的腐蚀原电池，是由两个电极和电解液组成的。一般把电池的一个电极称为半电池。从这个意义而言，电极不仅包含电极自身，而且也包括电解质溶液在内，电极分为单电极和多重电极两种。

单电极是指在电极的相界面（金属/溶液）上只发生单一的电极反应。而多重电极则可能发生多个电极反应，在一个电极上发生两个反应者称为二重电极，如在无氧的盐酸溶液中的锌电极就属于此。

电极还可分为可逆电极和不可逆电极。单电极往往可以做到正（＋）向微电流所产生的效应（电子交换和物质交换）被负（－）向微电流效应所抵消，即完成一个氧化、还原的可逆过程。而在二重电极或多重电极上很难做到电荷与物质交换都是可逆的，因此只有单电极才可能是可逆的电极，有平衡电位可言。多重电极一般是不可逆电极，只能建立非平衡电位。

1. 单电极

单电极包括金属电极、气体电极和氧化还原电极三种。

（1）金属电极。金属在含有自己离子的溶液中构成的电极称为金属电极，此时金属离子可以越过相界面，并建立起平衡的电极。如铜在硫酸铜溶液中建立起的平衡电极（见图 6-12）即为这种电极，其反应可写成

$$Cu_{(I)} \underset{i_-}{\overset{i_+}{\rightleftharpoons}} Cu^{2+}_{(II)} + 2e_{(I)}$$

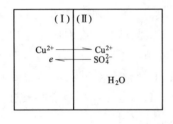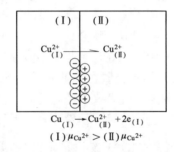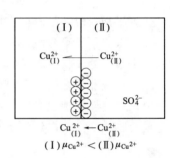

图 6-12　金属电极 Cu、$CuSO_4$ 的界面状态

（I）Cu；（II）$CuSO_4$溶液

在 $Cu/CuSO_4$ 相界面上只发生 $Cu^{2+}_{(I)} \rightleftharpoons Cu^{2+}_{(II)}$ 铜离子的迁越。如果是正反应 $Cu^{2+}_{(I)} \to Cu^{2+}_{(II)}$，则电极的金属部分和溶液将分别带上负、正电性；反之，若进行 $Cu^{2+}_{(I)} \leftarrow Cu^{2+}_{(II)}$，则金属离子将沉积于金属电极上，使电极带正电性。离子在（I）和（II）中的化学势差决定了离子的迁越方向，并形成双电层，建立起电位差。当电位差阻止离子迁越的作用正好能抵消化学势差推动离子迁越的作用时，便建立起了平衡电极电位。离子交换迁越的同时伴有电荷交换。平衡时，$i_+ = i_- = i_0$。i_0 为交换电流密度，它表示平衡电极上氧化和还原反应的速度。交换电流密度这个名词并不恰当，因为在平衡态并没有净电流存在，所以 i_0 不过是表示平衡态下氧化和还原速度的一种简便形式，交换电流密度随金属电极不同而异。交换电流密度的试验值见表 6-5。

交换电流密度大的金属（如 Cu、Zn、Ag、Pb、Hg）易于建立稳定的平衡电位，而 Fe、Ni、W 等金属的交换电流密度相当小，难于建立稳定平衡电位。一般交换电流密度 i_0 小的金属，耐蚀性好。交换电流密度 i_0 对电化学腐蚀速度有重要意义，将在极化一节中介

绍。某些金属电极的交换电流密度 i_0 实验值。

表 6-5 　　　　　　　　　　某些金属电极的交换电流密度 i_0 实验值

金属电极	交换电流密度 i_0 （A/cm²）	金属电极	交换电流密度 i_0 （A/cm²）
过氯酸盐溶液		$2N H_2SO_4$ 溶液	
Zn/Zn^{2+}	3×10^{-8}	Al_{H_2/H^+}	10^{-10}
Pb/Pb^{2+}	8×10^{-4}	Fe_{H_2/H^+}	10^{-6}
Ti/Ti^+	10^{-3}	$1N HCl$ 溶液	
Ag/Ag^+	1.0	Au_{H_2/H^+}	10^{-6}
Bi/Bi^{3+}	10^{-5}	Ag_{H_2/H^+}	2×10^{-12}
氯化物溶液		Ni_{H_2/H^+}	4×10^{-6}
Sb/Sb^{3+}	2×10^{-5}	Pb_{H_2/H^+}	2×10^{-13}
Zn/Zn^{2+}	$3 \times 10^{-4} \sim 7 \times 10^{-1}$	Pt_{H_2/H^+}	10^{-3}
Sn/Sn^{2+}	3×10^{-3}	Sn_{H_2/H^+}	10^{-8}
Bi/Bi^{3+}	3×10^{-2}	$5N HCl$ 溶液	
硫酸盐溶液		Hg_{H_2/H^+}	4×10^{-11}
Ni/Ni^{2+}	2×10^{-9}	$0.6N HCl$ 溶液	
Fe/Fe^{2+}	$10^{-8} \sim 2 \times 10^{-9}$	Pd_{H_2/H^+}	2×10^{-4}
Zn/Zn^{2+}	3×10^{-5}	$0.1N HCl$ 溶液	
Cu/Cu^{2+}	$4 \times 10^{-5} \sim 3 \times 10^{-2}$	Cu_{H_2/H^+}	2×10^{-7}
Ti/Ti^+	2×10^{-3}	$0.1N NaOH$ 溶液	
		Au（氧去极化）	5×10^{-13}

（2）气体电极。某些贵金属或某些晶格之间化学稳定性高的金属，当把它们浸入到不含有自己离子的溶液中时，它们不能以离子形式迁移进入溶液中，溶液中也没有能沉积在电极上的物质，只有溶解于溶液中一些气体物质吸附在电极上，并使气体离子化，即在界面上只交换电子，而不交换离子，这种电极称为气体电极。气体电极包括氢电极、氯电极、氧电极等。

1）氢电极。在电极上发生 $H_2 \rightleftharpoons 2H^+ + 2e$ 的反应，即只有电子交换而无离子的迁越。例如，把铂或涂有铂黑的电极浸入酸溶液中，并通氢气，由于氢离子从铂电极上取得电子，使铂金属电极带上正电性，溶液带负电性，如图 6-13（a）所示。相反，当氢分子（原子）吸附于电极铂上，使电极铂得到电子（氢放出的电子）带负（－）电性，溶液带正（＋）电性，如图 6-13（b）所示。

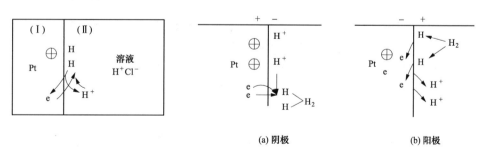

图 6-13　氢电极在含氢离子溶液中的电位

氢电极电位可计算如下：

$$E = E_0 + \frac{RT}{nF} \ln \frac{[\mathrm{H^+}]^2}{P_{\mathrm{H_2}}} \tag{6-14}$$

当 25℃，$P_{\mathrm{H_2}} = 1$ 时，$E_0 \approx 0$，则

$$E = -0.059 \mathrm{pH}$$

如果氢离子浓度高，$[\mathrm{H^+}] > P_{\mathrm{H_2}}$，电极电位显正，呈阴极；反之，当氢分子浓度高，$P_{\mathrm{H_2}} > [\mathrm{H^+}]$，便有氢（$\mathrm{H_2}$）失去电子给铂电极，使其带负电性呈阳极的可能。很多活性相对较弱的阴极性金属其表面与溶液成的电极，界面无离子交换，只有电子得失，这些金属在实际腐蚀中作为放氢的电极-阴极。

2）氯电极。金属铂在含有 $\mathrm{Cl^-}$ 离子的溶液中，如同氢电极一样，电极上的反应为

$$\mathrm{Cl_2} + 2e \Longrightarrow 2\mathrm{Cl^-}$$

如图 6-14 所示，若吸附的氯气从电极上取得电子，形成离子，则电极带正电性，溶液带负电性，可作阴极。如果 $\mathrm{Cl^-}$ 离子浓度高，将导致电极带负电性成阳极，发生放氯的反应：

$$2\mathrm{Cl^-} \Longrightarrow \mathrm{Cl_2} + 2e$$

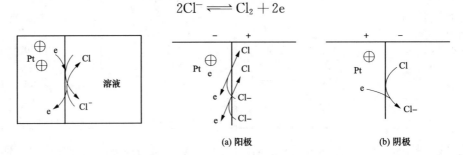

(a) 阳极　　　　　　　(b) 阴极

图 6-14　氯电极与其电极极性示意

在 25℃ 时氯电极电位可由式（6-15）计算：

$$E = E_0 + \frac{0.059}{2} \log P_{\mathrm{Cl_2}} - \frac{0.059}{2} \log [\mathrm{Cl^-}]^2 \tag{6-15}$$

已知氯的标准电极电位 E_0 为 $+1.36\mathrm{V}$，在 25℃ 时氯电极电位为

$$E = E_0 + 0.029\,5 \log P_{\mathrm{Cl_2}} - 0.059 \log[\mathrm{Cl^-}] \ (\mathrm{V})$$

由此可见，氯电极电位是与溶液中 $\mathrm{Cl^-}$ 离子浓度和氯气压大小有关，而与溶液的 pH 值无关。

3）氧电极。金属铂在溶液中吸附溶解的氧，形成氧电极。在氧电极上建立的平衡为

$$\mathrm{O_2} + 4e + 2\mathrm{H_2O} \Longrightarrow 4\mathrm{OH^-}$$

这些氧吸附在铂上，并从铂上取得电子，产生 $\mathrm{OH^-}$ 离子，使铂带正电性，溶液带负电性。氧的平衡电极电位称为氧电极电位，它可按式（6-16）计算：

$$E = E_0 + \frac{RT}{4F} \log \frac{[\mathrm{O_2}][\mathrm{H_2O}]^2}{[\mathrm{OH^-}]^4} = E_0 + \frac{RT}{4F} \log \frac{P_{\mathrm{O_2}}}{[\mathrm{OH^-}]^4} \tag{6-16}$$

氧的标准电板电位 $E_0 = +1.229$，在 25℃ 及 $P_{\mathrm{O_2}} = 1$ 时，$E = 1.229 - 0.059 \mathrm{pH}$（V）。

由此可见，氧电极电位是与溶液中氧的浓度及溶液的 pH 值有关。图 6-15 所示为氧电极示意图。除了金属铂，许多相对稳定的金属与溶解了氧的溶液均可组成氧电极。

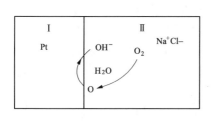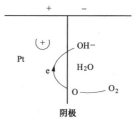

图 6-15　氧电极及其电极极性示意

（3）氧化还原电极（简称氧还电极）。任何电极过程其实质都可以看作是有电子参与的氧化、还原过程。为了区别于金属电极及气体电极，在比较狭义的范围内，将界面上只有电子可以交换，可以迁越相界面的一种金属电极称为氧化还原电极，又称惰性金属电极。例如，将铂置于三氯化铁溶液中，则 Fe^{3+} 离子将从铂片上取得电子，而还原成 Fe^{2+} 离子，则铂上将带正电性，溶液带负电性，在铂/溶液的界面处也形成双电层，如图 6-16（a）所示，其反应为

$$Fe^{3+} + e \rightleftharpoons Fe^{2+}$$

Fe^{3+} 离子是氧化剂，而 Fe^{2+} 离子是它的还原态。当氧化剂与它的还原态建立起平衡时，就具有一定的电位，该电位称为氧化还原电位。还有另一种情况，当铂浸入某还原性溶剂中，还原剂放出它的电子给铂，使铂片带负电，而靠近铂的溶液带正电。例如在 SnCl 中浸入铂片，溶液中的 Sn^{2+} 将电子给铂，本身氧化成 Sn^{4+}：

$$Sn^{2+} - 2e \rightleftharpoons Sn^{4+}$$

此时形成的双电层如图 6-16（b）所示。在电极上，当还原剂与其氧化态之间建立起平衡时，具有一定的电位，称为氧化还原电位。由氧化还原电位大小和符号，可以判断氧化剂或还原剂的氧化或还原能力。氧化剂越强，电极电位越正；还原剂越强，电极电位越负。氧化还原电位值仍可由能斯特公式计算：

$$E = E_0 + \frac{0.059}{2} \log \frac{[氧化态]}{[还原态]} \tag{6-17}$$

式中：[氧化态]、[还原态] 分别为氧化态物质及还原态物质浓度；E_0 为标准氧化还原电位，即当氧化态物质与还原态物质的浓度相等或都等于单位浓度（1mol/L）时的氧化还原电位；n 为参与反应的电子数；E 为在任意氧化剂和还原剂浓度下的氧化还原电位。

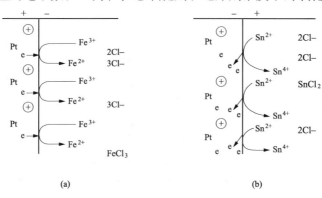

图 6-16　铂片在氧化还原剂中形成的双电层

在氧化还原反应中，如果氯化剂或还原剂是复杂的阴离子，同时又有 H^+ 离子参加反应，则溶液中 H^+ 离子的浓度也会影响氧化还原电位。

以上讨论了三种不同的电极及其电极电位，它们都是平衡可逆电极（半电池）。这三种电极一是金属与含有自己离子的溶液组成的金属电极；一是金属在溶液中吸附气体及其离子化所建立起的电极，即所谓气体电极（氢电极、氧电极、氯电极等）；一是惰性金属在氧化剂或还原剂溶液中构成的氧化还原电极。这些电极在腐蚀工程中是相当重要的。

（4）三种电极反应的特点比较。

1）金属电极的电极反应，金属材料不仅是电极反应进行的场所，而且是电极反应的参与者。气体电极反应和氧化还原电极反应中，金属材料不参与反应，仅作为反应场所和电子载体。

2）金属电极反应是腐蚀电池的阳极反应，即金属失去电子转变为可溶性离子的反应是最基本的阳极反应。气体电极反应和氧化还原电极反应都可能作为腐蚀电池的阴极反应，其中以氢电极反应和氧电极反应最为普遍。

2. 二重电极

二重电极是指在一个电极上发生两个电极反应，它在实际腐蚀中是常见的。

单电极往往完成一个氧化还原的可逆过程，即电子交换和物质交换是可逆的。而在二重电极或多重电极上很难做到电荷与物质交换都是可逆的，因此，多重电极一般是不可逆电极，只能建立非平衡电位。

例如，将锌板放入硫酸中，可发生两个电极反应：

$$Zn \longrightarrow Zn^{2+} + 2e$$

$$2H^+ + 2e \longrightarrow H_2$$

反应都发生于锌的表面上，虽然没有宏观电流通过却由于放氢反应，而使两个有电子参与的化学反应得以持续进行，其总反应为

$$Zn + 2H^+ \longrightarrow H_2 + Zn^{2+}$$

这种电极是一种非平衡态不可逆的电极。

6.2.4　电极极化

在一定的介质条件下，金属发生腐蚀的趋势大小是由其电极电位值决定的。只要把任意两块不同的金属置于电解质溶液之中，两个电极的电位差就是腐蚀的原动力。但是此电位差值是不稳定的，当腐蚀的原电池短接，电极上有电流通过时，就会引起电极电位的变化。这种由于有电流流动而造成的电极电位变化的现象，称为电极的极化。电极的极化是影响金属实际腐蚀速度的重要因素之一。

1. 极化现象

如将面积均为 $5cm^2$ 的锌片和铜片浸在 3% 的 NaCl 溶液之中，用导线通过毫安表将它们连接起来，组成一个腐蚀电池如图 6-17 所示。在电池接通前，铜的起始（稳定）电位 $E_c^0 = 0.05V$，锌的起始电位 $E_a^0 = -0.83V$。假定原电池的电阻 $R_内 = 110\Omega$，外阻 $R_外 = 120\Omega$，在电池刚接通时，毫安表指示的起始电流为 I_{t0}，如图 6-17（a）所示。

$$I_{t0} = (E_c^0 - E_a^0)/(R_内 + R_外) = [0.05 - (-0.83)]/(110 + 120) = 0.0038(A) = 3820(A)$$

经过一段时间 t，毫安表上指示值急剧减小，稳定后的电流 $I_t = 200A$，如图 6-17（b）所示，约为起始电流 I_{t0} 的 1/20。为什么电流会减小呢？电路中总电阻并没有变化，这只可能是 $E_c^0 - E_a^0$ 差减小了。实验证明，在有电流通过时，E_c^0 及 E_a^0 均在变化，其差值是逐渐减

少的，如图 6-18 所示。$I_{t0}=(E_c^0-E_a^0)/R>(E_c-E_a)/R>I_t$，故 $I_{t0}>I_t$。这种由于电极上有电流通过而造成电位变化的现象称为极化现象。由于有电流通过而发生的电极电位偏离于原电极电位置 $E_{(i=0)}$ 的变化值，可用超电压 η 来表示：

$$\eta=E-E_{(i=0)} \tag{6-18}$$

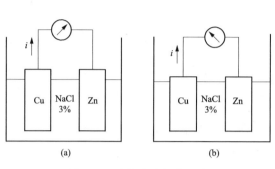

图 6-17 腐蚀电池极化现象

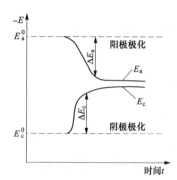

图 6-18 电极电位-时间关系曲线

通过电流而引起原电池两极电位差减小称为原电池极化。通阳极电流时，阳极电位往正的方向变化，称为阳极极化；通阴极电流时，阴极电位往负的方向变化，称为阴极极化。无论阳极极化还是阴极极化，都能使腐蚀原电池两极间的电位差减小，导致腐蚀电池所流过的电流减小。所以极化作用是阻滞金属腐蚀的重要因素之一，应予以足够重视。

2. 产生极化的原因

(1) 产生阳极极化的原因。

1) 阳极过程是金属失去电子而溶解成水化离子的过程。在腐蚀原电池中，金属失掉的电子迅速地由阳极流到阴极，但一般金属的溶解速度却跟不上电子的迁移速度，这必然破坏了双电层的平衡，使双电层的内层电子密度减小，所以阳极电位就往正方向移动，产生阳极极化。这种由于阳极过程进行缓慢而引起的极化称为金属的活化（离子化）极化，或电化学极化，用超电压（η_a）表示。

2) 由于阳极表面金属离子扩散缓慢，会使阳极表面的金属离子浓度升高，阻碍金属的继续溶解。如果大致把它看成一个平衡电极，由能斯特公式可知，金属离子浓度增加，必然使金属的电位往正的方向移动，产生阳极极化，称为浓差极化（η_c）。

3) 在腐蚀过程中，由于金属表面生成了保护膜，阳极过程受到膜的阻碍，金属的溶解速度大为降低，结果使阳极电位向正方向剧烈变化，这种现象称为钝化。铝和不锈钢等在硝酸中就是借助钝化而耐蚀。由于金属表面膜的产生，使得电池系统中的内电阻随之而增大，这种现象称为电阻极化，用 η_r 表示。

阳极极化中，活化极化和电阻极化及钝化对实际腐蚀有突出的意义。

(2) 产生阴极极化的原因。

1) 阴极过程是得到电子的过程，若由阳极过来的电子过多，阴极接受电子的物质由于某种原因，与电子结合的反应速度（消耗电子的反应速度）进行得慢，使阴极处有电子的堆积，电子密度增高，结果使阴极电位越来越负，即产生了阴极极化。这种由阴极过程缓慢所引起的极化称为阴极活化极化，用超电压（η_a）表示。例如，氢离子生成氢分子的放氢阴极过程进行缓慢所引起的极化称为析氢超电压，简称氢超电压；因为吸氧生成氢氧根离子的阴极过程进行缓慢所引起的极化称为吸氧超电压，或称为氧超电压。这些都属于电化学活化超电压（η_a）之类。

2）阴极附近反应物或反应生成物扩散较慢也会引起极化。如氧或氢离子到达阴极的速度不够反应速度的需要，造成氧或氢离子反应物补充不上去，引起极化。又例如，阴极反应产物氢氧根离子离开阴极的速度慢也会直接影响或妨碍阴极过程的进行，使阴极电位向负的方向移动，这种极化均为浓差极化（η_c）。

故总极化（η）是由电化学活化极化 η_a、浓差极化 η_c 和电阻极化 η_r 构成的，可用式（6-19）表示：

$$\eta = \eta_a + \eta_c + \eta_r \tag{6-19}$$

实际腐蚀因条件而异，可能以某种或某几种超电压（极化）对腐蚀起控制作用。

3. 极化的规律

现以铜电极（即铜放在硫酸铜溶液中）为例，分析在有电流和无电流通过时，电极的极化规律。如图 6-19 所示的电极上的反应为

$$Cu \underset{i_-}{\overset{i_+}{\rightleftharpoons}} Cu^{2+} + 2e$$

当无电流通过电极时，$i = i_+ + i_- = 0$，故有 $i_+ = i_-$，即氧化反应的电流 i_+ 和还原反应的电流 i_- 相等，电极为可逆平衡电极，用电极电位 $E_{(i=0)}$ 表示，其超电压 $\eta_a = 0$，没有极化现象，如图 6-19（a）所示。

当电极上通过负向电流时，如图 6-19（b）所示，$i = i_+ + i_- < 0$，相当于引入电子至电极电位向负移，使 Cu^{2+} 离子还原，此时超电压 $\eta = E - E_{(i=0)} < 0$，$E < E_{(i=0)}$ 即 $i < 0$，$\eta < 0$，电极反应向还原方向进行。反之，当电极接通正向电流后［见图 6-19（c）］，电极金属相的电子大量流失出去 $i = i_+ + i_- > 0$，同样破坏了原平衡电极电位 $\eta = E - E_{(i=0)} > 0$。相当于电流流入金属（或者说电荷从金属向外流），电极金属将发生氧化过程。

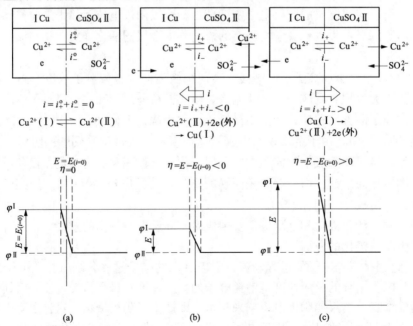

图 6-19 铜电极［Cu｜CuSO$_4$（1M）平衡溶液］的电势和极化示意

故对于单电极而言，当电极上有（＋）电流通过时（阳极电流，电流从电极流向溶液），电极金属/溶液界面上必伴随有氧化反应，此时电极称为阳极，则超电压为正（＋）值。当电极上有（－）电流通过（阴极电流，电流从溶液流向电极金属），电极金属/溶液界面上必伴随有还原反应，此时电极称为阴极，超电压为负（－）值。

换言之，当 η 为（＋）值时，电极上只能发生氧化反应，即通过阳极电流，i 有（＋）值；当 η 为（－）值时，电极上只能发生还原反应即通过阴极电流，i 有负（－）值。这表明：推动电极反应的动力方向与电极反应方向具有一致性，称之为极化规律，用数学式表达为

$$\eta i \geqslant 0 \tag{6-20}$$

上述极化规律是以可逆平衡单电极为基础的，也适用于多重电极。极化规律控制着每个电极反应方向。可以利用参比电极测量出在没有电流通过时，任意电极上存在着的电位 $E_{(i=0)}$，该电位被称为静态电位或叫开路电位，稳态电位。当有电流通过该电极时，电极电位 E 将偏离于它的静态电位值 $E_{(i=0)}$，其偏离值为 $\eta = E - E_{(i=0)}$，为超电压，表示极化的程度。

4. 极化曲线

表示电极电位和电流之间的关系的曲线称为极化曲线。阳极电位和电流的关系曲线称为阳极极化曲线，阴极电位和电流的关系曲线称为阴极极化曲线。

极化曲线又可分为表观极化曲线和理论极化曲线两种。表观极化曲线表示在通过外电流（或接触电偶）时的电位和电流关系，又称实测的极化曲线，它可借助参比电极实测出。

理论极化曲线表示在腐蚀原电池中，局部阴极和局部阳极的电流和电位变化。在实际腐蚀中，有时局部阴极和局部阳极很难分开，或根本无法分开，所以理论极化曲线有时是无法得知的。

为了测定电极的极化曲线，可以借助腐蚀原电池自身电流引起极化，也可以借助外加的电流来完成极化。具体的测定方法如下：

（1）利用腐蚀原电池的电流，调整并测出电极的极化电位。如图 6-20 所示，用大电阻箱接通 Cu 和 Fe 两电极，它们之间无电流，可测出稳定开路电位 E_R，（即铜、铁的稳定电位值）。然后减小电阻箱的电阻，增加两极间的电流，每次增加 0.2mA，每隔 5min 测定一次电压值，分别测出 Fe 和 Cu 的电位值，一直测到电阻为零，电流最大，实现完全极化为止。作出 E-i 曲线。这就是利用腐蚀原电池自身的腐蚀电流来测定极化曲线的。

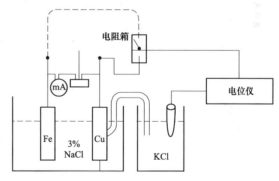

图 6-20　极化曲线测定装置

（2）借助外加电流实现电极极化，测定极化曲线。通常也有两种方法：第一种是恒电流法是以电流为自变量，测定电位与电流的函数关系，$E = f(i)$；第二种是恒电位法是以电位为自变量，测定电流与电位的函数关系，$i = f(E)$。

恒电流法简便，只需要一个稳定的直流电源，易于掌握。但当电流和电位间呈多值函数关系时，则测不出钝化区及从活化区向钝化区的转变过程，因此不实用。如图 6-21 所示的就是恒电流法测定的极化曲线 $abef$。

　　然而，恒电位法测定 E-i 极化曲线较为适用，其装置如图 6-22 所示。恒电位法又分为电位台阶法和电位扫描连续法。

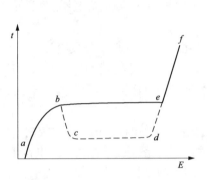

图 6-21　用恒电流法测极化曲线

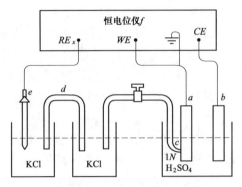

图 6-22　恒电位仪测定极化曲线

a—研究电极；b—辅助电极（铂）；c—鲁金毛细管；
d—盐桥；e—参比电极；f—恒电位仪

　　由于钝化的原因，阳极极化曲线 E-i 不是单值函数关系，如图 6-21 中 $abcdef$ 曲线。这种特征的曲线是不可能用恒电流法来测取的。因为在同一电流下曲线上出现了几个不同的电位值。采用恒电位法，控制了电位就等于控制了热力学的状态，即阳极表面状态。因此，用恒电位法才能测出活化、钝化、过钝化以及这些状态之间过渡的完整曲线，并提供有用的电化学参数（E_b、E_p、E_{op} 等）。

　　1）稳态法即电位台阶法。测定时将电位较长时间地维持在某一稳定值（E_i），同时测量基本上达到某一稳定的电流值（i_i），逐点测量，每次递增 20、50、100mV 不等，如此记录获得完整的极化曲线。

　　2）动态法即是电位扫描法。控制电位以慢速连续地变化（扫描），并测出对应电位的瞬时间电流值，以获得完整的极化曲线。

　　推荐电位台阶法的电位增量和时间间隔是 50mV/5min，电位扫描速度为 10mV/min。两者取得结果完全一样。

　　一个任意电极实测的表观极化曲线均可分解成为两个局部极化曲线，即阳极极化曲线和阴极极化曲线。

　　如图 6-23（a）所示即表示 Fe 在 HCl 溶液中的实测极化曲线 $cwrjb$。它可分解成 $cwq0$（阴极 $2H^+ + 2e \longrightarrow H_2$ 反应）的 I_c-极化曲线和 $apjb$（阳极 $Fe \longrightarrow Fe^{2+} + 2e$ 反应）的 I_a-E 极化曲线。若电流用绝对值表示，即相当于将（a）图横坐标下部沿电位 E 轴翻转 $180°$，将得图 6-23（c），两条局部极化曲线的交点 p 相应表示出腐蚀电流值（I_{corr}）和腐蚀电位（E_{corr}）。

　　把研究试样接于电源的正极上可测出阳极极化曲线；将其接在负极上，可测取阴极极化曲线。形成腐蚀原电池时，电极是阳极极化，还是阴极极化要视通过该电极的电流来决定。

　　图 6-23（b）所示为用半对数表示的（E-$\log i$）极化曲线。由该图可见无论是阳极极化曲线还是阴极极化曲线，在远离腐蚀电位 E_{corr}，（即超过约 50mV 以上）均呈现与实测的极化曲线相重合，其超电压与通过电极电流 i 间呈直线关系，$\eta = a + b\log i$，此直线关系为塔费尔（Tafel）关系。

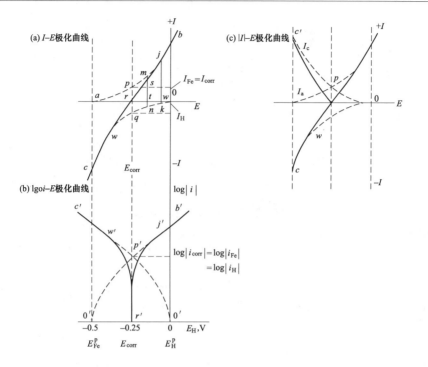

图 6-23 Fe/HCl（1M 无 O_2）体系的极化曲线示意

我们可以借实测得的阴极或阳极极化曲线（如图 6-24 所示的虚线），通过塔费尔关系外推预估计出腐蚀电流 i_{corr} 和腐蚀电位 E_{corr}。

典型的阳极极化曲线如图 6-25 所示。金属电极的阳极过程要比阴极过程复杂得多。一般把它分为活化溶解过程和钝化过程两方面来研究。整个阳极过程可以分为六个阶段。

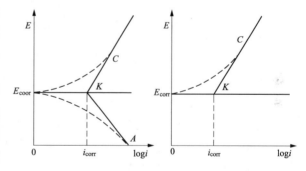

图 6-24 阳、阴极极化曲线上的塔费尔直线

1 阶段——AB：金属阳极活化溶解阶段，称为活化区。

2 阶段——BC：金属表面发生钝化，电流急剧下降，称为钝化区。

3 阶段——CD：金属处于稳定钝化状态，其溶解速度受钝态电流密度控制，而与电位无关，称为稳定钝化区。

4 阶段——DE：溶解电流再次上升，发生一些新的溶解反应，形成高价离子，视电位高低也可能发生放 O_2 反应，为过钝化区。

5 阶段——EF：二次钝化区。

6 阶段——FG：二次过钝化区。

在本章金属钝化部分将进一步讨论 Flade 电位。在实际腐蚀中，极化、钝化均对提高材料耐蚀性有重要意义。极化包括活化极化、浓差极化、电阻极化或混合极化。

（1）活化极化 η_a。活化极化是指由于电极反应速度缓慢所引起的极化，或者说电极反

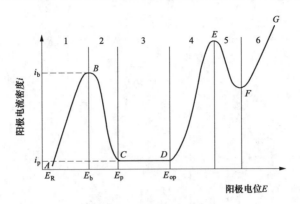

图 6-25 典型的阳极极化曲线

i_b—临界钝态电流密度（致钝电流密度）；i_p—钝态电流密度（维钝电流密度）；E_R—稳态电位（开路电位）；

E_p—钝态电位（钝化起始电位）；E_b—临界钝化电位（致钝电位）；E_{op}—过钝化电位

应是受电化学反应速度控制，因此活化极化也称电化学极化。它可发生在阳极过程，也可发生在阴极过程中，在析氢或吸氧的阴极过程中表现尤为明显。其反应速度 i 与活化极化超电压 η_a 关系为

$$\eta_a = \pm \beta \log \frac{i}{i_0} \tag{6-21}$$

式中：η_a 为活化极化超电压；β 为塔费尔常数或直线斜率；i 为以电流密度表示的阳极或阴极反应速度；i_0 为交换电流密度；"+"为阳极极化；"−"为阴极极化。

塔费尔公式是一个经验式，该公式与电极动力学推导的结果完全一致。

$$\eta_a = 2.3 \frac{RT}{n\alpha F}(\log i - \log i_0) = \pm \beta \log \frac{i}{i_0}(\text{或} \ a + b\log i)$$

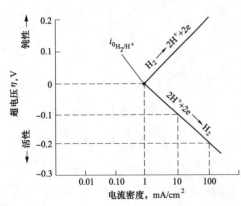

图 6-26 氢电极的活化极化曲线

系数 $0 < \alpha < l$，β 常数为 $0.05 \sim 0.15\text{V}$，一般取 0.1V。氢电极的活化极化曲线如图 6-26 所示，超电压（η_a）变化很小，而腐蚀电流密度（i）变化却很大。这里必须指出，电极过程超电压的大小，除了取决于极化电流而外，还与交换电流密度（i_0）相关。而 i_0 是某特定氧化-还原反应的特征函数，i_0 与电极成分有关，与温度有关，还与电极表面粗糙度有关。有微量的砷、锑离子等存在也会显著降低 $2H^+ + 2e \longrightarrow H_2$ 体系的交换电流密度（i_0）值。交换电流密度 i_0 越小，超电压（η_a）则越大，耐蚀性越好。交换电流密度 i_0 大，其超电压小，说明电极反应的可逆性大，基本可保持稳定平衡态。

（2）浓差极化 η_c。电极反应进行过程中，由于反应速度高，而反应物扩散移动速度不能满足电极反应速度的需要，于是在电极附近反应物质浓度（C_e）小于电解质溶液本体的反应物质浓度（C），电极反应速度受到物质扩散的控制。

1）浓差极化极限电流密度 i_d。以氧阴极还原速度为例，氧向阴极的扩散速度可由费克定律得出

$$V_1 = \frac{D}{x}(C - C_e) \tag{6-22}$$

式中：x 为扩散层的厚度；C 为溶液本体氧的浓度；C_e 为电极表面氧的浓度；D 为扩散系数。

电极反应速度 V_2，可由法拉第定律得出

$$V_2 = \frac{i_{扩}}{nF} \tag{6-23}$$

若扩散控制电极反应速度，则 $V_1 = V_2$，于是

$$i_{扩} = \frac{nFD}{x}(C - C_e) \tag{6-24}$$

当电极反应稳定进行时，电极上放电的物质总电流密度应等于该物质的迁移电流和扩散电流之和，即

$$i = i_{迁} + i_{扩} = it_i + \frac{nFD}{x}(C - C_e)$$

$$i = \frac{nFD}{(1 - t_i)x}(C - C_e) \tag{6-25}$$

式中：t_i 为 i 离子的迁移数。

通电前，$i = 0$，$C = C_e$，电极表面与溶液本体浓度一样。

通电后，$i \neq 0$，$C > C_e$，随电极反应的进行，电极附近离子或氧原子消耗，C_e 减小，当 $C_e \rightarrow 0$ 时，i 值达到最大值 i_d，有

$$i_d = \frac{nFD}{(1 - t_i)x}C \tag{6-26}$$

由于 $C_e \rightarrow 0$，电极表面趋于无反应离子或氧存在，因此该离子的迁移数也自然很小，$t_i \rightarrow 0$，故

$$i_d = \frac{nFDC}{x} \tag{6-27}$$

或

$$i_d = kc \tag{6-28}$$

式中：i_d 为极限扩散电流密度，它间接地表示了扩散控制的电化学反应速度。

由式（6-27）和式（6-28）可知，扩散控制的电化学反应速度与反应物质扩散系数 D、反应物质在主体溶液中的浓度及交换电子数成正比和扩散层的厚度 x 成反比。

①降低温度，使扩散系数 D 减小，i_d 也减小，腐蚀速度减弱。

②减小反应物质浓度 C，如减小溶液中的氧、氢离子浓度，腐蚀速度（i_d）也减小。

③通过搅拌或改变电极的形状，减小扩散层的厚度，会增大极限电流密度（i_d），因而加剧阳极溶解，提高腐蚀速度；反之，增加 x，减小极限扩散电流密度（i_d）值，提高其耐蚀性。

极限扩散电流密度通常只在还原过程中（即阴极过程中）显示重要的作用，在金属阳极溶解过程中并不主要，可以忽略。

2）浓差极化超电压 η_c。浓差极化是由电极附近的反应离子与溶液本体中反应离子浓度差引起的。

反应前，氢电极电位为

$$E_H = E_0 + \frac{0.059}{n}\log C_{H^+}$$

反应后，氢电极电位为

$$E'_{\rm H}=E_0+\frac{0.059}{n}\log C_{\rm eH^+}$$

反应进行中由阴极消耗了反应离子，造成阴极区离子浓度 $C_{\rm eH^+}<C_{\rm H^+}$，促成浓差超电压（$\eta_{\rm c}$）：

$$\eta_{\rm c}=E'_{\rm H}-E_{\rm H}=\frac{0.059}{n}\log\frac{C_{\rm eH^+}}{C_{\rm H^+}} \tag{6-29}$$

$\eta_{\rm c}$ 为负值，并由式（6-25）、式（6-26）之比得

$$\frac{i}{i_{\rm d}}=\frac{\dfrac{nFD}{(1-t_{\rm i})x}(C_{\rm H^+}-C_{\rm eH^+})}{\dfrac{nFD}{(1-t_{\rm i})x}C_{\rm H^+}}=(1-\frac{C_{\rm eH^+}}{C_{\rm H^+}}) \tag{6-30}$$

可得出

$$\frac{C_{\rm eH^+}}{C_{\rm H^+}}=1-\frac{i}{i_{\rm d}} \tag{6-31}$$

将式（6-31）代入式（6-29），即可得阴极浓差超电压（$\eta_{\rm c}$）：

$$\eta_{\rm c}=\frac{0.059}{n}\log\left(1-\frac{i}{i_{\rm d}}\right)$$

由此可见，只有当还原电流密度（i）增加到接近极限电流密度 $i_{\rm d}$ 时，浓差极化才显著出现。在 $i\ll i_{\rm d}$，$\eta_{\rm c}\to0$，如图 6-27 所示。

环境的变量（溶液流速、反应物浓度、温度的增加）都会导致扩散极限电流密度 $i_{\rm d}$ 增加，使阴极极化曲线（超电压 $\eta_{\rm c}$-$\log i$）发生如图 6-28 所示的变化，可加剧腐蚀过程。

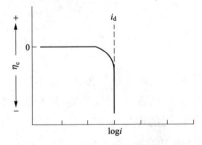

图 6-27　浓差极化曲线（还原过程）

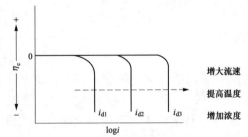

图 6-28　环境变量对浓差极化曲线的影响

实际腐蚀过程中，经常在一个电极上同时产生活化极化和浓差极化。在低反应速度下常常表现为以活化极化为主，而在较高的反应速度下才表现出以浓差极化为主，因此一个电极的总极化由活化极化和浓差极化之和构成，即

$$\eta_{\rm T}=\eta_{\rm a}+\eta_{\rm c} \tag{6-32}$$

$$\eta_{\rm T}=\pm\beta\log\frac{i}{i_0}+2.3\frac{RT}{nF}\log\left(1-\frac{i}{i_{\rm d}}\right) \tag{6-33}$$

式中：$\eta_{\rm T}$ 为混合极化超电压。

混合极化曲线如图 6-29 所示。

应该着重强调活化极化超电压公式 $\eta_{\rm a}=\pm\beta\log\dfrac{i}{i_0}$ 和混合极化超电压公式（6-33），是两

个最重要的电化学腐蚀的基本方程式。除了具有钝化行为的金属腐蚀问题之外，所有的腐蚀反应动力学过程均可由 β、i_d 和 i_0 反映出来，并用其表达腐蚀反应中复杂的现象。

（3）电阻极化 η_r。在电极表面由于电流通过可生成能使欧姆电阻增加的物质（如钝化膜），由此而产生的极化现象称为电阻极化，由此引起的超电压称为电阻超电压，$iR = \eta_r$。凡能形成氧化膜、盐膜、钝化膜，增加阳极电阻的均构成电阻极化。

6.2.5 腐蚀极化图及其应用

1. 腐蚀极化图

为了研究金属腐蚀，在不考虑电极电位及电流变化的具体过程的前提下，只从极化性能相对大小、电位和电流的状态出发，伊文思依据电荷守恒定律和完整的原电池中电极是串联于电回路中，电流流经阴极、电解质溶液、阳极，其电流强度应当相等的原理，提出了如图6-30所示的直线腐蚀图，又称伊文思图。该图对直观分析腐蚀问题是很方便的。图中 AB 为表示阳极极化的直线，BC 为表示阴极极化的直线，OG 表示原电池内电阻电位降的直线，CH 为考虑到内电阻电位降和阴极电位降的总的极化直线。

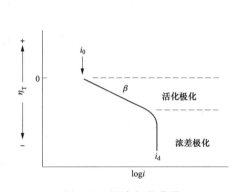

图 6-29 混合极化曲线

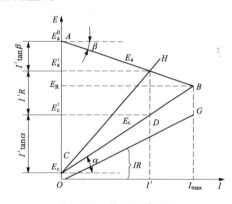

图 6-30 伊文思腐蚀图

在腐蚀电流为 I' 时，阳极极化电位降 ΔE_a 为

$$\Delta E_a = E_a' - E_a^0 = I' \tan\beta \tag{6-34}$$

式中：$\tan\beta$ 为阳极极化率，$\tan\beta = P_a$。

$$E_a' - E_c^0 = I' P_a \tag{6-35}$$

此时，阴极极化电位降 ΔE_c 为

$$\Delta E_c = E_c' - E_c^0 = I' \tan\alpha$$

其中，斜率 $\tan\alpha = P_c$，称为阴极极化率。

因此

$$P_a = \frac{\Delta E_a}{I'}, \quad P_c = \frac{\Delta E_c}{I'} \tag{6-36}$$

式中：P_a、P_c 分别为阳极，阴极的极化性能。

电阻电位降 ΔE_r 为

$$\Delta E_r = E_a' - E_c' = I'R \tag{6-37}$$

对于原电池电阻 $R \neq 0$ 的电池回路（图中 AHC 或 $AHDC$），存在阳极极化、阴极极化、电阻电位降三种电流阻力，其总电位降为

$$E_c^0 - E_a^0 = I' \tan\beta + I' \tan\alpha + I'R = I' P_a + I' P_c + I'R$$

$$I' = \frac{E_c^0 - E_a^0}{P_a + P_c + R} \tag{6-38}$$

式（6-38）表明，腐蚀原电池的初始电位差（$E_c^0 - E_a^0$），系统的电阻（R）和电极的极化性能将影响腐蚀电流（I'）大小。当 $R = 0$，即忽略了溶液的电阻降（一般即短路电池），腐蚀电流可用式（6-39）表示：

$$I_{max} = \frac{E_c^0 - E_a^0}{P_a + P_c} \tag{6-39}$$

即阳极极化与阴极极化控制直线交于一点 B，B 点对应的电流 I_{max} 为腐蚀电流（I_{corr}），对应的电位 E_R 为腐蚀电位（E_{corr}）。

2. 腐蚀的控制因素

由式（6-38）式可知，腐蚀原电池的腐蚀电流大小，取决于初始电极电位差（$E_c^0 - E_a^0$），电阻 R、阳极极化率 P_a 和阴极极化率 P_c，它们是控制腐蚀的因素。

当电阻可忽略时，如果 $P_a > P_c$，腐蚀电流的大小将取决于 P_a 值，即取决于阳极极化性能，称为阳极控制，如图 6-31（a）所示。在这种状态下，腐蚀电位靠近阴极电极电位。

如果 $P_a < P_c$，即为阴极极化控制腐蚀，如图 6-31（b）所示。腐蚀电位 E_R 偏向阳极电位。

当 $P_a = P_c$ 时，腐蚀电位居于初始电极电位的中间位置。腐蚀电流由两个极化率共同制约，称为混合控制，如图 6-31（c）所示。

当电池系统中电阻（R）值很大，则腐蚀受电阻控制，即欧姆控制，如图 6-31（d）所示。

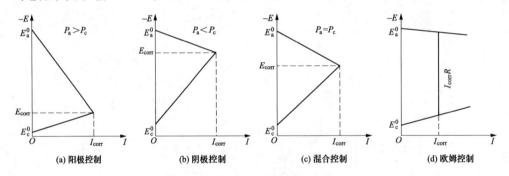

图 6-31 不同控制因素的腐蚀极化图

总之，P_a、P_c、R 对腐蚀而言，均是一种阻力，起控制作用。

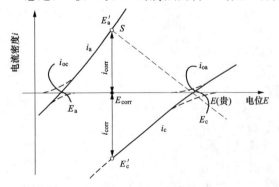

图 6-32　阳极、阴极部分极化图

3. 极化图的测定

伊文思极化图是一状态直线图，它相当于腐蚀原电池中阳极极化曲线（i_a）和阴极极化曲线（i_c），如图 6-32 所示。取电流密度 $|i|$ 的绝对值，作出 $|i|$-E 曲线，在 S 点（即相当于 E_a'）可得到腐蚀电位 E_{corr} 和腐蚀电流 i_{corr} 的直线图。图中 E_a 和 E_c 分别表示初始电位，$E_c - E_a$ 为腐蚀反应的推动力。

金属处于自腐蚀状态时，阳极过程和阴极过程组成一组，以同速、相同电位进行电极反应，实现腐蚀。虽然金属是等电位面，但可以认为：发生阳极过程的部分和发生阴极过程的部分，在金属表面上形成局部的电池（不管阳极区和阴极区能否区别开来，都如此）。由于自腐蚀电流是金属内部短路电流，无法直接测量，但能从单位时间、单位面积上金属腐蚀重量变化或氢气发生量，根据法拉第定律算出 i_{corr} 值来。

用试验法制作伊文思极化（腐蚀）图的方法简述如下。在阳极部分和阴极部分能够明显分开的场合，可以通过测定阳极及阴极极化曲线来合成。但是，在全面均匀腐蚀的情况下，即阳极、阴极不能分开的场合，应采用外部电源，通过辅助电极，使电流流通试片。试片上实际存在的局部阳极（A）和局部阴极（C）可用图 6-33 示意出。图 6-33（a）所示为当试片上流过的阴极电流为 I_c，试片的电位为 E_A'

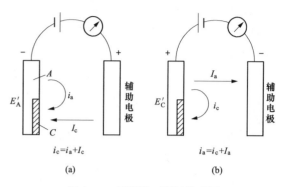

图 6-33　局部阳、阴极模型图

时，这时，流入局部阴极表面的电流 i_c 是局部阳极表面向溶液侧流出的电流 i_a 和 I_c 的和，即

$$i_c = i_a + I_c \tag{6-40}$$

i_a 是腐蚀电流密度，它可通过试片经长时间腐蚀；测量其重量变化，按法拉第定律求出。I_c 可以从电流表上直接读出。因此可以把对应于电位 E_A' 的 i_a 和 i_c 同时求出。

采用同样的方法，可测出各 E_A' 值所对应的各电流值 i_a 和 i_c，由此可作出图 6-34 上的局部电流的极化曲线的一部分，即 GM 和 MD 直线。

图 6-33（b）所示为向试片通以阳极电流 I_a，从局部阳极部分流出的电流为 i_a 是阴极部分流进的电流 i_c 和向辅助电极流出的外部电流 I_a 之和，即

$$i_a = i_c + I_a \tag{6-41}$$

所以，对应于选时的试片电位为 E_c'。用和前面同样的方法，可以求得 i_c 和 i_a，由此可测出和各 E_c' 值相对应的电流值 i_c 和 i_a；这样即能得到极化曲线的上半部分 HM 和 MB 直线，它们应当分别和 MD 及 GM 直线相重合，如图 6-34 所示。这样就作出了局部电池的极化曲线 GMD 和 HMD 即伊文思极化（腐蚀）图。

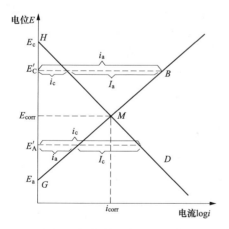

图 6-34　极化（腐蚀）示意

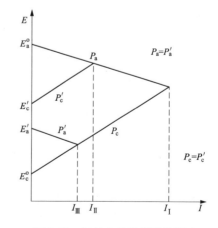

图 6-35　初始电位对腐蚀的影响

4. 腐蚀极化图的应用

（1）初始电位差对最大腐蚀电流的影响。当腐蚀电池的欧姆电阻 $R \rightarrow 0$，且阳极及阴极

的极化率相同，在不同的电极初始电位下，$P_a = P_a'$，$P_c = P_c'$，其初始电位差大者，腐蚀电流亦大，$I_I > I_{II} > I_{III}$，如图 6-35 所示。即腐蚀原电池的初始电位差是腐蚀的驱动力。

（2）极化性能的影响。当初始电位（E_a^0 与 E_c^0）一定，若阴极极化率大小不同时，如图 6-36 所示。极化性能 P_{c1} 大，腐蚀电流 I_{max} 小。极化性能 P_{c2} 小，腐蚀电流 I_{max} 大。极化性能明显的影响腐蚀速度。

（3）超电压的影响。在还原酸性介质中，锌、铁、铂的腐蚀如图 6-37 所示。按平衡电位值 $E_{Zn} < E_{Fe} < E_{Pt}$。腐蚀趋势顺序应为 Pt、Fe、Zn 递增，然而由于 Zn 上放氢超电压大于在 Fe 上的放氢超电压，锌比铁反而腐蚀速度（$I_{Zn} < I_{Fe}$）小；氢在 Pt 上的超电压更小，故加铂盐于盐酸溶液中，使锌、铁腐蚀速度会更加大。超电压大，意味着电极过程阻力大，无论是氢阴极还是氧阴极均如此。超电压越大，腐蚀电流（I_{max}）越小，这对活化腐蚀是相当重要的。

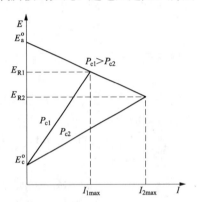

图 6-36　极化性 k 能对腐蚀的影响

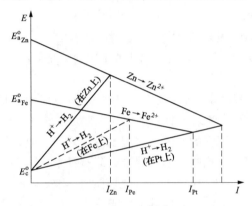

图 6-37　超电压的影响

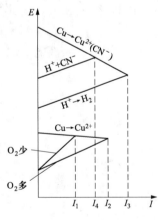

图 6-38　含氧量及络合对 Cu
腐蚀的影响

（4）含氧量及络合离子对腐蚀的影响。铜不溶于还原酸介质中而溶于含氧酸或氧化性酸，这是由于铜的平衡电位高于氢的平衡电位，不能形成氢阴极，然而氧的平衡电位高于铜的电位，可以成为它的阴极，组成腐蚀电池，如图 6-38 下半部分所示；含氧多，氧去极化容易，腐蚀电流（I_2）大；当氧含量少时，氧去极化受阻（极化率大），腐蚀电流（I_1）小。

铜在不含氧酸中不溶解，是耐蚀的，只有当溶液中含有络离子 Cu^{2+}（CN^-），使铜的电极电位向负移动时，铜才可能溶解在还原酸中，其腐蚀速度为 I_3、I_4，如图 6-38 上半部分所示。

6.2.6　金属的去极化

去极化是极化的相反过程，是消除或减少极化所造成的原电池阻滞作用，去极化起加速腐蚀的作用。充当去极化作用的物质叫去极剂，如日常生活中所使用的干电池，为了在使用过程中保持恒定的电压，需加去极剂 MnO_2，以消除极化作用带来的电压降低。显然，为了提高耐蚀性，就应当尽量减少去极剂的去极化作用。

对腐蚀电池阳极起去极化作用，称为阳极去极化；对腐蚀电池阴极起去极化作用，称为阴极去极化。

1. 阳极去极化

（1）去阳极活化极化。阳极钝化膜被破坏，例如氯离子能穿透钝化膜，引起钝化的破坏，活化阳极，实现阳极去极化。

（2）去阳极浓差极化。阳极产物金属离子加速离开金属溶液界面，一些物质与金属离子形成络合物，使金属离子密度降低，由于浓度的降低，加速了金属的进一步溶解。例如，铜离子与 NH_3 结合的铜氨离子 $[Cu(NH_2)_4]^{+2}$ 促进了铜的溶解，加速腐蚀。

2. 阴极去极化

（1）去阴极活化极化。阴极上积累的负电荷得到了释放，所有能在阴极上获得电子的过程，都能使阴极去极化，使阴极电位向正方向变化。阴极上的还原反应是去极化反应，是消耗阴极电荷的反应。主要有以下几种：

1）离子的还原。

$$2H^+ + 2e \longrightarrow H_2 \qquad\qquad Fe^{3+} + e \longrightarrow Fe^{2+}$$
$$Cu^{2+} + 2e \longrightarrow Cu \qquad\qquad Cu^{2+} + e \longrightarrow Cu^+$$
$$Cr_2O_7^{2-} + 14H^+ + 6e \longrightarrow 2Cr^{3+} + 7H_2O \qquad NO_3^- + 2H^+ + 2e \longrightarrow NO_2^- + H_2O$$

2）中性分子的还原。

$$Cl_2 + 2e \longrightarrow 2Cl^- \qquad\qquad O_2 + 2H_2O + 4e \longrightarrow 4OH^-$$

3）不溶解膜（氧化物）的还原。

$$Fe(OH) + e \longrightarrow Fe(OH)_2 + OH^- \qquad MnO_2 + H_2O + 2e \longrightarrow MnO + 2OH^-$$
$$Fe_3O_4 + H_2O + 2e \longrightarrow 3FeO + 2OH^-$$

其中，最重要的是氢离子和氧原子、分子的还原，通常称为氢去极化和氧去极化。

（2）去阴极浓差极化。使去极化剂容易达到阴极表面以及阴极反应产物容易离开阴极，如搅拌、加络合剂可使阴极过程进行的很快。阴极去极化作用对腐蚀影响很大，成为影响腐蚀的最重要因素。

在实际的金属腐蚀中，绝大多数的阴极去极剂是氢离子和氧原子、分子，如 Fe、Zn、Pb 在稀酸中的腐蚀，电池的阴极过程为氢离子的去极化反应，称为析氢腐蚀。而 Fe、Zn、Cu 在海水、大气、土壤中的腐蚀，其阴极过程就是氧的去极化反应，称为吸氧腐蚀。总之，去极化反应与金属材料、溶液的性质及外界条件有密切关系。

6.2.7 析氢腐蚀

金属在酸中腐蚀时，如果酸中没有别的氧化剂，则析氢反应 $H^+ + e \longrightarrow H$ 和 $2H^+ + 2e \longrightarrow H_2$ 是电极反应中唯一的阴极反应，这种腐蚀称为析氢腐蚀。

1. 析氢腐蚀的条件

氢电极在一定的酸浓度和氢气压力下，可建立如下平衡：

$$2H^+ + 2e \longrightarrow H_2$$

这个氢电极的电位称为氢的平衡电位（E_{eH}），它与氢离子浓度和氢分压有关。

如果在腐蚀电池中，阳极的电位比氢的平衡电位正，阴极平衡电位当然比氢的平衡电位更正，所以，腐蚀电位 E_c 比氢的平衡电位正（见图 6-39），不能发生析氢腐蚀。

如果阳极电位比氢的平衡电位负时，则腐蚀电位 E_c 才有可能比氢的平衡电位负（见图 6-40），才有可能实现氢去极化和析氢腐蚀。

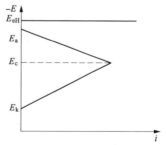

图 6-39 阳极电位比氢的平衡正时不发生析氢腐蚀

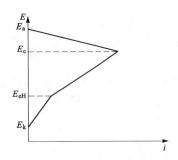

图 6-40　阳极电位比氢的平衡
电极电位负时发生析氢蚀

总之，氢的平衡电位成为能否发生析氢腐蚀的重要基准，而 $E_{eH}= -0.059pH$，酸性越强，pH 值越小，氢的平衡电位越高（E_{eH} 越正）。氢的平衡电位越正和阳极电位越负，对于氢去极化腐蚀可能性的增加具有等效作用。因此，许多金属之所以在中性溶液中不发生析氢腐蚀，就是因为溶液中氢离子浓度太低，氢的平衡电位较低，阳极电位高于氢的平衡电位。但是当选取电位更负的金属（镁及合金）作阳极时，因为它们的电位比氢的平衡电位负，又发生析氢腐蚀，甚至在碱性溶液中也发生氢去极化腐蚀。

2. 析氢腐蚀过程中的析氢形式

析氢腐蚀过程中的析氢形式依据溶液的性质，表现不同。

在酸性溶液中，水化氢离子在阴极上放电生成氢气，$2H_3O^+ +2e \longrightarrow 2H_2O+H_2$。

在中性溶液和中性溶液中，水分子在阴极上放电生成氢气，$2H_2O^+ +2e \longrightarrow 2OH^- +H_2$。

在碱性溶液中，金属与氢氧根离子反应生成氢气，$Zn+2OH^- \longrightarrow ZnO_2^{2-} +H_2$。

在电流密度较高时，酸性溶液中的析氢反应也可能是水分子在阴极上放电生成氢气。

在有些情况下，氢气可直接从酸中析出，$2HA+2e \longrightarrow 2A^- +H_2$。

例如在碳酸溶液中，在汞电极上发生的析氢反应，就属于这种情况。

3. 析氢反应的步骤

以上所述是在不同介质条件下阴极析氢反应的总过程。实际上，氢离子被还原成氢分子要经历一系列的过程或步骤，图 6-41 所示为析氢反应的四个连续步骤。

（1）氢离子、水化的氢离子、水分子向电极表面传输。

H^+、H_3O^+ 或 $H_2O \longrightarrow H^+$、H_3O^+ 或 H_2O（金属）

（2）氢离子、水化的氢离子、水分子在电极表面上放电，脱水生成氢原子吸附在电极上。

$H^+ +e \longrightarrow H \qquad H_3O+e \longrightarrow H+H_2O$

$H_2O+e \longrightarrow H+OH^-$

（3）吸附在电极上的氢原子结合成氢分子。

$H（吸附）+H（吸附）\longrightarrow H_2（吸附）$

$H（吸附）+[H^+ 电极 +e] \longrightarrow H_2（吸附）$

（4）电极表面氢分子的脱附，氢分子通过扩散，聚集成氢气泡逸出。

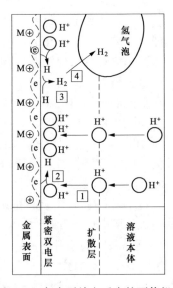

图 6-41　氢离子放电反应的可能机理

以上这四个步骤实际是连续进行的，其中任何一步受到阻滞，则会使整个氢去极化反应受到阻滞，由阳极来的电子就会在阴极积累，使阴极电位向负方向变化，从而产生一定的过电位，该步骤必定为全过程的控制步骤。考虑到 H^+ 的迁移率比其他所有离子的迁移率都高，可以忽略扩散作用。在碱性溶液中，虽然放电质点是水分子，但是它的浓度很高。因此，析氢反应的浓差极化一般较轻微，析氢超电压 η_H 表现为电化学极化特征。迟缓放电理论认为，在整个过程中受到阻滞最大的步骤是 H^+ 的放电过程的步骤（2），即此步骤起控制作用，构成电化学极化。而迟缓复合理论则认为步骤（3）

起控制作用。

4. 氢去极化的阴极极化曲线

由上述分析可知，氢去极化的阴极极化曲线表现为活化极化曲线的特征。

图 6-42 所示为典型的氢去极化的阴极极化曲线，它是在没有任何其他氧化剂存在，氢离子是唯一的去极剂的情况下得到的。当电流为零时，氢的平衡电位为 E_H，当有阴极电流（$-i$）通过时，氢的去极化过程中某步骤受阻滞，即发生阴极极化。阴极电流（$-i$）值增加，其极化作用也随之增大，阴极电位越变越负。通常在一定的电流密度下，当电位变负到一定的数值时（如 E'_H），即会有氢气逸出。实际电位 E'_H（通称为氢的析氢电位）总要比在该条件下氢的平衡电位负一些。析氢电位（E'_H）与氢的平衡电位（E_H）差为氢的超电压（$\eta_H = E'_H - E_H$）。超电压的增加意味着在一定条件下，析氢电位的降低（更负），结果也就是

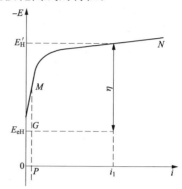

图 6-42　氢的去极化过程的
阴极极化曲线

使腐蚀电池的电位差减小，腐蚀过程减缓。在不同的金属上，放氢时阴极极化曲线也不相同。从图 6-43 可以看出，由于材料不同放氢的电位也不同，有的金属具有很低的放氢电位和很高的超电压。如铂黑电极，极化很小，超电压也很小，电流很大，几乎是一条电位坐标的垂线，如图 6-43 所示中 $0a$ 或 $0e$ 线（不极化）。而有些金属超电压却很大，如 Zn、Hg，阴极电流受阻，其值都很微小，氢超电压曲线具有的特点是：当电极电位很小时，阴极电流（$-i$）增加很慢，甚至近于零；而当极化电位达到 b 点以后一定数值时，阴极电流（$-i$）才慢慢有所增加，如 $0bc$ 线。一般电位变化为 $0 \sim 1.5V$，电流密度可改变几个数量级。将阴极极化曲线用半对数坐标表示在图 6-44 中，它显示出了电位（E）与 $\log$ 在一定范围内呈塔菲尔直线关系。

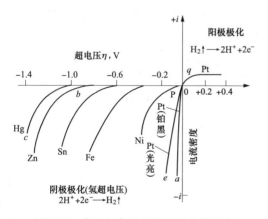

图 6-43　各金属氢电极的极化曲线示意

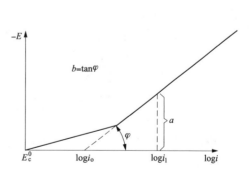

图 6-44　氢超电势与电流密度的函数关系

1905 年，Tafel 在大量的试验中发现，在许多金属表面上的析氢超电压服从试验公式 $\eta = a + b \log i$，也说明了许多金属电极上的析氢反应的控制步骤是电化学反应。图 6-45 所示为表示在不同金属电极上析氢反应过电位 η_H 与反应电流密度 i 的对数是直线关系。

5. 控制氢去极化腐蚀的措施

根据析氢腐蚀的特点，可采取以下措施，控制金属腐蚀。

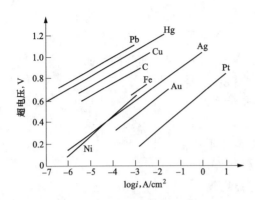

图 6-45　不同金属上氢的超电位与
电流密度的关系

（1）提高金属材料的纯度（消除或减少杂质）。

（2）加入超电压大的组分，如 Hg、Zn、Pb。

（3）加缓蚀剂，减小阴极有效面积，增加超电压 η_H。

（4）降低活性阴离子成分等。

6.2.8　吸氧腐蚀

在中性或碱性溶液中，由于氢离子的浓度小，析氢反应的电位较负。对某些不太活泼的金属，其阳极溶解平衡电位 E_{eM} 又比较正，则这些金属在中性或碱性介质中的腐蚀溶解的共轭反应往往不是氢的析出反应，而是溶解氧的还原反应，即氧去极化反应促使了阳极金属不断地被腐蚀。这种腐蚀过程称为氧去极化腐蚀或吸氧腐蚀。

由于氧的标准平衡电极电位 $E_{eO_2}^0$ 总是要比氢的标准电极电位 E_{eH}^0 正 1.28V，所以氧的还原反应可以在更正的电位下发生。因此，许多金属在中性或碱性水溶液、潮湿的大气、海水、潮湿的土壤中都能发生吸氧腐蚀，甚至在稀酸介质中也发生部分吸氧腐蚀。与析氢腐蚀相比，氧去极化腐蚀更具普遍性。

1. 氧向金属（电极）表面的输运

（1）氧去极化的阴极过程，浓差极化占主导地位。这是因为作为去极剂的氧分子本性决定的。

1）氧分子向电极表面的输送只能依靠对流和扩散。

2）由于氧的溶解度不大，所以氧在溶液中的浓度很小。

3）没有气体的析出，不存在附加搅拌，反应产物只能依靠扩散的方式离开金属表面。

（2）在一定的温度和压力下，氧在各种溶液中有着相应的溶解度。腐蚀过程中，溶解氧不断地在金属表面还原，大气中的氧就不断地溶入溶液并向金属表面输送。

氧向金属表面的输送是一个复杂的过程，可以分成以下几个步骤：

1）氧通过空气-溶液界面溶入溶液，以补足它在该溶液中的溶解度。

2）以对流和扩散方式通过溶液的主要厚度层。

3）以扩散方式通过金属表面溶液的静止层而达到金属表面。

4）氧在电极表面上吸附。

在上述输运步骤中，进行最慢的是步骤3），即氧通过静止层的扩散。静止层又称为扩散层，其厚度为 $10^{-5} \sim 10^{-2}$ cm。虽然扩散层的厚度不大，但由于氧只能以唯一的扩散方式通过它，所以一般情况下扩散步骤是最慢的步骤，以致使氧向金属表面的输送速度低于氧在金属表面的还原速度，故此步骤成为整个阴极过程的控制步骤。

2. 氧还原反应的机理

由于反应过程有不稳定的中间过程出现，试验表明，氧还原反应因溶液的性质而分两类：第一类为酸性溶液中的氧还原反应，第二类为碱性溶液中的氧还原反应。氧阴极的总反应为

在酸性溶液中：$O_2 + 4H^+ + 4e \longrightarrow 2H_2O$

在碱性溶液中：$O_2 + 2H_2O + 4e \longrightarrow 4OH^-$

（1）第一类的中间产物为过氧化氢和二氧化一氢离子，其基本步骤如下：

1）形成半价氧离子：$O_2 + e \longrightarrow O_2^-$

2）形成二氧化一氢：$O_2^- + H^+ \longrightarrow HO_2$

3）形成二氧化一氢离子：$HO_2 + e \longrightarrow HO_2^-$

4）形成过氧化氢：$HO_2^- + H^+ \longrightarrow H_2O_2$

5）形成水：$H_2O_2 + 2H^+ + 2e \longrightarrow 2H_2O$ 或 $H_2O_2 \longrightarrow 0.5O_2 + H_2O$

（2）第二类的产物中间体为二氧化一氢离子，其基本步骤有以下几个。

1）形成半价氧离子：$O_2 + e \longrightarrow O_2^-$

2）形成二氧化一氢离子：$O_2^- + H_2O + e \longrightarrow HO_2^- + OH^-$

3）形成氢氧根离子：$HO_2^- + H_2O + 2e \longrightarrow 3OH^-$ 或 $HO_2^- \longrightarrow 0.5O_2 + OH^-$

在上述反应的基本步骤中，一般倾向于在第一类反应中步骤1）是控制步骤，在第二类反应中的步骤2）是控制步骤。总之，控制步骤是一个接受电子的还原步骤。

3. 氧去极化的阴极极化曲线

氧去极化的阴极过程的速度与氧的离子反应以及氧向金属表面的输送过程都有关系。所以，氧还原反应过程的阴极极化曲线比较复杂。

（1）阴极过程由氧离子反应的速度控制。如果阴极过程在不大的电流密度下进行，并且阴极表面氧供应充分，则阴极过程的速度由氧离子化过电位所控制。在一定的阴极电流密度下，氧还原反应的实际电位与该溶液中氧电极平衡电位间的电位差，称为该电流密度下的氧离子化过电位，简称氧超电压，用 η_{O_2} 表示。

由于是活化极化，同氢的超电压一样，可用塔菲尔公式表达：

$$\eta_{O_2} = E_{eO_2} - E_{kO_2} = a_0' - b_0' \lg i \tag{6-42}$$

常数 a_0' 与电极材料及表面状态有关，在数值上等于单位电流密度（通常为 $1A/cm^2$）时的超电压。常数 b_0' 与电极材料无关，对于许多金属，因 $\alpha = 0.5$，所以 $b_0 = \dfrac{2.3RT}{\alpha n'F} = \dfrac{4.6RT}{n'F}$，其中 n' 为控制步骤中参加反应的电子数。在 $n' = 1$ 时，$t = 25℃$，$b_0 = 0.118V$。

在电流密度较小时，氧过电位与电流密度呈直线关系：

$$\eta_{O_2} = R_F i \tag{6-43}$$

氧离子化超电压与电流密度的关系如图 6-46 所示。不同金属的阴极超电压是不同的，图 6-47 所示为不同金属的氧离子化试验曲线。金属的阴极超电压越大，则氧去极化活化腐蚀速度越小；反之，腐蚀速度越大。

（2）氧的阴极还原反应受氧的离子化反应和氧的扩散的混合控制。当阴极极化电流较大时，一般为 $\dfrac{1}{2}i_d <|i| < i_d$ 时，由于 $V_反 \approx V_扩$，使氧总的还原过程与氧的离

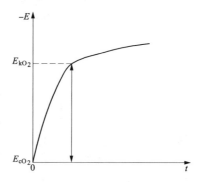

图 6-46　氧离子化超电压与电流密度的关系

子化反应和氧的扩散过程都有关系，即氧的阴极还原反应受氧的离子化反应和氧的扩散的混合控制。根据浓差极化超电压 η_c 和活化极化超电压 η_{O_2}，可得出吸氧腐蚀的电位与电流的关系式

$$E_k = E_{eO_2}^0 - (a' + b'\lg i) + b'\lg\left(1 - \frac{i}{i_d}\right) \qquad (6\text{-}44)$$

图 6-48 所示为氧化还原反应的总的极化曲线。其中混合控制为 $E_{eO_2}PF$ 段。

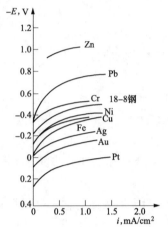 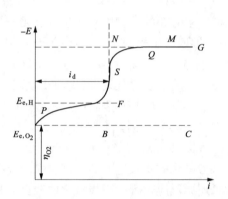

图 6-47　不同金属的氧离子化实验曲线　　　　　图 6-48　氧化还原反应总极化曲线

（3）阴极过程由氧的扩散控制。随着电流密度的增大，由于扩散过程的阻滞引起的极化不断增加，使极化曲线更陡地上升。当 $i = i_d$ 时，极化曲线走向为 FSN，如图 6-48 所示。

式（6-45）中浓差极化项 $-b'\lg\left(1 - \frac{i}{i_d}\right) \to \infty$，因此 $\eta_c \to \infty$，即氧的还原反应超电压完全取决于极限电流密度 i_d，而与电极材料无关。吸氧阴极还原反应超电压的增加，使氧离子化反应大大活化，此时，氧得电子的电化学步骤与氧的扩散相比已不再是缓慢步骤，而整个阴极反应仅由氧的扩散过程控制，其超电压为

$$\eta_c = -b'\lg\left(1 - \frac{i}{i_d}\right) = b'\lg\left(\frac{i_d}{i_d - i}\right) \qquad (6\text{-}45)$$

（4）氧阴极与氢阴极联合控制的阴极过程。在完全浓差极化下，即 $i = i_d$ 时，η_c 可以趋于无穷大。但在实际上，当阴极电位负移到一定程度时，在电极上除了氧的还原反应以外，就有可能开始进行某种新的电极反应过程。在水溶液中，当氧还原反应电位负移到低于析氢反应平衡电位 E_{eH} 一定值时，在发生吸氧还原反应的同时，还可能出现析氢反应。这时总的阴极电流密 i_k 由氧还原反应电流密度 i_{O_2} 和氢离子还原反应电流密度 i_{H_2} 共同组成，即

$$i_k = i_{O_2} + i_{H_2} \qquad (6\text{-}46)$$

此时，总的阴极极化曲线为 $E_{eO_2}PFSQG$，这是氧还原反应极化曲线 $E_{eO_2}PFSN$ 和氢离子还原极化曲线 $E_{eH}M$ 相叠加的结果。

4. 氧去极化腐蚀的一般规律

（1）如果金属在溶液中的平衡电位较正，则阳极反应的极化曲线与氧的阴极还原反应的极化曲线在氧的离子化超电压控制区相交（见图 6-49 中的交点 1），这时的腐蚀电流密度小于氧的极限扩散电流密度的 1/2。如果阴极极化率不大，氧离子化反应是腐蚀过程的控制步

骤。金属腐蚀速度主要决定于金属表面上氧的离子化过程。

（2）如果金属在溶液中的电位较负，并处于活性溶解状态，而氧向金属表面扩散与氧在该金属表面上的离子化反应相比是最慢的步骤，则阳极极化曲线与阴极极化曲线相交于氧的扩散控制区，此时腐蚀过程由氧的扩散过程控制，金属腐蚀电流密度等于氧的极限扩散电流密度（见图6-49中的交点2和交点3），有

$$i_k = i_d = nFDC/\delta \tag{6-47}$$

在一定范围内，许多金属及其合金浸入静止的或轻微搅拌的中性盐水溶液或海水中时，一般是按这种历程进行腐蚀的。

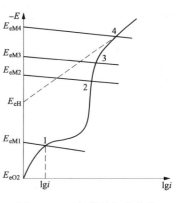

图 6-49　吸氧腐蚀极化曲线

在氧的扩散控制腐蚀条件下，金属腐蚀速度主要受溶解氧传质速度的影响，电极材料及阴极性杂质对腐蚀速度影响很小。这可以从下面的事实得到印证：不同成分的钢在海水中的腐蚀速度相同，低合金钢在海水中的全浸腐蚀与低合金钢的成分（一定范围）、冷热加工和热处理状态无关。

（3）如果金属在溶液中的电位很负，如 Mg、Mn 等，则金属阳极溶解极化曲线与去极剂的阴极极化曲线有可能相交于吸氧反应和析氢反应同时起作用的电位范围，此时，电极上总的阴极电流密度由氧去极化作用的电流密度与氢去极化作用的电流密度共同组成，即 $i_k = i_{O_2} + i_{H_2}$。

金属的腐蚀速度以既受溶液 pH 值、溶解氧浓度的影响，同时，也与金属材料本身的性质有关。

6.2.9　金属的钝化

金属的钝化在腐蚀与防护科学中具有重要的地位，它不仅具有重大的理论意义，而且在指导耐蚀合金化方面具有重要的实际意义。

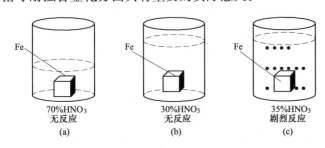

图 6-50　法拉第的纯铁在硝酸中的腐蚀试验示意

1. 金属的钝化现象

金属的钝化是在某些金属或合金腐蚀时观察到的一种特殊现象。最初的观察来自法拉第的纯铁在硝酸中的腐蚀试验，即在室温下，将一块纯铁浸泡在 70% 的浓硝酸中，铁没有发生腐蚀，仍然具有金属光泽，如图 6-50（a）所示。向容器中缓慢加水，

使硝酸溶液稀释到 1:1（约 35%时），仍无腐蚀发生，如图 6-50（b）所示，铁块表现出贵金属一样的惰性。但用玻璃棒擦一擦铁块表面或者摇动烧杯使铁块碰撞杯壁时，铁块就迅速溶解，放出大量气泡，如图 6-50（c）所示。取纯铁块，直接放入 35% 的稀硝酸溶液中，立即发生剧烈反应。

用失重的方法研究硝酸浓度对纯铁腐蚀速度的影响，其结果如图 6-51 所示。可以看出，在硝酸溶液中，纯铁的腐蚀速度随硝酸浓度的提高而增大。然而，当硝酸的浓度超过某一临界值后（>35%），腐蚀速度迅速降低，再继续增加硝酸浓度，腐蚀速度降低到很小，甚至

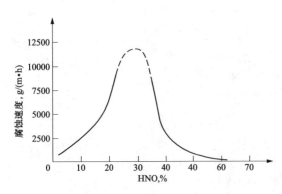

图 6-51　硝酸浓度对纯铁块腐蚀速度的影响

到可以忽略的程度。

　　经浓硝酸处理过的纯铁，再放入稀硝酸溶液中（30%），其腐蚀速度远低于未处理的铁块，或将处理过的铁块浸入 $CuSO_4$ 溶液中，铁也不会将铜离子置换出来。

　　除了铁具有上述现象外，研究发现，几乎所有的金属都有不同程度的上述现象，最明显的金属有铬、铅、钛、镍、钽、铌等。除了硝酸以外，一些强氧化剂，如氯酸钾、重铬酸钾、高锰酸钾等都能使金属的腐蚀速度降低。

　　金属在一定条件下，或经过一定处理，其腐蚀速度明显降低的现象称为钝化现象。金属或合金在一定条件下所获得的耐蚀状态，称为钝态。金属或合金，在某种条件下，由活化态转为钝化态的突变过程，称为金属或合金的钝化。金属或合金钝化后所获得的那种耐蚀性，称为金属或合金的钝性。

　　钝化按形成原因分为化学钝化和电化学钝化两类，现分别加以讨论。

　　2. 金属或合金的化学钝化

　　由纯化学因素引起的钝化称为化学钝化。它一般是由强氧化剂引起的，如硝酸、硝酸银、氯酸钾、重铬酸钾、高锰酸钾及氧等，它们统称为钝化剂。但是，在个别场合下，某些金属也可以在非氧化性介质中发生钝化，如镁在氢氟酸，钼和铌在盐酸中的钝化。

　　例如，铁在硝酸中的氧化作用很强，不仅使溶解出来的 Fe^{2+} 离子和置换出来的 H 原子发生氧化，甚至氧能和铁的表面直接发生作用。在氧的化学势与中等浓度硝酸相当的强腐蚀液中，随着上述的氧化作用，将同时发生氧向铁表面的化学吸附的反应。

$$HNO_3 \longrightarrow O + HNO_2$$
$$HNO_3 \longrightarrow O + NO_2^- + H^+$$
$$O + e \longrightarrow (Me) \Longrightarrow O^-（吸附） \tag{6-48}$$

　　在化学吸附中，氧对电子亲和力很大，可以从金属夺取电子形成 O^{2-} 离子，进一步形成氧化物，在表面形成一层致密的氧化物膜，成为离子迁移和扩散的阻力层，导致金属钝化。

　　3. 金属的电化学钝化

　　由电化学因素引起的金属钝化称为金属的电化学钝化。金属电化学钝化出现的一个普遍规律是，金属由活化态变成钝化态的过程中，其电极电位总是朝贵金属的方向移动。

　　例如，铁的电位从 $-0.5 \sim 0.2V$ 升高到 $+0.5 \sim 1.0V$，铬的电位从 $-0.6 \sim 0.4V$ 升高到 $0.8 \sim 1.0V$。钝化后的电位正移，几乎接近贵金属的电位值（$E_{eCu} = +0.521V$，$E_{eAg} = +0.799V$，$E_{eAu} = +1.68V$）。如果能够维持已提高的电位，即可实现钝化，提高金属或合金的耐蚀性。

　　上述现象说明，具有电化学钝化性能的金属一定具有独特的阳极极化曲线，图 6-52 所示为反映钝态金属阳极极化一般特征的极化曲线，整个曲线可以分成六个区。

　　（1）$A \sim B$ 区，随着电位升高，阳极电流密度增大，金属发生活性溶解。

　　（2）$B \sim C$ 区，随着电位升高，电流密度迅速降低，金属发生钝化。

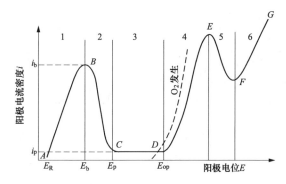

图 6-52 典型的阳极极化曲线

i_b—临界钝态电流密度(致钝电流密度);
i_p—钝态电流密度(维钝电流密度);
E_R—稳定电位(开路电位);
E_p—钝态单位(钝化起始电位);
E_b—临界钝化电位(致钝电位);
E_{op}—过钝化电位

（3）$C \sim D$ 区，当电位高于 E_p 时，阳极电流降至很低（$10^{-6} \sim 10^{-4}$ A），并维持（在一般电位升高的情况下）在很低的电流密度值（i_p）。这是因为金属表面生成了致密的、难以溶解的薄膜，致使阳极电流显著下降，金属被认为处于钝化状态。

（4）$D \sim E$ 区，当电位超过 E_{op} 时，随着电位升高，阳极电流密度迅速增大，称为过钝化区。在钝化区生成保护膜，因氧化作用的加强，又被氧化成可溶性的高价化合物，加速了金属的溶解。

在含氧酸中，阳极极化保持了高的氧化电位，溶液中的阴离子容易失去电子，即阴离子容易被氧化

$$2OH^- \longrightarrow O + H_2O + 2e$$
$$SO_4 \longrightarrow O + SO_3 + 2e$$
$$O + e \ (Me) \longrightarrow O^- \ (吸附)$$
$$O^- + e \longrightarrow O_2{}^- \ (化合物)$$

在阳极上也可以发生如下的反应：
$$2OH^- + Me \longrightarrow MeO + H_2O + 2e$$
$$2OH^- + Me \longrightarrow Me(OH)_2 + 2e$$

这些氧化物生成氢氧化物，成为离子迁移和扩展的阻力层，导致金属钝化。

（5）$E \sim F$ 区，为二次钝化区；有些金属具有此二次钝化区。

（6）$F \sim G$ 区，为二次过钝化区。

生成或还原钝化膜的最低电位，即活态和钝态平衡共存的电位值称为 Flade 电位，用 E_F 表示，其值在 E_b 和 E_p 之间。E_F 左移意味着易钝化而不易活化。活性态与钝化态的境界电位即钝态电位 E_p，是由活性态向钝化极化转移的境界电位，并不一定与从钝化状态向活性状态转移的境界电位相一致，称为活化电位（或脱钝电位）。

无论是化学钝化还是电化学钝化，金属表面发生氧离子吸附，形成氧化物或氢氧化物，是导致钝化的重要条件。

4. 钝化理论简介

有关钝化的理论很多，但目前被人们广泛接受的钝化理论主要有以下两种：

（1）成相膜理论。该理论认为钝化了的金属表面存在一种非常薄的、致密的而且覆盖性能良好的三维薄膜，通常是金属的氧化物。正是这层膜的作用使金属处于钝化状态，这些膜可视为独立的相（成相膜），它将金属和溶液隔离开。这种减缓金属离子扩散速度是引起反

应速度大大下降的根本原因。所以，成相膜理论强调的是，膜对金属的保护是基于其对反应粒子扩散到反应区的阻挡作用。

虽然生成成相膜的先决条件是电极反应中有固态产物生成，但并不是所有的固体产物都能形成钝化膜。那种多孔、疏松的沉积层并不能直接导致金属钝化，但它可能成为钝化的先导，当电位提高时，它可在强电场的作用下转变为高价的具有保护特征的氧化膜，促使金属钝化的发生。

成相膜理论的直接证明是有人从钝化金属上剥下氧化膜，并用电子衍射法对膜进行了分析。此外，许多工作者用 X 射线、电子探针、俄歇电子能谱、电化学方法等手段测定了钝化膜的结构、成分和厚度。

(2) 吸附理论。吸附理论把发生金属钝化的原因归结为氧或含氧粒子在金属表面上吸附。这一吸附只有单分子层厚，它可以是原子氧或分子氧，也可以是 OH^- 或 O^-。吸附层对反应活性的阻滞作用有下面几种观点：一是这些粒子在金属表面上吸附后，改变了金属/电解质溶液界面的结构，使金属阳极反应的活化能量显著升高，因而降低了金属的活性；二是认为吸附氧饱和了表面金属的化学亲和力，使金属原子不再从其晶格中溶解出来，形成钝化；三是认为含氧吸附粒子占据了金属表面的反应活性点，如边缘、棱角等处，因而阻滞了整个表面的溶解。可见，吸附理论强调吸附引起的钝化不是吸附粒子的阻挡作用，而是通过含氧粒子的吸附改变了反应的机制，减缓了反应速度。与成相膜理论不同，吸附理论认为，金属钝化是由于吸附膜存在使金属表面的反应能力降低了，而不是由于膜的隔离作用。

例如，金属铂在盐酸溶液中，吸附层仅覆盖 6% 的金属表面，就能使金属电极电位正移 0.12V，同时使溶解速度降低 90%。又如，在 0.05molNaOH 溶液中，用 $1 \times 10^5 A/cm^2$ 的阳极电流使铁电极极化，只需要通过相当于 $0.3mC/cm^2$ 的电量就能使电极钝化了。这均证明，金属表面所吸附的单分子层，不一定需要覆盖全部表面，便能显著抑制金属阳极溶解过程，使金属钝化。

成相膜理论和吸附理论都有大量试验证据，证明这两种理论都部分地反映了钝化现象的本质。基本可以肯定，当在金属表面形成第一层吸附氧层后，金属的溶解速度就已大幅度下降。在这种吸附层的基础上继续生长形成成相氧化物层，则进一步阻滞了金属的溶解过程，增加了金属钝态的不可逆性和稳定性。钝化的难易程度主要取决于吸附膜，而钝化状态的维持主要取决于成相膜。

5. 钝化膜的破坏

(1) 化学、电化学因素引起钝化膜的破坏。溶液中存在的活性阴离子或向溶液中添加活性阴离子（如 Cl^-、SCN^- 和 OH^-），这些活性阴离子从膜结构有缺陷的地方（如位错区、晶界区）渗进去改变了氧化膜的结构，破坏了钝化膜。其中，Cl^- 对钝化膜的破坏作用最为突出，这应归因于氯化物溶解度特别大和 Cl^- 半径很小的缘故。

当 Cl^- 与其他阴离子共存时，Cl^- 在许多阴离子竞相吸附过程中能被优先吸附，使组成膜的氧化物变成可溶性盐，反应式为

$$Me(O_2^-，2H^+)_m + xCl^- \longrightarrow MeCl_x + mH_2O \tag{6-49}$$

同时，Cl^- 离子进入晶格中代替膜中水分子、OH^- 或 O^{2-}，并占据了它们的位置，降低电极反应的活化能，加速了金属的阳极溶解。

Cl^- 离子对膜的破坏，是从点蚀开始的。钝化电流 i_p 在足够高的电位下，首先击穿表面膜有缺陷的部位（如杂质、位错、贫 Cr 区等），露出的金属便是活化——钝化原电池的阳极。由于活化区小，而钝化区大，构成一个大阴极、小阳极的活化——钝化电池，促成小孔腐蚀。钝化膜穿孔发生溶解所需要的最低电位值称为击穿电位，或者叫点蚀临界电位。击穿电位是阴离子浓度的函数，阴离子浓度增加，临界击穿电位减小。

（2）机械因素引起钝化膜的破坏。机械碰撞电极表面，可以导致钝化膜的破坏。膜厚度增加，使膜的内应力增大，也可导致膜的破坏。膜的介电性质引起钝化膜的破坏。一般钝化膜厚度不过几十个埃，膜两侧的电位差为十分之几到几伏。因此膜具有 $1 \times 10^6 \sim 1 \times 10^9$ V/cm 的极高电场强度，这种高场强诱发产生的电致伸缩作用是相当可观的，可达 1000N/cm²，而金属氧化物或氢氧化物的临界击穿压应力在（1000～10000）N/cm² 数量级内，所以 10^6 量级的场强已足以产生破坏钝化膜的压应力。

6. 过钝化

溶液的氧化能力越强，金属越易发生钝化。然而，过高的氧化能力又会使已钝化的金属活化。例如，$KMnO_4$ 的氧化能力比 $K_2Cr_2O_7$ 强，但铁在 $KMnO_4$ 溶液中通常比在 $K_2Cr_2O_7$ 溶液中更难钝化。金属阳极极化时，电位超过过钝化电位 E_{op}，则已钝化的金属又发生活化溶解。已经钝化了的金属在强氧化性介质中或者电位明显提高时，又发生腐蚀溶解的现象被称为过钝化。

过钝化的原因如下：在强氧化性的介质或电位很高的条件下，金属表面的不溶性保护膜（钝化膜）转变成易溶解且无保护性的高价氧化物。由于氧化物中的金属价态变化和氧化物的溶解性质变化，致使钝化性转向活性。

一般低价的氧化物比高价氧化物相对稳定，高价氧化物易于溶解。周期表中Ⅴ、Ⅵ、Ⅶ族金属，是可以发生变价的金属。因此这些金属易于过钝化溶解（如钒、铌、钽、铬、钼、钨、锰、铁等）。含这些元素的合金也会出现过钝化现象。

6.3　金属的局部腐蚀与防护

按照腐蚀类型掌握各种腐蚀的形成、发展、机理、形态、特征、影响因素及防护措施，有助于我们在分析具体腐蚀问题对鉴别腐蚀类别，判断材料或设备损坏的原因，探讨解决问题的途径。

根据金属构件的腐蚀破坏特性，腐蚀可以分为全面腐蚀和局部腐蚀两大类。从工程技术方面考虑，局部是相对于全面而言，其尺寸可以从微观尺寸的水平到较大的范围，局部腐蚀危险性大。局部腐蚀发生在金属的局部地方，不易预测和防止，尤其像应力腐蚀，通常在没有什么预兆的情况下，金属构件就突然发生破坏，甚至造成严重事故。在腐蚀损坏事故中，通常因局部腐蚀造成的事故要比全面腐蚀造成的事故多得多。据国外某公司对十年中化工装置损坏事例进行的调查结果表明：均匀腐蚀仅占 8.5%，应力腐蚀占 45.6%，小孔腐蚀 21.6%，腐蚀疲劳 8.5%，晶间腐蚀 4.9%，氢脆 3.0%，由此可见局部腐蚀的严重性。

局部腐蚀的种类很多，主要有小孔腐蚀、晶间腐蚀、选择性腐蚀、浓差腐蚀、漏放电流腐蚀、应力腐蚀、腐蚀疲劳、湍流腐蚀、空泡腐蚀等，本章将分别加以叙述。

6.3.1　全面腐蚀

全面腐蚀的特征是（化学或电化学）腐蚀分布于整个金属表面，结果使金属变细变薄直至最后破坏。

按照严格的划分，全面腐蚀又可分为均匀的和不均匀的。通常全面腐蚀可视为均匀腐蚀，只有当环境条件不均或叠加了局部腐蚀时，才按不均匀腐蚀处理。

1. 全面腐蚀的电化学过程特点

对于电化学腐蚀造成的全面腐蚀，其电化学过程特点是腐蚀电池的阴、阳极面积极小，甚至用微观手段也无法分辨。由于整个金属表面都处于活化状态，只是各点在不同瞬间有能量起伏，能量高处为阳极，能量低处为阴极，所以微阴极与微阳极并不固定。最终使整个金属表面都受到腐蚀。所以与局部腐蚀相比，全面腐蚀的电化学过程有显著区别，其比较见表6-6。

表 6-6　　　　　　　　　　全面腐蚀与局部腐蚀比较

比较项目	全面腐蚀	局部腐蚀
腐蚀形貌	腐蚀分布在整个金属表面上	腐蚀破坏主要集中在一定区域上，其他部分不腐蚀
腐蚀电池	阴阳极在表面上变幻不定，阴阳极不可辨别	阴阳极在微观上可分辨
电极面积	阴极＝阳极	阳极≪阴极
电位	阴极电位＝阳极电位＝腐蚀电位（混合电位）	阳极电位＜阴极电位
极化图	（极化图：纵轴 E，E_c^0，E_{corr}，E_a^0；横轴 O，i_{corr}，$\lg i$）	（极化图：纵轴 E，E_c^0，E_c，E_{corr}，E_a^0；横轴 O，i_{corr}，$\lg i$）
腐蚀产物	可能对金属具有保护作用 $E_c = E_a = E_{corr}$	无保护作用 $E_c \neq E_a$

2. 全面腐蚀速度的表示

全面腐蚀进行的快慢常用均匀腐蚀速度来表示，如第一节所述的重量法或深度法都可用于表示全面腐蚀速度。不仅如此，采用深度法表示全面腐蚀速度还用作评价金属的耐蚀性能的通用标准。金属耐蚀性的四级标准见表6-7。

表 6-7　　　　　　　　　　金属耐蚀性四级标准

耐蚀性等级	腐蚀速度（mm/s）	耐蚀程度	使用状况
1	＜0.05	极耐腐蚀	优良
2	0.05～0.5	耐腐蚀	良好
3	0.5～1.5	欠耐腐蚀	尚可，但腐蚀较重
4	＞1.5	不耐腐蚀	不适用，腐蚀严重

3. 全面腐蚀的危害和控制

全面腐蚀通常造成金属的大量损失，但这种腐蚀便于觉察，腐蚀程度也容易测定和预估，不会引发突然事故，造成的危害较小。

为了控制全面腐蚀，首先要弄清造成腐蚀的性质（化学腐蚀或电化学腐蚀），在工程设计中，选用合适的材料或保护性覆盖层，留足腐蚀裕量。对于电化学腐蚀造成的全面腐蚀，也可以选用缓蚀剂及电化学保护方法。这些方法都可以有效地控制全面腐蚀的危害。如果将其恰当地联合使用，保护效果更加显著。

6.3.2 局部腐蚀

1. 电偶腐蚀

电偶腐蚀又称异金属接触腐蚀，是指由于不同金属相互接触形成电偶（即宏观腐蚀电池）而引起阳极金属的局部腐蚀。研究发现，当金属与某些非金属导体（如石墨、碳纤维材料）接触时也会产生电偶腐蚀。故可将电偶腐蚀定义为：在腐蚀介质中，金属与电位更正的金属或非金属导体联结所引起的加速腐蚀。两种电位不同的金属单独处于腐蚀介质中，均会发生程度不同的腐蚀（自腐蚀），但若将其用导体连接或直接接触时，电位较正的金属腐蚀减轻，而电位较负的金属腐蚀加剧，上述引起的加速腐蚀意即如此。

（1）电偶腐蚀形成机理。两种电位不同的金属在腐蚀介质中联结，构成宏观腐蚀电池，电位较正的金属成为腐蚀电池的阴极，而电位较负的金属成为腐蚀电池的阳极。其机理可用如图 6-53 和图 6-54 所示的碳钢和锌在海水中的腐蚀情况予以说明。

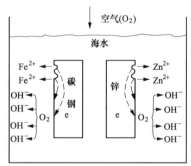

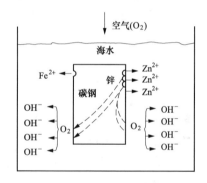

图 6-53　铁和锌在海水中的腐蚀过程　　　图 6-54　铁和锌在海水中的电偶腐蚀

图 6-53 所示为碳钢和锌两种金属未耦合时的腐蚀情况，锌和碳钢都会发生腐蚀。图 6-54 所示为碳钢和锌两种金属偶合时的腐蚀情况，由于锌的电位比碳钢更负一些，锌成为阳极而碳钢是阴极。阳极锌除了本身的电化学腐蚀外，现在又使电子从阳极锌流到阴极碳钢上，使锌发生了阳极极化，电位向正方向移动，加速了锌的腐蚀。阴极碳钢除了本身的电化学腐蚀外，现在又接受了阳极锌上流过来的电子，使碳钢发生阴极极化，电位向负方向移动，碳钢的腐蚀速度减慢了。阳极锌上流到阴极碳钢上的电子越多，碳钢的电位负得越多，当碳钢的电位达到铁素体（Fe）的平衡电位时，碳钢的腐蚀也就停止了。总之，碳钢与锌耦合后与未耦合时相比，锌成为阳极，锌的腐蚀加快了；而碳钢成为阴极，碳钢的腐蚀减缓了，碳钢得到保护。显然，这时电位较正的金属（如图中的碳钢）相当于阴极保护中的被保护金属而腐蚀减缓，电位较负的金属（如图中的锌）相当于阴极保护中的牺牲阳极而腐蚀加剧。

电偶腐蚀的主要特征：腐蚀主要发生在两种不同金属或金属导体相互接触的边线附近，

而在远离接触边缘的区域，其腐蚀程度要轻得多。根据这一特征，就很容易识别电偶腐蚀。但是，如果在两种金属的接触面上同时还有缝隙存在，而缝隙中又存留电解质溶液，这时构件就会受到电偶腐蚀和缝隙腐蚀的双重作用，使腐蚀程度更加严重。

（2）影响因素。影响电偶腐蚀的因素很多，主要因素有以下几点：

1）电偶序。前已述及，电偶序即按照材料在具体腐蚀介质中腐蚀电位的大小排列的秩序。由于材料在不同介质中的腐蚀电位不同，因此在不同腐蚀体系中，相同材料的电偶序并不相同。电偶腐蚀的推动力是互相接触的材料之间的电位差，显然材料之间的电位差越大，电偶腐蚀就越严重。所以从电偶序中，不仅可以判断电偶腐蚀时电偶的极性，而且可以定性地判断腐蚀的严重程度。通常，电偶序中相距越远的材料互相接触，电偶腐蚀就越严重，相距越近的材料互相接触，发生电偶腐蚀的倾向越小。当然，电偶序不能定量说明实际的腐蚀速度。

2）介质条件。介质的成分、浓度、温度、电阻率、pH 值、搅拌等影响电化学腐蚀的因素对电偶腐蚀会产生新的附加控制途径，从而对电偶腐蚀产生影响。

①介质成分。金属的稳定性（或者活性）因介质成分不同而异，由于介质成分不同，电偶序不同，因此不仅腐蚀速度发生明显变化，还可能使金属偶对发生阴、阳极逆转，即偶对中受到保护和加剧腐蚀的金属互换。例如，Cu-Fe 偶对在中性 NaCl 溶液中铁为阳极，若介质中含有 NH_4^+，则铜变为阳极，铁变为阴极。

②介质温度。介质温度不仅影响电偶腐蚀的速度，有时还会改变金属表面膜或腐蚀产物的结构，从而导致阴、阳极逆转。例如，Zn-Fe 偶对在冷水中锌为阳极，但在热水中锌变为阴极而受到保护。

③介质的 pH 值。电解液 pH 值的变化可能改变电极反应，引起电位的变化，从而改变偶对的极性。例如，Mg-Al 电偶在酸性或弱碱性的 NaCl 溶液中，镁是阳极发生加速腐蚀，但随着镁的溶解，溶液变为碱性，电偶极性发生逆转，镁成为阴极而受到保护。

④介质搅拌或流动。搅拌电解液，减轻或消除浓差极化，不仅加速电偶腐蚀，还可能改变充气状况或金属表面状态，从而改变腐蚀速度以致引起偶极的逆转。例如，不锈钢-铜偶对在充气不良的海水中，由于不锈钢处于活化状态而成的阳极，但在充气良好的流动海水中，却处于钝化状态而成为阴极。

⑤介质的电阻率。介质的电阻率也与电偶腐蚀密切相关。一般在电阻率大的介质中，电偶腐蚀较轻且集中于异金属的"接合部"，而导电性强的介质中，电偶腐蚀较严重且分布面积较大。例如，蒸馏水中腐蚀电流的有效距离仅有几厘米，而海水中腐蚀电流的有效距离可达几十厘米。这一因素的影响可由腐蚀电池内阻的影响予以说明。

3）面积效应。电位较高的阴极金属与电位较低的阳极金属面积之比，对电偶腐蚀造成的后果影响极大。大阴极小阳极的电偶组合使腐蚀集中发生在小阳极金属上，很快就能产生严重的腐蚀后果。反之，大面积的阳极金属上腐蚀比较轻微。

此外，金属的表面状态、腐蚀产物的性质等对电偶腐蚀也有一定的影响。

（3）电偶腐蚀的控制。根据以上讨论，可以采取以下措施减轻或防止电偶腐蚀：

1）正确选材。选材中尽量采用在电偶序中互相接近的金属相连接，在一般工作条件下，应遵循表 6-8 所指定的不同材料、不同表面保护层的零件之间允许接触的范围。对于没有现成电偶序的特殊腐蚀介质，应进行必要的可行性试验。

表 6-8　　在一般工作条件下、不同材料、不同镀层的零件之间允许接触的范围

金属合金及其镀层 ＼ 金属合金及其镀层	钢的镀铬、镀镍、镀铜	钢、铜和铜合金的镀铬、镀镍	钢、铜和铜合金的镀铬	钢、铜和铜合金的镀镍	钢的镀镍、镀铜	钢、铜和铜合金的镀锡	铜和铜合金的镀银	铜和铜合金	不锈钢	渗氮钢	渗氮并用清漆涂覆的钢	钢的镀镉并经铬酸钝化	钢的镀锌并经铬酸钝化	钢的磷化并浸油或润滑油	钢的碳化并浸清漆	钢的磷化并涂磁漆	阳极化的铝合金
钢的镀铬、镀镍、镀铜	+	+	+	+	+	+	−	△	+	+	+	+	+	△	+	+	−
钢、铜和铜合金的镀铬、镀镍	+	+	+	+	+	+	−	△	+	+	+	+	+	△	+	+	−
钢、铜和铜合金的镀铬	+	+	+	+	+	+	−	△	+	+	+	+	+	△	+	+	−
钢、铜和铜合金的镀镍	+	+	+	+	+	+	−	△	+	+	+	+	+	△	+	+	−
钢的镀镍、镀铜	+	+	+	+	+	+	−	△	+	+	+	+	+	△	+	+	−
钢、铜和铜合金的镀锡	+	+	+	+	+	+	+	+	+	+	+	+	+	+	△	+	−
铜和铜合金的镀银	−	−	−	−	−	+	+	+	+	+	+	+	+	+	+	+	−
铜和铜合金	△	△	△	△	△	+	+	+	△	+	△	+	+	△	+	△	+
不锈钢	+	+	+	+	+	+	+	△	+	+	+	+	+	△	+	+	−
渗氮钢	+	+	+	+	+	+	+	+	+	+	+	+	+	△	+	+	−
渗氮并用清漆涂覆的钢	+	+	+	+	+	+	+	△	+	+	+	+	+	+	+	+	△
钢的镀镉并经铬酸钝化	+	+	+	+	+	+	+	+	+	+	+	+	+	△	+	+	+
钢的镀锌并经铬酸钝化	+	+	+	+	+	+	+	+	+	+	+	+	+	△	+	+	+
钢的磷化并浸油或润滑油	△	△	△	△	△	+	+	△	△	△	+	△	△	+	+	+	△
钢的磷化并浸清漆	+	+	+	+	+	△	+	+	+	+	+	+	+	+	+	+	+
钢的磷化并涂磁漆	+	+	+	+	+	+	+	△	+	+	+	+	+	+	+	+	+
阳极化的铝合金	−	−	−	−	−	−	−	+	−	−	△	+	+	△	+	+	+

注　"+"允许接触,"△"定期更换润滑油时允许接触,"−"不允许接触。

2）合理设计。设计中应避免大阴极、小阳极的电偶组合,对于易于受蚀的阳极性零、部件应设计的容易更换或维修。对于互相接触的金属零、部件,尽可能采取可行的保护措施,例如加入绝缘垫圈、异金属均镀同种金属表面层等。

3）涂料保护层。可以使用非金属涂料保护层用于电偶腐蚀的防护,但在应用中必须十分谨慎,切不可仅仅涂覆在阳极性金属上,也应把涂料涂敷在阴极性金属上。否则,由于涂层的多孔性,必然会组成大阴极、小阳极的电偶组合。

4）改善腐蚀环境。在允许的条件下,在介质中加入缓蚀剂,或者隔绝、消除阴极去极化剂,减轻介质的腐蚀性。

5）阴极保护。为抑制电偶腐蚀,可以用外加电源对整个设备实行阴极保护,使两种或多种金属都成为电化学体系的阴极,也可以用比被保护金属电位更负的金属作为牺牲阳极,减轻或预防设备的电偶腐蚀。

2. 孔蚀与缝蚀

（1）孔蚀。若金属的大部分表面不发生腐蚀（或腐蚀很轻微）,而只在局部地方出现腐蚀小孔并向深处发展,这种现象被称为小孔腐蚀,或简称为孔蚀或点蚀。

孔蚀时，虽然失重不大，但由于阳极面积很小，因而腐蚀速度很快，严重时造成管壁穿孔，使大量的油、水、气漏失，有时甚至会造成火灾、爆炸等严重事故。一般金属表面都可能产生孔蚀，镀有阴极保护层（Sn、Cu、Ni）的钢铁制件，如镀层不致密，则钢铁表面可能产生孔蚀。阳极缓蚀剂用量不足，则未得到缓蚀的部分成阳极区，也将产生孔蚀。

点蚀的形貌种类多样，随材料与腐蚀介质的不同而异。常见的蚀孔形貌如图6-55所示。

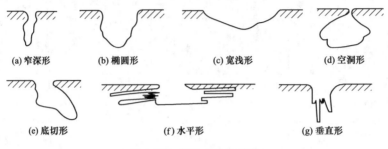

| (a) 窄深形 | (b) 椭圆形 | (c) 宽浅形 | (d) 空洞形 |
| (e) 底切形 | (f) 水平形 | (g) 垂直形 |

图 6-55　各种点蚀的形貌

容易钝化的金属，由于钝态的局部破坏，孔蚀现象尤为显著。当介质中含有某些活性阴离子（如 Cl^-）时，它们首先被吸附在金属表面某些点上，然后对其氧化膜发生破坏作用。在膜受到破坏的地方，成为电偶的阳极，而其余未被破坏的部分则成阴极，于是就形成钝化-活化电池。由于阳极面积比阴极面积小得多，阳极电流密度很大，很快就被腐蚀成为小孔。与此同时，当腐蚀电流流向小孔周围的阴极，又使这一部分受到阴极保护，继续维持在钝态。溶液中的 Cl^- 离子，随着电流的流通，即向小孔里面迁移，这样就使得小孔内形成金属氯化物（如 $FeCl_3$、$AlCl_3$、$NiCl_3$、$CrCl_3$）的浓溶液，它使小孔表面继续保持着活化状态；又由于氯化物溶液的水解，小孔内溶液的酸度增加，使小孔进一步腐蚀。

图 6-56 所示为铝上的孔蚀机构示意。不锈钢和碳钢的孔蚀也与其相似。

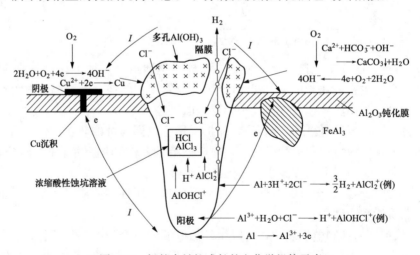

图 6-56　铝的点蚀坑成长的电化学机构示意

在蚀坑内部：孔蚀电池所产生的腐蚀电流，使 Cl^- 离子向孔内迁移而富集；金属离子的水化，使孔内溶液酸化，随后使致钝电位升高；孔内溶液浓度加大，导电性增高；氧的供应困难（除了扩散困难外，还由于氧在孔内溶液中溶解度低）所有以上这些，均阻碍了孔内金属的再钝比，也就是说，孔内金属处于活化状态。

在蚀坑口：形成一层水化物的外皮，阻碍了扩散和对流，使孔内溶液得不到稀释。

在蚀坑周围：由于腐蚀电流而得到阴极保护；由阴极反应产生的碱能促进钝化，因而阻抑了蚀坑周围金属的腐蚀。较贵金属（如 Cu）在局部阴极上的沉积，提高了阴极效率，使阴极电位保持在孔蚀电位之上，而孔内电位处于活化区，使小孔进一步加深。

还有人提出，小孔中的溶解过程不是通常的活性阳极溶解，而是形成很易溶解的低价氧化物的新的阳极过程，它也以足够大的速度但在相应于钝化区的电位下进行。此时，小孔中的腐蚀速度取决于阳极过程的速度，而不是膜的化学溶解过程。用这个机理能很好地解释小孔产生和再钝化的过程。

关于小孔腐蚀的机理，仍然是一个争论性的问题，然而前面所述的自动酸化理论已被多数人不同程度地接受。

金属发生小孔腐蚀，有一个很重要的条件，就是金属在介质中必须达到某一临界电位，即孔蚀电位或击穿电位（E_{br}），才能够发生孔蚀。通常此电位比过钝电位 E_{op} 低，而位于金属的钝态区，如图 6-57 所示。该电位可通过恒电位法或动电位法测定其阳极化曲线来确定。

金属的小孔腐蚀取决于许多因素。一方面与金属的本性、合金的成分、组织、表面状态有关，另一方面还取决于溶液的成分和温度。

金属的本性对小孔腐蚀倾向有重要的影响。孔蚀电位（E_{br}）朝正方向移动，表明扩大了金属对小孔腐蚀稳定的电位范围。从表 6-9 的数据可见，在 25℃的 0.1NNaCl 溶液中，对小孔腐蚀最不稳定的是铝，最稳定的是铬和钛。

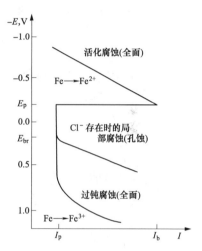

图 6-57 孔蚀对钝化金属阳极极化曲线的影响

表 6-9	在 25℃ 0.1NNaCl 溶液中各金属的孔蚀电位			
金 属	孔蚀电位（V）		金 属	孔蚀电位（V）
Al	-0.4		12%Cr-Fe	0.20
Ni	0.28		Cr	>1.0
Zr	0.46		Ti	>1.0（1NNaCl）
18-8 不锈钢	0.26		Ti	≈ 1.0（1NNaCl，1200℃）
30% Cr-Fe	0.62			

工业纯铝及其合金的小孔腐蚀倾向与氧化膜的状态、第二相的种类、合金的退火温度及时间有关。不锈钢的小孔腐蚀稳定性是随铬、镍含量的增加而提高，尤其是铬的效果更好。降低碳含量使钢的小孔腐蚀倾向下降。在 0.5NFeCl$_3$ 溶液中，钼、钒、硅、铼由于能阻止小孔生核和促使小孔再钝化，因而增加钢对小孔腐蚀的稳定性；而铌、钽、钛、钚在钢中由于提高了钢中非金属夹杂数量，因而降低了钢对小孔腐蚀的稳定性。热处理和合金的相成分也影响合金的小孔腐蚀，如奥氏体不锈钢在淬火状态最耐小孔腐蚀，而在敏化加热温度下

（650℃）回火，则显著降低其小孔腐蚀的稳定性。

表面状态（形变、研磨、抛光、浸蚀）对小孔腐蚀有明显影响。例如，电解抛光增加了钢的小孔腐蚀倾向，但随温度升高，表面状态对小孔腐蚀的影响显著减弱。

通常金属的小孔腐蚀发生在含有卤素阴离子的溶液中，其中以氯化物、溴化物侵蚀性最强，而氟化物不会引起小孔腐蚀。当有侵蚀性的卤化物阴离子存在时，氧化性的金属离子（如 Fe^{3+}、Cu^{2+}、Hg^{2+}）能促使小孔产生。溶液中的 O_2、H_2O_2 和其他氧化剂是产生小孔腐蚀的必要条件，这是由于氧化剂的去极化作用所致。溶液中某些含氧的阴离子（如氢氧化物、铬酸盐、硝酸盐和硫酸盐）能阻止小孔腐蚀，这是由于它们置换了表面的 Cl^- 离子之故。小孔腐蚀仅在卤素离子的浓度等于或超过临界浓度时才能发生，而该临界值与金属或合金的本性、热处理、溶液的温度、其他阴离子和氧化剂的特征有关。温度升高，小孔数目急剧增加，而小孔的平均深度及最大深度变化不大。

根据小孔腐蚀的理论，防止小孔腐蚀的途径有以下几种：

1）研制和选择耐孔蚀的合金，如在奥氏体不锈钢中添加一定的氮量及提高钼含量，就可改善耐孔蚀的性能。

2）降低介质中 Cl^- 离子及氧化剂含量，并使其浓度均匀。

3）加入缓蚀剂。

4）降低介质温度。

5）用阴极保护的方法使金属的电位低于临界的孔蚀电位。

（2）缝蚀。缝蚀的全称是缝隙腐蚀，它是指腐蚀介质侵入构件的缝隙之中，使缝内金属产生的加速腐蚀。金属与非金属之间的缝隙也会引起缝蚀，如沉积物腐蚀——金属表面沉积物下发生的局部腐蚀，也属于缝隙腐蚀。

1）机理。带有缝隙的金属构件在电解液中的阳极溶解和阴极还原在腐蚀初期于缝内、缝外是均匀进行的，由于缝隙本身的闭塞作用，使得缝内溶液的溶解氧（或其他氧化剂）得不到补充，于是形成闭塞电池，还原反应在供氧较充分的缝隙外部进行，缝隙内部却集中发生氧化反应。缝内金属腐蚀溶解，使金属离子于此处浓集，为保持电中性，缝外的 Cl^- 等定向迁移并进入缝内，像孔蚀那样在缝内形成高浓度氯化物，它们的水解又使得缝内溶液酸化，从而加速了腐蚀进程。所以，缝蚀过程也是一个闭塞电池的自催化过程。其机理与孔蚀极为相似，区别主要在于腐蚀初期，缝蚀发生在既存的缝隙之中，而孔蚀却发生在自己开掘的蚀孔内。

正是由于机理相似，缝蚀发生的材料条件、介质条件、影响因素、预防措施均与孔蚀相仿。

2）防止缝蚀的补充措施。为了控制缝蚀的发生，除了防止孔蚀的措施之外，还应采取以下补充措施。

①合理的结构设计。结构设计中，应尽力避免产生缝蚀的敏感缝隙。研究表明：能够引起缝蚀的敏感缝隙一般为 0.025～0.1mm，太宽的缝隙不致引起明显的氧浓差，太窄的缝隙不利于腐蚀介质的侵入和存留。若能可靠控制缝隙的几何尺寸，就可以控制缝蚀的危害。对于不可避免的敏感缝隙，应该采取相应的保护措施。

②尽可能采用减少缝隙的工艺。如果有多种连接方式可供选用，应该尽量选用减少缝隙的工艺手段。例如采用粘接可以避免缝隙，用焊接代替铆接，用连续焊代替点焊等都可以减

少缝隙数量，减轻缝蚀的危害。

③及时清理金属表面的非金属沉积物。沉积物腐蚀是缝蚀的一种形式，对许多金属构件造成严重危害。例如，锅炉、换热器中的水垢，管道系统中的非金属沉积物，都可能引起相应部位的加速腐蚀，防止产生或及时清理此类非金属沉积物，预防由此造成的缝蚀破坏是保证这些设施安全运行、可靠工作的重要措施。

（3）孔蚀与缝蚀的比较。孔蚀与缝蚀有许多相似之处，但仔细比较，两者也有以下区别：

1）缝蚀在所有介质中，几乎所有金属都可能发生，而孔蚀通常局限于含有活性阴离子的介质且多与易钝金属或合金有关。例如，金属钛及常用钛合金不会发生孔蚀但却会发生缝蚀，有些情况下缝隙腐蚀还相当严重。

2）两者的形成过程不同。缝隙发生在既存缝隙中，缝隙的封闭效应形成闭塞电池，加速腐蚀发生在腐蚀早期；孔蚀则起源于金属表面的腐蚀，通过一段腐蚀过程逐渐形成闭塞电池，加速腐蚀发生的相对较晚。钛和钛合金产生缝蚀的原因就在于它不受蚀孔形核阶段的控制，而直接引发于高封闭程度的闭塞电池。

3）从环状阳极极化曲线的特征电位上看，在同样的试验条件下，孔蚀的 E_{br} 高于缝蚀的 E_{br}，说明缝蚀比孔蚀更容易发生，在 $E_{br} \sim E_p$，对孔蚀而言，原有的蚀孔可以发展，但不产生新的蚀孔；而对于缝蚀，除已形成的蚀坑可以扩展外，新的蚀坑仍会发生。

4）从形貌上看有显著区别，缝蚀较广而浅，孔蚀较窄而深。

3. 晶间腐蚀

晶间腐蚀是金属材料在特定的腐蚀介质中沿着材料的晶粒边界或晶界附近发生腐蚀，使晶粒之间丧失结合力的一种局部破坏的腐蚀现象。这是一种危害性很大的局部腐蚀，因为材料产生这种腐蚀后，宏观上没有什么明显变化（如产生晶间腐蚀的不锈钢表面仍十分光亮），但材料的强度几乎完全丧失，常常造成设备突然破坏。再者，晶间腐蚀常常会转变为沿晶应力腐蚀开裂，成为应力腐蚀裂纹的起源。除不锈钢外，镍合金、铝合金、镁合金等都存在晶间腐蚀问题。

（1）晶间腐蚀产生的原因。如同其他的腐蚀类型一样，晶间腐蚀的产生原因包括材料和介质两方面的因素。

首先，多晶体的金属和合金本身的晶粒和晶界的结构和化学成分存在差异。晶界处的原子排列较为混乱，缺陷和应力集中。位错和空位等在晶界处积累，导致溶质、各类杂质（如 S、P、B、Si、C 等）容易在晶界处吸附和偏析，甚至析出沉淀相（碳化物、σ 相等），从而导致晶界与晶粒内部的化学成分出现差异，产生了形成腐蚀微电池的物质条件。

当这样的金属和合金处于特定的腐蚀介质中时，晶界和晶粒本体就会显现出不同的电化学特性，如图 6-58 所示。一般地，晶界处的电位较低、钝性差，所以在晶界和晶粒构成的腐蚀原电池中，晶界为阳极，晶粒为阴极。由于晶界的面积很小，构成小阳极-大阴极，使得晶界溶解的电流密度远远高于晶粒溶解的电流密度。

（2）晶间腐蚀产生的机理。关于晶间腐蚀的机理，目前广泛接受的理论是溶质贫乏理论——贫 Cr 理论。

现分别介绍晶间腐蚀的几种常见机理。

1）贫 Cr 理论。晶界碳化物析出 Ni-Cr 奥氏体不锈钢通常都是经固溶处理后（1050℃保温 2h）使用的。当经过固溶处理、$w(C)>0.03\%$的奥氏体不锈钢在 427～816℃的温度区间内保温或受热缓冷后（通常称为敏化处理），在腐蚀介质中使用时就会出现严重的晶间腐蚀。这是因为敏化处理后在晶界析出了连续 $Cr_{23}C_6$ 型的碳化物使晶界产生严重的贫 Cr 区。当碳化物沿晶界析出并进一步生长时，所需要的 C 和 Cr 依靠晶内向晶界的扩散。由于 C 的扩散速度比 Cr 高，于是固溶体中几乎所有的 C 都用于生成碳化物，而在此期间只有晶界附近的 Cr 能够参与碳化物的生成反应，结果在晶界附近形成了 Cr 的质量分数低于发生钝化所需的 12％的区域，因此，在弱氧化性介质中，就会导致晶界贫 Cr 区的快速溶解，如图 6-59 所示。这类晶间腐蚀最易发生在活化-钝化过渡区内。

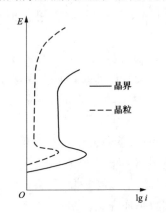

图 6-58　多晶金属材料晶界和晶粒电
化学特性的差异示意

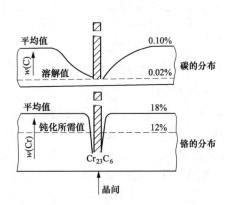

图 6-59　晶间腐蚀贫 Cr 理论示意

铁素体不锈钢的情况与奥氏体不锈钢略有不同。即使含 C、N 很低的铁素体不锈钢自 900℃以上高温区快速冷却（如淬火或空冷）也会发生晶间腐蚀，而在 700～800℃重新加热可消除晶间腐蚀。这仍可用晶界碳化物析出来解释。使铁素体不锈钢产生晶间腐蚀的碳化物是 $(Cr,Fe)_7C_3$ 型的。其原因是 C 和 N 在铁素体中的固溶度比奥氏体中还要低，而且 Cr 在铁素体中的扩散速度比奥氏体中大两个数量级，即使高温快冷，碳化物也能够在晶界析出，形成贫铬区。在 700～800℃重新加热可促进 Cr 的扩散，消除贫 Cr 区。

2）阳极相理论。晶界 σ 相析出并溶解随着冶炼工艺的进步，已能够大量生产低碳甚至超低碳的不锈钢，因而由于碳化物析出引起的晶间腐蚀已大为减少。然而，当超低碳不锈钢，特别是高 Cr、Mo 钢在 650～850℃受热后，在强氧化性介质中仍会产生晶间腐蚀。这是因为在晶界形成了由 FeCr 或 MoFe 金属间化合物组成的相，在过钝化条件下，相发生严重的选择性溶解。

3）吸附理论。杂质原子在晶界吸附有时超低碳 18Cr-9Ni 不锈钢在 1050℃固溶处理后，在强氧化性介质中（如硝酸加重铬酸盐）中也会出现晶间腐蚀。这显然不能用晶界碳化物析出或是 σ 相析出来解释。可能的原因是 P、Si 等在晶界发生吸附，使得晶界的电化学特性发生了改变。

（3）晶间腐蚀的影响因素。如上所述，晶间腐蚀与介质种类和条件有密切的关系，但起主要作用的还是合金的组织。在实践中最常遇到的是不锈钢碳化物析出造成的晶间腐蚀，所以这里以不锈钢为例，侧重介绍材料的组织和成分对晶间腐蚀的影响。

1）加热温度和时间——TTS（temperature-time-sensitivity）曲线。材料的晶间腐蚀敏

感性，通常用 TTS 曲线表示，如图 6-60 所示。它表示回火温度和时间对晶间腐蚀倾向的影响。

图 6-61 所示为 18Cr9Ni 不锈钢晶界 $Cr_{23}C_6$ 沉淀与晶间腐蚀之间的关系。可见晶间腐蚀倾向与碳化物析出有关，但两者发生的温度和加热时间范围并不完全致。在温度高于 750℃以上时，析出的碳化物是不连续的颗粒，Cr 的扩散也容易，所以不产生晶间腐蚀；在 600～700℃时，析出连续的网状 $Cr_{23}C_6$，晶间腐蚀最严重；温度低于 600℃时，Cr 和 C 的扩散速度随温度降低而减慢，需要更长的时间才能析出碳化物；当温度低于 450℃时就难以产生晶间腐蚀了。

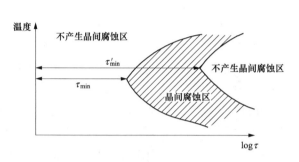

τ_{min}—出现晶间腐蚀倾向的最短时间；
τ'_{min}—消除晶间腐蚀倾向的最短时间

图 6-60　回火温度和时间对晶间腐蚀
倾向的影响（示意）

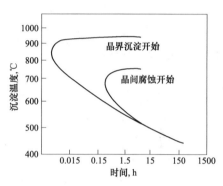

$w(C)=0.05\%$、1250℃固溶，
$H_2SO_4+CuSO_4$溶液

图 6-61　18Cr9Ni 不锈钢晶界 $Cr_{23}C_6$
沉淀与晶间腐蚀的关系

这种表明晶间腐蚀倾向与加热温度和时间关系的曲线称为 TTS 曲线或是温度-时间敏化图。每种合金都可以通过试验测出这样的曲线。利用 TTS 曲线，可以帮助制订正确的不锈钢热处理制度和焊接工艺。为使奥氏体不锈钢不产生晶间腐蚀倾向，可加热至1050～1100℃，迅速冷却，使冷却曲线不与碳化物沉淀曲线相交，这就是通常所说的固溶处理。图 6-62 所示为消除 Cr17 不锈钢敏化态的热处理工艺图。

2）合金成分。常见合金元素对晶间腐蚀的影响如下：

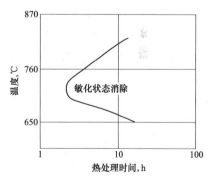

图 6-62　消除 Cr17 不锈钢敏化态
的热处理工艺图

①C。显然，奥氏体不锈钢中碳含量越高，产生晶间腐蚀倾向的加热温度和时间范围扩大，TTS 曲线左移，晶间腐蚀倾向越大。

②Ni、Si、Cr、Mo。Ni、Si、Cr、Mo 含量增高，可降低 C 的活度，有利于减轻晶间腐蚀倾向；而 Ni、Si 等非碳化物形成元素会提高 C 的活度，降低 C 在奥氏体中的溶解度，促进 C 的扩散和碳化物的析出。

③Ti、Nb。对晶间腐蚀而言，Ti 和 Nb 是非常有益的元素。Ti 和 Nb 与 C 的亲和力大于 Cr 与 C 的亲和力，因而在高温下能先于 Cr 形成稳定的 TiC 和 NbC，从而大大降低钢中的固溶 C 量，使 $Cr_{23}C_6$ 难以析出。试验表明：Ti 和 Nb 使 TTS 曲线右移，降低晶间腐蚀

倾向。

④B。在不锈钢中加入 0.004%～0.005% 的 B 可使 TTS 曲线右移。这可能是 B 在晶界的吸附减少了 C、P 在晶界的偏聚之故。

另外，也有人认为，晶间腐蚀是由于晶界产生的内应力造成的。沿晶界产生新相析出时，由于新旧相比体积不同，造成了沿晶界的内应力。它降低了靠近新相的那部分固溶体的电位，并且主要由于阳极极化率的减小，使它们的溶解速度增大。这个理论能解释有些因素对晶间腐蚀的影响，如钢中碳含量、回火温度等，但也有不同意这种见解的。

(4) 晶间腐蚀的防护。根据晶间腐蚀的机理，可采用下列措施防止晶间腐蚀。

1) 降低碳含量。低碳不锈钢 $[w(C) \leqslant 0.03\%]$，甚至是超低碳不锈钢 $[w(C)+w(N) \leqslant 0002\%]$，即使钢在 700℃时长时间退火，对晶间腐蚀不会产生敏感性，可有效减少碳化物析出造成的晶间腐蚀。

2) 合金化。炼钢时加入一些强碳化物形成元素，如 Ti、Nb 等，它们和 C 的亲和力大，能与 C 首先生成稳定的 Ti、Nb 碳化物，而且这些碳化物的固溶度又比 $(Fe，Cr)_{23}C_6$ 小得多，在固溶温度下几乎不溶于奥氏体中。这样，经过敏化温度区时，$(Fe，Cr)_{23}C_6$ 不至于大量在晶界析出，在很大程度上消除了奥氏体不锈钢产生晶界腐蚀的倾向。Ti 和 Nb 的加入量，应控制在 C 含量的 5～10 倍。为了使材料达到最大的稳定度，还需进行稳定化处理。所谓稳定化处理，就是将材料加热到一定温度，使其生成稳定的化合物，以避免不希望的新相析出。例如，在 Cr18-Ni9(304) 不锈钢基础上加 Ti 成为 Cr18N9Ti(321)、加 Nb 成为 Cr18Ni9Nb(347)，再经过 850～900C 保温 2～4h 的稳定化处理，就会使 $Cr_{23}C_6$ 全部溶解，析出 TiC 或 NbC，避免贫 Cr 区的形成。

3) 适当的热处理。对碳含量较高 (0.06%～0.08%) 的奥氏体不锈钢，要在 1050～1100℃进行固溶处理，使沉积的 $(Fe，Cr)_{23}C_6$ 重新溶解，然后淬火防止其再次沉积；对铁素体不锈钢在 700～800℃进行退火处理；加 Ti 和 Nb 的不锈钢要经稳定化处理。

4) 适当的冷加工。在敏化前进行 30%～50% 的冷形变，可以改变碳化物的形核位置，促使沉淀相在晶内滑移带上析出，减少在晶界的析出。这种方法在实际使用中尚存争议。有报道认为，18-8 不锈钢冷加工促进了过饱和固溶体的分解，使得沿晶界、孪晶界及滑移面上析出了大量富 Cr 的 $Cr_{23}C_6$、σ 相、x 相，从而使抵抗晶间腐蚀能力变坏。

5) 采用双相钢。奥氏体不锈钢易于加工，但易发生晶间腐蚀，铁素体钢具有良好的耐晶间腐蚀性，但加工性能差。若在奥氏体中加入 5%～10% 的铁素体，形成奥氏体-铁素体双相钢，由于相界的能量更低，碳化物择优在相界析出，减少了在晶界的沉淀，达到了取长补短，解决晶间腐蚀的问题。这是目前抗晶间腐蚀的优良钢种。

4. 选择性腐蚀

选择性腐蚀是指多元合金在腐蚀过程中，合金中较活泼的组元优先溶解，使合金的机械强度降低，并失去金属性能，或者说，从一种固体合金中除去某一种元素的腐蚀称为选择性腐蚀，也称成分选择性腐蚀。在多元合金中，电位较正的金属元素为阴极，电位较负的金属元素为阳极，构成腐蚀电池。使电位较正的金属保持稳定或重新沉淀，而电位较负的金属发生溶解。比较典型的选择性腐蚀是黄铜脱锌和灰口铸铁的石墨化。另外还有硅青铜 (Cu-Si) 的脱 Si、Co-W-Cr 合金的脱 Co、Cu-Al 合金的脱 Al、Cu-Ni 合金脱 Ni、青铜 (Cu-Sn) 的脱 Sn 和 Au-Ag 合金脱 Ag 等。

（1）黄铜脱锌腐蚀。

1）特征。黄铜是由 Cu 和 Zn 组成的合金。加锌可提高铜的强度、耐冲击性能。但随 Zn 含量的增加，脱锌腐蚀及应力腐蚀断裂（SCC）将变得严重，如图 6-63 所示。所谓脱锌腐蚀就是黄铜中锌受到腐蚀而从合金中被除去。由图 6-63 可见，含 Zn 量低于 15％的铜锌合金呈红色，称为红黄铜，它对脱锌不敏感。含锌量较高的黄铜，如含锌 30％含铜 70％的普通黄铜呈黄色，在海水等介质中，其表面的锌被选择性溶解，合金由原来的黄色变成多孔、红色的富铜状态，从而导致黄铜的强度大幅下降。黄铜脱锌的腐蚀形态有两种。

①均匀型层状脱锌。如图 6-64（a）所示，均匀层状脱锌多发生于含锌量较高的黄铜中，而且常在酸性介质中发生。其腐蚀特征是沿着表面发展，黄铜表面的锌像被一层层剥走似的层状腐蚀。其结果是合金表面层变为力学性能脆弱的红色铜，在总尺寸改变不大的情况下，强度显著下降。

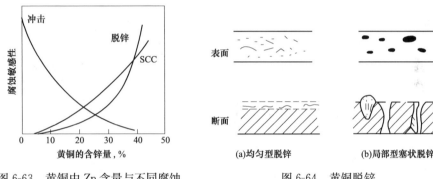

图 6-63　黄铜中 Zn 含量与不同腐蚀　　　　　　图 6-64　黄铜脱锌
　　　　　　形态敏感性关系

②局部塞状脱锌。如图 6-64（b）所示，它多发生于含锌量较低的黄铜和在中性、碱性和弱酸性介质中。其腐蚀特征是从黄铜局部脱锌开始，并向深处发展，由于脱锌溶解形成薄弱、多孔、疏松的铜残渣，犹如瓶塞样的脱锌塞，严重时可腐蚀穿孔。例如，发电厂换热器的黄铜水管，管内是锅炉水，管外是燃烧气，常出现这类腐蚀。

以上仅是一般情况，也有例外。局部塞状脱锌要比均匀层状脱锌的危害性更大。

黄铜的组织结构和成分对脱锌有很大影响。黄铜中含锌量越高，其脱锌倾向越大。实际应用中，主要是含锌量高于 15％的黄铜上发现脱锌。锌含量少于 15％红黄铜，多用于散热器，一般不发生脱锌腐蚀。含 30％～33％Zn 的黄铜多用于制造弹壳。这两类黄铜是 Zn 在 Cu 中的固溶体合金，因其含 Zn 量较低，称为 α 黄铜。含有 38％～48％Zn 为 α＋β 相黄铜，β 相是 Zn 含量较高，以 CuZn 金属间化合物为基体的固溶体，这类黄铜热加工性能好，多用于热交换器。但是含 Zn 量超过 35％的 α＋β 的双相黄铜往往出现严重脱 Zn 腐蚀，即富 Zn 的 β 相先腐蚀脱锌，然后蔓延到 α 相。脱锌温度对脱锌也有相明显的影响，如图 6-65 所示。蒙茨黄铜含 40％Zn，海军黄铜含 37％Zn，红黄铜含 15％Zn。随着温度升高，含 Zn 高的蒙茨黄铜腐蚀速度明显增加。

2）黄铜脱锌机理。公认的脱锌腐蚀机理包括黄铜溶解、锌离子留在溶液中、铜重新沉积在基体上三个步骤，如图 6-66 所示。锌十分活跃，在水溶液中由氧还原阴极反应缓慢腐蚀。

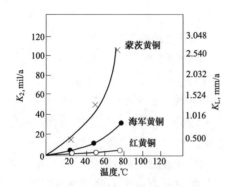

图 6-65　温度对三种含 Zn 量不同的黄铜腐蚀的影响

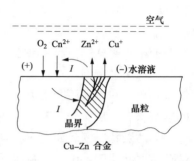

图 6-66　黄铜脱锌腐蚀过程示意

脱锌反应中，阳极反应：

$$Zn \longrightarrow Zn^{2+} + 2e, \quad Cu \longrightarrow Cu^+ + e$$

阴极反应：

$$O_2 + H_2O + 2e \longrightarrow 2OH^-$$

Zn^{2+} 留在溶液中，Cu^+ 迅速与溶液中氯化物作用，形成 Cu_2Cl_2，接着 Cu_2Cl_2 分解，$Cu_2Cl_2 \longrightarrow Cu + CuCl_2$。

这里的 Cu^{2+} 的析出电位比合金腐蚀电位高，所以 Cu^{2+} 参加阴极还原反应，$Cu^{2+} + 2e \longrightarrow Cu$。

使还原的 Cu 又重新沉积到基体表面上。分析表明，脱锌区含有 90％～95％Cu，所以总的效果是 Zn 的溶解，留下了多孔的铜。

3）防止黄铜脱锌措施。

①采用脱锌不敏感的合金。例如，含 15％Zn 的红黄铜几乎不脱锌。在容易发生脱锌腐蚀的环境下，关键部件常采用铜镍合金（含 70％～90％Cu、含 30％～10％Ni）来制造。

②加入某些"缓蚀"合金元素改善黄铜脱锌。通常在黄铜中加入少量砷（0.04％），可有效地防止黄铜的脱锌。如含 70％Cu、29％Zn、1％Sn 和 0.04％As 的海军黄铜是抗脱锌腐蚀的优质合金。砷的作用，是在于抑制 Cu_2Cl_2 的分解，降低 Cu^{2+} 的浓度，发生缓蚀作用，在合金表面形成保护膜，从而阻止铜的沉积。

（2）铸铁的石墨化。铸铁在腐蚀性较弱的环境（如土壤或水）中，铁基体受到选择性腐蚀后，外观像石墨，这种腐蚀称为铸铁的石墨化。

灰口铸铁最容易发生石墨化腐蚀，灰口铸铁的铁基体被腐蚀后，剩下石墨网状体，以石墨为阴极，铁为阳极构成高效原电池。腐蚀结果是形成以铁锈、孔隙、石墨网状体为主的海绵状多孔体，铸铁失去强度和金属性能，严重时可用小刀切削。

石墨化腐蚀过程缓慢，埋在土壤中的铸铁最易发生这类腐蚀。如果铸铁处于强腐蚀环境中，整个表面会被腐蚀，且会有均匀腐蚀，这种情况下一般不发生石墨化腐蚀。

球墨铸铁的石墨不呈网状结构，因此不发生石墨化腐蚀。白口铁没有游离碳，也不发生石墨化腐蚀。

5. 应力腐蚀

应力腐蚀（SCC）是指金属和合金在腐蚀介质和拉应力的同时作用下引起的金属破裂。

应力腐蚀的特征是形成腐蚀——机械裂缝，这种裂缝不仅可以沿着晶界发展，而且也可穿过晶粒。由于裂缝向金属内部发展，使金属结构的机械强度大大降低，严重时能使金属设备突然损坏。如果该设备是在高压条件下工作，将可能造成严重的爆炸事故。

常见的应力腐蚀破裂的实例有蒸汽锅炉钢的"碱脆"，黄铜的"季裂"，高强度铝合金的晶间腐蚀破裂，不锈钢的应力腐蚀裂开等。

（1）应力腐蚀产生的条件。只有同时具备下列条件，才出现应力腐蚀。

1）存在一定的拉应力。此拉应力可能是冷加工、焊接或机械束缚引起的残余应力，也可能是在使用条件下外加的，甚至是腐蚀产物引起的残余应力。引起应力腐蚀的拉应力值一般低于材料的屈服极限。在大多数产生应力腐蚀的系统中存在一个临界应力值，当所受应力低于此临界应力值时，不产生应力腐蚀。而机械加工、喷丸等工艺，使工件表面处于残余压应力状态，由于抵消或部分抵消了拉伸应力的作用，对抑制应力腐蚀是有益的，可减缓应力腐蚀。

2）金属本身对应力腐蚀具有敏感性。纯金属一般不发生应力腐蚀，合金或含有杂质的金属才易发生应力腐蚀，就是说不同材料对应力腐蚀的敏感程度不同，较为敏感的材料有不锈钢、高强钢、Cu、Al、Ti合金等。材料的强度水平、热处理、冷作硬化等对材料的这一敏感程度影响很大，通常，材料的强度水平越高，越易发生应力腐蚀。

3）存在能引起该金属发生应力腐蚀的介质。某种材料只有在特定的腐蚀介质中才会发生应力腐蚀，当然介质中的杂质对应力腐蚀的发生影响很大。易于发生应力腐蚀的材料与腐蚀介质的组合称为应力腐蚀体系，表6-10列出了某些能使金属或合金产生应力腐蚀破裂的介质。其次，应力腐蚀破裂还发生在一定的电位范围内。一般发生在活化-钝化的过渡区，即在钝化膜不完整的电位范围内。

表 6-10 能引起合金产生应力腐蚀破裂的某些介质

金属材料	腐 蚀 介 质
低碳钢和低合金钢	NaOH 溶液，硝酸盐溶液，含 H_2S 和 HCl 溶液，沸腾浓 $MgCl_2$ 溶液，海水，海洋大气和工业大气
不锈钢	氯化物水溶液，沸腾 NaOH 溶液，高温高压含氧高纯水，海水，海洋大气，H_2S 水溶液
镍基合金	热浓 NaOH 溶液，HF 蒸汽和溶液
铜合金	氨蒸汽及溶液，汞盐溶液，SO_2 大气，水蒸气
铝合金	熔融 NaCl，NaCl 溶液，海洋大气，湿工业大气，水蒸气
钛合金	发烟硝酸，甲醇、甲醇蒸气，NaCl 溶液（>290℃），HCl(10%，35℃)，H_2SO_4(7~6%)，湿 Cl_2(288℃、346℃、427℃)，N_2O_4(含 O_2，不含 NO，24~74℃)

（2）应力腐蚀的特征。

1）应力腐蚀断裂的几个阶段。在无裂纹、无蚀坑或其他宏观缺陷的情况下，应力腐蚀断裂经历三个阶段。

①裂纹萌生（孕育）期，即由腐蚀引起裂纹或蚀坑的阶段，该阶段应力的影响较小，延续时间较长，约占总破断时间的 90%。

②裂纹的稳定扩展期，裂纹缓慢而加速扩展，介质和应力协同作用，裂纹由小到大，从浅入深。

③裂纹的失稳扩展期，裂纹急剧扩展，材料迅速破断，主要是压力作用的结果。

在有裂纹或蚀坑的情况下，应力腐蚀只有后两个阶段，破断可能在很短时间内发生，也可能在几年以后才发生。

2）裂纹扩展方向。裂纹扩展方向垂直于主拉应力方向，扩展方式有沿晶、穿晶和混合扩展型，由具体的材料-介质腐蚀体系决定。

3）裂纹断口。断口宏观上属脆性断裂，微观上有塑性变形痕迹。

（3）应力腐蚀的机理。关于金属在应力和腐蚀介质同时作用下产生裂缝，有各种各样的理论来解释，其中最有根据的是电化学理论。它认为在裂纹尖端的金属的加速阳极溶解是裂纹发展的主要因素，现简单介绍其机理。

应力腐蚀过程一般可分为三个阶段，如图 6-67 所示，第一阶段为孕育期，在这一阶段内，因腐蚀过程的局部化和拉应力作用的结果使裂纹生核；第二阶段为腐蚀裂纹发展时期，当裂纹生核后，在腐蚀介质和金属中拉应力的共同作用下裂纹扩展；第三阶段中由于拉应力的局部集中，裂纹急剧生长导致零件的破坏。

1）快速溶解理论。该理论认为，金属材料在应力和腐蚀的协同作用下，在局部位置发生微裂纹。如图 6-68 所示，金属外表面（C）为阴极区，裂纹前沿为阳极区，构成大阴极小阳极的应力腐蚀电池。

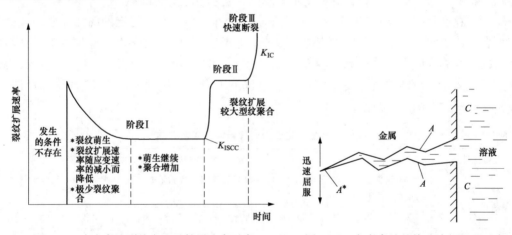

图 6-67 应力腐蚀裂纹发生及扩展速率示意   图 6-68   应力腐蚀的快速溶解机理示意

裂纹的侧面 A 由于有一定保护膜的存在，溶解速度较小。而裂纹尖端 A^*，受局部应力集中的作用，很可能发生迅速形变屈服。形变过程中金属晶体的位错连续到达前沿表面，产生数量较多的活性点，使裂纹前沿具有较大的溶解速度，裂纹尖端处的电流密度高于 $0.5\mathrm{A/cm^2}$，而裂纹两侧电流密度仅为 $10^{-5}\mathrm{A/cm^2}$，两者相差 10^{-4} 倍。

Hoar 等认为，裂纹产生的原因是金属表面存在的晶界、亚晶界、露头的位错群、滑移带上位错堆积区、淬火、冷加工造成的局部应变区，异种杂质原子造成的畸变区，以及所谓堆垛层错区等。这些区域在一定条件下部可能构成裂纹的形成源，优先产生阳极溶解，并向纵深发展。

2）表面膜破裂理论。该理论认为，腐蚀介质中的合金表面一般都覆盖一层保护膜。在应力或腐蚀性离子的作用下，表面膜局部破裂，暴露的基体金属与其余表面膜构成小阳极大阴极的腐蚀电池，发生阳极快速溶解。同时，基体金属又具有自修复表面膜的能力，可以在膜破裂处重新形成钝化膜。但在应力或腐蚀介质的作用下，钝化膜会重新破裂。这一过程反复进行，最终导致应力腐蚀破裂的发生。

沿晶型的应力腐蚀破裂是由于晶界处缺陷及杂质富集，膜在应力和腐蚀介质作用下易受损破裂造成的；穿晶型的应力腐蚀是在应力作用下金属基体内部发生位错而沿滑移面移动，形成滑移阶梯，当滑移阶梯大而表面膜又不能随滑移阶梯的形成发生相应变形时，表面膜被破坏。

应力的存在起到撕破保护膜的作用。金属表面保护膜的撕裂，使表面这些点很快被腐蚀，从而引发了裂纹。裂纹的出现会使应力高度集中，一旦裂纹的尖端重新生成，保护膜又会被拉破，尖端就加速溶解。应力与腐蚀的交替作用，使裂纹不断向深处扩展，最后导致金属断面的断裂。

3）电化学阳极溶解理论。该理论认为，在已存在阳极溶解的活化通道上，腐蚀优先进行，并且在应力作用下使通道张开，协同加速金属的破坏。如果金属表面已经形成裂纹或蚀坑，则裂纹和蚀坑内部形成闭塞电池，并且裂纹内部和金属表面形成大阴极小阳极的浓差电池，加速裂纹尖端的快速溶解腐蚀。在电化学反应中，活性阴离子（如 Cl^-）不断被传递进入裂纹内部，使电解质溶液浓缩且由于水解而被酸化。这种闭塞电池作用也是一个自催化的腐蚀过程，在应力作用下使裂纹不断扩展，直至破裂。

闭塞电池理论要点如下：

①在应力和腐蚀介质的共同作用下，金属表面的缺陷处形成微蚀孔或裂纹源。

②微蚀孔和裂纹源的通道非常窄小，孔隙内外溶液不容易对流和扩散，形成闭塞区。

③由于阳极反应与阴极反应共存，一方面金属原子变成离子进入溶液，即 $Me \longrightarrow Me^{2+} + 2e$；另一方面电子和溶液中的氧结合形成氢氧根离子，即 $0.5O_2 + H_2O + 2e \longrightarrow 2OH^-$。但在闭塞区，氧迅速耗尽，得不到补充，最后只能进行阳极反应。

④缝内金属离子水解产生 H^+ 离子，使 pH 值下降，即 $Me^{2+} + 2H_2O \longrightarrow Me(OH)_2 + 2H^+$。

图 6-69 所示为铝合金电化学溶解机理。铝合金在大气或合微量氧的水溶液中生成氧化膜，由于应力作用或活性阴离子（如卤素离子）作用使局部氧化膜破坏，形成蚀坑或裂纹源。其腐蚀电池反应为

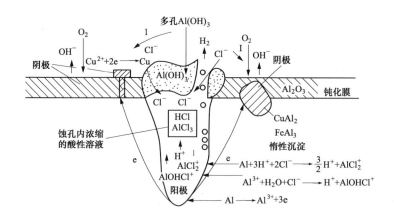

图 6-69　铝表面生成蚀孔或裂纹源的闭塞电池自催化机理

阳极反应　　$Al \longrightarrow Al^{3+} + 3e$

阴极反应　　$O_2 + 2H_2O + 4e \longrightarrow 4OH^-$

Al^{3+} 和 OH^- 生成絮状的 $Al(OH)_3$ 沉积在裂纹处，堆积形成闭塞电池。随着闭塞区氧的耗尽，$AlCl_3$ 水解、酸化，试验测定其 pH 值为 3.2～3.4，与理论计算值基本一致。如此自催化腐蚀环境，加速应力腐蚀破裂的发生。

关于裂纹的扩展，一般认为可用沿晶界选择性溶解机理进行解释。也有人认为是由于位错与沉淀相互作用的结果，在晶界集中较大的应力，导致沿晶界断裂。

电化学理论虽然能够说明应力腐蚀的许多电化学特征，但对某些现象仍不能很好地解释，例如在热盐、液态金属、气体等介质中的应力腐蚀，用电化学机理还不能很好地说明问题。

除电化学理论以外，还有人提出用吸附理论、氢脆理论、力学理论等来解释应力腐蚀的某些现象。但由于影响应力腐蚀的因素很复杂，目前还没有一个较完整的理论来说明它的全部问题。

(4) 影响应力腐蚀破裂的因素。影响应力腐蚀破裂因素较多，包括金属的应力状态、介质条件、合金成分、组织结构等。

1) 应力因素。发生应力腐蚀破裂的应力主要求自材料的加工和使用过程，包括工作应力（设备和部件在工作条件下承受的外加在合金）、残余应力（生产过程中在材料内部产生的应力）、热应力（由于温度变化引起的残余应力）、结构应力（安装时引起的应力）四种类型。其中，单纯的工作应力并不危险，因为设计时一般都留有较大余量，而残余应力则是无法估量和测量的。据统计，由于残余应力造成的应力腐蚀断裂占总应力腐蚀事故的 80％以上。

2) 环境因素。介质环境对腐蚀的影响相当复杂，如介质的选择性及介质浓度、温度、pH 值、界面电位状况等，都不同程度的影响合金应力腐蚀的敏感性。

①介质的选择性及介质浓度。应力腐蚀的一种特征现象是介质的选择性，只有在特定的合金-环境体系中才能产生 SCC。例如，黄铜-氨溶液、奥氏体不锈钢-Cl^- 溶液体系中，氯化物浓度对 SCC 有很大影响。不锈钢在沸腾 $MgCl_2$ 溶液中有两个敏感浓度，分别为 42％ 和 45％。浓度过高，反而使断裂时间延长，这可能与 Cl^- 水分程度有关。

②温度及 pH 值。不同合金-环境介质体系发生应力腐蚀破裂所需的温度条件不同。例如，碳钢在 30％NaOH 中最易发生碱脆，但必须高于 50～65℃ 温度下才断裂，而镁合金在氯化钠溶液中通常在室温下便产生 SCC。一般温度越高，SCC 就越容易发生，但温度如果过高，由于产生全面腐蚀，反而会抑制应力腐蚀破裂的发生。

对不同体系，pH 值影响有所不同。对高浓度氯化物溶液、pH 值的增大，可减小应力腐蚀的敏感性，pH 值越低，应力腐蚀敏感性就越强，但当溶液 pH 值低于 2 时，金属又不易发生应力腐蚀破裂。

③界面电位的影响。试验表明，只有在一定的电位范围内才会发生应力腐蚀破裂。发生应力腐蚀破裂有三个敏感电位区，如图 6-70 所示。图中 1、2、3 分别为活化-阴极保护电位过渡区、活化-钝化电位过渡区、钝化-过钝化电位过渡区。如果合金-环境体系的腐蚀电位落在这些区域，则合金的表面膜活性点容易发生活化或过钝化溶解，形成裂纹源。如果腐蚀电位落在其他区域，则可能出现点蚀、钝化或均匀腐蚀。

3）合金成分和结构因素。合金成分和结构直接影响其力学性能、化学和电化学性能，因此与应力腐蚀破裂有密切关系。奥氏体不锈钢中，Ni、Cr、Ti、Mo、C、Si、Co 等元素均对应力腐蚀破裂的产生有重要影响。

对 Ni 含量在 10% 的不锈钢，当 Cr 含量为 5%～12% 时，不发生应力腐蚀破裂；而 C 含量从 12% 提高到 25% 时，应力腐蚀敏感性急剧上升。

18-8 不锈钢含 0.12% 碳时，SCC 的敏感性最高，进一步增加含碳量则敏感性降低，一般认为，含碳量达到 0.2% 以上，合金具有免疫性。

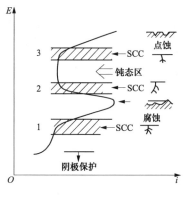

图 6-70 发生 SCC 的三个电位区

在不锈钢中加入 Si、Co 有利于提高抗 SCC 性能。含有 N、P、As、Sb、Bi 是有害的，会降低不锈钢抗 SCC 性能。

（5）应力腐蚀的防护。合理选材、控制应力、控制介质、控制电位等方法均可用来避免或减弱应力腐蚀，但实际情况千差万别，这些方法根据实际情况，既可单独使用也可综合使用。

1）合理选材。在选题中针对腐蚀介质，力戒敏感的腐蚀体系。在可能的条件下，采用新型的抗应力腐蚀材料，或者通过适当的热处理提高材料的抗应力腐蚀强力。

2）控制应力分布。应尽力减小拉应力，包括降低设计应力，避免应力集中，采用退火的方法降低或消除残余应力。同时设法增加压应力，如经过喷丸、喷砂及适当的冷变形处理等。

3）控制腐蚀介质。包括控制和清除介质中的有害组分和杂质，监控介质温度、采用保护涂层隔离腐蚀介质等。

4）电化学保护。对不同的腐蚀体系，发生 SCC 的电位范围与孔蚀电位 E_{br} 的关系不同；若采用电化学保护，应使材料维持在不发生应力腐蚀的电位范围内工作，才可能抑制或完全杜绝应力腐蚀的发生。

6. 腐蚀疲劳

腐蚀疲劳（即腐蚀疲劳开裂）是指材料或构件在交变应力与腐蚀环境的共同作用下产生的脆性断裂。这种破坏要比单纯交变应力造成的破坏（即疲劳）或单纯腐蚀造成的破坏严重得多，只要环境对金属有腐蚀作用，再加上交变应力的作用都可产生腐蚀疲劳，而且有时腐蚀环境不需要有明显的侵蚀性。对于大多数金属和合金而言，腐蚀疲劳强度总是低于干疲劳强度。腐蚀疲劳不需要金属-环境的特殊配合，因此，腐蚀疲劳更具有普遍性。船舶的推进器、涡轮和涡轮叶片，汽车的弹簧和轴、泵轴和泵杆及海洋平台等常出现这种情况。

腐蚀作用的参与使疲劳裂纹萌生所需时间及循环周次都明显减少，并使裂纹扩展速度增大。

（1）腐蚀疲劳的特点。

1）腐蚀疲劳不存在疲劳极限，如图 6-71 所示。一般以预指的循环周次下不发生断裂的最大应力作为腐蚀疲劳强度，用以评价材料的腐蚀疲劳性能。

2）与应力腐蚀开裂不同，纯金属也会发生腐蚀疲劳，而且发生腐蚀疲劳不需要材料-环境的特殊组合。只要存在腐蚀介质，在交变应力作用下就会发生腐蚀疲劳。应力腐蚀发生在

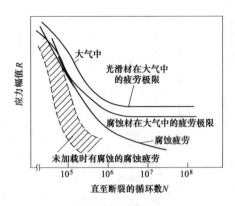

图 6-71　不同材料的疲劳和腐
蚀疲劳 σ-N 曲线

活化-钝化过渡区或钝化-过钝化过渡区，而腐蚀疲劳不受电位区段的限制，可以在活化区也可以在钝化区发生。

3）金属的腐蚀疲劳强度与其耐蚀性有关。耐蚀材料的腐蚀疲劳强度随抗拉强度的提高而提高，耐蚀性差的材料腐蚀疲劳强度与抗拉强度无关。

4）腐蚀疲劳裂纹多起源于表面腐蚀坑或缺陷，裂纹源数量较多。腐蚀疲劳裂纹主要是穿晶的，有时也可能出现沿晶的或混合的，并随腐蚀发展裂纹变宽。

5）腐蚀疲劳断裂是脆性断裂，没有明显的宏观塑性变形。断口有腐蚀的特征如腐蚀坑、腐蚀产物、二次裂纹等，又有疲劳特征，如疲劳辉纹。

（2）腐蚀疲劳机理。由于腐蚀疲劳是交变应力与腐蚀介质共同作用的结果，所以在机理研究中常常把纯疲劳机理与电化学腐蚀作用以至于借助应力腐蚀或氢致开裂的机理结合起来。现已建立了多种腐蚀疲劳模型，现介绍具有代表性的两种。

1）蚀孔应力集中模型。这种模型认为腐蚀环境使金属表面形成蚀孔，在孔底应力集中产生滑移。滑移台阶的溶解使逆向加载时表面不能复原，成为裂纹源。反复加载，使裂纹不断扩展，如图 6-72 所示。

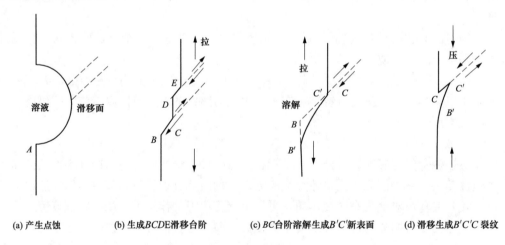

图 6-72　腐蚀疲劳的蚀孔应力集中模型示意

2）滑移带优先溶解模型。有些合金在腐蚀疲劳裂纹萌生阶段并未产生蚀坑，或虽然产生蚀孔，但没有裂纹从蚀孔处萌生，故有人提出滑移带优先溶解模型。这种模型认为在交变应力作用下产生驻留滑移带，挤出、挤入处由于位错密度高，或杂质在滑移带沉积等原因，使原子具有较高的活性，受到优先腐蚀，导致腐蚀疲劳裂纹形核。变形区为阳极，未变形区为阴极，在交变应力作用下促进了裂纹的扩展。

腐蚀疲劳比应力腐蚀裂纹易于形核，原因在于应力状态不同。在交变应力下，滑移具有累积效应，表面膜更容易遭到破坏。

　　在静拉伸应力下，产生滑移台阶相对困难一些，而且只有在滑移台阶溶解速度大于再钝化速度时，应力腐蚀裂纹才能扩展，所以对介质有一定要求。腐蚀疲劳与纯疲劳的差别在于腐蚀介质的作用，使裂纹更容易形核和扩展。在交变应力较低时，纯疲劳裂纹形核困难，以致低于某一数值便不能形核，因此存在疲劳极限，而且提高抗拉强度也会提高疲劳极限。存在腐蚀介质时，裂纹形核容易，一旦形核便不断扩展，故不存在腐蚀疲劳极限。由于提高强度对裂纹形核影响较小，因此腐蚀疲劳强度与抗拉强度并无一定的比例关系。

　　（3）腐蚀疲劳的影响因素。

　　1）力学因素。

　　①应力循环参数。当应力交变频率 f 很高时，腐蚀的作用不明显，以机械疲劳为主；当 f 很低时，又与静拉伸的作用相似；只有在某一交变频率下最容易发生腐蚀疲劳。R 值高，腐蚀的影响大；R 值低，较多反映材料固有的疲劳性能，如图 6-73 所示，$K=1$ 相当于静拉伸应力，$K=0$ 相当于纯拉伸应力，$K=-1$ 相当于循环拉应力。在产生腐蚀疲劳的交变频率范围内，频率越低，裂纹扩展速度越快。

　　②疲劳加载方式。一般而言，扭转疲劳＞旋转弯曲疲劳＞拉压疲劳。

　　③应力循环波形。与纯疲劳不同，应力循环波形对腐蚀疲劳有一定影响，方波、负锯齿波影响小，而正弦波、三角波或正锯齿波影响较大。

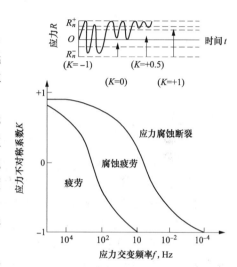

图 6-73　应力交变频率（f）与应力不对称系数 R 对有应力腐蚀敏感的材料

　　④应力集中。表面缺口处引起的应力集中容易引发裂纹，故对腐蚀疲劳初始影响较大。但随着疲劳周次增加，对裂纹扩展的影响减弱。

　　2）环境因素。

　　①温度。温度升高，材料的腐蚀疲劳性能下降，但对纯疲劳性能影响较小。但若温度升高引起孔蚀增多，造成许多浅裂源，从而降低了应力集中，并使阳极面积增加，这时温度升高反而改善了材料的耐腐蚀疲劳。

　　②介质的腐蚀性。介质腐蚀性越强，腐蚀疲劳强度越低。但腐蚀性过强时，形成疲劳裂纹的可能性减小，反而使裂纹扩展速度下降。一般当 pH＜4 时，疲劳寿命较低；当 pH＝4～10 时，疲劳寿命逐渐增加；当 pH＞12 时，与纯疲劳寿命相同。在介质中添加氧化剂可以提高可钝化金属的腐蚀疲劳强度。水溶液经过除氧处理，可以提高低碳钢的腐蚀疲劳强度，甚至与空气中相同。

　　③含氧量。溶液中的含氧量对腐蚀疲劳有重要影响。氧含量提高，腐蚀疲劳寿命降低。研究表明，氧对腐蚀疲劳的裂纹引发没什么影响，而主要是影响裂纹的扩展。

　　④外加电流。阴极极化可使裂纹扩展速度明显降低，甚至接近于空气中的疲劳强度。但是阴极极化进入析氢电位区后，对高强钢的腐蚀疲劳性能会产生有害作用。对处于活化态的碳钢而言，阳极极化加速腐蚀疲劳，但对氧化性介质中的碳钢，特别是不锈钢，阳极极化

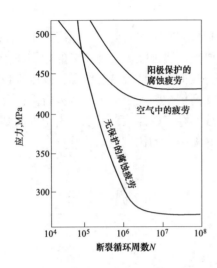

图 6-74　阳极保护对 Fe-13Cr 合金在
$10\%NH_4NO_3$ 溶液中腐蚀疲劳的影响

可提高腐蚀疲劳强度，有的甚至比在空气中的还高，如图 6-74 所示。

3）材料因素。

①耐蚀性。耐蚀性高的金属（如 TiCu 及 Cu 合金、不锈钢等）对腐蚀疲劳敏感性小；耐蚀性差的金属（如高强 Al 合金、Mg 合金等）敏感性大。因而，改善材料耐蚀性的合金化对腐蚀疲劳性能是有益的。

②组织结构。提高碳钢、低合金钢强度的热处理可以提高疲劳极限，但对腐蚀疲劳影响很小，甚至有时会降低腐蚀疲劳强度。某些提高不锈钢强度的处理可以提高腐蚀疲劳强度，敏化处理有害。细化晶粒可以提高钢在空气中的疲劳强度，对腐蚀疲劳作用类似。

③表面状态。表面残余应力为压应力时的腐蚀疲劳性能较为拉应力时好。施加保护涂层可以改善材料的腐蚀疲劳性能。

（4）防止腐蚀疲劳的措施。

1）降低材料表面粗糙度，特别是施加保护性涂镀层（如电镀、浸镀、喷镀等），可显著改善材料的腐蚀疲劳性能，如镀锌钢丝在海水中的疲劳寿命得到了显著延长。

2）使用缓蚀剂也很有效，如添加重铬酸盐可提高碳钢在盐水中的腐蚀疲劳性能。

3）采用阴极保护的方法来提高条件疲劳极限，但它不能完全防止腐蚀疲劳断裂的产生。阴极保护已广泛用于海洋金属结构物腐蚀疲劳的防护。

4）改进设计和合理的热处理工艺消除残余应力，通过气渗、喷丸、高频淬火等表面硬化处理，在材料表面形成压应力层。

7. 磨损腐蚀

腐蚀介质与金属构件的表面相对运动速度较大，导致构件局部表面遭受严重的腐蚀损坏，这类腐蚀称为磨损腐蚀，简称磨损。造成腐蚀损坏的流动介质可以是气体、液体或含有固体颗粒、气泡的气体等。工业生产中的设备或构件，如海船的螺旋桨推进器水泵搅拌器的叶轮，各种导管的弯曲部分，都会在工作中不同程度地遭受磨损。

磨损腐蚀是高速流体对金属表面已经生成的腐蚀产物的机械冲刷作用和对新裸露金属表面的腐蚀作用的综合。

（1）磨损腐蚀的类型。

1）湍流腐蚀。腐蚀介质与金属表面的相对运动，可加速金属的腐蚀。因为这类腐蚀常与金属面上的湍流有关，故通常叫湍流腐蚀。湍流不仅加速了腐蚀剂的供应和腐蚀产物的迁移，而且在液体与金属之间也附和了一个切应力，这种切应力能将金属表面上的腐蚀产物剥离掉。所以湍流腐蚀实际上是机械磨耗和腐蚀的共同作用下产生的，故又称为磨耗腐蚀。遭到湍流腐蚀的金属表面，通常具有沟槽、凹谷或波浪形的外观，这种表面形态是湍流腐蚀的特征，如图 6-75 所示。水电站的涡轮机，船舶上的推进器，以及泵、搅拌器、离心机和各种导管的弯曲部分，都发现有湍流腐蚀现象。

金属耐湍流腐蚀的能力取决于金属的机械性能和耐腐蚀性，而这些性能又与金属的成分和冶炼加工条件有关，其中成分是影响耐蚀性的主要因素。添加适当的合金元素，可以降湍流腐蚀。例如，黄铜中加 Al、Cu-Ni 合金中加 Fe，不锈钢中加 Mo、铸铁中加 Si，均可提高合金的耐湍流腐蚀能力。

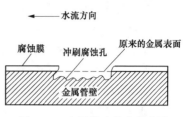

图 6-75　冷凝管壁的磨损腐蚀

活泼金属的抗湍流腐蚀性取决于其表面膜的保护能力。表面膜的性质和形成速度将决定其对湍流腐蚀的敏感性。显然，硬的、致密的、连续的、黏附性强的膜，比脆的、黏附性差的膜保护性要好。环境对保护膜的形成有显著影响。例如，不锈钢在氧化性介质中能很快地形成保护膜，而在还原性条件下形成的膜是不稳定的，因而对湍流腐蚀非常敏感。

金属和腐蚀介质之间的相对运动速度，对腐蚀行为有明显的影响。一方面，静态向动态变化，将消除浓差极化，使腐蚀增强；另一方面，电解质的流动也可能产生有利影响。例如，电解质的流动增加了溶解 O_2、CO_2 等气体的传递，促进了金属上保护膜的形成；介质的流动还增强了缓蚀剂的效率；介质的流动也可防止淤泥或其他物体在金属面上的聚集，从而可以消除缝隙腐蚀和减小孔隙率。

溶液流经管道弯头处可能出现几种不同情况。低流速时，在流动较慢的部位可能存在沉积物，从而出现浓差腐蚀电池；增加流速，通常可以冲走这些沉积物，使腐蚀减缓；当流速很高时，则可能出现湍流腐蚀。流速增加引起湍流腐蚀的加剧，主要应归结于高速介质的冲刷作用。当然也不排除加强了物质传递过程的影响。因此，有时又把湍流腐蚀称为冲击腐蚀（冲蚀）。溶液中的空气泡和悬浮固体的存在，使腐蚀加速，金属构件很快遭到损坏，这种情况通常发生在流向发生突然变化的地方（如在涡轮机内）。

2）空泡腐蚀。流体与金属构件高速相对运动，在金属表面局部地区产生涡流，伴随有气泡表面迅速生成和破灭，呈现与孔蚀类似的破坏特征，如图 6-76 所示，这种腐蚀称作空泡腐蚀。

空泡腐蚀（空蚀）是在高速液流和腐蚀的共同作用下，引起的一种特殊腐蚀形态。其腐蚀过程的特点是在接近金属表面的液体中不断有蒸汽泡的形成和破灭。空蚀通常发生在高流速和压力突变的区域，如出现在船舶推进器、涡轮叶片、泵叶片的端部。

空泡形成的条件较复杂，但基本上可以认为是当流速足够高时，液体的静压力将低于液体的蒸汽压，使液体气化形成气泡。当压力迅速增加时，这些气泡又会被压缩而破灭。气泡的破灭将对金属表面起强烈的锤击作用，这种锤击作用不仅能破坏表面膜，而且可能损坏膜下面金属。在高流速和压力突变的条件下，气泡的形成和破灭所引起的锤击作用重复进行着，这种锤击作用的压力约可达 $14kg/mm^2$，这个压力足以使金属发生塑性变形。

当发生空泡腐蚀时，由于材料表面空穴或气泡的形成和破灭极其迅速，据估计，在一个微小的低压区，每秒钟有 $2×10^5$ 个气泡破灭，并产生强烈的冲击波，压力可达 410MPa，在这样巨大的机械力作用下，使许多金属产生塑性变形，导致膜破裂，形成蚀坑。蚀坑形成后，粗糙不平的表面又成为新生气泡或空穴的核心。再加上已有的蚀坑，更促使材料发生损耗。

空泡腐蚀的外表类似于点蚀，但由于发生气泡而呈现紧密的空穴，表面显得十分粗糙，呈海绵状。

空泡腐蚀机理，一般认为是气泡破灭的冲击波和电化学腐蚀对金属联合作用所造成的，或者认为破灭的气泡损坏了表面膜，结果使腐蚀加速。空泡腐蚀机理，如图 6-76 所示，各步骤如下：①在金属表面膜上形成气泡；②气泡破灭，其冲击波使金属发生塑性变形，导致膜破裂；③新鲜的金属表面腐蚀，又重新成膜；④在同一点上又形成一个新气泡；⑤气泡破灭，膜再次破裂；⑥裸露区金属又腐蚀，又重新成膜。这个过程反复进行，结果产生深孔。

从图 6-77 可以看出空泡腐蚀不一定要有一层保护膜，破灭的空泡有足够的力将金属颗粒撕离表面，一旦表面上某点变粗糙，就可成为新空泡的核心，其经过、步骤与图 6-76 所示类似。

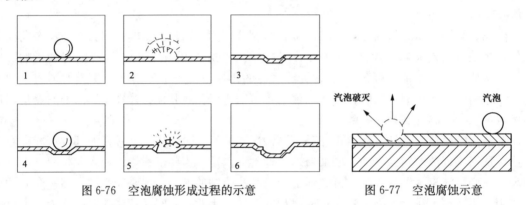

图 6-76 空泡腐蚀形成过程的示意　　　　图 6-77 空泡腐蚀示意

空泡腐蚀具有混合的腐蚀-机械特征，接近于腐蚀疲劳，但与腐蚀疲劳的应力条件不同。空泡腐蚀时，机械应力的作用仅局限于似合金晶粒的大小相比的区域内，且其载荷周期也不对称。因此，空泡腐蚀可以近似地看作表面微观腐蚀疲劳，晶粒、杂质等在电解质脉冲打击及介质的腐蚀作用下，产生龟裂和剥落。

在空泡腐蚀中，腐蚀和机械因素的相互关系依具体条件而定。当应力不太大时，腐蚀因素和机械因素不相上下，此时，腐蚀因素（腐蚀介质的成分、合金的耐蚀性和钝性、电化学保护或使用缓蚀剂等）对空泡腐蚀速度有很大影响。在大的应力作用下，如在强烈的水力冲击下，机械因素的影响将增加，而腐蚀因素的影响将减小。通常在实验室中为加速空泡腐蚀，不适当地加强了机械因素（如用超声波或磁滞装置），将使腐蚀空化条件变成纯机械空化条件。

3）摩振腐蚀。摩振腐蚀是指在加有载荷的两种材料相互接触的表面之间，由于振动和滑动所产生的腐蚀。这种腐蚀使金属表面呈现麻点或沟纹，而这些麻点或沟纹的周围是腐蚀产物。摩振腐蚀又称为摩擦氧化、磨损氧化，它是磨损腐蚀的特殊形式。轴承套与轴的连接部位、用螺钉或螺栓结合起来的组件结合面之间等部位都可发生摩振腐蚀。这不仅破坏金属部件，而且还会产生氧化锈泥，使螺栓连接的设备发生粘接或松动，振动部位还会引起疲劳腐蚀。

产生摩振腐蚀的基本条件如下：界面必须承受载荷；两表面之间必须存在振动或反复的相对运动；界面的载荷和相对运动须足以使表面产生滑移或变形；有腐蚀性介质参与作用。关于摩振腐蚀机理，目前提出两种理论，即磨损-氧化理论和氧化-磨损理论，分别如图 6-78 和图 6-79 所示。

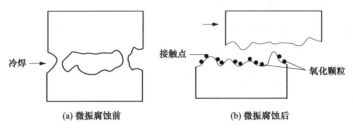

图 6-78 微振腐蚀磨损-氧化理论示意

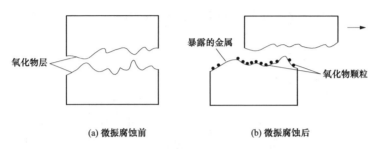

图 6-79 微振腐蚀氧化-磨损氧化理论示意

磨损-氧化理论认为：金属界面在承受载荷条件下，两块金属表面实际接触的突出部位产生冷焊或熔化，然后在相对运动过程中，接触点被破坏，形成的金属碎屑被排开，由于这些碎屑直径小，又因摩擦生热，碎屑迅速氧化成颗粒。这些氧化颗粒较硬，在微振腐蚀中起磨料作用，这样就会强化机械磨损过程。这个过程反复进行，结果导致金属损坏和氧化碎屑的积累。该理论强调，磨损引起的破坏，而其后的氧化是次要的结果。

氧化-磨损理论认为：多数金属已存在氧化膜层，当金属在负荷下相互接触，并经受反复相对运动时，突出部位的氧化膜被破裂，变成氧化物颗粒，结果产生氧化锈屑，暴露出的新鲜金属重新氧化，而且整个过程反复进行，导致材料破坏。该理论强调摩擦作用使氧化加速。

实际上，上述两种理论都适用，因为有氧化膜和不存在氧化膜的金属都可能发生摩振腐蚀，而且两种理论的最后结论是一致的，即都使金属损坏并产生氧化锈泥。

（2）磨损腐蚀的控制措施。

1）湍流腐蚀和冲刷腐蚀的控制措施。

①正确选材。首先考虑耐蚀性，如在冲刷腐蚀条件下，酸性的矿山水，可采用大于 3％的含铬钢而不发生这类腐蚀。在锅炉的进水管道中，低铬结构钢抗冲刷腐蚀的能力高于碳钢。在有可能发生海水冲刷腐蚀条件下，含 30％Ni-3％Cr 的铸铁基本上没有冲刷腐蚀，而一般铸铁则迅速遭受冲刷腐蚀。在高速流动海水中，钛及 316 不锈钢具有优越的抗冲刷腐蚀能力，这是基于它们在海水中具有较高的耐蚀性的缘故。

其次考虑耐磨性，软的金属材料（如 Cu、Pb 等）在具备冲刷腐蚀的条件下，易于因磨损而加速破坏。一般是在保证耐蚀性的前提下，用固溶强化来提高硬度。例如含铁量从0.05％提高到 0.5％的 70％Cu-30％Ni 合金，抗海水冲刷腐蚀的能力有显著提高。

②改进结构设计。良好的结构设计可以减少湍流腐蚀或冲刷腐蚀，延长设备使用寿命。例如，增加管径，减小流速，保证层流，避免湍流腐蚀；弯管的设计可视材料不同，使弯曲

半径为管径的 3～5 倍，可防止冲刷腐蚀等。

③改变介质条件。主要是用过滤和沉淀的方法去除溶液中的固体颗粒、悬浮物。也可在介质中加缓蚀剂，或降低操作温度等以降低冲刷腐蚀。

④采用电化学保护和硬质金属。采用牺牲阳极进行阴极保护或堆焊耐蚀硬质金属均可降低冲刷腐蚀速度。

2）空泡腐蚀的控制措施。

①设计时从水力学考虑。尽量降低流动液体的压力差，以减少空泡的形成。

②降低表面粗糙度。它可降低空泡形核概率。

③采用橡胶、塑料涂层。采用弹性高的橡胶或塑料涂层，吸收冲击波，避免空泡腐蚀。

④合理选材。采用含 3％C-1.3％Si-4％Cr-14.4％Ni 的铸铁、含 0.37％C-0.31％Si-1.3VoMn 的结构钢、含 0.08％C-0.57％Si-0.47％Mn-17.2％Cr-0.34％Ni 的不锈钢、含 70％Cu-30％Zn 的黄铜等均有较低的空泡腐蚀速度。

3）摩振腐蚀的控制措施。

①提高接触金属的硬度。合理选材，表面渗氮，表面层喷丸或冷加工，可降低微振腐蚀。

②阻止接触面的相对微动。设计时，增加接触面的法向压力，阻止相对微动，添加垫圈，吸收振动；施工及维修时，尽量拧紧螺钉，防止接触面的相对微动。

③采用润滑剂。降低摩擦系数，减少磨损。对于运动部件，采用润滑油；对于其他部件，采用润滑脂或固体润滑剂，钢铁部件采用磷酸盐处理后，再加上润滑油，效果更好。

④电镀金属。电镀低熔点金属镉、铅等可以降低摩擦系数；而电镀高熔点金属铬，则不易冷焊，都可降低微振腐蚀。

6.4　腐 蚀 的 防 护

腐蚀破坏的形式是很多的，在不同的条件下引起的金属腐蚀的原因是各不相同的，而且影响因素也非常复杂，因此，根据不同的条件采用的防护技术也是多种多样的。在实践中常用的是以下几类防护技术。

（1）合理选材。根据不同介质和使用条件，选择合适的金属材料和非金属材料。

（2）介质处理。介质处理包括除去介质中促进腐蚀的有害部分（例如锅炉给水的除氧）、调节介质的 pH 值及改变介质的湿度等。

（3）阴极保护。利用电化学原理，将被保护的金属设备进行外加阴极极化降低或防止腐蚀。

（4）阳极保护。对于钝化溶液和易钝化的金属组成的腐蚀体系，可采用外加阳极电流的方法，使被保护金属设备进行阳极钝化以降低金属的腐蚀。

（5）添加缓蚀剂。向介质中添加少量能阻止或减慢金属腐蚀的物质以保护金属。

（6）金属表面覆盖层。在金属表面喷、衬、镀、涂上一层耐蚀性较好的金属或非金属物质以及将金属进行磷化、氧化处理，使被保护金属表面与介质机械隔离而降低金属腐蚀。

（7）合理的防腐设计及改进生产工艺流程，以减轻或防止金属腐蚀。

每种防腐蚀措施，都有应用范围和条件，使用时要注意。对某一种金属有效的措施，在另一种情况下就可能无效，甚至是有害的。例如阳极保护只适用于金属在介质中易于阳极钝化的体系。如果不造成钝化，则阳极极化不仅不能减缓腐蚀，反而会加速金属的阳极溶解。

因此，对于一个具体的腐蚀体系，究竟采用那种防腐蚀措施，应根据腐蚀原因、环境条件、各种措施的防腐效果、施工难易以及经济效益综合考虑，不能一概而论。

6.4.1 防腐设计

防腐设计就是预防腐蚀破坏和损失而进行的设计，也即防腐意识在设计过程中的体现。

在进行防腐设计前，必须首先了解构件或设备所处的腐蚀环境和可能出现的腐蚀问题，即必须了解造成腐蚀的环境因素；其次要了解构件或设备的运行状态及设计寿命，材料受载的类型及水平，用以判断有无发生应力腐蚀及腐蚀疲劳的危险。在做好充分的调查研究及掌握必要的资料信息后，才能展开正式的设计过程。

通常防腐设计包括：正确选材，防腐结构设计，防腐强度设计，防腐工艺设计和防腐措施的选择。

1. 正确选材

材料选择不当常常是造成腐蚀破坏的主要原因。正确选用对环境介质具有耐蚀性的材料是腐蚀防护中最积极的措施。然而，不管何种金属材料，只是在一定介质和工作条件下才有较高耐蚀性，在一切介质和任何条件下都很耐蚀的材料是没有的；现在可作为设备使用的材料，除了钢铁为代表的各种防腐材料外，还包括复合材料和非金属材料。要做到正确选材需要以下几方面知识。

(1) 掌握各种金属、合金及可供选用材料的耐蚀性能。目前，国内外有多种汇编手册，搜集各种材料在不同介质中的腐蚀数据资料，这些资料的积累为正确选材提供了宝贵的经验，例如《腐蚀数据手册》《金属腐蚀手册》《金属防腐蚀手册》等。

(2) 了解类似构件或设备的腐蚀事故。以便从事故调查的分析记录中吸取教训，目前许多国家都日益重视腐蚀事故调查及事故处理的资料积累，这些资料的积累为人们正确选材从另一个方面提供了宝贵的经验教训。事实上，腐蚀数据的掌握并不能代替腐蚀事故资料的类型。不论何种构件或设备，都会由于多方面因素的变化而改变其环境介质的腐蚀性和材料的耐蚀性，由此造成意想不到的腐蚀事故。许多事故分析的结果表明，造成腐蚀事故的主要原因并不是选材本身的问题，而是诸如原材料（特别是化工类原材料）的质量、操作人员的技术水平或熟练程度、设备的维修管理等无法预料的原因导致的，而这些方面的影响在材料的腐蚀数据中大多是无据可查的。查阅事故调查材料，不仅为选材过程提供经验，而且也可以作为设计人员向操作者、维修者和管理者提出相应规范的依据。

(3) 掌握热处理状态与材料耐蚀性能的关系。大多数金属材料，特别是高强、超高强材料都是在相应的热处理状态下使用的；越是重要的、易损的构件，选用高强材料的可能性就越大。而高强材料的耐蚀行为与普通材料不同。研究表明，材料的强度水平越高，越容易发生低应力脆断，如氢脆、应力腐蚀、腐蚀疲劳，在应力和介质两方面因素共同作用下的破断越敏感。所以，掌握热处理状态与材料耐蚀性能的关系，保证材料在满足力学性能要求的前提下具有满意的耐蚀性能是合理选材的重要环节。

(4) 熟悉材料可供采用的防护手段。目前金属材料的防护途径是多种多样的，但是对于具体的材料、环境介质、服役状态，可供选择的防护手段又是有限的，选择适宜的可靠的防护措施，不仅可以扩大材料的选取范围，还为兼顾其他方面的性能要求开辟了更大的余地。所以熟悉材料可供采用的防护手段，可为合理选材创造更好的条件。

当然，上述几点是围绕金属材料的防腐选材而言，在防腐选材中还必须考虑材料的其他性能，如材料的力学性能、工艺性能、物理性能、经济性能等。

2. 防腐结构设计

合理的结构设计对于腐蚀控制十分重要，因为即使选用了性能良好的耐蚀材料，也会出于结构设计不合理而造成水分和其他腐蚀介质的积存、局部过热、应力集中、流体涡流等，从而引发多种形态的局部腐蚀，加速构件的腐蚀破坏，造成严重的腐蚀后果。合理选材主要侧重于控制材料的全面腐蚀，而合理的结构设计主要是为控制材料的局部腐蚀。防腐结构设计主要从以下几个方面考虑：

（1）尽量避免水分及尘粒的积存。水溶性介质及尘粒的积存会引起并加速有关部位的局部腐蚀，因此应尽量避免可能使水分及尘粒积存的结构。

（2）正确选择连接方式。结构设计中，同种材料或异种材料的连接是不可避免的，各种连接方式都可能引发缝隙腐蚀或电偶腐蚀，因此必须要重视正确选择连接方式。常用的连接方式有配合尺寸连接、螺纹连接、铆接、焊接、粘接、法兰盘连接等，各种连接方式都有各自的特点，从防腐角度看，粘接不仅无缝隙，而且粘接剂多为绝缘体，粘接剂形成膜可隔绝被连接件的直接接触，有利于防止电偶腐蚀，所以是最佳的连接方式。当然对于别的连接方式只要采取可靠的对应措施，也可以避免或减轻发生局部腐蚀的趋势，故针对具体情况，合理选择连接方式并辅之以相应的防腐措施是防腐结构设计中的重要内容。

（3）防止环境差异引起的腐蚀。由于环境差异会形成多种宏观腐蚀电池，导致阳极区的局部金属发生严重腐蚀。例如，由于温度差形成温差电池，由于通气差异形成氧浓差电池，由于浓度差形成盐浓差电池等，它们都属于环境差异电池，基于这类因素造成的腐蚀，都属于环境差异腐蚀。在结构设计中，应当注意避免局部金属之间的环境差异，例如将加热器安置于溶液的中间，防止形成环境差异电池，减轻或消除由于环境差异造成的腐蚀。

（4）防止各种局部腐蚀。结构设计合理与否，与发生多种形式的局部腐蚀有密切的关系，如电偶腐蚀、缝隙腐蚀、应力腐蚀、湍流腐蚀等都可能由于不合理的结构设计而引发。

3. 防腐强度设计

防腐强度设计的主要问题归纳为以下三点：

（1）腐蚀裕量。腐蚀裕量的留取是针对全面腐蚀而采取的对策。

在最初设计时，并未考虑腐蚀过程对结构强度造成的影响，在计算出构件尺寸后，根据材料在整个使用寿命期间发生的腐蚀来留取适当的余量，加大构件尺寸以保证原设计的寿命要求。

腐蚀裕量的计算公式为

$$A = \alpha a \tau \tag{6-50}$$

式中：A 为腐蚀裕量，mm；α 为安全系数，与不均匀腐蚀程度有关；a 为材料在腐蚀介质中的年腐蚀量，mm/a。

对于双面受腐蚀的构件（如酸罐中的构件），还应再增加一倍。

（2）局部腐蚀的强度计算。局部腐蚀类型是多种多样的，而且因材料、环境、条件不同而异，遗憾的是目前还很难根据局部腐蚀造成的强度损失，采用强度计算公式对腐蚀裕量进行估计。对于沿晶腐蚀、孔蚀、缝隙腐蚀等只有采取正确的选材或控制环境介质、注意结构设计等措施来防止。对于应力腐蚀或腐蚀疲劳，如果数据资料齐全，可以进行断裂力学设计。

（3）加工过程引起的强度变化。在加工或施工过程中，可能引起材料强度特性发生变化，如酸洗或电镀中材料吸氢会引起氢脆，焊接过程引起热影响区的焊缝腐蚀及力学性能的变化等，使材料在使用中发生低于设计应力水平下的破坏。所以在加工、施工中应严格遵守工艺规程，并采取有效的补救措施。

4. 防腐工艺设计

无数事实表明，金属材料的加工制造和装配与腐蚀事故的发生关系密切，许多腐蚀问题是由于不合理的工艺过程留下的严重隐患造成的，因此必须高度重视防腐工艺设计。

现就加工环节中应考虑到的防腐措施进行简要介绍。

（1）机械加工。金属材料最好在退火状态下进行机械加工和冷弯、冷冲等成形工艺，以保证较小的残余应力。金属材料经过机械加工或冷变形、冷成形加工后应及时进行消除应力热处理。磨光、抛光及喷丸处理可增加金属表面残余压应力，有助于提高材料耐蚀性。保证机械加工表面粗糙度，特别是在应力集中处，要严格按照设计计算的要求进行加工。机械加工中使用的切削冷却液，应对加工材料无腐蚀性。对某些零件应采取必要的工序间防锈措施。

（2）热处理。应防止金属高温氧化和脱碳，最好采用真空热处理、可控气氛热处理、感应加热处理或使用热处理保护涂料。对有氢脆敏感性的材料，如高强钢、超高强钢及钛合金，不能在含氢气氛中加热。对易产生沿晶腐蚀和应力腐蚀的材料，应避开敏感的热处理温度，并严格遵守工艺规程。对于在腐蚀性介质中处理的工件，应及时消除腐蚀性残留物。对于可产生较大残余拉应力的热处理，在最终热处理后，须采取消除应力措施。表面淬火、化学热处理等可增加工件表面残余压应力，有助于提高材料耐蚀性，若有条件或可能时，应尽量采用。

（3）锻造和挤压。应控制锻件流线末端的外面。对有较大残余应力的锻件应采取消除应力措施。某些锻造工艺对提高耐蚀性有利，如对高强度铝合金而言，自由锻比模锻更有利于提高锻件的抗应力腐蚀能力。

（4）铸造。尽量采用精密铸造工艺，减少铸件的孔洞、砂眼。若有可能，尽量除去铸件表面的多孔层或进行封孔处理。避免铸件上镶嵌件与铸件之间较大的电位差，减轻电偶腐蚀的危害。

（5）焊接。从防腐角度而言，对接焊比搭接焊好，连续焊比断续焊和点焊好，若有可能，最好以粘接代替焊接。焊材成分应与基体成分相近，或焊条材料电位比整体更正一些，避免大阴极（基体）、小阳极（焊条）的不良腐蚀组合。焊接处的热影响区容易发生局部腐蚀，应采取必要的保护措施。焊接后，焊缝处的残渣应及时清理干净，以免残渣引起局部腐蚀。某些焊接件不允许进行某些表面处理，如点焊件、断续焊件及单面搭接焊件，不允许采用电镀、阳极氧化等浸入电解液中的表面处理方法，而要采用涂漆成喷涂金属等方法。焊接和表面处理两者在工序上应有合理安排。

（6）表面处理。许多零件或构件都要经过电镀、氧化、涂漆等各种表面处理；这些工序虽然属防腐措施，但若处理不当也会腐蚀工件或留下腐蚀隐患。脱脂、酸洗等表面处理工序可能产生过腐蚀或渗氢，应慎重处理。电镀、氧化处理后要及时清理残留的各种腐蚀性介质。酸洗、电镀后要考虑除氢处理。联结件或组合件一般先进行表面处理，然后联结或组合。对于破损的表面处理层应及时返工或修补。对高强、超高强度钢、铝、镁、钛合金等，应严格遵守相应的要求和规定。

（7）装配。装配前应检查和核实零件的镀层是否正确，保护层是否有损坏，零件是否已发生腐蚀等，发现问题应解决在装配之前。对腐蚀性要求很高或易于发生腐蚀的零件，不允许赤手装配，防止手汗对零件的腐蚀。装配时注意不要造成过大的装配应力。对不宜接触的材料不能装配在一起，例如，镀镉零件不能与钛合金件接触，镀镉、镀铝件不能与碳纤维复合材料接触等。对有密封要求的部位，在装配中要保证密封质量，防止有害介质的侵入。装配中及装配结束后应及时进行清理检查，除去灰尘、金属屑等残留物，并检查通风孔、排水孔等孔口，使之不被堵塞，以便腐蚀性介质及时排除。

5. 正确选择防腐措施

针对具体情况选择方便、有效、可行的防腐蚀措施，是减轻或减缓材料及设备在长期使用中发生严重腐蚀的重要环节，为了选取最佳的防腐措施，一方面要考虑金属材料的性质、介质的性质及状态；另一方面要考虑防腐措施的使用条件及特点，使两者恰如其分地协调，充分发挥各项措施的优势，取得良好的防蚀效果。现就各种防腐措施的原理及特点分别进行介绍。

6.4.2 改善腐蚀环境

由腐蚀理论可知，腐蚀介质的成分、浓度、温度、流速、pH 值等均会影响金属材料在腐蚀介质中的腐蚀形态和腐蚀速度。合理地调整、控制这些因素既能有效地改善腐蚀环境，达到减蚀、缓蚀的目的。然而，要通过改善腐蚀环境从而实现腐蚀控制，必须首先弄清具体腐蚀体系的腐蚀机制和进程，掌握有关与寿命对腐蚀速度的综合影响，否则不仅达不到预期效果，有时还会事与愿违，适得其反。

例如，吸氧腐蚀是最常见的一种腐蚀，设法除去环境介质中的氧或氧化剂，降低阴极去极化剂的含量，能减轻或防止腐蚀。应用这一原理，在防腐实践中有许多成功的实例，如除去锅炉用水中的溶解氧就是防止锅炉腐蚀的有效措施，为此加入适量的亚硫酸钠或联氨，使其与水中的溶解氧发生反应并生成无害的反应产物：

$$2Na_2SO_3 + O_2 \rightleftharpoons 2Na_2SO_4$$

$$NH_2 \cdot NH_2 + O_2 \rightleftharpoons 2H_2O + N_2$$

就能得到满意的缓蚀效果。但是，对于易钝金属材料，正是依赖一定的溶解氧或氧化剂维持稳定的钝态，若盲目地降低介质中氧或氧化剂的含量，反而使钝态金属恢复活化状态，从而加速腐蚀进程。所以防腐工程中也不乏通过充氧或添加氧化剂来控制腐蚀的先例。当然，如果介质中氧化剂含量过高或活性太强，也会使易钝材料处于过钝状态，使腐蚀再度加剧。

在防腐实践中，为改善腐蚀环境，更方便有效的办法是利用缓蚀剂，抑制腐蚀过程，达到缓蚀目的。

1. 缓蚀剂及其分类

（1）缓蚀剂。缓蚀剂又称阻蚀剂或腐蚀抑制剂，按照美国材料试验协会 ASTM-G 25-76《关于腐蚀和腐蚀术语的标准定义》，缓蚀剂是一种当它以适当的浓度或形式存在于介质中时，可以防止和减缓腐蚀的化学物质或复合物质。

缓蚀剂的特点是用量很小，但对腐蚀的抑制作用很大。其保护效果常用缓蚀效率（或简称缓蚀率）表示

$$\eta = \frac{v_0 - v}{v_0} \times 100\% = \frac{I_{corr}^0 - I_{corr}}{I_{corr}^0} \times 100\% \tag{6-51}$$

式中：v、v_0 分别为未加、添加缓蚀剂后的金属腐蚀速度；I_{corr}^0、I_{corr} 分别为相应的腐蚀电流。

缓蚀效率与腐蚀介质的性质、温度、流动状态、pH 值、被保护金属的种类和性质，以及缓蚀剂的种类、浓度等，都有密切关系。也即，对某种缓蚀剂而言，其保护作用是有选择性的。

与其他防护措施相比，缓蚀剂的应用是比较新型的一种，由于缓蚀剂的使用不需要特殊的附加设备，无需对金属进行特殊的处理以改变材料的性质和表面。再者，其用量很小，介质环境的性质基本不变，成本较低且应用方便，作为一种经济效益较高、适应性较强的金属防护措施受到高度重视，现在已在许多工业部门得到广泛的使用。

但是缓蚀剂只适用于有限的腐蚀介质体系，对腐蚀介质无限量的腐蚀体系，如海船防止海水腐蚀、桥梁防止大气腐蚀就受到限制。尽管这样，人们还是千方百计地扩大缓蚀剂的应用，如将缓蚀剂加入油漆中，用于海船及桥梁的防蚀保护中。

（2）缓蚀剂的分类。缓蚀剂种类繁多，分类方法尚不统一，目前常见的分类方法有以下几种。按化学结构分为无机缓蚀剂和有机缓蚀剂。按使用介质的 pH 值分为酸性介质（pH≤1~4）缓蚀剂、中性介质（pH＝5~9）缓蚀剂和碱性介质（pH≥10~12）缓蚀剂。按介质性质分为油溶性缓蚀剂、水溶性缓蚀剂和气相缓蚀剂。按成分特性分为氧化膜型缓蚀剂、沉淀膜型缓蚀剂和吸附膜型缓蚀剂。按对电化学过程抑制作用分为阳极抑制型缓蚀剂、阴极抑制型缓蚀剂和混合抑制型缓蚀剂。按被保护金属分为钢铁用缓蚀剂、铜和铜合金用缓蚀剂、铝和铜合金用缓蚀剂等。

这些分类方法从不同角度出发，均强调缓蚀剂的某一特性及使用条件，它们之间并没有必要的内在联系。在上述各类缓蚀剂中，酸性和中性的水溶性介质缓蚀剂及气相缓蚀剂应用最为广泛。

2. 缓蚀剂的缓蚀原理

由于各种缓蚀剂的保护机理不同，因此流行着多种缓蚀理论，近年来，各种先进研究手段应用于缓蚀剂的研究领域，缓蚀理论的探讨也日趋深入，对缓蚀原理的认识正不断深化。在此仅就缓蚀剂的吸附理论、成膜理论和电极过程抑制理论进行简要介绍。

（1）缓蚀剂的吸附理论。吸附理论认为，许多有机缓蚀剂属于表面活性物质，这些有机物分子由亲水疏油的极性基和亲油疏水的非极性基组成；当它们加入到介质中后，缓蚀剂的极性基定向吸附排列在金属表面，如图 6-80 所示，从表面上排除了水分子和氢离子等致腐粒子，使之难以接近金属表面，从而起到缓蚀作用。许多有机缓蚀剂如各种胺类化合物的缓蚀机理都可以用吸附理论予以解释。

（2）缓蚀剂的成膜理论。成膜理论认为，缓蚀剂能与金属或腐蚀介质的离子发生反应，结果在金属表面上生成不溶或难溶的具有保护作用的各种膜层，膜阻碍了腐蚀过程，起到缓蚀作用。

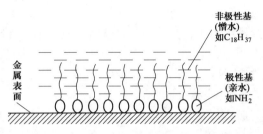

图 6-80　有机缓蚀剂分子吸附在金属表面示意

1）这类缓蚀剂中有一大部分是氧化剂，如铬酸盐、重铬酸盐、硝酸盐、亚硝酸盐等，它们使金属表面生成有保护作用的氧化膜或钝化膜，将金属与介质机械隔离，抑制腐蚀过程。这类缓蚀剂相当于钝化剂的作用。

2）有一些非氧化性的有机缓蚀剂，如硫酸与铁在酸性介质中、喹啉与铁在盐酸中，能够生成难溶的化合物膜层，称为沉淀膜。沉淀膜起到类似于氧化膜的作用，达到缓蚀效果。

3）还有一些有机缓蚀剂，如铜和铜合金的特效缓蚀剂苯三唑及其衍生物，能在铜及铜合金表面生成铜-苯三唑络合物，其结构式如图 6-81 所示。

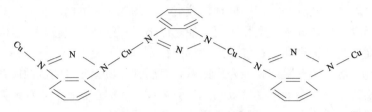

图 6-81　铜-苯三唑络合物结构式

由于特殊的双重键结合，该膜十分牢固，具有良好的防介质侵蚀的作用。进一步的精细结构分析又发现：这种缓蚀剂的典型保护膜是氧化膜和络合物膜的复式结构，可以示作 Cu/CuO/Cu/BTA（BTA 即苯三唑）。其优良的缓蚀性与生成的这种多层结构的复式应有密切的关系。

（3）电极过程抑制理论。这种理论认为，缓蚀剂的作用是由于缓蚀剂的加入抑制了金属在腐蚀介质中的电化学过程，减缓了电化学腐蚀速度。由图 6-82 可以看出，缓蚀剂的存在可能分别增大阴极极化或阳极极化，也可能同时增大阴极极化和阳极极化，根据缓蚀剂对电化学过程阻滞的类型，将缓蚀剂分为以下三种：

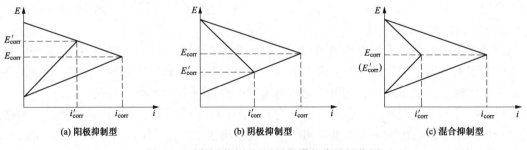

图 6-82　缓蚀剂对电极过程阻滞的腐蚀极化图

1）阳极抑制型缓蚀剂。简称阳极缓蚀剂，可以抑制阳极过程，增大阳极极化的缓蚀剂称为阳极缓蚀剂。其机理可能是缓蚀剂吸附于金属表面，阻碍了金属离子进入溶液，或者是与金属表面反应生成氧化膜或钝化膜，阻碍了阳极过程，从而起到缓蚀作用。

阳极缓蚀剂又叫"危险的"缓蚀剂，原因是当其用量不足或溶液稀释时，不足以有效地阻碍整个阳极表面的阳极过程，形成了大部分的钝化区和微小的活化区，构成了大阴极小阳极的腐蚀电池（膜孔电池），导致局部微阳极的加速腐蚀，产生严重的腐蚀后果。

所以使用阳极缓蚀剂必须量足，并根据溶液稀释程度及时添加，以保证有效抑制整个阳极表面的电极过程。

常用的阳极缓蚀剂包括两类：一类是氧化性性质如铬酸盐、亚硝酸盐等；另一类是非氧化性物质，如磷酸盐、硫酸盐、碳酸盐、硅酸盐及有机的苯甲酸盐，其中苯甲酸钠 C_6H_5OONa 是一种安全型的阳极缓蚀剂，即使用量不足也不会形成膜孔电池。

2）阴极抑制型缓蚀剂。简称阴极缓蚀剂，可以抑制阴极过程，增加阴极极化的缓蚀剂称为阴极缓蚀剂。其机理可能是增大了阴极过程的过电位，使阴极反应难以启动或者在阴极表面形成难溶的化合物保护层，阻碍了阴极过程，从而起到缓蚀作用。

这类缓蚀剂不影响阳极过程，不改变活性阳极面积，不会导致膜孔电池，故又称为"安全的"缓蚀剂。但这类缓蚀剂使用浓度相对较大，缓蚀效率较低。

工业应用的阴极缓蚀剂主要有聚磷酸盐、碳酸钙、As^{3+}、Sb^{2+} 的盐类及有机物等。

3）混合抑制型缓蚀剂。简称混合型缓蚀剂，可以同时抑制阳极过程和阴极过程的缓蚀剂称为混合型缓蚀剂。工业应用的混合型缓蚀剂多为有机物，如琼脂、生物碱及许多气相缓蚀剂。

（4）缓蚀剂的协同效应。两种或多种缓蚀剂混合使用，呈现出强烈的互相促进的缓蚀效果，这种现象称为缓蚀剂的协同效应。已证实，有机-有机、有机-无机、无机-无机缓蚀剂的混用都可能产生协同效应，甚至缓蚀剂与非缓蚀剂混用也有明显的协同效应，如常用的酸洗缓蚀剂若丁就利用了二邻甲苯硫脲与非缓蚀剂氯化钠的协同效应。但是也有相反的现象，即几种缓蚀剂混用，缓蚀效率反而下降，即所谓的负协同效应。

关于协同效应的原理相当复杂，目前尚无定论，但这一现象已在实践中得到广泛的利用，使用协同缓蚀剂具有以下的优点：

1）为使用低浓度缓蚀剂开辟了途径。通常缓蚀剂单独使用浓度较低，一般为 $0.1\% \sim 1.0\%$，而协同缓蚀剂的浓度仅为单独使用的几分之一至几十分之一，成本低，公害小，具有明显的经济效益和社会效益。

2）缓蚀效率高，保护效果好，使用更为可靠。

3）为利用低毒、微毒缓蚀剂取代有毒缓蚀剂创造条件。例如，用磷酸盐加微量铬酸盐取代单纯铬酸盐缓蚀剂，不仅使缓蚀效率提高，而且解决了长期困扰的六价铬毒害问题。

4）可扩大缓蚀剂应用范围。例如，苯甲酸钠与亚硝酸钠复配，不仅对钢铁显效，而且可用于多种有色金属。

3. 缓蚀剂的应用

前已述及，缓蚀剂的缓蚀效率受金属材料、腐蚀介质和缓蚀剂三个方面的众多因素影响，因而在应用缓蚀剂时，必须综合考虑各种可能的影响因素，以便选用适宜的缓蚀剂。

（1）缓蚀剂的选择原则。选用缓蚀剂时，应考虑以下几个方面：

1）尽可能选用无色、无臭、低泡沫性缓蚀剂。

2）添加量越少越好，能达到所要求的缓蚀效果即可。

3）与介质的化学反应性低，引起的消耗少，在介质中有一定的溶解度。

4）缓蚀效果不受可能加入的其他物质尤其是各类添加剂的影响，防止负协同效应的出现。

5）对产品及设备无不良影响，不会产生各种局部腐蚀。

6）本身无毒或微毒，不引起公害，操作安全可靠，不恶化操作环境。

7）对"危险的"缓蚀剂，要有可靠的安全保证条件。

8）最好进行挂片试验，在取得充分的试验数据后再正式使用。

（2）缓蚀剂的应用。缓蚀剂的类型不同，其使用方法、使用范围也不同。

1）水溶性缓蚀剂。用于酸、硫、盐及中性水溶液的防锈缓蚀；配制防锈水用于工序间防锈；配制防锈水用于切削加工冷却液；配制水质稳定剂用于水处理。

2）油溶性缓蚀剂。油溶性缓蚀剂最主要的用途是用作防锈油中的防锈添加剂。防锈油的种类很多，根据使用要求，防锈油中除基础油（成膜剂）和油溶性缓蚀剂外，还须添加抗氧化剂、防霉剂、乳化剂等多种辅助添加剂。

3）气相缓蚀剂。气相缓蚀剂是指能够自行挥发，形成挥发性保护气氛，从而对金属实施缓蚀保护的一类缓蚀剂。气相缓蚀剂品种很多，经研究确定有显效的就有几百种，大致可分为有机酸类、胺类、硝基化合物类等六大类。其使用方法有以下几个。作为密封包装中的缓蚀剂；用于制作气相防锈油；溶于乙醇、汽油等有机溶剂；用于可剥性塑料；溶于水中制成防锈纸及其他包装材料。

6.4.3　电化学保护

电化学保护是根据金属腐蚀的电化学原理，将被保护金属的电位移至免蚀区或钝化区，以降低腐蚀速度，对金属实施保护的方法。这种保护方法经济而有效，尤其与表面保护联合使用效果尤佳，所以目前广泛应用于国内外的许多工业部门。

电化学保护按作用原理可以分为阴极保护和阳极保护两种方法。通以阴极电流的保护方法称为阴极保护；通以阳极电流的保护方法称为阳极保护。

目前阴极保护使用范围日趋广泛，地下管道（油管、水管）、地下设备、电缆、储槽、海水、河水中的设备、桥梁、工厂里的大冷凝窖、热交换器、冷却器等，凡是因与电解质溶液接触而产生腐蚀的设备，都可用阴极保护法来提高其抗腐蚀能力。

1. 阴极保护

（1）阴极保护的方法。阴极保护可以通过两种途径实现。

1）外加电流。将被保护的金属结构整体接至电源阴极，通以阴极电流，阳极为一个不溶性的辅助体，两者组成的宏观电池，实现阴极保护。如图 6-83（a）所示。这种方法称为外加电流阴极保护。

2）牺牲阳极。利用比被保护件的电位更负的金属和合金制成牺牲性的阳极，从而使被保护件免遭腐蚀。这种方法称为牺牲阳极性阴极保护。

（2）阴极保护的基本原理。如果将金属的电位向负调节，金属将进入 E-pH 图的不腐蚀区域，其阳极溶解便被抑制。为此，向被保护件引入阴极电流，使阴极极化，这时，被保护的金属处于自身的电化学不均匀性所致的腐蚀原电池和外加阴极电流 i_c^{ex} 的综合作用下，如图 6-83（b）所示。

图 6-84 所示为被保护的金属件通以电流之后的极化图。当外加保护电流 i_c^{ex} 由辅助阳极流向阴极时，阴极本身还承受着腐蚀原电池的阳极电流 i_a，因此，阴极电流 i_c 为

$$i_c = i_a + i_c^{ex}$$

式中：i_c 为被保护件阴极电流；i_a 为被保护件微阳极电流；i_c^{ex} 为外加阴极保护电流。

当外加阴极电流（i_c^{ex}）等于 i_c 时，$i_a = i_c - i_c^{ex} = 0$。

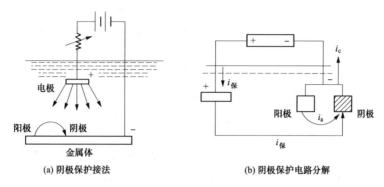

(a) 阴极保护接法　　　　　(b) 阴极保护电路分解

图 6-83　金属阴极保护（外加电流法）

即外加电流致使阴极极化电位降到和阳极电位 E_a 相同时，阳极电流 i_a 为零，阳极反应停止，腐蚀也就停止了。由图 6-84 可知，通过较大的电流，实现阴极极化，减小或消除腐蚀原电池的电位差（$E_c - E_a \approx 0$），即腐蚀动力为零，就能使腐蚀终止，达到保护金属的目的。

当然，也可以借助一个比被保护金属电位负的金属或合金与被保护的金属组成腐蚀电池，靠它们之间电位差引起的阴极电流，使被保护件阴极极化。如图 6-85 所示，电流从较低电位的阳极流向被保护件（阴极）。这两种方法都是借助阴极电流，促使阴极极化，从而防止了金属的腐蚀，故称阴极保护。

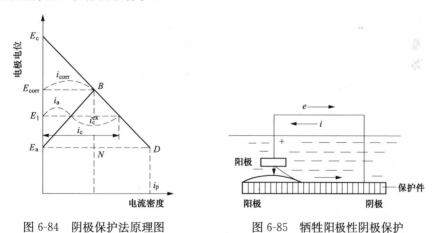

图 6-84　阴极保护法原理图　　　　　图 6-85　牺牲阳极性阴极保护

（3）阴极保护的基本参数。阴极保护中的最小保护电流密度和最小保护电位，是判定能否达到完全保护的标准。

1）最小保护电流。由图 6-84 可知，当 $i_a = 0$ 时，最小保护电流为

$$i_p = i_{corr} + ND = i_{保}$$

保护电流还可以通过试验测得，一般是测定保护件的腐蚀重量变化与（腐蚀速度最低的）保护电流值、图 6-86 给出 0.005N HCl 中锌的保护强度与电流密度的关系，得知 10～30mA/cm² 为保护电流密度最佳值。表 6-10 给出某些金属在不同的腐蚀介质中的最小保护

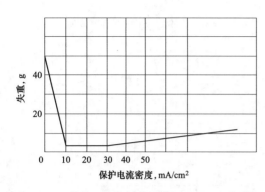

图 6-86　保护电流与保护强度（失重）的关系

电流密度值，提供实用参考。

2）最小保护电位。由于在实际应用中测定最小保护电流密度值是比较困难的，所以通常是测定最小保护电压。由图 6-84 原理图可以看出，完全保护的最小电位，即是腐蚀区电池中阳极的初始电位 E_a（开路电位）。许多试验已测出钢铁在天然水或土壤中的最小保护电位，对氢标电极而言为 $-0.53V$（对甘汞电极而言为 $-0.77V$），也就是说，只要比这个电位负的电位便可以达到完全保护。一般钢铁保护电位的测定多用饱和硫酸铜参比电极，其保护电位是 $-0.85V$。

镀锌的铁板，它的保护电位为 $-1.1V$（甘汞电极为参比电极），在含盐的土壤中其保护电位为 $-0.83V$。

最小保护电位值因金属的性质和腐蚀环境而有所不同。

并不是说阴极保护电位越负越好，超过允许的保护的最小电位后，除浪费电能外，还可引起析氢以及导致环境 pH 值减小，破坏涂层等而引起腐蚀加剧。

（4）阴极保护用的阳极材料。两种阴极保护方法都要选择阳极。但是，所选用的材料是不同的。

外加电流法中的阳极材料是用来把电流输送到阴极上（被保护金属上）的，因此，要求该阳极材料具有导电性良好；本身稳定，不受介质的浸蚀；有良好的机械强度，容易加工；价格便宜等特点。

满足上述四点要求的材料有钢、石墨、高硅铁、磁性氧化铁、铅银（2%）合金、镀铂的钛等。这些阳极板除钢外，均是难溶的，可供长期使用。

牺牲阳极法所用阳极材料，必须能与被保护的金属构件之间形成高电位差，所以对比阳极材料的要求是：有足够低的电位，其极化性弱；在长期使用，阳极放电过程中保持表面活性而不钝化；消耗单位重量金属时提供的电量多，单位面积输出电流大；自腐蚀很小，电流效率高；有一定的强度，加工性能良好，价格便宜。常用的材料有 Zn-0.5%Al-0.1%Cd、Al-2.5%Zn-0.02%In、Mg-6%Al-3%Zn-0.2%Mn、高钝锌等，其中 Al 合金多作为在海水中的牺牲阳极材料使用。

（5）阴极保护的应用。阴极保护应用日趋广泛，具有代表性的是水中金属结构件的保护和地下的金属结构件的保护。

1）水中金属件的保护。一般天然水中含有碱金属盐类，这对于阴极保护是有利因素。通阴极电流时，金属结构表面将因氧去极化而导致 pH 值的增加，OH^- 离子浓度增加，有利于生成难溶的沉积物：

$$Ca^{2+} + HCO_3^- + OH^- \Longrightarrow CaCO_3 \downarrow + H_2O$$
$$Mg^{2+} + OH^- \Longrightarrow Mg(OH)_2 \downarrow$$

这些沉积物附在金属表面，减小了外露的金属面积，使防蚀所需要的保护电流大大减小。因此，可借助沉积膜对在天然水中的金属结构件施行阴极保护。

在海水中的各种金属设备、构件，阴极保护均为有效的防蚀措施。海船外壳，海湾各种建筑物、防护堤、桥、水门、水闸门、游标、航标、大口径管路等均可用阴极保护。

工厂中某些系统、储槽、冷却器、循环系统等，以及在有水和腐蚀电解质环境下工作的金属制品，均可用阴极保护来防蚀。当然也可以配合缓蚀剂的利用，共同产生防蚀效果。

2）地下金属结构的保护。埋在地下的油管、水管、煤气管、电缆、石油储存库、槽、铁塔脚底等，可以采用外加电流和牺牲阳极的阴极保护方法，如图 6-87 所示。

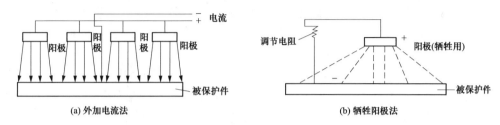

(a) 外加电流法　　　　　　　　　(b) 牺牲阳极法

图 6-87　地下管道的阴极保护示意

我国现有大部分石油管路已经采用阴极保护方法。通过自动调节控制的可控硅恒电位仪，对管路分段实行自动控制电位，使阴极保护自动化。

在土壤腐蚀的条件下，通常是涂沥青漆与阴极保护并用，这样做可以节省电能。一般在土壤腐蚀性能强而且金属表面涂层不很完整的情况下，保护电流要大些，需采用外加电流的方法；如果表面完好，只是个别小区域无涂层，则可采用牺牲阳极的方法。

阴极保护是一种良好的方法，但必须注意，它只能用于在保护件周围有大量导电的电解质溶液的情况下，而对于在空气中的大气腐蚀以及在有机介质的腐蚀则不能用阴极保护方法；阴极保护电流分布均匀与否是保护质量好坏的关键，必须使保护件各处都达到完全保护的电位，因此阳极的布局方式以及外加电流大小等是非常重要的；在酸性介质中的放氢腐蚀环境下，使用阴极保护耗电多，还有引起氢脆的危险，故不宜提倡。

阴极保护的两种方法防蚀效果都很好，但两者又各有利弊（见表 6-11），可根据具体情况斟酌使用。

表 6-11　　　　　　　　　　阴极保护的两种方法比较

项　目	阴极保护方法	
	外加电流法	牺牲阳极法
电源	需变压器、整流器	不要
导线电阻影响	小	大
电流自动调节能力	大	小（用镁）
电源稳定性	好	容易变动
寿命	半永久性	一时的
管理	必要	不要
初始经费	大	低
维持费	需耗电费用	不要
用途	陆地上及淡水中	海洋上

3）联合保护。阴极保护与涂层联合防腐蚀的方法，目前已应用于地下管道、水闸及石油、化工设备的防腐蚀。通常情况下，设备采用单独的涂层防腐蚀时，常因涂层与设备结合力不太好而发生局部脱落，或因施工、安装过程中因不慎而产生局部脱落，影响涂层寿命。如果采用涂层与阴极保护联合防腐蚀，涂层上这些不可避免的缺陷处的裸露表面由于获得集中的保护电流而得到阴极保护，设备的检修周期可延长 2～3 倍。另外，涂层覆盖了绝大部分金属表面，只有局部涂层的破坏处或有针孔的地方，才需得到保护。所以，联合保护使用很小的保护电流可以保护大的设备，相对而言就可大大减小阴极保护所需的电流强度，降低电源功率，比单独采用阴极保护所消耗的电能少得多。

阴极保护还可与缓蚀剂联合防腐蚀。在水中或其他腐蚀性介质中进行阴极保护时，在可能的条件下，应用缓蚀剂，不仅可大大减少缓蚀剂用量，而且阴极保护的效果可以有很大提高。例如，制冷系统中，在使用阴极保护的同时，使用铬酸盐作缓蚀剂，保护效果可大大提高。

2. 阳极保护

用外电源将被保护的金属电位向正方向移动（即进行阳极极化）的方法称为阳极保护法，简称阳极保护。但外加阳极电流对不能钝化的金属不但不能起保护作用，反而会加剧溶解腐蚀的作用。在强氧化的酸性介质中（如浓 HNO_3 和重铬酸钾等氧化性水溶液），铁钝化而耐蚀，其原理如图 6-88 所示。

提高金属的阳极电位使其进入钝态，阳极电流随电位的增加超过 i_b 后，继续提高阳极电位，阳极发生钝化，其电流将变得很小（i_p，维钝电流），因而腐蚀量很小。例如，不锈钢（1Cr18Ni9Ti）在 30％～60％H_2SO_4 中，于 18～50℃的温度下，其腐蚀动力学曲线示于图 6-89 中。由图可见，未做阳极极化处理，其腐蚀速度为 4～217g/（m^2·h）；实行阳极保护处理后，腐蚀速度降至 0.15g/（m^2·h），其耐蚀性大为提高。

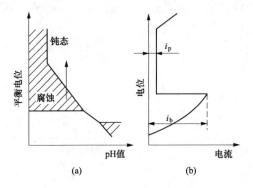

图 6-88 　阳极保护法原理图

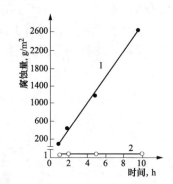

图 6-89 　阳极极化法对 1Cr18Ni9Ti 不锈钢
在 50％H_2SO 中腐蚀的影响
1—未加阳极极化；2—加 0.25mA/cm^2 电流阳极极化

（1）阳极保护处理的方法。

1）外电源的接法。将被保护的金属件作阳极，电源正极与之相接，电源负极接辅助阴极，如图 6-90 所示。

2）三个基本参量。应用阳极保护时，预先需在实验室中用恒电位法测出被保护金属在给定的腐蚀介质中的阳极极化曲线，如图 6-91 所示。由此确定出三个基本参量：临界电流密度 i_b（致钝电流密度），即达到钝态时所需要的电流密度；钝化区电位范围 E_p～E_{op}，即阳极保护时应维持的安全电位范围；维持钝态电流密度 i_p，由此确定阳极保护时金属的腐蚀速度和耗电量。

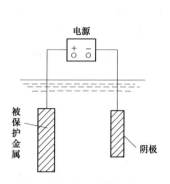

图 6-90 阳极保护的接法

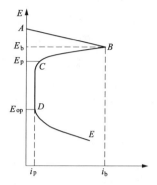

图 6-91 阳极保护原理

在使用阳极保护法时，希望 i_b 小，否则需要有一个容量很大的大电流变压器，它价格昂贵，不经济；另外还希望钝化区要尽可能长些，以便在保护过程中即使电位波动，也不至于造成活化腐蚀，一般这个范围应不小于 $50mV$，即 $E_p - E_{op} > 50$；再者维持钝态电流密度 i_p 要小，它表示腐蚀进度小，保护效果显著。

主要三个参量与金属材料本身和介质的温度、压力、浓度、pH 值有关。故要先测出材料在一定环境条件下的极化曲线，找出三个参量以作为阳极保护的工艺参数，或者借以判定阳极保护的价值。

（2）阳极保护处理的注意事项。

1）在 Cl^- 离子浓度很高的环境下，由于 Cl^- 离子能局部的破坏钝化膜造成孔蚀，因此不可应用阳极保护。

2）阳极保护电流若利用不当，反而会加速腐蚀。

3）阳极保护在酸性介质中使用最为有利，电能不像阴极保护那样消耗于析氢过程中，而是消耗于致钝和保持钝态上。

4）应用阳极保护所需设备多，如辅助电极、参比电极、恒电位仪、电源等，因而成本高。

5）阳极保护中阴极（辅助电极）的布局应均匀合理，使被保护件各处的保护电流均匀且恒定，以防止局部腐蚀。

阳极保护是一种新的防护方法，中国自 1958 年开始应用于强腐蚀酸性介质中。阳极保护与阴极保护各有所长，两者的比较见表 6-12。

表 6-12　　　　　　　　　　　　电化学保护方法比较

项目 \ 方法	阳极保护	阴极保护
适用的金属	只适用于活化-钝化金属	所有金属
腐蚀介质	弱—强	弱—适中
设备费用	高	低
电流分散能力	很高	低
外加电流的含义	通常是被保护金属腐蚀率的直接量度	复杂，不能表示腐蚀率
设备运转费用	很低	中，高
操作条件	用电化学法直接、准确、快速测量	通常用经验法测定

3. 阴极保护和阳极保护的比较

由于两者均属于电化学保护，所以均适于电解质溶液中金属的保护，都要求液相部分是连续的，而对气相部分均无效，都可以和涂层、缓蚀剂联合保护。阴极保护体系比较简单，阳极保护体系比较复杂。此外，两者具有以下不同点：

（1）保护范围不同。理论而言，阴极保护可以保护几乎所有金属，而阳极保护只能保护在腐蚀介质中具有钝化性能的金属。

（2）介质的腐蚀性不同。阴极保护只能用于保护腐蚀性不太强的介质中的金属；阳极保护既可用于很弱的腐蚀介质，也可用于极强的腐蚀介质。在强腐蚀介质中，采用阴极保护所消耗的电流太大，不经济。

（3）保护电位偏离的后果不同。阴极保护时如果电位偏离保护电位，只是降低保护效果，不会产生电解腐蚀的危险；进行阳极保护时如果偏离钝化电位范围，则由于钝化金属的活化或过钝化而引起金属腐蚀，有加大腐蚀的危险。

（4）外加电流值意义不同。阴极保护的外加电流值不代表金属的腐蚀速度，阳极保护的外加电流值通常是被保护设备的腐蚀速度的直接量度。

（5）辅助电极不同。阴极保护的辅助电极阳极，在电解质溶液中会受到阳极电流的电解破坏，要找到耐蚀的阳极材料不太容易，限制了阴极保护在某些腐蚀环境中的应用。阳极保护的辅助电极阴极，本身受到阴极电流的保护。

（6）氢脆的危险性不同。阴极保护时，如果施加给被保护设备的电位太低，会引起氢脆，破坏设备，特别是会给加压设备带来危险；阳极保护时，只可能使辅助电极产生氢脆，不会构成破坏设备的危险。

（7）参数测定的难易程度不同。阳极保护的保护参数根据所测得的阳极极化曲线便能确定，而阴极保护的参数需要经过比较烦琐的试凑法才能确定，这是因为在阴极极化曲线上没有阳极极化曲线上那么明显的特征拐点。

（8）电流分散能力不同。阴极保护的电流分散能力较差，因为被保护金属的表面没有钝化膜；而阳极保护的电流分散能力较好。因此，阴极保护所需辅助电极的数量比阳极保护要多。

（9）耗电能不同。阴极保护消耗的电能较大，尤其是在强腐蚀介质中更是如此。阳极保护只在致钝时需要大电流，在维钝时所需的电流很小。因此，阴极保护的日常操作费用高于阳极保护。

（10）安装费用不同。阴极保护体系比较简单，安排比较容易，安装费用较低。阳极保护体系比较复杂，一般要有恒电位仪和参比电极，安装费用较高。

4. 阴极保护和阳极保护的选用原则

（1）从介质和被保护的材料性能考虑。当介质有强氧化性时，金属可以钝化，优先考虑采用阳极保护。

（2）从被保护的设备所处的条件考虑。对于加压设备，为了避免产生氢脆的危险，要采用阳极保护。

（3）优先采用阴极保护。在两种保护技术均可用，保护效果相近的情况下，优先选择阴极保护。

（4）两种阴极保护法的选择。在确定选用哪一种阴极保护时，凡是在电阻率高的环境中的大型金属结构体系，宜采用外加电流法。凡是在电阻率低的环境中的小型金属结构体系，宜采用牺牲阳极法。

6.4.4　金属上的保护层

在金属表面覆盖各种保护层，是把被保护金属与腐蚀介质分开，使金属不被腐蚀介质腐蚀的有效方法。对保护层有以下要求：层致密，完整无孔，不透过介质；与基体金属结合强度高，附着粘接力强；高硬度，耐磨；在整个被保护金属面上均匀分布。这种保护层可以是金属镀层，也可以是非金属涂层或非金属膜（有机或无机的）。

保护层分为金属保护层和非金属保护层两种，它们是用化学方法、电化学方法和物理方法实现的。各种保护层的形成方法、示例及应用范围见表 6-13。

表 6-13　　　　　　　　　各种保护层种类、形成方法示例及应用范围

种类	形成方法	示例	应用范围
金属	电镀、电解、沉积	在钢制件上沉积 Zn、Cd、Ni、Cr、Cu 或镀 Ag、Au、Ti、Ta 等	大气腐蚀及弱介质腐蚀的化工设备
	热浸法（热镀）	在钢表面渗浸 Zn、Sn、Al、Cd 等	大气腐蚀及弱介质的腐蚀
	扩散渗层	在钢表面热渗 Al、Si、Cr	大气腐蚀及燃气腐蚀
	喷镀与溅射	在钢表面喷涂 Zn、Al、Sn、Pb、Cu 等及其合金	
	置换法（化学法）	在钢表面沉积 Ni、Cu、Ag 等	
	包覆法	在铝合金表面包覆已钝化的 Al，在钢表面包覆 Ni	
非金属（无机物）	烧结	涂搪瓷及各种氧化物（氧化铬）	
	金属表面氧化处理	Al、Mg、Cu 等合金表面阳极氧化（钝化）处理，发蓝处理	大气腐蚀及某些临时措施
	金属表面磷化处理	钢表面磷酸盐膜	底漆
非金属（有机物）	刷喷漆	涂后成树脂漆、合成橡胶、硝基漆、沥青	大气、海水及临时措施
	烤漆	涂环氧树脂、非饱和聚脂、苯酚树脂	化工设备、仪表、仪器、家具
	电喷漆	静电喷涂及电泳喷涂	汽车、军工、其他
	火焰喷涂	涂聚乙烯、聚酰胺等	化工、机械制造、油罐及化工管道
	衬里	涂聚乙烯、聚乙（丙）烯、聚四氟乙烯	

1. 金属覆盖层

（1）电镀（电解沉积）。电镀是将受保护的金属件当作阴极，浸渍在镀液中。而阳极通常是用与覆盖层相同的金属或不溶性的电导性良好的异种金属、石墨做成。接通电源，镀液中金属离子就以原子形态在阴极（金属件）表面析出，这些原子通过表面扩散组成晶体，形成保护层。

电镀是一种广泛采用的形成金属覆盖层的方法，这种覆盖层多为纯金属铬、镍、金、铂、银、锡、铅、钴、锌、镉等以及某些合金，如锡青铜、黄铜等。

电镀质量除与镀液的温度等电解条件有关外，还和被镀物件的材料、表面状态有关。因此，采用电镀法时必须首先依据基体材料，选定镀层金属种类和电镀合适的工艺因素，其中以电镀时的控制电流密度最为重要。

用电镀法形成的金属覆盖层具有：镀层厚度可控制；镀层消耗金属少；无需加热升温；镀层均匀、表面光洁等优点。镀件耐大气腐蚀和弱电解质的腐蚀。

（2）热浸（热镀、液镀）。用液态金属浸渍金属件，以在其表面形成一层覆盖层的方法称为热浸（热镀、液镀）。

热浸一般是将低熔点、耐蚀、耐热的金属（如 Al、Zn、Sn、Pb 等）熔成液体，把被浸件没入其体中，于是在被浸渍金属表面即可形成一层金属间化合物。其工艺（示意）过程为预处理→水洗→干燥→熔浴金属→清理→成品。

一般镀锌温度在 450℃左右，镀锡选用 310 ～ 330℃。为改善镀层质量，可在镀锌液中加入 0.2％铝和少量的镁。

（3）扩散法（渗镀）。扩散法是借助金属原子的扩散，在被保护的金属表面形成合金扩散层，以达到保护基体金属的目的。最常见到的是硅、铬、铝、钛、硼、钨、钼等渗镀，所得到的保护层具有厚度均匀、无孔隙，热稳定性好等优点。

以热渗铝为例，把表面经过清洗的被保护件（如铁板）放入铁箱内，然后用 49％的 Al粉，49％的 Al_2O_3 粉，耐火黏土、石英砂少许，2％NH_4Cl 的混合物填满铁箱，在 900～1000℃渗 2～5h。在高温下，NH_4Cl 分解成 N_2、H_2、Cl_2、HCl 等气体，在制品表面发生置换反应：

$$2Al + 3Cl_2 \longrightarrow 2AlCl_3$$
$$2Al + 6HCl \longrightarrow 2AlCl_3 + 3H_2$$
$$6AlCl_3 + 2Fe \longrightarrow 2FeAl_3 + 9Cl_2$$

于是在铁表面形成金属化合物 $AlCl_3$、$FeAl_3$、固溶体合金三层组织。最外层为 FeAl，其次层为 $FeAl_3$，内层为贫 Al 的 Fe-Al 固溶体与铁基体结合层。

渗铬、渗硅与渗铝的原理相同，也形成相应的合金层。这种热扩散渗镀方法的保护层与基体金属结合牢固。

（4）喷镀。一般是将丝状或粉状金属放入喷枪中，借助高压空气或保护气氛，将用火焰或电弧熔化了的金属喷到被保护件上，形成均匀的覆盖层。常以铝、锌、锡、铅、不锈钢、Ni-Al、Ni_3Al 等作为保护金属喷镀。

（5）化学镀。化学镀是通过置换反应或氧化-还原反应，将盐溶液中的金属离子析出在被保护的金属件上，以施行保护作用。它不需要外电源和设备，就能得到厚度均匀、致密性良好、孔隙少、耐蚀性良好的镀层。

（6）包覆层（复合金属）。将耐蚀性良好的金属，通过碾压的方法包覆在被保护的金属或合金表面上，形成一双金属层或包覆层。这是一种靠机械外力结合于基体上的保护层。工业上常用铝、镍或者不锈钢制造复合双金属，如铝合金、镍合金钢、不锈钢钢板等。

此外，近年来还发展了一些物理保护法，如离子喷镀、真空蒸发镀、真空溅射等。

2. 非金属覆盖层

非金属保护层又分为有机和无机两种。无机覆盖层有水溶性颜料涂层、水泥涂层和搪瓷。水溶性颜料涂层是根据 $Ca(OH)_2$ 或 $CaCO_3$，在铁表面呈微碱性，可临时用于建筑工程中保护铁材料。水泥主要用于保护管道内壁。搪瓷是一些熔融矿物混合物，在金属表面渗开时附着于金属表面形成玻璃质层或搪瓷（由硅酸盐玻璃、硼砂、长石、冰晶石组成）保护层。

有机涂层保护，又叫涂层，是以油漆、塑料、树脂、橡胶为主，起保护金属作用。有机涂层将在以后叙述。

非金属保护膜可通过被保护金属本身转变而成。得到这种非金属膜的方法有化学法、电化学法两种。

铝及铝合金氧化与钝化，钢铁的氧化与磷化处理等均属于化学法。

（1）钢铁表面的磷化处理。把经过热处理的钢铁制品放入磷酸盐溶液中浸泡，在金属表面即可形成一层磷酸盐薄膜，这种过程称为磷化处理。制品磷化处理后表面呈灰色和暗灰色，表面膜厚度为 $5 \sim 15\mu m$，且不改变渗件尺寸，其抗腐蚀能力优于发蓝处理。

磷酸盐膜难溶、致密，对油类和油漆的吸附能力强，因此，可以大大提高其抗蚀能力。这种膜润滑性好，绝缘性也好，能耐 $300 \sim 1200V$ 高压，缺点是膜的强度低、脆、硬度小。

（2）金属的氧化——发蓝处理。铁的氧化膜保护性差，主要是因为膜厚度增加，其致密度及完整性均变坏。

为了使金属表面生成致密的氧化物覆盖层，以达到防腐蚀的目的，可把钢铁制品放到 $NaOH$、$NaNO_2$ 溶液中，在一定时间后其表面即可形成一层厚度为 $0.5 \sim 1.5\mu m$ 的蓝色氧化膜，这个过程称为发蓝处理，简称发蓝。发蓝产生的氧化膜具有弹性和润滑性，不影响零件的精度，因此，很多仪器和光学仪器的部件常借用该法处理。

发蓝处理有蒸发发蓝和碱性发蓝两种方法。碱性发蓝在钢上应用最广。

（3）电化学氧化法。多用于钝性金属、铝及铝合金。电化学氧化处理法可得到厚度 $20 \sim 30\mu m$ 的氧化膜，最厚可达 $300\mu m$。铝及铝合金的电化学氧化法，又称为阳极氧化法。它是在含有硫酸、草酸及铬酸液电解液中，以铝及铝合金作阳极，以惰性金属或不锈钢作阴极，通以电流使铝及铝合金表面形成保护膜。其氧化处理工艺如下：$15\% \sim 20\% H_2SO_4$ 溶液；电流密度 $0.8 \sim 2.4 A/dm^2$；温度为 $13 \sim 26\,^\circ\!C$；处理时间为 $20 \sim 40min$。

经过上述工艺处理的铝及铝合金表面形成的保护膜无色，厚度为 $5 \sim 20\mu m$。

习 题

6-1 什么是腐蚀电池？有哪些类型？举例说明腐蚀电池的工作历程。

6-2 区分宏观腐蚀电池和微观腐蚀电池的主要特征是什么？

6-3 金属电化学腐蚀与化学腐蚀的基本区别是什么？

6-4 常用腐蚀速度有几种表示方法？其适用范围有何不同？

6-5 画出腐蚀电池示意图，说明电化学腐蚀的基本原理及主要特点。

6-6 什么是极化？什么是去极化？极化有哪些类型？极化原因有哪些？

6-7 什么是腐蚀电位？说明氧化剂对腐蚀电位和腐蚀速度的影响。

6-8 什么是腐蚀极化图？用它说明电化学腐蚀的几种控制因素，并举例说明其用途。

6-9 活化极化控制下决定腐蚀速度的主要因素是什么？

6-10 浓差极化控制下决定腐蚀速度的主要因素是什么？

6-11 具体说明电极极化的类型、原因和机理，解释影响极化和去极化的因素。

6-12　为什么腐蚀极化图采用不同的横坐标? 各适用于什么场合, 有什么特点, 为什么?

6-13　什么是腐蚀控制因素? 腐蚀控制有几种类型? 如何表示?

6-14　什么是析氢腐蚀? 发生析氢腐蚀的必要条件是什么?

6-15　说明影响析氢腐蚀的主要因素及预防措施, 并解释其理由。

6-16　什么是吸氧腐蚀? 发生吸氧腐蚀的必要条件是什么?

6-17　说明吸氧腐蚀的阴极控制过程。

6-18　影响吸氧腐蚀的主要因素是什么? 为什么?

6-19　什么是金属的钝化? 金属的阳极钝化和自钝化的区别是什么?

6-20　金属阳极钝化曲线上各线段表征什么过程? 有哪些特征参数? 举例说明。

6-21　什么是 Flade 电位? 如何利用 Flade 电位来判断金属钝态的稳定性? 举例说明。

6-22　什么是金属的自钝化? 金属发生自钝化的条件是什么?

6-23　成相膜理论和吸附理论有何不同? 各自有何局限性?

6-24　Cl^- 对金属钝化有什么影响? 为什么?

6-25　阴极保护原理是什么? 如何确定阴极保护的基本参数?

6-26　用腐蚀极化图分析在阴极控制、阳极控制、混合控制时所需的阴极保护电流的大小, 试比较之。

6-27　什么是电偶腐蚀? 影响电偶腐蚀的主要因素是什么?

6-28　点蚀产生的条件和诱发因素是什么? 说明点蚀机理及防止措施。

6-29　说明缝隙腐蚀的机理和影响因素, 以及缝隙腐蚀和点蚀比较有何异同。

6-30　什么是晶间腐蚀? 其腐蚀机理是什么?

6-31　哪些金属材料易发生选择性腐蚀? 说明黄铜脱锌的机理和预防方法。

6-32　什么是石墨化腐蚀? 这种腐蚀有什么特点?

6-33　应力腐蚀破裂有何特征? 防止措施有哪些?

6-34　比较全面腐蚀与局部腐蚀的电化学差异。

6-35　防腐蚀设计中对金属的全面腐蚀和局部腐蚀各采取什么对策?

6-36　阴极保护和阳极保护的原理是什么? 实施条件和差异有哪些?

6-37　表面保护的防护原理, 表面保护层应满足的条件是什么?

7 工程材料的选用

工程机械都是由各种零件装配组合而成，零件的制造是生产出合格机械产品的基础。要生产出一个合格零件，必须解决三个关键问题，即合理的零件结构设计、适当的材料选择及正确的加工工艺，其中任何一个环节出了差错，都将严重影响零件的质量，甚至使零件报废。通常当零件有合理的结构设计后，选材及材料的后续加工就至关重要。因此，掌握各种工程材料的性能，合理的选择材料和使用材料，正确的制订热处理工艺，是从事机械设计与制造的工程技术人员必须具备的知识。

7.1 选材的一般原则和过程

7.1.1 选材的一般原则

1. 使用性能原则

使用性能是选材要考虑的首要原则。对于工程结构产品的零部件，使用性能主要是材料的力学性能，有时甚至是唯一的。不同零件所要求的使用性能是不同的，即使是同一个零件，有时不同部位所要求的性能也是不同的。因此，选材之前要分析零件的工作条件和失效形式，正确判断零件所要求的使用性能，然后再确定所选材料的主要力学性能指标和具体数值，利用相关手册进行选材。

表 7-1 中列出了几种常用零件的工作条件、失效形式及主要力学性能指标。

表 7-1 　　　　　　几种常用零件的工作条件、失效形式及主要力学性能指标

零件名称	工作条件			主要失效形式	主要力学性能指标
	应力种类	载荷性质	受力状态		
紧固螺栓	拉伸、剪切应力	静载	—	过量变形、断裂	疲劳断裂、过量
传动轴	弯曲、扭转应力	循环、冲击	振动，轴颈摩擦	疲劳断裂、过量变形、轴颈磨损	综合力学性能；屈服强度、疲劳强度；轴颈硬度
传动齿轮	弯曲及接触压应力	循环、冲击	振动，齿面强烈摩擦	接触疲劳（麻点）、磨损、断齿	表面高硬度及疲劳强度；心部较高强度、韧性
弹簧	弯曲、扭转应力	交变、冲击	振动	疲劳断裂、弹性失稳	弹性极限、屈服强度、疲劳强度
滚动轴承	点接触下的交变应力	交变	滚动摩擦	磨损、疲劳断裂	抗压强度、疲劳强度、硬度
冷作模具	复杂应力	交变、冲击	—	磨损、脆断	高硬度、高强度、足够的韧性
刀具	弯曲、扭转应力	冲击	振动，刃部摩擦	磨损、断裂	高硬度、高耐磨性、高热硬性、足够的韧性

2. 工艺性能原则

任何零件都是由材料通过一定的加工工艺制造出来的,因此,材料工艺性能的好坏也是选材时必须考虑的问题。良好的加工工艺性能保证在一定生产条件下,高质量、高效率、低成本地制造出所设计的零件。

金属材料的工艺性能主要包括铸造性能、锻造性能、焊接性能、切削加工性、热处理性能等。对形状比较复杂、尺寸较大的零件,一般采用铸造或焊接成形,所选材料应具有良好的铸造性能或焊接性能,在结构上也要适应铸造或焊接的要求。对受力比较复杂、要求比较高的重要零件,如齿轮、轴类等,一般采用锻造成形,所选材料应具有较好的塑性和较小的塑性变形抗力。对冲压、挤压等冷变形成形零件,所选材料应具有较高的塑性,并要考虑变形对材料力学性能的影响。对于切削加工的零件,应主要考虑材料的切削加工性能。

有时,材料的工艺性能会是选材的主要因素。例如汽车发动机箱体零件,它的使用性能要求不高,很多金属材料均能满足要求,但因箱体内腔结构复杂,宜用铸件。为了方便、经济地铸出箱体,应选用铸造性能较好的材料,如铸铁或铸造铝合金。再如螺栓、螺钉、螺母等受力不大但用量极大的普通标准紧固件,一般加工时采用自动机床大量生产,因此应主要考虑材料的切削加工性能,宜选用易切削钢制造。在根据工艺性能原则选材时,应有整体的全局的观念,要综合考虑整个加工工艺路线所涉及的工艺性能。

3. 经济性原则

从经济性原则考虑,应尽可能选用货源充足、价格低廉、加工成本低的材料,零件性价比尽可能高。例如大型柴油机中的曲轴,以前用珠光体球墨铸铁生产,价格160元左右,使用寿命3~4年;后改为40Cr调质再表面淬火后使用,价格300元左右,使用寿命近10年。后者的性价比高于前者。曲轴是柴油机的重要零件,其质量直接影响柴油机的运行安全及寿命,为提高关键零件的寿命,即使材料价格和制造成本较高,全面考虑,其经济性仍是合理的。

此外,还应考虑能源消耗和材料的环境友好与循环使用的因素。尽量选用能耗低的材料,并注意加工时设备的能耗,达到低碳环保、节能减排的目的,并尽量选用可回收循环利用的材料。

7.1.2 选材的一般过程

选材是一个比较复杂的决策问题,为一个具体产品选择一种理想的材料是很困难的事情,目前还没有一种确定最佳方案的精确方法。它需要设计者熟悉零件的工作条件和失效形式,掌握有关的工程材料理论及应用知识、机械加工工艺知识以及较丰富的生产实践经验。通过具体分析,进行必要的试验和选材方案对比,最后确定合理的选材方案。图7-1所示为机械零件的一般选材过程。

在大多数情况下,选材时可借鉴已有的相似产品先例,采用相似的材料和工艺生产的产品,即使材料选择不完全得当,也不会出现太大的差错。但如果没有相似的产品先例,选材时就应按照图7-1的过程来进行。

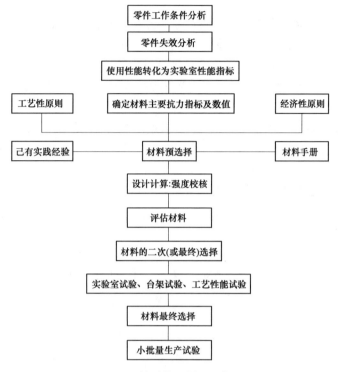

图 7-1 机械零件选材的一般过程

7.2 零件失效分析

失效是指零件在使用过程中失去了原有的设计功能，使其无法正常工作。失效分三种情况：零件完全破坏，不能继续工作；零件虽能安全工作，但不能满足原有的设计功能；零件严重损伤，不能安全可靠地继续工作。零件的失效，特别是那些事先没有明显征兆的失效，通常会带来巨大的损失甚至导致重大的事故。进行失效分析的目的就是找出失效的原因，并提出相应的改进措施，失效分析也是选材过程的一个重要环节。

7.2.1 零件失效的基本形式

零件失效形式多种多样，根据零件的工作条件及失效特点，将其分为三大类。

1. 过量变形失效

过量变形失效是指零件在工作过程中产生超过允许的变形量而导致整个机械设备无法正常工作，或者虽能正常工作但产品质量严重下降的现象。主要包括过量弹性变形失效和过量塑性变形失效。例如，机床丝杆的刚度不足，发生过量的弹性变形，就会产生"让刀"现象，使被加工件出现形状误差；高压容器的紧固螺栓发生过量塑性变形而伸长，从而导致容器渗漏。

2. 断裂失效

断裂是零件最危险的失效模式，指零件在工作过程中完全断裂而导致整个机械设备无法工作的现象。

（1）韧性断裂。韧性断裂指零件断裂前有明显塑性变形的失效。这是一种有先兆的断裂，易防范，危险性小。例如，起重链环断裂、拉伸试样的缩颈现象等。

（2）低应力脆断。低应力脆断指零件所受工作应力远低于屈服极限，在无明显塑性变形的情况下而产生突然的断裂。低应力脆断最为危险，常发生在有尖锐缺口或裂纹的高强度低韧性材料中，特别是在低温或冲击载荷下最容易发生。

（3）疲劳断裂。疲劳断裂指零件在交变应力作用下，经过一定的周期后出现的断裂。轴、齿轮等常发生疲劳断裂。

（4）蠕变断裂。蠕变断裂指零件在温度与应力共同作用下，缓慢地产生塑性变形（蠕变）而最后导致材料的断裂。例如，锅炉管道高温下长期运行后的"爆管"现象等。

3. 表面损伤失效

表面损伤失效指零件因表面损伤而造成机械设备无法正常工作或失去精度的现象，主要包括磨损失效、接触疲劳失效和腐蚀失效等。切削刀具、模具等常出现磨损失效；齿轮、滚动轴承等常出现接触疲劳失效。

零件的失效可以由一种方式引起，也可以是多种方式同时作用的结果，但一般总有一种方式起主导作用。例如，轴失效可以是疲劳断裂，也可以是过量弹性变形，究竟以什么形式失效，取决于具体条件下零件的最低抗力。

7.2.2 零件失效的原因

零件失效的原因很多，主要分为设计、材料、加工和安装使用四个方面。

1. 设计

零件的结构或形状设计不合理容易引起失效。若存在尖角、尖锐缺口或过渡圆角太小等，易导致较大的应力集中。此外，对零件的工件条件估计错误，如对工作中的过载估计不足，也容易造成零件失效。

2. 材料

材料选用不当或材料本身的缺陷是材料方面导致零件失效的两个主要原因。设计时一般以材料的抗拉强度、屈服强度等常规性能指标为依据，而这些指标有时并不能正确反映材料失效类型的失效抗力；或所选材料的性能指标值不符合要求，而导致失效。另外，材料本身常见的气孔、疏松、夹杂物、缩孔等冶金缺陷都可能降低材料的总强度，而导致零件的失效。

3. 加工

零件加工成形过程中，由于采用的工艺不正确，可能造成种种缺陷，如切削加工中表面粗糙度过大、刀痕较深、磨削裂纹等；热处理不良造成过热、脱碳、淬火裂纹等。这些缺陷都是造成零件过早失效的原因。

4. 安装使用

零件安装时配合不当、维修不及时或不当、操作违反规程均可导致零件在使用中失效。

7.2.3 零件失效的改进措施

零件的工作条件不同，失效的形式也不同，防止零件失效的相应措施也有差别。

若零件发生断裂失效，如果是在高应力下工作，可能是零件强度不够，应选用高强度材料或进行强化处理；如果是在冲击载荷下工作，零件可能是韧性不够，应选塑、韧性好的材料或对材料进行强韧化处理；如果是在循环载荷下工作，零件可能发生疲劳破坏，应选强度较高的材料经过表面强化处理，在零件表层存在一定残余压应力为好；如果零件处于腐蚀性环境下工作，可能发生腐蚀破坏，就应选择对该环境有耐蚀能力的材料。

若零件发生磨损失效，如果是黏着磨损，则是因摩擦强烈，接触负荷大而零件的表层硬度不够引起的，应选用高硬度材料或进行表面硬化处理，如果零件表层出现大面积剥落，则是表层出现软组织或存在网状或块状不均匀碳化物等所致，应改进热处理工艺或重新锻造获得均匀组织。

若零件发生变形失效，则是零件的强度不够，应选用淬透性好、高强度的材料或进行强韧化处理，提高其综合力学性能。如果是在高温下发生的变形失效，则是零件的耐热性不足造成的，应选用化学稳定性好，高温性能好的热强材料来制作。

7.3　典型零件的选材

7.3.1　轴类零件选材

轴是各类机器设备上最重要的零件之一，用于支承轴系旋转零件（如齿轮、轴承、凸轮等），起到传递运动和转矩的作用。

1. 轴类零件的工作条件、失效形式和性能要求

（1）工作条件。轴类零件在工作时，主要受交变弯曲应力和扭转应力的双重作用，轴与轴上零件间存在摩擦和磨损。另外，轴在高速运动过程中会产生振动，而且多数轴会承受一定的过载载荷。

（2）失效形式。根据工作条件，轴类零件的失效形式一般有长期交变载荷下的疲劳断裂、大载荷或冲击载荷作用下引起的过量变形和断裂、轴颈和花键处的磨损等。

（3）性能要求。根据轴的工作条件和失效形式，轴类材料应具有良好的综合力学性能，即强度和塑性、韧性良好的配合，以防止过载和冲击断裂；高的疲劳强度和缺口敏感性，以防止疲劳断裂；局部承受摩擦的部位应具有高硬度和高耐磨性，以防止磨损失效；另外，还应具有良好的切削加工性和较低的成本。

2. 轴类零件的选材

轴类零件的选材主要考虑强度，以及材料的冲击韧度和表面耐磨性。

一般轴类零件选用优质碳素结构钢即可满足性能要求，如 35、40、45、50 钢等，其中45 钢最常用。为改善性能要求，一般要进行正火或调质处理。轴颈等部位要求耐磨时，还应进行局部表面淬火和低温回火。

当主轴尺寸较大、承受较大载荷时，可选用合金调质钢，如 40MnB、40Cr、40CrMn、35CrMo、38CrMoAlA 等。对于表面要求耐磨的部位，在调质后进行表面淬火或氮化处理。

当主轴承受重载荷、高转速，冲击与变动载荷很大时，应选用合金渗碳钢如 20Cr、20CrMnTi 等。渗碳后一定要进行淬火和低温回火。

除了上述碳钢和合金钢外，还可以采用球墨铸铁作为轴的材料。特别是曲轴可选用球墨铸铁来制造。

3. 机床主轴选材

以图 7-2 所示的 C616 车床主轴为例，分析其选材与加工工艺。该主轴承受交变弯曲应力与扭转应力，但载荷和转速均不高，冲击载荷也不大，因此，材料具有一般综合力学性能即可满足要求。主轴大端的内锥孔和外锥面与卡盘、顶尖有摩擦；另外，主轴小端花键部位

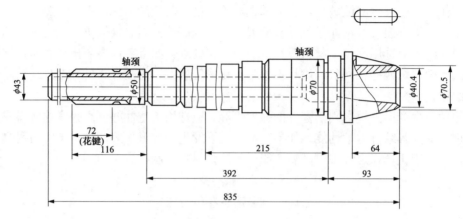

图 7-2　C616 车床主轴简图

与齿轮有相对滑动,这些部位要求有较高的硬度和耐磨性。该主轴在滚动轴承中运转,为保证主轴运转精度及使用寿命,轴颈处硬度为 220～250HBS。

根据以上分析,该车床主轴可选用 45 钢。热处理工艺:主轴整体先进行调质,硬度为 220～250HBS;内锥孔与外锥面局部淬火后低温回火,硬度为 45～50HRC;花键部位采用高频感应表面淬火,以减少变形并达到表面淬硬的目的,硬度达 48～53HRC。车床主轴的加工工艺路线:下料→锻造→正火→粗加工→调质→精加工→局部淬火及低温回火→精磨。

如果这类主轴的载荷较大,可选用 40Cr 钢制造。当承受较大的冲击载荷和疲劳载荷时,则可采用合金渗碳钢制造,如 20Cr 或 20CrMnTi 等。其他机床主轴的选材与热处理工艺见表 7-2。

表 7-2　　　　　　　　　　　　机床主轴的选材与热处理工艺

轴的工作条件	举　例	材　料	热处理方法	性能要求
(1) 在滚动轴承中运转 (2) 低、中等载荷,中低转速 (3) 精度要求不高 (4) 稍有冲击载荷	一般车床主轴	45	调质	220～250HBW
(1) 在滚动轴承中运转 (2) 轻或中等载荷,转速稍高 (3) 精度要求不太高	龙门铣床、立式铣床、立式车床、摇臂钻床主轴	45	调质后局部表面淬火 + 低温回火	心部:220～250HBW 表面:52～58HRC
(1) 在滚动轴承中运转 (2) 中等载荷,转速较高 (3) 精度要求较高 (4) 中等冲击和疲劳载荷	滚动机主轴、组合机床主轴	40Cr 40MnB	调质后局部表面淬火 + 低温回火	心部:220～250HBW 表面:52～58HRC
(1) 在滑动轴承中运转 (2) 重载荷,高转速 (3) 高冲击和疲劳载荷	转塔车床、齿轮磨床、插齿床;重型齿轮铣床等主轴	20CrMnTi	渗碳后淬火 + 低温回火	心部:35～45HRC 表面:58～64HRC
(1) 在滑动轴承中运转 (2) 重载荷、高转速 (3) 精度要求很高	高精度磨床主轴;精密镗床主轴	38CrMoAlA	调质后表面渗氮	心部:250～280HBW 表面:≥850HV

4. 发动机曲轴选材

曲轴是发动机中非常重要和形状复杂的关键零件之一,如图 7-3 所示。曲轴将连杆传来的力转变为转矩,并通过曲轴输出,驱动发动机上其他附件工作。工作时,曲轴受到旋转质量的离心力、周期变化的气体惯性

图 7-3 发动机曲轴

力和往复惯性力的共同作用,使曲轴承受弯曲和扭转载荷的作用,此外曲轴颈与滑动轴承间有较大的滑动摩擦作用。因此,要求曲轴材料具有足够的强度和刚度、一定的抗冲击能力和弯曲、扭转疲劳强度,并且轴颈表面有较高的硬度和耐磨性。

实际生产中,曲轴按照制造方法分为锻钢曲轴和铸造曲轴两种。锻钢曲轴主要用优质中碳钢和中碳合金钢制造,如 35、40、45、35Mn2、40Cr、35CrMo 等。铸造曲轴可采用铸钢、球墨铸铁、珠光体可锻铸铁、合金铸铁等制造,如 ZG230-450、QT600-3、QT700-2、KTZ450-5、KTZ500-4 等。

（1）铸造曲轴。以图 7-4 所示的 175A 型农用柴油机曲轴为例,分析其选材与加工工艺。175 型柴油机是单缸四冲程柴油机,转速为 2200~2600r/min,功率为 4.4kW。该曲轴的功率不大,承受的弯曲、扭转和冲击载荷也较小,但在滑动轴承中工作的轴颈部位需有较高的硬度及耐磨性。其性能要求是 $R_m \geqslant 750\text{MPa}$,整体硬度为 240~260HBS,轴颈表面硬度 $\geqslant$ 625HV,$A \geqslant 2\%$,$K_{U2} \geqslant 150\text{kJ/m}^2$。

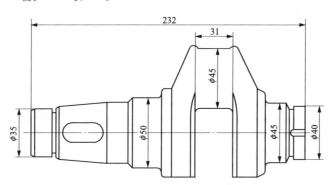

图 7-4 175A 型农用柴油机曲轴简图

根据上述分析和要求,选用球墨铸铁 QT700-2 来制造,加工工艺路线:铸造→高温正火→去应力退火→切削加工→轴颈气体渗氮。

高温正火温度为 950℃,其目的是增加基体中珠光体的含量并细化珠光体,以满足强度要求;去应力退火温度为 560℃,其目的是消除正火时产生的内应力;轴颈气体渗氮温度为 570℃,目的是不改变基体组织及加工精度的前提下提高轴颈表面硬度和耐磨性。该曲轴的质量关键在于铸造后的球化质量、有无铸造缺陷等。

（2）锻钢曲轴。以机车内燃机曲轴为例,说明其选材及加工工艺路线。

材料:50CrMoA。

热处理技术条件:整体调质,$R_m \geqslant 950\text{MPa}$、$R_{eL} \geqslant 750\text{MPa}$、$a_K \geqslant 56\text{J/cm}^2$、$A \geqslant 12\%$、$Z \geqslant 45\%$、硬度为 30~35HRC;轴颈表面淬火和低温回火,硬度 60~65HRC、硬化层深度 3~8mm。

加工工艺路线：下料→锻造→退火→粗加工→调质→半精加工→表面淬火→低温回火→磨削。

锻造的目的一是成形，二是改善组织，提高韧性；退火是为了改善锻造后的组织，并降低硬度，以利于切削加工；调质是为了得到强韧的心部组织；轴颈表面淬火和低温回火，是为了提高该部位的硬度和耐磨性。

5. 汽车半轴选材

汽车半轴是传递转矩而驱动车轮转动的重要部件，工作时承受冲击、弯曲疲劳和扭转应力的作用，要求材料有足够的抗弯强度、疲劳强度和较好的韧性。汽车半轴材料的选择依据其工作条件，中型载重汽车选用 40Cr，重型载重汽车选用 40CrNi 和 40CrMnMo。

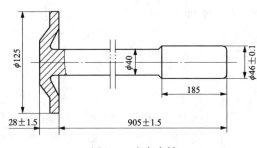

图 7-5　汽车半轴

以跃进-130 型载重汽车（2.5t）的半轴为例分析其工作条件和选材，如图 7-5 所示。性能要求：杆部硬度 37～44HRC，盘部外圆 24～34HRC；热处理后组织为回火索氏体或回火托氏体，心部允许有铁素体存在。

根据上述技术要求，半轴材料选用 40Cr，加工工艺路线：下料→锻造→正火→机械加工→调质→盘部钻孔→磨花键。

正火是为了得到合适的硬度，便于切削加工，硬度为 185～240HBW，同时可以改善锻造组织，为调质做组织准备；调质处理是为了获得较高的综合力学性能；淬火后回火温度是由根部杆部硬度要求来确定，可选择（420±10）℃；回火后水冷可以防止回火脆性，并有利于增加半轴表面压应力，提高疲劳强度。

7.3.2　齿轮类零件的选材

1. 齿轮类零件的工作条件、失效形式和性能要求

（1）工作条件。齿轮工作时，通过齿面接触传递动力，在啮合齿表面存在很高接触压应力及强烈的摩擦。传递动力时，轮齿像一根受力的悬臂梁，接触压应力作用在轮齿上，使齿根部承受较高的弯曲应力。当啮合不良，启动或换挡时，轮齿将承受较高的冲击载荷。

（2）失效形式。齿轮的失效形式主要有轮齿折断、齿面点蚀及过度磨损。

（3）性能要求。齿轮具有高的弯曲疲劳强度和接触疲劳强度；齿面有高的硬度和耐磨性；心部有足够的韧性。

2. 机床齿轮的选材

机床齿轮工作时一般受力不大，转速中等，运转平稳，无强烈冲击，工作条件相对较好，对齿轮心部强度和韧性的要求不太高，一般选用中碳钢或中碳合金钢制造，经处理后的硬度、耐磨性、强度及韧性完全可以满足使用要求。

中碳钢常选用 45 钢，经调质处理后进行表面淬火＋低温回火，齿面硬度为 45～50HRC，齿心硬度为 220～250HBW，可满足性能要求，主要用于中小载荷齿轮；对部分性能要求较高的机床齿轮，可选用 40Cr、40MnB 等中碳合金钢，齿面硬度可提高到 50～55HRC，主要用于中等载荷，冲击不大的齿轮，如铣床工作台变速箱齿轮等。

以 C616 普通车床齿轮为例，选用 45 钢，加工工艺路线：下料→锻造→正火→粗加工→调质→精加工→表面淬火＋低温回火→精磨。

正火对锻造齿轮是必要的热处理工序，可使毛坯具有适中的硬度，便于切削加工并消除锻造缺陷；调质使齿轮具有高的综合力学性能，使心部有高强度和韧性，可承受较大的弯曲应力和冲击；高频感应加热表面淬火及低温回火可提高齿轮表面的硬度和耐磨性，并使齿轮表面具有压应力增加其抗疲劳破坏的能力。

3. 汽车齿轮选材

汽车齿轮的工作条件比机床齿轮恶劣，工作时受力较大，高速运转，且启动、制动及变速时频繁受到强烈冲击，对材料的耐磨性、疲劳强度、心部强度、冲击韧性等要求更高，用中碳调质钢表面淬火已难以满足要求，而应选用合金渗碳钢 20CrMo、20CrMnTi、20CrMnMo 等，并经渗碳、淬火和低温回火处理。合金元素的加入能提高淬透性；淬火、回火后可使齿轮心部获得较高的强度和足够的冲击韧性。为了进一步提高齿轮的耐磨性，还可采用喷丸处理增大齿部表层压应力。渗碳齿轮的一般工艺路线：下料→锻造→正火→粗加工→渗碳→淬火及低温回火→喷丸→磨削。

经渗碳、淬火后，齿轮表面的组织为回火马氏体＋残余奥氏体＋颗粒碳化物，心部组织淬透时为低碳回火马氏体＋铁素体，未淬透时为铁素体＋索氏体。齿面硬度可达 58～62HRC，心部硬度为 35～45HRC。齿轮的耐冲击能力、弯曲疲劳强度和接触疲劳强度均相应提高。

7.3.3 刀具选材

刀具是用来切削各种金属和非金属材料的工具，常用的刀具有车刀、铣刀、刨刀、钻头、铰刀、丝锥、板牙、镗刀、拉刀、滚刀等。刀具材料一般指刀具切削部分的材料。

1. 刀具的工作条件和性能要求

金属切削过程中，刀具直接与工件及切屑接触，其切削部分在高温下承受着很大的切削力与剧烈摩擦，在断续切削工件时，还伴随着冲击与振动。刀具的工作条件使得刀具在工作过程中会出现磨损、崩刃和折断等失效现象。因此，刀具材料应具备高硬度、高耐磨性、高的热硬性，以及足够的强度与韧性。

2. 刀具材料的选择

常用的刀具材料主要有工具钢（包括碳素工具钢、合金工具钢）、硬质合金、陶瓷材料、立方氮化硼、金刚石等超硬材料，目前机加工用得最多的是高速钢和硬质合金。刀具选材时应根据刀具的使用条件和性能要求不同进行选用。

简单、低速的手动刀具，如手锯锯条、锉刀、木工用刨刀、凿子等，对红硬性和强韧性要求不高，主要是要求高硬度、高耐磨性，因此可用碳素工具钢制造，如 T8、T10、T12A钢等。碳素工具钢价格较低，但淬透性差。

低速切削、形状较复杂的刀具，如丝锥、板牙、拉刀等，可用低合金工具钢 9SiCr、CrWMn 等制造。钢中加入 Cr、W、Mn 等元素，使钢的淬透性和热硬性有所提高，可在低于 300℃的温度下使用。

高速切削用的刀具，如车刀、铣刀、钻头等，可选用高速钢（W6Mo5Cr4V2、W18Cr4V、W9Mo3Cr4V 等）制造。高速钢具有高硬度、高耐磨性、高热硬性、高淬透性和良好的强韧性特点，在刃具制造中广泛使用。高速钢的硬度为 62～68HRC，切削温度可达 500～550℃，价格较贵。

硬质合金是由高硬度和高熔点的碳化物（TiC、WC、TaC、NbC 等）和 Co 或 Mo、Ni

等金属粉末经高温烧结而制成的，其硬度很高（89～94HRA），耐磨性、耐热性好，使用温度可达1000℃，它的切削速度比高速钢高几倍。国家标准将刀具用硬质合金分为六类：主要用于切削钢材的P类（YT类）；主要切削铸铁的K类（YG类）；普通型的M类（YW类）；切削淬硬钢、冷硬铸铁等高硬材料的H类；切削耐热钢、高温合金的S类；切削有色金属的N类等。传统的国产普通硬质合金按化学成分不同分为四类：钨钴类、钨钛钴类、钨钛钽铌钴类和碳化钛基类硬质合金。前三类的主要成分是WC，后一类的主要成分为TiC。硬质合金一般制成形状简单的刀头，用钎焊的方法将刀具焊接在碳钢制造的刀杆或刀盘上。与高速钢相比，硬质合金的抗弯强度较低，冲击性能较差，加工工艺性比高速钢差，价格贵。

立方氮化硼（CBN）有整体聚晶立方氮化硼（PCBN）片及涂层立方氮化硼复合片两种。硬度仅次于金刚石，具有更好的化学稳定性，耐热性可达1400℃，与铁的亲和力很低。特别适合精（或半精）加工淬火钢、冷硬铸铁、铁基合金、镍基合金、钛合金，以及各种热喷涂材料，其中涂层刀片还易制成复杂形状，以满足特殊要求。立方氮化硼的脆性大，要求机床工艺系统的刚性高、振动小，以防崩刃，其缺点是价格昂贵。

3. 刀具选材实例

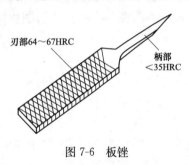

刃部64～67HRC

柄部<35HRC

图7-6　板锉

（1）板锉。板锉是钳工常用的手动工具，如图7-6所示。板锉可用T12钢制造，其刃部表面要求有高的硬度64～67HRC，而柄部硬度要求小于35HRC。为此，在球化退火后，需在770～780℃进行淬火，为防止表面脱碳和氧化，淬火加热时可在盐浴中或保护性气氛中进行。淬火后，在160～180℃进行低温回火，回火加热时间为45～60min。若柄部硬度太高，可将柄部浸入500℃的盐浴中进行回火，或用高频加热回火，降低柄部硬度。

（2）拉刀。拉刀是用于拉削的成形刀具，常用于大批量生产加工圆孔、花键孔、键槽和成形表面等。拉刀常用高速钢整体制造，图7-7所示的拉刀直径为ϕ60mm，选用W6Mo5Cr4V2高速钢，其技术要求：刃部硬度63～66HRC，柄部硬度40～52HRC；碳化物级别不大于5级，淬火后晶粒度级别为9～11级。加工工艺路线：下料→锻造→球化退火→粗加工→淬火及低温回火→精加工→表面处理。

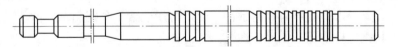

图7-7　W6Mo5Cr4V2拉刀

高速钢锻造为了成形，更重要的是破碎莱氏体中粗大鱼骨状的碳化物，以获得细小均匀分布的碳化物，防止成品刀具崩刃。由于高速钢淬透性很好，锻后在空气中冷却即可得到马氏体，因此锻后应缓冷。球化退火是为了降低硬度，便于切削加工，并为淬火做组织准备。W6Mo5Cr4V2钢退火后的硬度为229～269HB。高速钢淬火后要进行多次高温回火，一般在560℃左右回火三次。其原因如下：高速钢淬火后残余奥氏体量达20%～25%，需要三次回火才能大部分消除残余奥氏体，并使回火冷却中残余奥氏体转变所生成的（淬火状态）马氏体逐步得到回火；而且，经 550～570℃ 回火后因产生二次硬化而使硬度和强度最高，塑性和韧性也有较大的改善。回火后的组织一般为回火马氏体＋粒状碳化物＋少量残余奥氏体。精加工后刀具可直接使用。为了提高其使用寿命，可进行表面处理，如硫化处理、硫氮共渗、离子碳氮共渗-离子渗硫复合处理、表面涂覆 TiN 和 TiC 涂层等。

习　　题

7-1　什么是失效？零件常见的失效形式有哪些？

7-2　选择零件材料应遵循什么原则？

7-3　某汽车变速箱齿轮用 20CrMnTi 制造，加工工艺路线：下料→锻造→热处理 1→切削加工→渗碳→热处理 2→喷丸→磨削。试问：

（1）热处理 1 和 2 分别应采取何种工艺？并说明其作用。

（2）简述渗碳在该工艺路线中的作用。

7-4　试分析机床主轴的服役条件、性能要求，说明其选材，并制订适当的热处理工艺路线。

7-5　某柴油机曲轴技术要求如下：$R_m \geqslant 750MPa$，$a_K \geqslant 150J/cm^2$，轴体硬度 HBS＝240～300，轴颈硬度 HRC≤55。试选择合理材料，制订生产工艺路线及热处理工序。

7-6　某机床齿轮拟选用 40Cr 制作，加工工艺路线：下料→锻造→热处理 1→粗加工→热处理 2→精加工→高频感应表面淬火→回火→精磨。试问：

（1）热处理 1 和 2 分别应采取何种工艺？并说明其作用。

（2）为何精加工后不能采用渗碳的热处理工艺？

（3）表面淬火后应采用何种类型的回火，简述其理由。

参 考 文 献

［1］史美堂．金属材料及热处理．上海：上海科学技术出版社，2008．

［2］王建民，徐平国，高术振．机械工程材料．北京：清华大学出版社，2016．

［3］倪红军，黄明宇．工程材料．南京：东南大学出版社，2016．

［4］邹玉清，宋佳妮．汽车材料．北京：北京理工大学出版社，2015．

［5］林江．工程材料及机械制造基础．北京：机械工业出版社，2016．

［6］陈宏钧．实用机械加工工艺手册．4版．北京：机械工业出版社，2016．

［7］齐宝森，张刚，肖桂勇．机械工程材料．4版．哈尔滨：哈尔滨工业大学出版社，2018．

［8］江树勇．工程材料．北京：高等教育出版社，2010．

［9］朱张校，姚可夫．工程材料．5版．北京：清华大学出版社，2011．

［10］周凤云．工程材料及应用．3版．武汉：华中科技大学出版社，2014．

［11］齐民，于永泗．机械工程材料．10版．大连：大连理工大学出版社，2017．

［12］刘朝福．工程材料．北京：北京理工大学出版社，2015．

［13］张而耕．机械工程材料．上海：上海科学技术出版社，2017．

［14］赵晓栋，杨婕，张倩，等．海洋腐蚀与生物污损防护技术．武汉：华中科技大学出版社，2017．

［15］赵麦群，雷阿丽．金属的腐蚀与防护．北京：国防工业出版社，2004．

［16］田永奎．金属腐蚀与防护．北京：机械工业出版社，1995．

［17］刘树仁，任晓娟．石油工业材料和腐蚀与防护．西安：西北大学出版社，2000．

［18］陈鸿海．金属腐蚀学．北京：北京理工大学出版社，1995．

［19］何业东，齐慧滨．材料腐蚀与防护概论．北京：机械工业出版社，2005．

［20］强小虎．工程材料及热处理．北京：北京理工大学出版社，2017．

［21］胡凤翔，于艳丽．工程材料及热处理．2版．北京：北京理工大学出版社，2012．

［22］张建军，李世春，胡旭，等．机械工程材料．重庆：西南师范大学出版社，2015．